"十二五"普通高等教育本科国家级规划教材
清华大学"985三期"名优教材建设项目

激光原理
（第7版）

周炳琨　高以智
陈倜嵘　陈家骅　霍　力　编著

国防工业出版社
·北京·

内容简介

本书主要阐述激光的产生、特性控制与改善的基本原理和理论。内容包括激光器的光谐振腔理论、速率方程理论；对典型激光器、激光放大器与控制激光器特性的若干技术原理也作了简要介绍。

本书可作为高等院校激光原理课程的教材或参考书，也可供从事光电子技术工作的研究人员、技术人员以及高等院校有关专业的师生参考。

图书在版编目(CIP)数据

激光原理／周炳琨等编著. —7 版. —北京：国防工业出版社，2024.7月重印
"十二五"普通高等教育本科国家级规划教材
ISBN 978-7-118-09665-1

Ⅰ.①激… Ⅱ.①周… Ⅲ.①激光理论—高等学校—教材 Ⅳ.①TN241

中国版本图书馆 CIP 数据核字（2014）第 244019 号

※

国防工业出版社出版发行

（北京市海淀区紫竹院南路23号　邮政编码100048）
三河市天利华印刷装订有限公司印刷
新华书店经售

*

开本787×1092　1/16　印张19½　字数449千字
2024年7月第7版第9次印刷　　印数54001—60000册　　定价58.00元

（本书如有印装错误，我社负责调换）

国防书店：(010)88540777　　书店传真：(010)88540776
发行业务：(010)88540717　　发行传真：(010)88540762

前　言

本书为"十二五"普通高等教育本科国家级规划教材,并由清华大学"985 三期"名优教材建设项目资助,是在 1980 年、1984 年、1995 年、2000 年、2004 年出版的全国电子信息类专业教材和 2009 年普通高等教育"十一五"国家级规划教材《激光原理》第 1~6 版的基础上,根据相关科技的发展和相关学科课程体系的变革修改而成。

本次修订的目的是:紧跟光电子技术和适应教学改革的发展,删去陈旧、过深及次要的内容;引入近期发展的新内容;进一步加强与激光特性控制原理有关的内容(即进一步加强原理、技术、器件紧密结合的体系)。

主要修改点为:

(1) 鉴于空心波导腔仅用于 CO_2 激光器,各校教学一般不讲此章,仅对科研人员有参考价值;目前波导 CO_2 激光器已趋成熟,研究单位也相应减少。所以第 7 版中删去第 6 版第三章"空心介质波导腔",并修改其他各章中与此章相关的内容。

(2) 删去近年来本科生教学中因过深已基本不用的原第八章(激光振荡的半经典理论),并修改各章相关内容。

(3) 鉴于近年来光电子有关专业已不可能采取激光原理、激光技术并列的教学体系,所以在激光特性的控制一章中增加激光的调制、偏转、隔离和频率变换等相关内容。

(4) 根据少而精的原则,对原书光谐振腔部分(第二章)过于详细重复的叙述和过深的内容作适当删减。

(5) 紧跟光电子技术的发展,对《激光原理》第 6 版中有关半导体激光器等内容作适当修改,使本教材能与时俱进。

(6) 适当调整书中所附习题。

(7) 根据教学需要增加"光放大器的噪声"与"均匀加宽激光器主动锁模自洽理论"两个附录。

本书讲授激光的产生、特性及特性控制的原理。

全书分为 4 部分。第一部分(第一章)概述激光器的基本原理。第二部分(第二章)讲述光谐振腔理论,重点介绍光谐振腔模式的波动理论,并在此基础上介绍高斯光束的传输规律,在分析非稳腔模时,仅介绍非稳腔的几何光学理论分析方法。第三部分(第三章、第四章、第五章)讲授激光振荡和放大理论。光和物质的共振相互作用是激光振荡和放大的物理基础,因此这一部分的重点放在阐明光和物质共振相互作用的基本物理过程和理论分析方法上。在激光器的各种理论分析方法中,本书主要介绍简单、实用的速率方程理论,并在此基础上分析激光器和放大器的工作特性。第四部分(第六章)讲述激光特性控制的原理,但不涉及具体技术和设计。第五部分(第七章、第八章)介绍几种有代表性的典型激光器和放大器的工作原理和特点；在第八章中，结合半导体激光器介绍了介质波导腔的模式理论。每章末均附有习题，供学生练习选用。

本书的教学重点为第一章、第二章、第三章、第四章、第五章和第六章。国防工业出版社出版的《激光原理学习指导》第2版为本书的配套参考书，本版新增了《〈激光原理〉教案演示文稿》，可供授课教师参考（课件由国防工业出版社发行）。

本书第一章由周炳琨编写；第二章由高以智、陈家骅在第1版陈倜嵘编写的书稿上进行缩编和补充；第三章由周炳琨和高以智编写；第四章、第五章、第七章及附录由高以智编写；第六章由高以智和霍力编写；第八章由陈倜嵘、陈家骅、高以智和周炳琨联合编写。由于编者水平有限，书中难免还存在一些缺点和错误，殷切希望广大读者批评指正。

目 录

绪言 ··· 1

第一章 激光的基本原理 ·· 4

1.1 相干性的光子描述 ·· 4

1.2 光的受激辐射基本概念 ·· 9

1.3 光的受激辐射放大 ·· 14

1.4 光的自激振荡 ·· 17

1.5 激光的特性 ·· 19

习题 ··· 23

参考文献 ··· 24

第二章 开放式光谐振腔与高斯光束 ··· 25

2.1 光腔理论的一般问题 ··· 25

2.2 共轴球面腔的稳定性条件 ··· 33

2.3 开腔模式的物理概念和衍射理论分析方法 ··· 38

2.4 平行平面腔模的迭代解法 ··· 47

2.5 方形镜共焦腔的自再现模 ··· 49

2.6 方形镜共焦腔的行波场 ·· 57

2.7 圆形镜共焦腔 ·· 60

2.8 一般稳定球面腔的模式特征 ·· 63

2.9 高斯光束的基本性质及 q 参数 ·· 67

2.10 高斯光束 q 参数的变换规律 ··· 72

2.11 高斯光束的聚焦和准直 ··· 76

2.12 高斯光束的自再现变换与稳定球面腔 ··· 81

2.13 光束衍射倍率因子 ··· 84

2.14 非稳腔的几何自再现波型 ·· 85

2.15 非稳腔的几何放大率及自再现波型的能量损耗 ··· 91

习题 ··· 95

参考文献 ··· 98

第三章　电磁场和物质的共振相互作用 ······99
  3.1　光和物质相互作用的经典理论简介 ······100
  3.2　谱线加宽和线型函数 ······105
  3.3　典型激光器速率方程 ······116
  3.4　均匀加宽工作物质的增益系数 ······123
  3.5　非均匀加宽工作物质的增益系数 ······127
  3.6　综合加宽工作物质的增益系数 ······131
  习题 ······133
  参考文献 ······136

第四章　激光振荡特性 ······137
  4.1　激光器的振荡阈值 ······138
  4.2　激光器的振荡模式 ······142
  4.3　输出功率与能量 ······144
  4.4　弛豫振荡 ······150
  4.5　单模激光器的线宽极限 ······152
  4.6　激光器的频率牵引 ······154
  习题 ······156
  参考文献 ······158

第五章　激光放大特性 ······159
  5.1　激光放大器的分类 ······159
  5.2　均匀激励连续激光放大器的增益特性 ······160
  5.3　纵向光激励连续激光放大器的增益特性 ······163
  5.4　脉冲激光放大器的增益特性 ······168
  5.5　放大的自发辐射(ASE) ······173
  习题 ······177
  参考文献 ······179

第六章　激光特性的控制 ······180
  6.1　调制器和隔离器 ······180
  6.2　模式选择 ······189
  6.3　频率稳定 ······192
  6.4　Q 调制 ······196

  6.5 锁模 ······ 204

  6.6 激光的非线性频率变换 ······ 211

  习题 ······ 217

  参考文献 ······ 219

第七章 典型激光器和激光放大器 ······ 221

  7.1 固体激光器 ······ 221

  7.2 气体激光器 ······ 227

  7.3 染料激光器 ······ 237

  7.4 光纤放大器 ······ 240

  7.5 光纤激光器 ······ 244

  习题 ······ 252

  参考文献 ······ 253

第八章 半导体激光器和激光放大器 ······ 254

  8.1 半导体工作物质中的光增益 ······ 254

  8.2 半导体激光器的基本结构 ······ 257

  8.3 对称三层介质平板波导中的本征模 ······ 262

  8.4 光强分布与约束因子 ······ 271

  8.5 半导体激光器的主要特性 ······ 275

  8.6 几种新型半导体激光器 ······ 280

  8.7 半导体光放大器的主要特性 ······ 283

  习题 ······ 286

  参考文献 ······ 286

附录 ······ 288

  附录一 典型气体激光器基本实验数据 ······ 288

  附录二 典型固体激光工作物质参数 ······ 289

  附录三 染料、溶剂及激光波长 ······ 290

  附录四 常用物理常数 ······ 291

  附录五 光放大器的噪声 ······ 292

  附录六 均匀加宽激光器主动锁模自洽理论 ······ 294

  附录七 主要符号表 ······ 297

绪 言

　　世界上第一个激光器的成功演示距今已近 50 年了。在此期间,激光科学技术以其强大的生命力谱写了一部典型的学科交叉的创造发明史。激光的应用已经遍及科技、经济、军事和社会发展的许多领域,远远超出了人们原有的预想。在学习"激光原理"之前,回顾一下它的发展历史并展望未来是一件有意义的事情。

　　导致激光发明的理论基础可以追溯到 1917 年,爱因斯坦(Albert Einstein)在量子理论的基础上提出了一个崭新的概念:在物质与辐射场的相互作用中,构成物质的原子或分子可以在光子的激励下产生光子的受激发射或吸收。这就已经隐示了,如果能使组成物质的原子(或分子)数目不按能级的热平衡(玻耳兹曼)分布而出现反转,就有可能利用受激发射实现光放大(Light Amplification by Stimulated Emission of Radiation,LASER)。后来理论物理学家又证明:受激发射光子(波)和激励光子(波)具有相同的频率、方向、相位和偏振。这些都为激光器(一种光波振荡器)的出现奠定了理论基础。但是,当时的科学技术和生产发展还没有提出这种实际的需求,所以激光也不可能凭空地被发明出来。直到 20 世纪 50 年代初,电子学、微波技术的应用提出了将无线电技术从微波(波长 1cm 量级)推向光波(波长 1μm 量级)的需求。这就需要一种能像微波振荡器一样地产生可以被控制的光波的振荡器,即激光器。这也就是当时光学技术迫切需要的强相干光源。虽然光波振荡器从本质上讲也是由光波放大和谐振腔两部分组成,但如果沿袭发展微波振荡器的老路——即在一个尺度和波长可比拟的封闭的谐振腔中利用自由电子与电磁场的相互作用实现电磁波的放大和振荡——是很难实现光波振荡的。这时,少数目光敏锐又勇于创新的科学家:美国的汤斯(Charles H. Townes)、苏联的巴索夫(Nikolai G. Basov)和普洛霍洛夫(Aleksander M. Prokhorov)创造性地继承和发展了爱因斯坦的理论,提出了利用原子、分子的受激辐射来放大电磁波的新概念,并于 1954 年第一次实现了氨分子微波量子振荡器(MASER)。由此诞生了一个新的学科:量子电子学。它抛弃了利用自由电子与电磁场的相互作用实现电磁波的放大和振荡的传统概念,开辟了利用原子(分子,离子)中的束缚电子与电磁场的相互作用来放大电磁波的新路。道路一经打开,人们立即开始了向光波量子振荡器(即激光器,LASER)的进军。1958 年,汤斯和他的年青合作者肖洛(Arthur L. Schawlow)又抛弃了尺度必需和波长可比拟的封闭式谐振腔的老思路,提出了利用尺度远大于波长的开放式光谐振腔(巧妙地借用传统光学中早有的 FABRY—PEROT 干涉概念!)实现激光器的新思想。布隆伯根(Nicolaas Bloembergen)提出利用光泵浦(抽运)三能级原子系统实现原子数反转分布的新构思。之后,全世界许多研究小组参加了研制第一个激光器的竞赛。机遇偏爱有准备的头脑,当时美国休斯公司实验室的一位从事红宝石荧光研究的年青人梅曼(Theodore H. Maiman)敏锐地抓住机遇,勇于实践,使用今天看起来非常简单的方法,终于在 1960 年 7 月演示了世界第一台红宝石固态激光器。继而,全世界许多研究小组很快地重复了他的实验。实验证实激光(受激辐射光)确实具有理论预期的,完全不同于普通光(自发辐射光)的性质:单色性、方向性和相干性。这些独特性质加上由此而来的超高亮度、超短脉冲等性质使它已经而且必将深刻地影响当代科学、技术、经济和社会的发展及变革。1997 年,朱棣文(Steven Chu)、菲利普斯(William D. Phillips)和塔诺季(Claude Cohen-Tannoudji)由于利用激光冷却和钳制原子的研究成果而共获诺贝尔奖。这样,前面提到的 9 位科学家中,除梅曼外的 8 位都因对激光技术的创造性贡献而先后获诺贝尔奖。

激光的发明不仅导致了一部典型的学科交叉的创造发明史,而且生动地体现了人的知识和技术创新活动是如何推动经济、社会的发展从而造福人类的物质与精神生活的。首先是具有不同学科和技术背景的一批发明家接二连三地发明了各种不同类型的激光器和激光控制技术。例如半导体(GaAs,InP 等)激光器,固体(Nd:YAG 等)激光器,气体原子(He-Ne 等)激光器,气体离子(Ar^+ 等)激光器,气体 CO_2 分子激光器,气体准分子(XeCl,KrF 等)激光器,金属蒸气(Cu 等)激光器,可调谐染料及钛宝石激光器,激光二极管泵浦(全固化)激光器,掺杂光纤放大器和激光器,光纤拉曼放大器和激光器,光学参量振荡及放大器,超短脉冲激光器,自由电子激光器,极紫外及 X 射线激光器等。与此同时,各种科学和技术领域纷纷应用激光并形成了一系列新的交叉学科和应用技术领域,包括信息光电子技术,激光医疗与光子生物学,激光加工,激光检测与计量,激光全息技术,激光光谱分析技术,非线性光学,超快光子学,激光化学,量子光学,激光(测污)雷达,激光制导,激光分离同位素,激光可控核聚变,激光武器等等不胜枚举,也不可能在此一一介绍。下面仅就信息光电子技术的发展做一简单回顾。激光发明后,人们立即开始研究它在信息技术(信息的传输、存储、处理和获取等)中的应用,但是却遇到了很大的技术困难。首先是普通激光器的体积大、效率低、寿命短,而早期的半导体激光器只能在低温下脉冲工作;其次是没有一种理想的传输光的手段,因而信息光电子技术的发展经历了 10 多年徘徊,等待着新的技术思想突破。20 世纪 60 年代末到 70 年代初,克雷歇尔(H. Kressel)和阿尔菲洛夫(Z. I. Alferov)等提出了双异质结半导体激光器新构思并成功地实现了室温连续工作;高锟(Chals Gao)提出了基于光学全反射原理的光导纤维的创新概念并进而由康宁公司开发为实用产品。这两大技术思想突破,加上后来在此基础上出现的半导体量子阱光电子器件和光纤放大器等重大发明,促使光子和电子迅速结合并蓬勃发展为今天的信息光电子技术和产业。80 年代末掺铒光纤放大器的发明和迅速商业化使光纤通信的格局发生了巨大的变革。光子以其极高的信息传输速率和容量,极快的信息处理速率,优越的信息并行处理与互连能力和巨大的信息存储能力补充了电子的不足并相互交叉融合,有力地促进了信息技术的发展。这里我们再一次看到了创造性思维在科学技术发展中的重要作用。

展望未来,激光在科学发展与技术应用两方面都还有巨大的机遇、挑战和创新的空间。在技术应用方面:以半导体量子阱激光器和光纤器件为基础的信息光电子技术将继续成为未来信息技术的基础之一,宽带光纤传输将组成全球信息基础设施的骨干网络,光纤接入网也将作为信息高速公路的神经末梢进入楼房或家庭,为人们提供高清晰度电视、远程教育、远程医疗等质高价廉的信息服务;光盘、全息以至更新型的信息存储技术将为此提供丰富的信息资源;光子技术将和微电子技术、微机械技术交叉融合形成微光机电技术。激光医疗与光子生物学在 21 世纪的发展前景和重要性决不亚于信息光电子技术,激光和光纤(传像光纤和传能光纤)技术可能帮助找到攻克心血管病、癌症等危害人类的疾病的新方法,包括基于激光的诊断、手术和治疗。激光光谱分析和激光雷达技术将对环境保护和污染检测提供有力的手段。工业激光加工与计量将和工业机器人结合,为未来的制造业提供先进的、精密的、灵巧的特殊加工与测量手段。光纤传感技术和材料工程的交叉正在创造未来的灵巧结构材料(Smart Structure),它能感知并自动控制自己的应力、温度等状态,从而为未来的飞机、桥梁、水坝等结构提供安全的保障。

  激光科学以及与激光密切相关的光子学正在孕育着突破性进展。在光和物质相互作用方面,本书只局限于线性相互作用的经典和简化的量子理论(速度方程理论)。但是,非线性和非经典(即量子)光学和技术看来将在新世纪中扮演越来越重要的角色。量子光学主要研究光子的量子特性及其在与物质相互作用中出现的各种效应及应用:例如由非线性过程产生的非经典光(压缩态光、光子数态光)及其在新型光通信、高精度测量等多领域的重要应用;基于光场与物质相互作用动量传递的激光冷却与俘获原子等技术将为科学与技术的众多领域提供一种前所未有的手段;腔量子电动力学研究光子与原子在尺寸与波长可比拟的微谐振腔中的相互作用,并导致微腔半导体激光器的出现。在这种激光器中,自发辐射得到增强,泵浦阈值大幅降低,并可在合适条件下产生非经典(压缩态等)光场;量子光学与信息科学的交叉正在形成光量子信息科学并期望取得信息技术的革命性突破。例如以光场的量子态作为信息单元(量子比特)的量子计算在理论上可以实现经典计算机所无法达到的信息处理功能;以光子数态作为信息载体的量子通信能提供其安全性由物理定律所确保的,不可破译、不可窃听的量子密码体系。自激光器发明以来,已发现了大量的非线性光学效应,特别是各种频率变换和非线性散射效应的研究促进了新的激光器和激光光谱分析技术的发展。展望未来,光与物质的非线性相互作用效应及其在各种非线性光子器件中的应用研究仍将是光子学的重要研究方向之一。例如基于非线性效应的光纤拉曼放大器在光通信中的应用将进一步发掘光纤的带宽资源。应当指出的是,许多重要的非线性光学效应是与超短激光脉冲技术或超快光子学的发展密切相关的。人们通过各种激光锁模技术和光脉冲压缩等技术,已经可以获得峰值功率达太瓦$(TW,10^{12}W)$级的飞秒$(fs,10^{-15}s)$激光脉冲,从而导致非线性光学领域一系列新效应、新方法、新应用的出现。例如高次谐波及飞秒软X波段相干辐射的产生;由太瓦级飞秒激光脉冲经聚焦后产生的极高场强(大于原子内库仑场强)所引起的超快、超强激光物理现象。飞秒激光还为研究和探测物理、化学和生命科学中的超快过程提供了一种时间分辨力高达$10^{-15}s$的光探针。仅从以上几个重要方面已经可以看出,激光的未来发展确实充满着巨大的机遇、挑战和创新空间。

第一章 激光的基本原理

本章概述激光的基本原理。讨论的重点是光的相干性和光波模式的联系、光的受激辐射以及光放大和振荡的基本概念。

1.1 相干性的光子描述

一、光子的基本性质

光的量子学说(光子说)认为,光是一种以光速 c 运动的光子流。光子(电磁场量子)和其他基本粒子一样,具有能量、动量和质量等。它的粒子属性(能量、动量、质量等)和波动属性(频率、波矢、偏振等)密切联系,并可归纳如下。

（1）光子的能量 ε 与光波频率 ν 对应

$$\varepsilon = h\nu \tag{1.1.1}$$

式中: $h = 6.626 \times 10^{-34}\text{J} \cdot \text{s}$,称为普朗克常数。

（2）光子具有运动质量 m,并可表示为

$$m = \frac{\varepsilon}{c^2} = \frac{h\nu}{c^2} \tag{1.1.2}$$

光子的静止质量为零。

（3）光子的动量 $\boldsymbol{P}$ 与单色平面光波的波矢 $\boldsymbol{k}$ 对应

$$\boldsymbol{P} = mc\boldsymbol{n}_0 = \frac{h\nu}{c}\boldsymbol{n}_0 = \frac{h}{2\pi} \times \frac{2\pi}{\lambda}\boldsymbol{n}_0 = \hbar\boldsymbol{k} \tag{1.1.3}$$

式中

$$\hbar = \frac{h}{2\pi}$$

$$\boldsymbol{k} = \frac{2\pi}{\lambda}\boldsymbol{n}_0$$

$\boldsymbol{n}_0$ 为光子运动方向(平面光波传播方向)上的单位矢量。

（4）光子具有两种可能的独立偏振状态,对应于光波场的两个独立偏振方向。

（5）光子具有自旋,并且自旋量子数为整数。因此大量光子的集合,服从玻色－爱因斯坦统计规律。处于同一状态的光子数目是没有限制的,这是光子与其他服从费米统计分布的粒子(电子、质子、中子等)的重要区别。

上述基本关系式(1.1.1)和式(1.1.3)后来为康普顿(Arthur Compton)散射实验所证实(1923年),并在现代量子电动力学中得到理论解释。量子电动力学从理论上把光的电磁(波动)理论和光子(微粒)理论在电磁场的量子化描述的基础上统一起来,从而在理论上阐明了光的波粒二象性。在这种描述中,任意电磁场可看作是一系列单色平面电磁波(它们以波矢 $\boldsymbol{k}_l$ 为标志)的线性叠加,或一系列电磁波的本征模式(或本征状态)的叠加。

但每个本征模式所具有的能量是量子化的,即可表为基元能量 $h\nu_l$ 的整数倍。本征模式的动量也可表为基元动量 $\hbar k_l$ 的整数倍。这种具有基元能量 $h\nu_l$ 和基元动量 $\hbar k_l$ 的物质单元就称为属于第 l 个本征模式(或状态)的光子。具有相同能量和动量的光子彼此间不可区分,因而处于同一模式(或状态)。每个模式内的光子数目是没有限制的。

二、光波模式和光子状态相格

从上面的叙述已经可以看出,按照量子电动力学概念,光波的模式和光子的状态是等效的概念。下面将对这一点进行深入一步的讨论。

由于光的波粒二象性,我们可以用波动和粒子两种观点来描述它。

在激光理论中,光波模式是一个重要概念。按照经典电磁理论,光电磁波的运动规律由麦克斯韦(C. Maxwell)方程决定。单色平面波是麦克斯韦方程的一种特解,它表示为

$$E(r,t) = E_0 e^{i2\pi\nu t - ikr} \tag{1.1.4}$$

式中:E_0 为光波电场的振幅矢量;ν 为单色平面波的频率;r 为空间位置坐标矢量;k 为波矢。麦克斯韦方程的通解可表为一系列单色平面波的线性叠加。

在自由空间,具有任意波矢 k 的单色平面波都可以存在。但在一个有边界条件限制的空间 V(例如谐振腔)内,只能存在一系列独立的具有特定波矢 k 的平面单色驻波。这种能够存在于腔内的驻波(以某一波矢 k 为标志)称为腔内电磁波的模式或光波模。一种模式是电磁波运动的一种类型,不同模式以不同的 k 区分。同时,考虑到电磁波的两种独立的偏振,同一波矢 k 对应着两个具有不同偏振方向的模。

下面求解空腔 V 内的模式数目。设空腔为 $V = \Delta x \Delta y \Delta z$ 的立方体,则沿三个坐标轴方向传播的波分别应满足的驻波条件为

$$\Delta x = m\frac{\lambda}{2}, \Delta y = n\frac{\lambda}{2}, \Delta z = q\frac{\lambda}{2}$$

式中:m、n、q 为正整数。而波矢 k 的 3 个分量应满足条件

$$k_x = \frac{\pi}{\Delta x}m, k_y = \frac{\pi}{\Delta y}n, k_z = \frac{\pi}{\Delta z}q \tag{1.1.5}$$

每一组正整数 m、n、q 对应腔内一种模式(包含两个偏振)。

如果在以 k_x、k_y、k_z 为轴的笛卡儿坐标系中,即在波矢空间中表示光波模,则每个模对应波矢空间的一点(如图 1.1.1 所示)。每一模式在 3 个坐标轴方向与相邻模的间隔为

$$\Delta k_x = \frac{\pi}{\Delta x}, \Delta k_y = \frac{\pi}{\Delta y}, \Delta k_z = \frac{\pi}{\Delta z} \tag{1.1.6}$$

因此,每个模式在波矢空间占有一个体积元

$$\Delta k_x \Delta k_y \Delta k_z = \frac{\pi^3}{\Delta x \Delta y \Delta z} = \frac{\pi^3}{V} \tag{1.1.7}$$

在 k 空间内,波矢绝对值处于 $|k| \sim |k| + d|k|$ 区间的体积为 $(1/8)4\pi|k|^2 d|k|$,故在此体积内的模式数为 $(1/8)4\pi|k|^2 d|k| V/\pi^3$。又因 $|k| = 2\pi/\lambda = 2\pi\nu/c$;$d|k| = \frac{2\pi}{c}d\nu$,代入式(1.1.7)则得频率在 $\nu \sim \nu + d\nu$ 区间内的模式数。再考虑到对应同一 k 有两种不同的偏振,上述模式数应乘2,于是,在体积为 V 的空腔内,处在频率 ν 附近频带 $d\nu$ 内的模式数为

$$N_\nu = \frac{8\pi\nu^2}{c^3}V\mathrm{d}\nu \tag{1.1.8}$$

现在再从粒子的观点阐明光子状态的概念,并且证明,光子态和光波模是等效的概念。

在经典力学中,质点运动状态完全由其坐标(x,y,z)和动量(P_x,P_y,P_z)确定。我们可以用广义笛卡儿坐标x、y、z、P_x、P_y、P_z所支撑的六维空间来描述质点的运动状态。这种六维空间称为相空间,相空间内的一点表示质点的一个运动状态。当宏观质点沿某一方向(例如 x 轴)运动时,它的状态变化对应于二维相空间(x,P_x)的一条连续曲线,如图1.1.2所示。但是,光子的运动状态和经典宏观质点有着本质的区别,它受量子力学测不准关系的制约。测不准关系表明:微观粒子的坐标和动量不能同时准确测定,位置测得越准确,动量就越测不准。对于一维运动情况,测不准关系表示为

$$\Delta x \Delta P_x \approx h \tag{1.1.9}$$

上式意味着处于二维相空间面积元$\Delta x \Delta P_x \approx h$之内的粒子运动状态在物理上是不可区分的,因而它们应属于同一种状态。

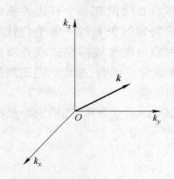
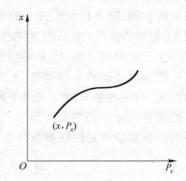

图1.1.1　波矢空间　　　　　　　　图1.1.2　经典质点运动

在三维运动情况下,测不准关系为

$$\Delta x \Delta y \Delta z \Delta P_x \Delta P_y \Delta P_z \approx h^3$$

故在六维相空间中,一个光子态对应(或占有)的相空间体积元为

$$\Delta x \Delta y \Delta z \Delta P_x \Delta P_y \Delta P_z \approx h^3 \tag{1.1.10}$$

上述相空间体积元称为相格。相格是相空间中用任何实验所能分辨的最小尺度。光子的某一运动状态只能定域在一个相格中,但不能确定它在相格内部的对应位置。于是我们看到,微观粒子和宏观质点不同,它的运动状态在相空间中不是对应一点而是对应一个相格。这表明微观粒子运动的不连续性。仅当所考虑的运动物体的能量和动量远远大于由普朗克常数 h 所标志的量 $h\nu$ 和 $\hbar\boldsymbol{k}$,以致量子化效应可以忽略不计时,量子力学运动才过渡到经典力学运动。

从式(1.1.10)还可得出,一个相格所占有的坐标空间体积(或称相格空间体积)为

$$\Delta x \Delta y \Delta z \approx \frac{h^3}{\Delta P_x \Delta P_y \Delta P_z} \tag{1.1.11}$$

现在证明,光波模等效于光子态。为此将光波模的波矢空间体积元表示式(1.1.7)改写为在相空间中的形式。考虑到一个光波模是由两列沿相反方向传播的行波组成的驻

波,因此一个光波模在相空间的 P_x、P_y 和 P_z 轴方向所占的线度为

$$\Delta P_x = 2\hbar\Delta k_x, \Delta P_y = 2\hbar\Delta k_y, \Delta P_z = 2\hbar\Delta k_z \tag{1.1.12}$$

于是,式(1.1.7)在相空间中可改写为

$$\Delta P_x \Delta P_y \Delta P_z \Delta x \Delta y \Delta z \approx h^3 \tag{1.1.13}$$

可见,一个光波模在相空间也占有一个相格。因此,一个光波模等效于一个光子态。一个光波模或一个光子态在坐标空间都占有由式(1.1.11)表示的空间体积。

三、光子的相干性

为了把光子态和光子的相干性两个概念联系起来,下面对光源的相干性进行讨论。

在一般情况下,光的相干性理解为:在不同的空间点上、在不同的时刻的光波场的某些特性(例如光波场的相位)的相关性。在相干性的经典理论中引入光场的相干函数作为相干性的度量。但是,作为相干性的一种粗略描述,常常使用相干体积的概念。如果在空间体积 V_c 内各点的光波场都具有明显的相干性,则 V_c 称为相干体积。V_c 又可表示为垂直于光传播方向的截面上的相干面积 A_c 和沿传播方向的相干长度 L_c 的乘积

$$V_c = A_c L_c \tag{1.1.14}$$

式(1.1.14)也可表示为另一形式

$$V_c = A_c \tau_c c \tag{1.1.15}$$

式中:c 为光速;$\tau_c = L_c/c$ 是光沿传播方向通过相干长度 L_c 所需的时间,称为相干时间。

普通光源发光,是大量独立振子(例如发光原子)的自发辐射。每个振子发出的光波是由持续一段时间 Δt 或在空间占有长度 $c\Delta t$ 的波列所组成,如图 1.1.3 所示。不同振子发出的光波的相位是随机变化的。对于原子谱线来说,Δt 即为原子的激发态寿命($\Delta t \approx 10^{-8}$s)。对波列进行频谱分析,就得到它的频带宽度

$$\Delta \nu \approx \frac{1}{\Delta t}$$

式中:$\Delta \nu$ 是光源单色性的量度。

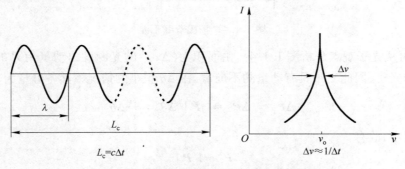

图 1.1.3 单个原子发出的光波列及其频谱

物理光学中已经阐明,光波的相干长度就是光波的波列长度,即

$$L_c = c\Delta t = \frac{c}{\Delta \nu} \tag{1.1.16}$$

于是,相干时间 τ_c 与光源频带宽度 $\Delta\nu$ 的关系为

$$\tau_c = \Delta t = \frac{1}{\Delta\nu} \tag{1.1.17}$$

式(1.1.17)说明,光源单色性越好,则相干时间越长。

物理光学中曾经证明:在图 1.1.4 中,由线度为 Δx 的光源 A 照明的 S_1 和 S_2 两点的光波场具有明显空间相干性的条件为

$$\frac{\Delta x L_x}{R} \leqslant \lambda \tag{1.1.18}$$

式中:λ 为光源波长。距离光源 R 处的相干面积 A_c 可表示为

$$A_c = L_x^2 = \left(\frac{R\lambda}{\Delta x}\right)^2 \tag{1.1.19}$$

如果用 $\Delta\theta$ 表示两缝间距对光源的张角,则式(1.1.18)可写为

$$(\Delta x)^2 \leqslant \left(\frac{\lambda}{\Delta\theta}\right)^2 \tag{1.1.20}$$

上式的物理意义是:如果要求传播方向(或波矢 $\boldsymbol{k}$)限于张角 $\Delta\theta$ 之内的光波是相干的,则光源的面积必须小于 $(\lambda/\Delta\theta)^2$。因此,$(\lambda/\Delta\theta)^2$ 就是光源的相干面积。或者说,只有从面积小于 $(\lambda/\Delta\theta)^2$ 的光源面上发出的光波才能保证张角在 $\Delta\theta$ 之内的双缝具有相干性(见图 1.1.4)。根据相干体积定义,可得光源的相干体积为

$$V_{cs} = \left(\frac{\lambda}{\Delta\theta}\right)^2 \frac{c}{\Delta\nu} = \frac{c^3}{\nu^2 \Delta\nu (\Delta\theta)^2} \tag{1.1.21}$$

此式可同样理解为:如要求传播方向限于 $\Delta\theta$ 之内并具有频带宽度 $\Delta\nu$ 的光波相干,则光源应局限在空间体积 V_{cs} 之内。

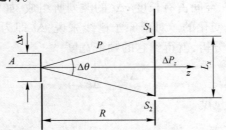

图 1.1.4 杨氏双缝干涉

现在再从光子观点分析图 1.1.4。由面积为 $(\Delta x)^2$ 的光源发出动量为 $\boldsymbol{P}$ 的限于立体角 $\Delta\theta$ 内的光子,因此光子具有动量测不准量,在 $\Delta\theta$ 很小的情况下其各分量为

$$\Delta P_x = \Delta P_y \approx |\boldsymbol{P}| \Delta\theta = \frac{h\nu}{c}\Delta\theta \tag{1.1.22}$$

因为 $\Delta\theta$ 很小,故有

$$P_z \approx |\boldsymbol{P}|$$

$$\Delta P_z \approx \Delta|\boldsymbol{P}| = \frac{h}{c}\Delta\nu \tag{1.1.23}$$

如果具有上述动量测不准量的光子处于同一相格之内,即处于一个光子态,则光子占有的相格空间体积(即光子的坐标测不准量)可根据式(1.1.11)、式(1.1.22)、式(1.1.23)及

式(1.1.21)求得

$$\Delta x \Delta y \Delta z = \frac{h^3}{\Delta P_x \Delta P_y \Delta P_z} = \frac{c^3}{\nu^2 \Delta \nu (\Delta \theta)^2} = V_{cs} \tag{1.1.24}$$

上式表明,相格的空间体积和相干体积相等。如果光子属于同一光子态,则它们应该包含在相干体积之内。也就是说,属于同一光子态的光子是相干的。

综上所述,可得下述关于相干性的重要结论:

(1) 相格空间体积以及一个光波模或光子态占有的空间体积都等于相干体积;

(2) 属于同一状态的光子或同一模式的光波是相干的,不同状态的光子或不同模式的光波是不相干的。

四、光子简并度

具有相干性的光波场的强度(相干光强)在相干光的技术应用中,也是一个重要的参量。一个好的相干光源,应具有尽可能高的相干光强、足够大的相干面积和足够长的相干时间。对普通光源来说,增大相干面积、相干时间和增大相干光强是矛盾的。由式(1.1.17)和式(1.1.19)可知,为了增大相干面积和相干时间,可以采用光学滤波来减小 $\Delta \nu$,缩小光源线度或加光阑以减小 Δx 以及远离光源等办法,但这一切都将导致相干光强的减小。这正是普通光源给相干光学技术的发展带来的限制。例如光全息技术,它的原理早在1948年就被提出,但在激光出现之前一直没有实际应用,其原因就在于此。而激光器却是一种把光强和相干性两者统一起来的强相干光源。我们在后面将对此加以说明。

相干光强是描述光的相干性的参量之一。从相干性的光子描述出发,相干光强决定于具有相干性的光子的数目或同态光子的数目。这种处于同一光子态的光子数称为光子简并度 $\bar{n}$。显然,光子简并度具有以下几种相同的含义:同态光子数、同一模式内的光子数、处于相干体积内的光子数、处于同一相格内的光子数。

1.2 光的受激辐射基本概念

光与物质的共振相互作用,特别是这种相互作用中的受激辐射过程是激光器的物理基础。我们将在第三章中较详细地讨论这种相互作用的理论处理方法。本节先给出基本物理概念。

受激辐射概念是爱因斯坦首先提出的(1917年)。在普朗克(Max Planck)于1900年用辐射量子化假设成功地解释了黑体辐射分布规律,以及波尔(Niels Bohr)在1913年提出原子中电子运动状态量子化假设的基础上,爱因斯坦从光量子概念出发,重新推导了黑体辐射的普朗克公式,并在推导中提出了两个极为重要的概念:受激辐射和自发辐射。40年后,受激辐射概念在激光技术中得到了应用。

一、黑体辐射的普朗克公式

我们知道,处于某一温度 T 的物体能够发出和吸收电磁辐射。如果某一物质能够完全吸收任何波长的电磁辐射,则称此物体为绝对黑体,简称黑体。如图1.2.1所示的空腔辐射体就是一个比较理想的绝对黑体,因为从外界射入小孔的任何波长的电磁辐射都将在腔内来回反射而不再逸出腔外。物体除吸收电磁辐射外,还会发出电磁辐射,这种电磁辐射称为热辐射或温度辐射。1.1节中提到的普通光源就可以是一种热辐射光源。

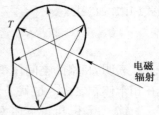

图1.2.1 绝对黑体示意图

如果图1.2.1所示的黑体处于某一温度T的热平衡情况下,则它所吸收的辐射能量应等于发出的辐射能量,即黑体与辐射场之间应处于能量(热)平衡状态。显然,这种平衡必然导致空腔内存在完全确定的辐射场。这种辐射场称为黑体辐射或平衡辐射。

黑体辐射是黑体温度T和辐射场频率ν的函数,并用单色能量密度ρ_ν描述。ρ_ν定义为:在单位体积内,频率处于ν附近的单位频率间隔中的电磁辐射能量,其单位为$J \cdot m^{-3} \cdot s$。

为了从理论上解释实验测得的黑体辐射单色能量密度ρ_ν随(T,ν)的分布规律,人们从经典物理学出发所作的一切努力都归于失败。后来,普朗克提出了与经典概念完全不相容的辐射能量量子化假设,并在此基础上成功地得到了与实验相符的黑体辐射普朗克公式。这一公式可表述为:在温度T的热平衡情况下,黑体辐射分配到腔内每个模式上的平均能量为①

$$E = \frac{h\nu}{e^{\frac{h\nu}{k_b T}} - 1} \tag{1.2.1}$$

为了求得腔内模式数目,可利用式(1.1.8)。显然,腔内单位体积中频率处于ν附近单位频率间隔内的光波模式数n_ν为

$$n_\nu = \frac{N_\nu}{V d\nu} = \frac{8\pi\nu^2}{c^3}$$

于是,黑体辐射普朗克公式为

$$\rho_\nu = \frac{8\pi h\nu^3}{c^3} \frac{1}{e^{\frac{h\nu}{k_b T}} - 1} \tag{1.2.2}$$

式中:k_b②为玻耳兹曼常数,其数值为

$$k_b = 1.38062 \times 10^{-23} J/K$$

二、受激辐射和自发辐射概念

式(1.2.2)表示的黑体辐射,实质上是辐射场ρ_ν和构成黑体的物质原子(或分子、离子)相互作用的结果。为简化问题,我们只考虑原子的两个能级E_2和E_1,并有

$$E_2 - E_1 = h\nu \tag{1.2.3}$$

单位体积内处于两能级的原子数分别用n_2和n_1表示,如图1.2.2所示。

---

① 参阅 M·伽本尼,《光学物理》,p.45,科学出版社,1976。
② 为了与波矢的模k相区别,本书以k_b表示玻耳兹曼常数。

爱因斯坦从辐射与原子相互作用的量子论观点出发提出：上述相互作用应包含原子的自发辐射跃迁、受激辐射跃迁和受激吸收跃迁 3 种过程。

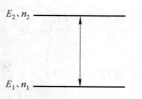

图 1.2.2 二能级原子能级图

1. 自发辐射[图 1.2.3(a)]

处于高能级 E_2 的一个原子自发地向 E_1 跃迁，并发射一个能量为 $h\nu$ 的光子，这种过程称为自发跃迁。由原子自发跃迁发出的光波称为自发辐射。自发跃迁过程用自发跃迁概率 A_{21} 描述。A_{21} 定义为单位时间内单位体积中 n_2 个高能态原子中发生自发跃迁的原子数与 n_2 的比值

$$A_{21} = \left(\frac{\mathrm{d}n_{21}}{\mathrm{d}t}\right)_{\mathrm{sp}} \frac{1}{n_2} \tag{1.2.4}$$

式中：$(\mathrm{d}n_{21})_{\mathrm{sp}}$ 为单位体积中在 $\mathrm{d}t$ 时间内由于自发跃迁引起的由 E_2 向 E_1 跃迁的原子数。

应该指出，自发跃迁是一种只与原子本身性质有关而与辐射场 ρ_ν 无关的自发过程。因此，A_{21} 只决定于原子本身的性质。由式(1.2.4)容易证明，A_{21} 就是原子在能级 E_2 的由自发辐射决定的平均寿命 τ_{s_2} 的倒数。在单位时间内单位体积中能级 E_2 所减少的粒子数为

$$\frac{\mathrm{d}n_2}{\mathrm{d}t} = -\left(\frac{\mathrm{d}n_{21}}{\mathrm{d}t}\right)_{\mathrm{sp}}$$

将式(1.2.4)代入，则得

$$\frac{\mathrm{d}n_2}{\mathrm{d}t} = -A_{21}n_2$$

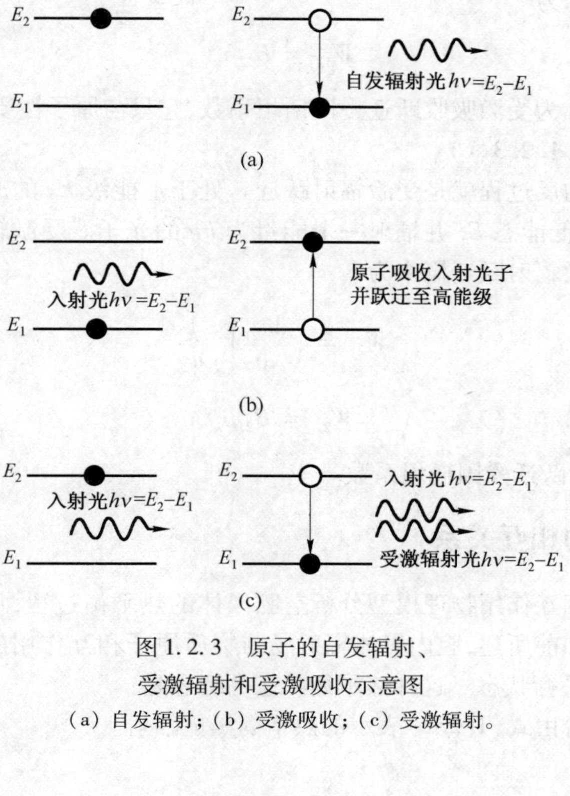

图 1.2.3 原子的自发辐射、受激辐射和受激吸收示意图
(a) 自发辐射；(b) 受激吸收；(c) 受激辐射。

由此式可得

$$n_2(t) = n_{20}\mathrm{e}^{-A_{21}t} = n_{20}\mathrm{e}^{-(t/\tau_{s_2})}$$

式中：n_{20} 为 $t = 0$ 时刻单位体积中 E_2 能级的原子数；

$$A_{21} = \frac{1}{\tau_{s_2}} \tag{1.2.5}$$

也称为自发跃迁爱因斯坦系数。

2. 受激吸收[图1.2.3(b)]

如果黑体物质原子和辐射场相互作用只包含上述自发跃迁过程，是不能维持由式(1.2.2)所表示的腔内辐射场的稳定值的。因此，爱因斯坦认为，必然还存在一种原子在辐射场作用下的受激跃迁过程，从而第一次从理论上预言了受激辐射的存在。

处于低能态 E_1 的一个原子，在频率为 ν 的辐射场作用（激励）下，吸收一个能量为 $h\nu$ 的光子并向 E_2 能态跃迁，这种过程称为受激吸收跃迁。用受激吸收跃迁概率 W_{12} 描述这一过程，即

$$W_{12} = \left(\frac{\mathrm{d}n_{12}}{\mathrm{d}t}\right)_{st} \frac{1}{n_1} \tag{1.2.6}$$

式中：$(\mathrm{d}n_{12})_{st}$ 为单位体积中在 $\mathrm{d}t$ 时间内由于受激跃迁引起的由 E_1 向 E_2 跃迁的原子数；n_1 为单位体积中 E_1 能态的原子数。

应该强调，受激跃迁和自发跃迁是本质不同的物理过程，反映在跃迁概率上就是：A_{21} 只与原子本身性质有关；而 W_{12} 不仅与原子性质有关，还与辐射场的 ρ_ν 成正比。我们可将这种关系唯象地表示为

$$W_{12} = B_{12}\rho_\nu \tag{1.2.7}$$

式中：比例系数 B_{12} 称为受激吸收跃迁爱因斯坦系数，它只与原子性质有关。

3. 受激辐射[图1.2.3(c)]

受激吸收跃迁的反过程就是受激辐射跃迁。处于上能级 E_2 的原子在频率为 ν 的辐射场作用下，跃迁至低能态 E_1 并辐射一个能量为 $h\nu$ 的光子。受激辐射跃迁发出的光波称为受激辐射。受激辐射跃迁概率为

$$W_{21} = \left(\frac{\mathrm{d}n_{21}}{\mathrm{d}t}\right)_{st} \frac{1}{n_2} \tag{1.2.8}$$

$$W_{21} = B_{21}\rho_\nu \tag{1.2.9}$$

式中：B_{21} 为受激辐射跃迁爱因斯坦系数。

三、A_{21}、B_{21}、B_{12} 的相互关系

现在根据上述相互作用物理模型分析空腔黑体的热平衡过程，从而导出爱因斯坦三系数之间的关系。如前所述，腔内黑体辐射场与物质原子相互作用的结果应该维持黑体处于温度为 T 的热平衡状态。这种热平衡状态的标志是：

（1）腔内存在着由式(1.2.2)表示的热平衡黑体辐射。

(2) 腔内物质原子数按能级分布应服从热平衡状态下的玻耳兹曼(Ludwig Boltzman)分布

$$\frac{n_2}{n_1} = \frac{f_2}{f_1} e^{-\frac{(E_2-E_1)}{k_b T}} \tag{1.2.10}$$

式中：f_2 和 f_1 分别为能级 E_2 和 E_1 的统计权重。

(3) 在热平衡状态下，n_2（或 n_1）应保持不变，于是有

$$\left(\frac{\mathrm{d}n_{21}}{\mathrm{d}t}\right)_{sp} + \left(\frac{\mathrm{d}n_{21}}{\mathrm{d}t}\right)_{st} = \left(\frac{\mathrm{d}n_{12}}{\mathrm{d}t}\right)_{st} \tag{1.2.11}$$

或

$$n_2 A_{21} + n_2 B_{21} \rho_\nu = n_1 B_{12} \rho_\nu \tag{1.2.12}$$

联立式(1.2.2)、式(1.2.10)和式(1.2.12)可得

$$\frac{c^3}{8\pi h \nu^3}\left(e^{\frac{h\nu}{k_b T}} - 1\right) = \frac{B_{21}}{A_{21}}\left(\frac{B_{12} f_1}{B_{21} f_2} e^{\frac{h\nu}{k_b T}} - 1\right) \tag{1.2.13}$$

当 $T \to \infty$ 时上式也应成立，所以有

$$B_{12} f_1 = B_{21} f_2 \tag{1.2.14}$$

将上式代入式(1.2.13)可得

$$\frac{A_{21}}{B_{21}} = \frac{8\pi h \nu^3}{c^3} = n_\nu h\nu \tag{1.2.15}$$

式(1.2.14)和式(1.2.15)就是爱因斯坦系数的基本关系。当统计权重 $f_2 = f_1$ 时有

$$B_{12} = B_{21}$$

或

$$W_{12} = W_{21} \tag{1.2.16}$$

上述爱因斯坦系数关系式虽然是在热平衡情况下推导的，但用量子电动力学可以证明其普适性。

四、受激辐射的相干性

最后我们要强调指出受激辐射与自发辐射的极为重要的区别——相干性。如前所述，自发辐射是原子在不受外界辐射场控制情况下的自发过程。因此，大量原子的自发辐射场的相位呈无规则分布，因而是不相干的。此外，自发辐射场的传播方向和偏振方向也是无规则分布的，或者如式(1.2.1)和式(1.2.2)所表述的那样，自发辐射平均地分配到腔内所有模式上。

受激辐射是在外界辐射场的控制下的发光过程，因而各原子的受激辐射的相位不再是无规则分布，而应具有和外界辐射场相同的相位。在量子电动力学的基础上可以证明：受激辐射光子与入射(激励)光子属于同一光子态；或者说，受激辐射场与入射辐射场具有相同的频率、相位、波矢(传播方向)和偏振，因而，受激辐射场与入射辐射场属于同一模式。图 1.2.4 示意地表示这一特点。特别是，大量原子在同一辐射场激发下产生的受激辐射处于同一光波模或同一光子态，因而是相干的。受激辐射的这一重要特性就是现代量子电子学(包括激光与微波激射)的出发点。以后将说明，激光就是一种受激辐射相干光。

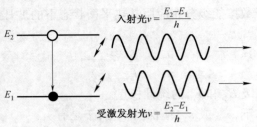

图 1.2.4 受激辐射示意图(↗ 表示偏振方向)

受激辐射的这一特性在上述爱因斯坦理论中是得不到证明的,因为那里使用的是唯象方法,没有涉及原子发光的具体物理过程。严格的证明只有依靠量子电动力学。但是,原子发光的经典电子论模型可以帮助我们得到一个定性的粗略理解。按经典电子论模型,原子的自发辐射源自原子中电子的自发阻尼振荡,没有任何外加光电场来同步各个原子的自发阻尼振荡,因而电子振荡发出的自发辐射是相位无关的。而受激辐射对应于电子在外加光电场作用下作强迫振荡时的辐射,电子强迫振荡的频率、相位、振动方向显然应与外加光电场一致。因而强迫振动电子发出的受激辐射应与外加光辐射场具有相同的频率、相位、传播方向和偏振状态。

1.3 光的受激辐射放大

一、光放大概念的产生

在激光出现之前,科学技术的发展对强相干光源提出了迫切的要求。例如,光全息技术和相干光学计量技术要求在尽可能大的相干体积或相干长度内有尽量强的相干光。但是,正如 1.1 节中所指出的,对普通热光源来说,上述要求是矛盾的。又如,相干电磁波源(各种无线电振荡器、微波电子管等)曾大大推动了无线电技术的发展,而无线电技术的发展又要求进一步缩短相干电磁波的波长,即要求强相干光源。但是,普通热光源的自发辐射光实质上是一种光频"噪声",所以在激光出现以前,无线电技术很难向光频波段发展。

为进一步说明普通光源的相干性限制,我们来分析黑体辐射源的光子简并度 $\bar{n}$,它可由式(1.2.1)求出

$$\bar{n} = \frac{E}{h\nu} = \frac{1}{e^{\frac{h\nu}{k_b T}} - 1} \tag{1.3.1}$$

按此式可计算 $\bar{n}$ 与波长及温度的关系。例如,在室温 $T = 300\text{K}$ 的情况下,对 $\lambda = 30\text{cm}$ 的微波辐射,$\bar{n} \approx 10^3$,这时可以认为黑体基本上是相干光源;对 $\lambda = 60\mu\text{m}$ 的远红外辐射,$\bar{n} \approx 1$,而对 $\lambda = 0.6\mu\text{m}$ 的可见光,$\bar{n} \approx 10^{-35}$,即在一个光波模内的光子数是 10^{-35} 个,这时黑体就是完全非相干光源。即使提高黑体温度,也不可能对其相干性有根本的改善。例如,为在 $\lambda = 1\mu\text{m}$ 处得到 $\bar{n} = 1$,要求黑体温度高达 20 000K。可见,普通光源在红外和可见光波段实际上是非相干光源。

为了理解构成激光器的基本思想,我们进一步分析式(1.3.1),它可改写为

$$\bar{n} = \frac{\rho_\nu}{\frac{8\pi h\nu^3}{c^3}} = \frac{B_{21}\rho_\nu}{A_{21}} = \frac{W_{21}}{A_{21}} \tag{1.3.2}$$

上式在物理上是容易理解的,因为受激辐射产生相干光子,而自发辐射产生非相干光子。这个关系对腔内每一特定光子态或光波模均成立。从式(1.3.2)出发,如果我们能创造一种情况,使腔内某一特定模式(或少数几个模式)的 ρ_ν 大大增加,而其他所有模式的 ρ_ν 很小,就能在这一特定(或少数几个)模式内形成很高的光子简并度 $\bar{n}$。也就是说,使相干的受激辐射光子集中在某一特定(或几个)模式内,而不是均匀分配在所有模式内。这种情况可用下述方法实现:如图 1.3.1 所示,将一个充满物质原子的长方体空腔(黑体)去掉侧壁,只保留两个端面壁。如果端面腔壁对光有很高的反射系数,则沿垂直端面的腔轴方向传播的光(相当于少数几个模式)在腔内多次反射而不逸出腔外,而所有其他方向的光则很容易逸出腔外。此外,如果沿腔轴传播的光在每次通过腔内物质时不是被原子吸收(受激吸收),而是由于原子的受激辐射而得到放大,那末腔内轴向模式的 ρ_ν 就能不断增强,从而在轴向模内获得极高的光子简并度。这就是构成激光器的基本思想。

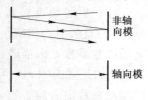

图 1.3.1 光谐振腔的选模作用

可以看出,上述思想包含两个重要部分:第一是光波模式的选择,它由两块平行平面反射镜完成,这实际上就是光学技术中熟知的法布里-珀罗(Fabry-Perot)干涉仪,在激光技术中称为光谐振腔。第二是光的受激辐射放大,激光的英文缩写名称 LASER(Light Amplification by Stimulated Emission of Radiation)正反映了这一物理本质。

顺便指出,激光器的上述基本思想,对于产生相干电磁波的传统电子器件(如微波电子管)来说,也是一种技术思想的突破。在传统的微波电子器件中,使用尺寸可与波长相比拟的封闭谐振腔选择模式,利用自由电子和电磁波相互作用对单模电磁场进行放大。但是,在力图缩短微波器件波长(例如小于 1 mm)的过程中,继续沿用传统方法就遇到了极大的困难。首先是封闭谐振腔的尺寸必须小到不能实现的程度,其次是使用普通自由电子束对光波进行有效的放大也是极其困难的。激光器正是在这两方面突破了传统方法,即用开式谐振腔代替封闭谐振腔,用原子中束缚电子的受激辐射光放大代替自由电子对电磁波的放大,从而为获得光波段的相干电磁波源开辟了极其广阔的道路。

二、实现光放大的条件——集居数反转

下面讨论在由大量原子(或分子、离子)组成的物质中实现光的受激辐射放大的条件。

在物质处于热平衡状态时,各能级上的原子数(或称集居数)服从玻耳兹曼统计分布

$$\frac{n_2}{n_1} = e^{-\frac{(E_2-E_1)}{k_b T}}$$

为简化起见,式中已令 $f_2 = f_1$。因 $E_2 > E_1$,所以 $n_2 < n_1$,即在热平衡状态下,高能级集居数恒小于低能级集居数,如图 1.3.2 所示。当频率 $\nu = (E_2 - E_1)/h$ 的光通过物质时,受激吸收光子数 $n_1 W_{12}$ 恒大于受激辐射光子数 $n_2 W_{21}$。因此,处于热平衡状态下的物质只能吸收光子。

但是,在一定的条件下物质的光吸收可以转化为自己的对立面——光放大。显然,这个条件就是 $n_2 > n_1$,称

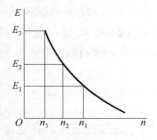

图 1.3.2 集居数按能级的玻耳兹曼分布

为集居数反转(也可称为粒子数反转)。一般来说,当物质处于热平衡状态(即它与外界处于能量平衡状态)时,集居数反转是不可能的,只有当外界向物质供给能量(称为激励或泵浦(抽运)过程),从而使物质处于非热平衡状态时,集居数反转才可能实现。激励(或泵浦)过程是光放大的必要条件。典型激光器的具体激励过程在第七章中介绍。

三、光放大物质的增益系数与增益曲线

处于集居数反转状态的物质称为激活物质(或激光介质)。一段激活物质就是一个光放大器。放大作用的大小通常用增益系数 g 来描述。如图 1.3.3 所示,设在光传播方向上 z 处的光强为 $I(z)$ (光强 I 正比于光的单色能量密度 ρ),则增益系数定义为

$$g = \frac{\mathrm{d}I(z)}{\mathrm{d}z}\frac{1}{I(z)} \tag{1.3.3}$$

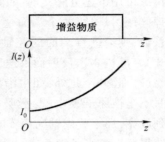

图 1.3.3 增益物质的光放大

所以 g 表示光通过单位长度激活物质后光强增长的百分数。显然,$\mathrm{d}I(z)$ 正比于单位体积激活物质的净受激发射光子数

$$\mathrm{d}I(z) \propto [W_{21}n_2(z) - W_{12}n_1(z)]h\nu \mathrm{d}z$$

假设

$$f_1 = f_2$$

由上式可写为

$$\mathrm{d}I(z) \propto B_{21}h\nu\rho(z)[n_2(z) - n_1(z)]\mathrm{d}z \propto B_{21}h\nu I(z)[n_2(z) - n_1(z)]\mathrm{d}z \tag{1.3.4}$$

所以

$$g \propto B_{21}h\nu[n_2(z) - n_1(z)] \tag{1.3.5}$$

如果 $(n_2 - n_1)$ 不随 z 而变化,则增益系数 g 为一常数 g^0,式(1.3.3)为线性微分方程。积分式(1.3.3)得

$$I(z) = I_0 \mathrm{e}^{g^0 z} \tag{1.3.6}$$

式中:I_0 为 $z=0$ 处的初始光强。这就是如图 1.3.3 所示的线性增益或小信号增益情况。

但是,实际上光强 I 的增加正是由于高能级原子向低能级受激跃迁的结果,或者说光放大正是以单位体积内集居数差值 $n_2(z) - n_1(z)$ 的减小为代价的。并且,光强 I 越大,$n_2(z) - n_1(z)$ 减少得越多,所以实际上 $n_2(z) - n_1(z)$ 随 z 的增加而减少,增益系数 g 也随 z 的增加而减小,这一现象称为增益饱和效应。与此相应,可将单位体积内集居数差值表示为光强 I 的函数(详见 3.5 节)

$$n_2 - n_1 = \frac{n_2^0 - n_1^0}{1 + \dfrac{I}{I_s}} \tag{1.3.7}$$

式中:I_s 为饱和光强。在这里,可暂时将 I_s 理解为描述增益饱和效应而唯象引入的参量。$n_2^0 - n_1^0$ 为光强 $I=0$ 时单位体积内的初始集居数差值。从式(1.3.7)出发,我们可将式(1.3.5)改写为

$$g(I) \propto B_{21}h\nu \frac{n_2^0 - n_1^0}{1 + \frac{I}{I_s}} \quad (1.3.8)$$

或

$$g(I) = \frac{g^0}{1 + \frac{I}{I_s}} \quad (1.3.9)$$

式中：$g^0 = g(I=0)$ 即为小信号增益系数。如果在放大器中光强始终满足条件 $I \ll I_s$，则增益系数 $g(I) = g^0$ 为常数，且不随 z 变化，这就是式(1.3.6)表示的小信号情况。反之，在条件 $I \ll I_s$ 不能满足时，式(1.3.9)表示的 $g(I)$ 称为大信号增益系数(或饱和增益系数)。

最后指出，增益系数也是光波频率 ν 的函数，表示为 $g(\nu, I)$。这是因为能级 E_2 和 E_1 由于各种原因(见第三章)总有一定的宽度，所以在中心频率 $\nu_0 = (E_2 - E_1)/h$ 附近一个小范围内都有受激跃迁发生。$g(\nu, I)$ 随频率 ν 的变化曲线称为增益曲线，$\Delta\nu$ 称为增益曲线宽度，如图 1.3.4 所示。关于增益系数的详细讨论见第四章。

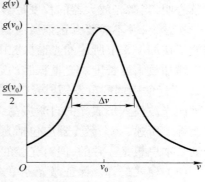

图 1.3.4 增益曲线

1.4 光的自激振荡

上节所述的激光放大器在许多大功率装置中广泛地用来把弱的激光束逐级放大。但是在更多的场合下需要使用激光自激振荡器，通常所说的激光器都是指激光自激振荡器。

一、自激振荡概念

在光放大的同时，通常还存在着光的损耗，我们可以引入损耗系数 α 来描述。α 定义为光通过单位距离后光强衰减的百分数，它表示为

$$\alpha = -\frac{dI(z)}{dz}\frac{1}{I(z)} \quad (1.4.1)$$

同时考虑增益和损耗，则有

$$dI(z) = [g(I) - \alpha]I(z)dz \quad (1.4.2)$$

假设有微弱光(光强为 I_0)进入一无限长放大器。起初，光强 $I(z)$ 将按小信号放大规律 $I(z) = I_0 e^{(g^0 - \alpha)z}$ 增长，但随 $I(z)$ 的增加，$g(I)$ 将由于饱和效应而按式(1.3.9)减小，因而 $I(z)$ 的增长将逐渐变缓。最后，当 $g(I) = \alpha$ 时，$I(z)$ 不再增加并达到一个稳定的极限值 I_m(见图1.4.1)。根据条件 $g(I) = \alpha$ 可求得

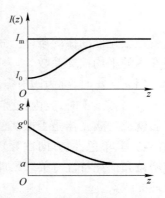

图 1.4.1 增益饱和与自激振荡

$$\frac{g^0}{1+\frac{I_m}{I_s}} = \alpha$$

即
$$I_m = (g^0 - \alpha)\frac{I_s}{\alpha} \tag{1.4.3}$$

可见，I_m 只与放大器本身的参数有关，而与初始光强 I_0 无关。特别是，不管初始 I_0 多么微弱，只要放大器足够长，就总是形成确定大小的光强 I_m，这实际上就是自激振荡的概念。这就表明，当激光放大器的长度足够大时，它可能成为一个自激振荡器。

实际上，并不需要真正把激活物质的长度无限增加，而只要将具有一定长度的光放大器放置在如1.3节所述的光谐振腔中。这样，轴向光波模就能在反射镜间往返传播，就等效于增加放大器长度。光谐振腔的这种作用也称为光的反馈。由于在腔内总是存在频率在 ν_0 附近的微弱的自发辐射光（相当于初始光强 I_0），它经过多次受激辐射放大就有可能在轴向光波模上形成光的自激振荡，这就是激光器。

综上所述，一个激光器应包括光放大器和光谐振腔两部分，这和1.3节所述构成激光器的基本思想是一致的，但对光腔的作用则应归结为两点：

(1) 模式选择。保证激光器单模（或少数轴向模）振荡，从而提高激光器的相干性。

(2) 提供轴向光波模的反馈。

应该指出，光腔的上述作用虽然是重要的，但并不是原则上不可缺少的。对于某些增益系数很高的激活物质，不需要很长的放大器就可以达到式(1.4.3)所示的稳定饱和状态，因而往往不用光谐振腔（当然在相干性上有所损失）。关于这一问题将在5.5节详细讨论。

二、振荡条件

一个激光器能够产生自激振荡的条件，即任意小的初始光强 I_0 都能形成确定大小的腔内光强 I_m 的条件，可从式(1.4.3)求得
$$I_m = (g^0 - \alpha)\frac{I_s}{\alpha} \geqslant 0$$

即
$$g^0 \geqslant \alpha \tag{1.4.4}$$

这就是激光器的振荡条件。式中 g^0 为小信号增益系数；α 为包括放大器损耗和谐振腔损耗在内的平均损耗系数。

当 $g^0 = \alpha$ 时，称为阈值振荡情况，这时腔内光强维持在初始光强 I_0 的极其微弱的水平上。当 $g^0 > \alpha$ 时，腔内光强 I_m 就增加，并且 I_m 正比于 $(g^0 - \alpha)$。可见，增益和损耗这对矛盾就成为激光器是否振荡的决定因素。特别应该指出，激光器的几乎一切特性（例如输出功率、单色性、方向性等）以及对激光器采取的技术措施（例如稳频、选模、锁模等）都与增益和损耗特性有关。因此，工作物质的增益特性和光腔的损耗特性是掌握激光基本原理的线索。

振荡条件式(1.4.4)有时也表示为另一种形式。设工作物质长度为 l，光腔长度为 L，

将 $\alpha L = \delta$ 称为光腔的单程损耗因子，振荡条件可写为
$$g^0 l \geq \delta \tag{1.4.5}$$
式中：$g^0 l$ 称为单程小信号增益因子。

1.5 激光的特性

从前几节所述的概念中可以预见到，激光器一定具有和普通光源很不相同的特性。第一台红宝石激光器从实验上很典型地显示了这一点。图 1.5.1 给出第一台红宝石激光器在用于激励的氙灯光强低于振荡阈值和高于振荡阈值时的不同光束特性。显然，前者是普通光，而后者是激光。这里，氙灯光强的量变在一定的关节点（阈值）上引起光束特性的质变。图 1.5.1(a)表示光谱仪观察到的激光谱线变窄，或光的频带宽度 $\Delta\nu$ 的减小，这就体现了激光的单色性。图 1.5.1(b)表示在激光器输出反射镜面上放置双缝光阑时，激光可以形成清晰的干涉图像，而自发辐射光却不能形成干涉，这便显示了激光的空间相干性。图 1.5.1(c)表示激光沿光腔轴向传播，并具有很好的方向性，而普通光向各个方向传播。图 1.5.1(d)表示从荧光(自发辐射)向激光转变时，光强急剧增加，这就是激光的高强度。所有这些现象都可以在本章前几节所述概念的基础上得到定性的解释。

以上所述，一般通称为激光的四性：单色性、相干性、方向性和高亮度。实际上，这四性本质上可归结为一性，即激光具有很高的光子简并度。也就是说，激光可以在很大的相干体积内有很高的相干光强。激光的这一特性正是由于受激辐射的本性和光腔的选模作用才得以实现的。以下我们将激光的相干性分为空间相干性、时间相干性和相干光强三方面讨论。

一、激光的空间相干性和方向性

光束的空间相干性和它的方向性(用光束发散角描述)是紧密联系的。对于普通光源，从式(1.1.20)可以看出，只有当光束发散角小于某一限度，即 $\Delta\theta \leq \lambda/\Delta x$ 时，光束才具有明显的空间相干性。例如，一个理想的平面光波是完全空间相干光，同时它的发散角为零。

对于激光器也有类似的关系。通常把光波场的空间分布分解为沿传播方向(腔轴方向)的分布 $E(z)$ 和在垂直于传播方向的横截面上的分布 $E(x,y)$。因而光腔模式可以分解为纵模和横模。它们分别代表光腔模式的纵向(腔轴方向)光场分布和横向光场分布。用符号 TEM_{mn} 标志不同横模的光场分布。TEM 表示光波是横电磁波，m、n 分别表示在 x 和 y 方向(轴对称情况)光场通过零值的次数。TEM_{00} 模称为基模，其他称为高次模。激光束的空间相干性和方向性都与激光的横模结构相联系。如果激光是 TEM_{00} 单横模结构，则如 1.1 节所述，同一模式内的光波场是空间相干的，而另一方面，单横模结构又具有最好的方向性。反之，如果激光是多横模结构，由于不同模式的光波场是非相干的，所以激光的空间相干性程度减小，而另一方面，多横模就意味着方向性变差(高次模发散角加大)。这表明，激光的方向性越好，它的空间相干性程度就越高。

激光的高度空间相干性在物理上是容易理解的。以平行平面腔 TEM_{00} 单横模激光器为例，工作物质内所有激发态原子在同一 TEM_{00} 模光波场激发(控制)下受激辐射，并且受

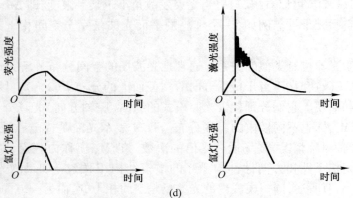

图 1.5.1 红宝石激光器输出特性的实验观察

(a) 激光的单色性；(b) 激光的空间相干性；(c) 激光沿光腔轴向传播；(d) 激光的高强度。

激辐射光与激发光波场同相位、同频率、同偏振和同方向，即所有原子的受激辐射都在 TEM_{00} 模内，因而激光器发出的 TEM_{00} 模激光束接近于沿腔轴传播的平面波，即接近于完全空间相干光，并具有很小的光束发散角。

由此可见,为了提高激光器的空间相干性,首先应限制激光器工作在 TEM$_{00}$ 单横模;其次,合理选择光腔的类型以及增加腔长以利于提高光束的方向性。另外,许多实际因素,如工作物质的不均匀性、光腔的加工和调整误差等都会导致方向性变差。

激光所能达到的最小光束发散角还要受到衍射效应的影响,它不会小于激光通过输出孔径时的衍射角 θ_m(θ_m 称为衍射极限)。设光腔输出孔径为 $2a$,则衍射极限 θ_m 为

$$\theta_m \approx \frac{\lambda}{2a}(\text{rad}) \tag{1.5.1}$$

例如对氦氖气体激光器,$\lambda = 0.63\mu m$,取 $2a = 3mm$,则 $\theta_m \approx 2 \times 10^{-4}$ rad。

不同类型激光器的方向性差别很大,它与工作物质的类型和均匀性、光腔类型和腔长、激励方式以及激光器的工作状态有关。气体激光器由于工作物质有良好的均匀性,并且腔长一般较大,所以有最好的方向性,可达到 $\theta \approx 10^{-3}$ rad,He-Ne 激光器甚至可达 3×10^{-4} rad,这已十分接近其衍射极限 θ_m。固体激光器方向性较差,一般在 10^{-2} rad 量级。其主要原因是,有许多因素造成固体材料的光学非均匀性,以及一般固体激光器使用的腔长较短和激励的非均匀性等。半导体激光器的方向性最差,一般在 $(5\sim10)\times10^{-2}$ rad 量级。

激光束的空间相干性和方向性对它的聚焦性能有重要影响。可以证明,当一束发散角为 θ 的单色光被焦距为 F 的透镜聚焦时,焦面光斑直径为

$$D = F\theta \tag{1.5.2}$$

在 θ 等于衍射极限 θ_m 的情况下,则有

$$D_m \approx \frac{F}{2a}\lambda \tag{1.5.3}$$

这表示,在理想情况下有可能将激光的巨大能量聚焦到直径为光波波长量级的光斑上,形成极高的能量密度。

二、时间相干性和单色性

激光的相干时间 τ_c 和谱线宽度 $\Delta\nu$ 存在简单的关系

$$\tau_c = \frac{1}{\Delta\nu}$$

即单色性越高,相干时间越长。对于单横模(TEM$_{00}$)激光器,其单色性取决于它的纵模结构和模式的频带宽度。如果激光在多个纵模上振荡,则由第二章可知,激光由多个相隔 $\Delta\nu_q$(纵模间隔)的不同频率的光所组成,故单色性较差,如图 1.5.2 所示。

理论分析证明,单模激光器的谱线宽度 $\Delta\nu_s$ 极窄(见第四章)。例如,对单模输出功率 $P_0 = 1$mW 的 He-Ne 激光器,取 $\delta = 0.01$,$L = 1$m,则 $\Delta\nu_s \approx 5 \times 10^{-4}$Hz,这显然是极高的单色性。但实际上很难达到这一理论极限。在实际的激光器中,有一系列不稳定因素(如温度波动、振动、气流、激励等)导致光腔谐振频率的不稳定,因此单纵模激光器的单色性主要由其频率稳定性决定。

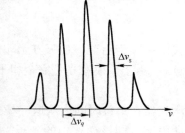

图 1.5.2 激光器多模振荡谱示意图

单模稳频气体激光器的单色性最好,其谱线宽度一般可达 10^6Hz ~ 10^3Hz,在采用最严格稳频措施的条件下,曾在 He - Ne 激光器中观察到约 2Hz 的带宽。固体激光器的单色性较差,主要是因为工作物质的增益曲线很宽,很难保证单纵模工作。半导体激光器的单色性最差。

综上所述,激光器的单模工作(选模技术)和稳频对于提高相干性十分重要。一个稳频的 TEM_{00} 单纵模激光器发出的激光接近于理想的单色平面光波,即完全相干光。

三、激光的高亮度(强相干光)

提高输出功率和效率是发展激光器的重要课题。目前,气体激光器(如 CO_2)能产生最大的连续功率,固体激光器能产生最高的脉冲功率,尤其是采用光腔 Q 调制技术和激光放大器后,可使激光振荡时间压缩到极小的数值(例如 10^{-9}s 量级),并将输出能量放大,从而获得极高的脉冲功率。采用锁模技术和脉宽压缩技术,还可进一步将激光脉宽压缩到 10^{-15}s。尤其重要的是激光功率(能量)可以集中在单一(或少数)模式中,因而具有极高的光子简并度。这是激光区别于普通光的重要特点。

激光的这一特点表现为高亮度。光源的亮度 B 定义为单位截面向法线方向单位立体角内发射的光功率

$$B = \frac{(\Delta P)_1}{\Delta s \Delta \Omega}$$

光源的单色亮度定义为单位截面、单位频带宽度和单位立体角内发射的光功率

$$B_\nu = \frac{(\Delta P)_2}{\Delta s \Delta \nu \Delta \Omega}$$

式中:$(\Delta P)_1$ 为光源的面元 Δs 在立体角 $\Delta \Omega$ 内所发射的光功率;$(\Delta P)_2$ 为光源的面元 Δs 在频带宽度 $\Delta \nu$ 中,在立体角 $\Delta \Omega$ 内所发射的光功率。

对基横模单模激光束而言,以上二式可改写为

$$B = \frac{P}{A(\pi \theta_0^2)} \tag{1.5.4}$$

$$B_\nu = \frac{P}{A \Delta \nu_s (\pi \theta_0^2)} \tag{1.5.5}$$

式中:P 为激光束功率;A 为激光束截面面积;θ_0 为基横模的远场发散角;$\Delta \nu_s$ 为激光线宽。由式(4.5.3)可知

$$\Delta \nu_s = \frac{1}{2\pi \tau'_R} \tag{1.5.6}$$

式中:τ'_R 为由谐振腔及工作物质增益决定的有源腔中的光子寿命(参看第二章、第四章)。由于单模激光是完全相干的,其截面积及发散角应满足式(1.1.20),遂有

$$A \theta_0^2 = \lambda^2 \tag{1.5.7}$$

激光器在单位时间内从这一模式输出的光子数为 $P/h\nu$。考虑到光在有源腔内的平均寿命为 τ'_R,即该模式中的光子平均在 τ'_R 时间内全部输出腔外,则可得该模式中的光子总数(即光子简并度)

$$\bar{n} = \frac{P \tau'_R}{h\nu} = \frac{P}{2\pi h \nu \Delta \nu_s} \tag{1.5.8}$$

由式(1.5.5)、式(1.5.7)及式(1.5.8)可得

$$B_\nu = \frac{2h\nu}{\lambda^2}\bar{n} \qquad (1.5.9)$$

光源的单色亮度正比于光子简并度。由于激光具有极好的方向性(θ_0 小)和单色性($\Delta\nu_s$ 小),因而具有极高的光子简并度、单色亮度及亮度。太阳的亮度值 $B \approx 2\times10^3\text{W}/(\text{cm}^2\cdot\text{sr})$,气体、固体、调 Q 固体激光器输出激光的亮度值范围依次为 $10^4\text{W}/(\text{cm}^2\cdot\text{sr}) \sim 10^5\text{W}/(\text{cm}^2\cdot\text{sr})$,$10^7\text{W}/(\text{cm}^2\cdot\text{sr}) \sim 10^{11}\text{W}/(\text{cm}^2\cdot\text{sr})$,$10^{12}\text{W}/(\text{cm}^2\cdot\text{sr}) \sim 10^{17}\text{W}/(\text{cm}^2\cdot\text{sr})$。由上述数据可见,激光的亮度远高于普通光源的亮度。若一台波长为 632.8nm 的 He-Ne 激光器的输出功率为 1mW,$\tau'_R = 1.3\times10^{-4}\text{s}$(对应 $\Delta\lambda/\lambda \approx 10^{-11}$),则 $\bar{n} = 4\times10^{10}$。和普通光源的光子简并度相比,激光的光子简并度及单色亮度实现了重大的突破。

充分利用本节所述激光器的所有特性,即高单模功率、高单色性和方向性,可获得极高的功率密度。例如,将一个吉瓦级(10^9W)的调 Q 激光脉冲聚焦到直径为 5μm 的光斑上,则所获得的功率密度可达 $10^{15}\text{W}/\text{cm}^2$。这是普通光源根本无法做到的。

习 题[①]

1. 为使 He-Ne 激光器的相干长度达到 1km,它的单色性 $\Delta\lambda/\lambda_0$ 应是多少?

2. 如果激光器和微波激射器分别在 $\lambda = 10\mu$m、$\lambda = 500$nm 和 $\nu = 3000$MHz 输出 1W 连续功率,问每秒从激光上能级向下能级跃迁的粒子数是多少?

3. 设一对激光能级为 E_2 和 $E_1(f_2 = f_1)$,相应的频率为 ν(波长为 λ),能级上的粒子数密度分别为 n_2 和 n_1,求

(a) 当 $\nu = 3\,000$MHz,$T = 300$K 时,$n_2/n_1 = ?$

(b) 当 $\lambda = 1\mu$m,$T = 300$K 时,$n_2/n_1 = ?$

(c) 当 $\lambda = 1\mu$m,$n_2/n_1 = 0.1$ 时,温度 $T = ?$

4. 在红宝石 Q 调制激光器中,有可能将几乎全部 Cr^{+3} 离子激发到激光上能级并产生激光巨脉冲。设红宝石棒直径 1cm,长度 7.5cm,Cr^{+3} 离子浓度为 $2\times10^{19}\text{cm}^{-3}$,巨脉冲宽度为 10ns,求输出激光的最大能量和脉冲功率。

5. 试证明,由于自发辐射,原子在 E_2 能级的平均寿命 $\tau_{s_2} = 1/A_{21}$。

6. 某一分子的能级 E_4 到三个较低能级 E_1、E_2 和 E_3 的自发辐射跃迁概率分别是 $A_{43} = 5\times10^7\text{s}^{-1}$、$A_{42} = 1\times10^7\text{s}^{-1}$ 和 $A_{41} = 3\times10^7\text{s}^{-1}$,试求该分子 E_4 能级的自发辐射寿命 τ_{s_4}。若各能级的寿命分别为:$\tau_1 = 5\times10^{-7}\text{s}$,$\tau_2 = 6\times10^{-9}\text{s}$,$\tau_3 = 1\times10^{-8}\text{s}$,$\tau_4 = \tau_{s_4}$。试求对 E_4 连续激发并达到稳态时,能级上的粒子数密度的比值 n_1/n_4、n_2/n_4 和 n_3/n_4,并指出这时在哪两个能级间实现了集居数反转(假设各能级统计权重相等)。

7. 证明当每个模中的平均光子数(光子简并度)大于 1 时,辐射光中受激辐射占优势。

8. (1) 一质地均匀的材料对光的吸收系数为 0.01mm^{-1},光通过 10cm 长的该材料

[①] 习题中未给出的激光器参数可参阅第七章及附录。

后,出射光强为入射光强的百分之几?(2)一光束通过长度为 1m 的均匀激励工作物质。如果出射光强是入射光强的两倍,试求该物质的增益系数(假设光很弱,可不考虑增益或吸收的饱和效应)。

9. 有一台输出波长为 632.8nm,线宽 $\Delta\nu_s$ 为 1kHz,输出功率 P 为 1mW 的单模氦氖激光器。如果输出光束直径是 1mm,发散角 θ_0 为 0.714mrad。试问:

(1) 每秒发出的光子数目 N_0 是多少?

(2) 该激光束的单色亮度是多少?

(3) 对一个黑体来说,要求它从相等的面积上和相同的频率间隔内,每秒发射出的光子数达到与上述激光器相同水平时,所需温度应多高?

参 考 文 献

[1] Amnon Yariv. Quantum Electronics. 3rd Ed[M]. New York:John Weley & Sons,Inc.,1989.
[2] Amnon Yariv. Introduction to Optical Electronics. 2d Ed[M]. New York:Halt,Rinehart and Winston,1976.
[3] Siegman A E. An Introduction to Laser and Maser[M]. New York:McGraw-Hill Book Co.,1971.
[4] Orazio Svelto. Principles of Lasers. 4th Ed[M]. New York:A Division of Plenum Publishing Corporation,1998.
[5] 朱如曾编译. 激光物理[M]. 北京:科学出版社,1975.
[6] 固体物理导论编写组. 固体物理导论[M]. 上海:上海人民出版社,1975.
[7] (美)伽本尼 M. 光学物理[M]. 北京大学激光教研组译. 北京:科学出版社,1975.
[8] 高以智、姚敏玉、张洪明,等. 激光原理学习指导(第 2 版)[M]. 北京:国防工业出版社,2014.

第二章 开放式光谐振腔与高斯光束

光谐振腔（光腔）是激光振荡器的重要组成部分。光腔的作用是提供轴向光波模的正反馈及保证激光器的单模（或少数轴向模）振荡。

本章讨论开放式光腔的模式问题。它是理解激光的相干性、方向性、单色性等重要特性，指导激光器件的设计和装调的理论基础，也是研究和掌握激光技术和应用的理论基础。

根据几何偏折损耗的高低，开放式光腔可以分为稳定腔、临界腔和非稳腔。稳定腔的几何偏折损耗很低，绝大多数中、小功率器件都采用稳定腔。

本章介绍基于波动光学的衍射理论处理稳定腔模式问题的方法和结果。由衍射理论得出，对方形镜和圆形镜共焦腔，镜面上的场分布可分别用厄米—高斯函数和拉盖尔—高斯函数描述，腔内（以及腔外）空间中的场可分别表示为厄米—高斯光束或拉盖尔—高斯光束的形式。在高斯光束传输规律的基础上，可以建立一般稳定球面腔与共焦腔之间的等价性，从而进一步将共焦腔模式的解析理论的结果推广到一般稳定球面腔。

采用稳定腔的激光器所发出的激光，将以高斯光束的形式在空间传输。因此，研究高斯光束在空间的传输规律，以及光学系统对高斯光束的变换规律，就成为激光的理论和实际应用中的重要问题。本章将讨论高斯光束在自由空间中的传输和简单透镜系统对高斯光束的变换。

稳定腔虽有损耗低的优点，但由于其基横模模体积太小和横模鉴别能力低，难以同时实现高功率输出和基横模运转。因此高功率激光器中常采用模体积大和横模鉴别能力高的非稳腔，以获得性能优良的高功率激光。

非稳腔的损耗主要是傍轴光线的发散损耗，单程损耗可高达百分之几十。为获得高功率输出，工作物质的横向尺寸往往较大，因此衍射损耗可以忽略，可以采用几何光学的分析方法。分析表明非稳腔轴线上仅存在一对共轭像点，其基模就是从这一对共轭像点发出的自再现球面波。运用几何光学分析方法还可给出非稳腔的损耗及输出光束特征。

含有增益工作物质的腔称作有源腔，无增益工作物质，或虽有工作物质，但不考虑其增益的称作无源腔，本章只讨论无源腔。

2.1 光腔理论的一般问题

一、光腔的构成和分类

在激活物质的两端恰当地放置两个反射镜片，就构成一个最简单的开放式光学谐振腔。

在激光技术发展历史上最早提出的是平行平面腔,它由两块平行平面反射镜组成。这种装置在光学上称为法布里－珀罗干涉仪,简记为 F－P 腔。随着激光技术的发展,以后又广泛采用由两块具有公共轴线的球面镜构成的谐振腔,称为共轴球面腔;其中一个反射镜为(或两个都为)平面的腔是这类腔的特例。从理论上分析这类腔时,通常认为其侧面没有光学边界(这是一种理想化的处理方法),因此将这类谐振腔称为开放式光学谐振腔,或简称开腔。根据腔内傍轴光线几何偏折损耗的高低,开腔又可分为稳定腔、非稳腔和临界腔。气体激光器是采用开腔的典型例子。

由两个以上的反射镜可构成折叠腔或环形腔。在由两个或多个反射镜构成的开腔内插入透镜等光学元件将构成复合腔。在两镜腔或折叠腔中,往返传播的两束光有固有的相位关系,遂因干涉而形成驻波,因而称作驻波腔。在环形腔中,顺时针与反时针传输的光因互相独立而不能形成驻波,当插入光隔离器时只存在单方向传输的光,所以称作行波腔。

另一类光谐振腔为波导谐振腔。半导体激光器采用介质波导腔,其光传输区(有源区)的横向尺寸与波长可比拟,由于有源区的折射率高于包围区,有源区内的近轴光线将在侧壁发生全内反射,并由波导端面的解理面形成端面反馈,或由生成的光栅形成分布反馈。光纤激光器的光谐振腔也属介质波导腔,尺寸与波长可比拟的纤芯折射率高于包层。气体波导激光器则采用空心介质波导腔,其典型结构是在一段空心介质波导管两端适当位置处放置两块适当曲率的反射镜片。这样,在空心介质波导管内,场服从波导管中的传输规律;而在波导管与腔镜之间的空间中,场按与开腔中类似的规律传播。在波导谐振腔中,不能忽略侧面边界的影响。

本章只讨论由两个球面镜构成的开放式光学谐振腔,因为这类腔是最简单和最常用的。折叠腔、环形腔、复合腔等比较复杂的开腔往往可以利用本章的某些结果或方法来处理。在第八章中将对半导体激光器的介质波导腔予以讨论。

二、模的概念——腔与模的一般联系

无论是闭腔或是开腔,都将对腔内的电磁场施以一定的约束。一切被约束在空间有限范围内的电磁场都只能存在于一系列分立的本征状态之中,场的每一个本征态将具有一定的振荡频率和一定的空间分布。通常将光学谐振腔内可能存在的电磁场的本征态称为腔的模式。从光子的观点来看,激光模式也就是腔内可能区分的光子的状态。

腔内电磁场的本征态应由麦克斯韦方程组及腔的边界条件决定。由于不同类型和结构的谐振腔的边界条件各不相同,因此谐振腔的模式也各不相同。对波导腔,一般可以通过直接求解微分形式的麦克斯韦方程组来决定其模式;而寻求开腔模式的问题则通常从波动光学的衍射理论出发,归结为求解一定类型的积分方程。但不管是闭腔还是开腔,一旦给定了腔的具体结构,则其振荡模式的特征也就随之确定下来,这就是腔与模的一般联系。因此,光学谐振腔理论也就是激光模式理论。其目的是揭示激光模式的基本特征及其与腔的结构之间的依赖关系。所谓模的基本特征,指的是:每一个模的电磁场分布、谐振频率、在腔内往返一次经受的相对功率损耗、与对应的激光束的发散角。只要知道了腔的参数,就可以唯一地确定模的上述特征。

开腔中的振荡模式以 TEM_{mnq} 表征。TEM 表示纵向电场为零的横电磁波,m、n、q 为正整数,其中 q 为纵模指数,m 与 n 为横模指数。模的纵向电磁场分布由纵模指数(通常是一个很大的正整数)表征,在驻波型谐振腔中,q 代表场在纵向的波节数。横向电磁场分布与横模指数有关。在方形镜谐振腔中,m 与 n 分别代表电磁场在谐振腔横截面上沿 x 方向和 y 方向的节线数。在圆形镜谐振腔中,m 与 n 分别代表电磁场在谐振腔横截面上沿幅角方向和径向的节线数。m 与 n 为零的模称作基模,$m \geq 1$ 或 $n \geq 1$ 的模称作高阶模。横模与纵模体现了电磁场模式的两个方面,一个模式同时属于一个横模和一个纵模。

在进入严格的模式理论以前,本节利用均匀平面波模型讨论开腔中傍轴传播模式的谐振条件,建立关于基模频率和纵模频率间隔的普遍表示式。虽然,严格说来,腔内模式并非均匀平面波,但严格的理论证明这一表示式对各种类型的开腔,甚至闭腔都基本上是正确的。

考察均匀平面波在 F–P 腔中沿轴线方向往返传播的情形。当波在腔镜上反射时,入射波和反射波将会发生干涉,多次往复反射时就会发生多光束干涉。为了能在腔内形成稳定振荡,要求波能因干涉而得到加强。发生相长干涉的条件是:波从某一点出发,经腔内往返一周再回到原来位置时,应与初始出发波同相(即相差为 2π 的整数倍)。如果以 $\Delta\Phi$ 表示均匀平面波在腔内往返一周时的相位滞后,则相长干涉条件可以表为

$$\Delta\Phi = \frac{2\pi}{\lambda_q} \cdot 2L' = q \cdot 2\pi \tag{2.1.1}$$

式中:λ_q 为光在真空中的波长;L' 为腔的光学长度,q 为正整数。相长干涉时 L' 与 λ_q 的关系为

$$L' = q\frac{\lambda_q}{2} \tag{2.1.2}$$

上式也可用频率 $\nu_q = c/\lambda_q$ 来表示,遂有

$$\nu_q = q \cdot \frac{c}{2L'} \tag{2.1.3}$$

上述讨论表明:L' 一定的谐振腔只对频率满足式(2.1.3)的光波才能提供正反馈,使之谐振。式(2.1.2)、式(2.1.3)就是 F–P 腔中沿轴向传播的平面波的谐振条件。满足式(2.1.2)的 λ_q 称为腔的谐振波长,而满足式(2.1.3)的 ν_q 称为腔的谐振频率。该式表明,F–P 腔中的谐振频率是分立的。

式(2.1.1)通常又称为光腔的驻波条件,因为当光的波长和腔的光学长度满足该关系式时,将在腔内形成驻波。式(2.1.2)表明,达到谐振时,腔的光学长度应为半波长的整数倍。这正是腔内驻波的特征。

当整个光腔内充满折射率为 η 的均匀物质时,有

$$\begin{cases} L' = \eta L \\ \nu_q = q\dfrac{c}{2\eta L} \end{cases} \tag{2.1.4}$$

式中:L 为腔的几何长度(简称腔长)。此时,式(2.1.2)可以写成

$$L = q\frac{\lambda'_q}{2} \tag{2.1.5}$$

式中:$\lambda'_q = \lambda_q/\eta$ 为物质中的谐振波长(见图2.1.1)。

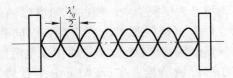

图 2.1.1　光腔中的驻波

可以将 F-P 腔中满足式(2.1.3)的平面驻波场称为腔的本征模式。其特点是：在腔的横截面内场分布是均匀的，而沿腔的轴线方向(纵向)形成驻波，驻波的波节数由 q 决定。通常将由整数 q 所表征的腔内纵向场分布称为腔的纵模。不同的 q 值相应于不同的纵模。在这里所讨论的简化模型中，纵模 q 单值地决定模的谐振频率。

腔的相邻两个纵模的频率之差 $\Delta\nu_q$ 称为纵模间隔。由式(2.1.3)得出

$$\Delta\nu_q = \nu_{q+1} - \nu_q = \frac{c}{2L'} \tag{2.1.6}$$

可以看出，$\Delta\nu_q$ 与 q 无关，对一定的光腔为一常数，因而腔的纵模在频率尺度上是等距离排列的，如图 2.1.2 所示。图中每一个纵模均以具有一定宽度 $\Delta\nu_c$ 的谱线表示。

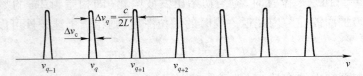

图 2.1.2　F-P 腔的频谱

对 $L=10\text{cm}$ 的气体激光器(设 $\eta=1$)，由式(2.1.6)得出

$$\Delta\nu_q = 1.5 \times 10^9 \text{Hz}$$

对 $L=100\text{cm}$ 的气体激光器

$$\Delta\nu_q = 1.5 \times 10^8 \text{Hz}$$

对 $L=10\text{cm}$、$\eta=1.76$ 的红宝石激光器

$$\Delta\nu_q = 8.5 \times 10^8 \text{Hz}$$

上述例子给出了纵模间隔的数量概念。腔长 L 越小，纵模间隔越大。

应该指出，微波谐振腔的尺寸通常与工作波长具有相同的数量级，在腔中往往只激发最低阶的本征模式；而光频谐振腔的尺寸一般远远大于波长，因而总是工作在极高次的谐波上，即式(2.1.2)和式(2.1.3)中的整数 q 一般具有 $10^4 \sim 10^6$ 的数量级。

三、光腔的损耗

光学开腔的损耗大致包含如下几个方面。

(1) 几何偏折损耗。光线在腔内往返传播时，可能从腔的侧面偏折出去，我们称这种损耗为几何偏折损耗。其大小首先取决于腔的类型和几何尺寸。例如，稳定腔内傍轴光线的几何损耗应为零，而非稳腔则有较高的几何损耗。以非稳腔而论，不同几何尺寸的非稳腔其损耗大小亦各不相同；其次，几何损耗的高低依模式的不同而异，例如，同一平行平面腔内的高阶横模由于其传播方向与轴的夹角较大，因而其几何损耗也比低阶

横模为大。

（2）衍射损耗。由于腔的反射镜片通常具有有限大小的孔径,因而当光在镜面上发生衍射时,必将造成一部分能量损失。本章的分析表明,衍射损耗的大小与腔的菲涅耳数 $N = a^2/L\lambda$ 有关,与腔的几何参数 g（详见式(2.2.20)）有关,而且不同横模的衍射损耗也将各不相同。

（3）腔镜反射不完全引起的损耗。这部分损耗包括镜中的吸收、散射以及镜的透射损耗。通常光腔至少有一个反射镜是部分透射的,另一个反射镜即通常所称的"全反射"镜,其反射率也不可能做到 100%。

（4）材料中的非激活吸收、散射,腔内插入物（如布儒斯特窗、调 Q 元件、调制器等）所引起的损耗,等等。

上述(1)、(2)两种损耗又常称为选择损耗,不同模式的几何损耗与衍射损耗各不相同。(3)、(4)两种损耗称为非选择损耗,通常情况下它们对各个模式大体一样。

不论损耗的起源如何,都可以引进"平均单程损耗因子" δ 来定量地加以描述。该因子的定义如下:如果初始光强为 I_0,在无源腔内往返一次后,光强衰减为 I_1,则

$$I_1 = I_0 e^{-2\delta} \tag{2.1.7}$$

由此得出

$$\delta = \frac{1}{2} \ln \frac{I_0}{I_1}$$

如果损耗是由多种因素引起的,每一种原因引起的损耗以相应的损耗因子 δ_i 描述,则有

$$I_1 = I_0 e^{-2\delta_1} \cdot e^{-2\delta_2} \cdot e^{-2\delta_3} \cdots = I_0 e^{-2\delta} \tag{2.1.8}$$

式中

$$\delta = \sum_i \delta_i = \delta_1 + \delta_2 + \delta_3 + \cdots \tag{2.1.9}$$

δ 为由各种原因引起的总单程损耗因子,为腔中各种单程损耗因子的总和。

也可用单程渡越时光强的平均衰减百分数来定义单程损耗因子 δ'

$$2\delta' = \frac{I_0 - I_1}{I_0} \tag{2.1.10}$$

显然,当损耗很小时,这样定义的单程损耗因子 δ' 与前面定义的指数单程损耗因子 δ 是一致的

$$2\delta' = \frac{I_0 - I_1}{I_0} = \frac{I_0 - I_0 e^{-2\delta}}{I_0} \approx 1 - (1 - 2\delta) = 2\delta$$

1. 光子在腔内的平均寿命

由式(2.1.7)不难求得,初始光强为 I_0 的光束在腔内往返 m 次后光强变为

$$I_m = I_0 (e^{-2\delta})^m = I_0 e^{-2\delta m} \tag{2.1.11}$$

如果取 $t=0$ 时刻的光强为 I_0,则到 t 时刻为止光在腔内往返的次数 m 应为

$$m = \frac{t}{\dfrac{2L'}{c}} \tag{2.1.12}$$

将式(2.1.12)代入式(2.1.11)即可得出 t 时刻的光强为

$$I(t) = I_0 e^{-\frac{t}{\tau_R}} \tag{2.1.13}$$

式中

$$\tau_R = \frac{L'}{\delta c} \tag{2.1.14}$$

称为腔的时间常数，它是描述光腔性质的一个重要参数。从式(2.1.13)看出，当 $t = \tau_R$ 时

$$I(t) = \frac{I_0}{e} \tag{2.1.15}$$

上式表明了时间常数 τ_R 的物理意义——经过 τ_R 时间后，腔内光强衰减为初始值的 $1/e$。从式(2.1.14)可见，δ 越大，则 τ_R 越小，说明腔的损耗越大，腔内光强衰减得越快。

可以将 τ_R 解释为"光子在腔内的平均寿命"。设 t 时刻腔内光子数密度为 N，N 与光强 $I(t)$ 的关系为

$$I(t) = Nh\nu v \tag{2.1.16}$$

式中：v 为光在谐振腔中的传播速度。将式(2.1.16)代入式(2.1.13)中得出

$$N = N_0 e^{-\frac{t}{\tau_R}} \tag{2.1.17}$$

式中：N_0 为 $t = 0$ 时刻的光子数密度。上式表明，由于损耗的存在，腔内光子数密度将随时间依指数规律衰减，到 $t = \tau_R$ 时刻衰减为 N_0 的 $1/e$。在 $t \sim t + dt$ 时间内减少的光子数密度为

$$-dN = \frac{N_0}{\tau_R} e^{-\frac{t}{\tau_R}} dt$$

这 $(-dN)$ 个光子的寿命均为 t，即在 $0 \sim t$ 这段时间内它们存在于腔内，而再经过无限小的时间间隔 dt 后，它们就不在腔内了。由此可以计算出所有 N_0 个光子的平均寿命为

$$\bar{t} = \frac{1}{N_0}\int(-dN)t = \frac{1}{N_0}\int_0^\infty t\left(\frac{N_0}{\tau_R}\right)e^{-\frac{t}{\tau_R}}dt = \tau_R \tag{2.1.18}$$

这就证明了腔内光子的平均寿命为 τ_R。腔的损耗越小，τ_R 越大，腔内光子的平均寿命就越长。

2. 无源谐振腔的 Q 值

无论是 LC 振荡回路、微波谐振腔，还是光频谐振腔，都采用品质因数 Q 标志腔的特性。谐振腔 Q 值的普遍定义为

$$Q = \omega\frac{\mathscr{E}}{P} = 2\pi\nu\frac{\mathscr{E}}{P} \tag{2.1.19}$$

式中：$\mathscr{E}$ 为储存在腔内的总能量；P 为单位时间内损耗的能量；ν 为腔内电磁场的振荡频率；$\omega = 2\pi\nu$ 为场的角频率。

如果以 V 表示腔内振荡光束的体积，当光子在腔内均匀分布时腔内总储能为

$$\mathscr{E} = Nh\nu V \tag{2.1.20}$$

单位时间中光能的减少(即能量损耗率)为

$$P = -\frac{d\mathscr{E}}{dt} = -h\nu V\frac{dN}{dt} \tag{2.1.21}$$

由式(2.1.17)及式(2.1.19)~式(2.1.20)经简单运算后得出

$$Q = \omega\tau_R = 2\pi\nu\frac{L'}{\delta c} \tag{2.1.22}$$

式(2.1.22)就是光频谐振腔 Q 值的一般表示式。由此式可以看出，腔的损耗越小，Q 值

越高。

3. 损耗举例

（1）由镜反射不完全所引起的损耗。以 r_1 和 r_2 分别表示腔的两个镜面的反射率（即功率反射系数），则初始强度为 I_0 的光，在腔内经两个镜面反射往返一周后，其强度 I_1 应为

$$I_1 = I_0 r_1 r_2 \tag{2.1.23}$$

按 δ 的定义，对由镜面反射不完全所引入的损耗因子 δ_r 应有

$$I_1 = I_0 r_1 r_2 = I_0 e^{-2\delta_r}$$

由此

$$\delta_r = -\frac{1}{2}\ln r_1 r_2 \tag{2.1.24}$$

当 $r_1 \approx 1, r_2 \approx 1$ 时有

$$\delta_r \approx \frac{1}{2}[(1-r_1)+(1-r_2)] \tag{2.1.25}$$

在进行更粗略的计算时也可采用

$$\delta_r = \frac{1}{2}(1 - r_1 r_2)$$

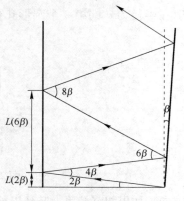

图 2.1.3 腔镜倾斜时的损耗

（2）腔镜倾斜时的几何损耗。当平面腔的两个镜面构成小的角度 β（见图 2.1.3）时，光在两镜面间经有限次往返后必将逸出腔外。设开始时光与一个镜面垂直，则当光在两镜面间来回反射时，入射光与反射光的夹角 θ_i 将依次为 $2\beta, 4\beta, 6\beta, 8\beta, \cdots$，每往返一次，沿腔面移动距离 $L\theta_i$。设光在腔内往返 m 次后才逸出腔外，则有

$$L \cdot 2\beta + L \cdot 6\beta + \cdots + L(2m-1)2\beta \approx D$$

式中：D 为平面腔的横向尺寸（直径）。

利用熟知的等差级数求和公式，由上式得出

$$m = \sqrt{\frac{D}{2\beta L}} \tag{2.1.26}$$

注意到往返一次所需时间为 $t_0 \approx 2L'/c$，即可求出腔内光子的平均寿命 τ_β 及相应的 δ_β：

$$\tau_\beta = m t_0 = \frac{2L'}{c}\sqrt{\frac{D}{2\beta L}} = \frac{\eta}{c}\sqrt{\frac{2DL}{\beta}}$$

$$\delta_\beta = \sqrt{\frac{\beta L}{2D}} \tag{2.1.27}$$

在写出上式时已假设 $L' = \eta L$。式（2.1.27）表明，倾斜腔的损耗与 β, L, D 均有关。$\delta_\beta \propto \sqrt{\beta}$，且随 L 的增大及 D 的减小而增加。以 $D = 1\text{cm}, L = 1\text{m}$ 计算，为了保持 $\delta_\beta < 0.1$，必须有

$$\beta = \frac{2D\delta_\beta^2}{L} \leq 2 \times 10^{-4} \text{rad} \approx 41''$$

如果要求损耗低于 0.01，则应有

$$\beta \leqslant 2 \times 10^{-6} \text{rad} \approx 0.4''$$

上式给出平行平面腔所能容许的不平行度,它表明平行平面腔的调整精度要求极高。

(3) 衍射损耗。由衍射引起的损耗随腔的类型、具体几何尺寸及振荡模式而不同,是一个很复杂的问题。这里只就均匀平面波在平面孔径上的夫琅和费(Fraunhofer)衍射对腔的损耗作一粗略的估计。

考虑如图 2.1.4 所示的孔阑传输线,它等效于孔径为 $2a$ 的平面开腔。均匀平面波入射在半径为 a 的第一个圆形孔径上,穿过孔径时将发生衍射,其第一极小值出现在

$$\theta \approx 1.22 \frac{\lambda}{2a} = 0.61 \frac{\lambda}{a} \qquad (2.1.28)$$

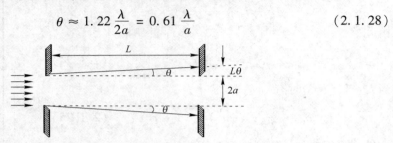

图 2.1.4 平面波的夫琅和费衍射损耗

方向。如果忽略掉第一暗环以外的光,并假设在中央亮斑内光强均匀分布,则射到第二个孔径以外的光能与总光能之比应等于该孔阑被中央亮斑所照亮的孔外面积与总面积之比,即

$$\frac{W_1}{W_1 + W_0} = \frac{\Delta S_1}{\Delta S_1 + \Delta S_0} = \frac{\pi(a + L\theta)^2 - \pi a^2}{\pi(a + L\theta)^2} \approx \frac{2L\theta}{a} = \frac{1.22}{\frac{a^2}{L\lambda}} \approx \frac{1}{\frac{a^2}{L\lambda}} \qquad (2.1.29)$$

式中:W_0 为射入第二个孔径内的光能;W_1 为射到第二个孔径外的光能;ΔS_0 为第二个孔径的面积;ΔS_1 为第二个孔径外被光所照明的面积。

式(2.1.29)描述由衍射所引起的单程能量相对损耗百分数 δ'_d。当衍射损耗不太大时,δ'_d 与平均单程指数衍射损耗因子 δ_d 近似相等

$$\delta_d \approx \delta'_d \approx \frac{1}{\frac{a^2}{L\lambda}} = \frac{1}{N} \qquad (2.1.30)$$

式中

$$N = \frac{a^2}{L\lambda} \qquad (2.1.31)$$

称为腔的菲涅耳数,即从一个镜面中心看到另一个镜面上可以划分的菲涅耳半周期带的数目(对平面波阵面而言)。N 是衍射现象中的一个特征参数,表征着衍射损耗的大小。式(2.1.30)表明,N 越大,损耗越小。

应该指出,在上述推导中我们首先假设均匀平面波入射在半径为 a 的孔径上,在计算能量损耗时,又认为在中央亮斑范围内光能是均匀分布的,且略去了各旁瓣的贡献,这些假定是不够精确的。由此计算得出的衍射损耗比实际腔模的衍射损耗高得多。但这种简化分析揭示了 δ_d 与 N 的关系,即衍射损耗随腔的菲涅耳数的减小而增大,这一点对各类开腔都具有普遍的意义。至于 δ_d 与 N 的定量依赖关系,只有借助于严格的波动光学分析才能正确解决。

2.2 共轴球面腔的稳定性条件

利用几何光学的光线矩阵分析方法,根据开腔中光的几何偏折损耗的高低,可以对开腔加以科学的分类。本节介绍这一方法。

一、腔内光线往返传播的矩阵表示

用几何光学方法分析谐振腔的实质是研究光线在腔内往复反射的过程。考察图 2.2.1 所示的共轴球面腔,该腔由曲率半径为 R_1 和 R_2 的两个球面镜 M_1 和 M_2 构成。它们相距为 L。两镜面曲率中心的连线构成系统的光轴,谐振腔的腔长即为 L。

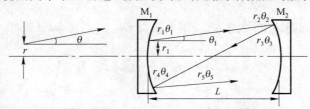

图 2.2.1 光线在共轴球面腔中的往返传播

下面分析傍轴光线在这种腔内往返传播的过程。

腔内任一傍轴光线在某一给定的横截面内都可以由两个坐标参数来表征:一个是光线离轴线的距离 r,另一个是光线与轴线的夹角 θ。我们规定,光线出射方向在腔轴线的上方时,θ 为正;反之,θ 为负。

设开始时光线从 M_1 面上出发,向 M_2 方向行进,其初始坐标由参数 r_1 和 θ_1 表征,到达 M_2 面上时,上述两个参数变成 r_2、θ_2。由几何光学的直进原理可知

$$\begin{cases} r_2 = r_1 + L\theta_1 \\ \theta_2 = \theta_1 \end{cases} \quad (2.2.1)$$

该方程可以表示为下述矩阵形式

$$\begin{bmatrix} r_2 \\ \theta_2 \end{bmatrix} = \begin{bmatrix} 1 & L \\ 0 & 1 \end{bmatrix} \begin{bmatrix} r_1 \\ \theta_1 \end{bmatrix} = \boldsymbol{T}_L \begin{bmatrix} r_1 \\ \theta_1 \end{bmatrix} \quad (2.2.2)$$

即用一个列矩阵 $\begin{bmatrix} r \\ \theta \end{bmatrix}$ 描述任一光线的坐标,而用一个二阶方阵

$$\boldsymbol{T}_L = \begin{bmatrix} 1 & L \\ 0 & 1 \end{bmatrix} \quad (2.2.3)$$

描述当光线在自由空间中行进距离 L 时所引起的坐标变换。式(2.2.2)的右端表示两个矩阵的乘积。按矩阵的乘法规则,若 A_{ik}、B_{kj}、C_{ij} 分别表示三个矩阵 $\boldsymbol{A}$、$\boldsymbol{B}$、$\boldsymbol{C}$ 的矩阵元素,且满足关系式

$$C_{ij} = \sum_k A_{ik} B_{kj} \quad (2.2.4)$$

则称矩阵 $\boldsymbol{C}$ 为矩阵 $\boldsymbol{A}$ 和矩阵 $\boldsymbol{B}$ 的乘积,记为 $\boldsymbol{C} = \boldsymbol{A}\boldsymbol{B}$。式(2.2.4)的右端对重复的下标 k 求和。

在球面镜上发生反射时,根据球面镜对傍轴光线的反射规律有

$$\begin{cases} r_o = r_i \\ \theta_o = \theta_i - \dfrac{2}{R} r_i \end{cases} \qquad (2.2.5)$$

式中：r_i、θ_i 为入射光线在镜面上的坐标参数；r_o、θ_o 为反射光线在镜面上的坐标参数；R 为球面镜的曲率半径，对凹面镜 R 取正值，对凸面镜 R 取负值。

式(2.2.5)中第一式显然成立，而第二式可推导如下(见图 2.2.2)

$$\theta_o = -(\theta_i + 2\alpha)$$

式中，α 表示入射光与球面镜法线之间的夹角。在傍轴近似下有

$$\alpha = \beta - \theta_i \approx \dfrac{r_i}{R} - \theta_i$$

将此式代入前一式即得出式(2.2.5)的第二式。

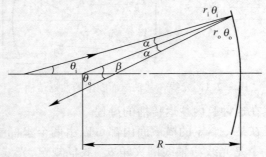

图 2.2.2　傍轴光线在球面镜上的反射

式(2.2.5)亦可表为矩阵形式

$$\begin{bmatrix} r_o \\ \theta_o \end{bmatrix} = \begin{bmatrix} 1 & 0 \\ -\dfrac{2}{R} & 1 \end{bmatrix} \begin{bmatrix} r_i \\ \theta_i \end{bmatrix} = \mathbf{T}_R \begin{bmatrix} r_i \\ \theta_i \end{bmatrix} \qquad (2.2.6)$$

式中

$$\mathbf{T}_R = \begin{bmatrix} 1 & 0 \\ -\dfrac{2}{R} & 1 \end{bmatrix} = \begin{bmatrix} 1 & 0 \\ -\dfrac{1}{F} & 1 \end{bmatrix} \qquad (2.2.7)$$

为球面镜对傍轴光线的变换矩阵，称为球面镜的反射矩阵，其中 R 为球面镜的曲率半径，而 $F = R/2$ 为球面镜对傍轴光线的焦距。容易证明，球面镜对傍轴光线的反射变换与焦距为 $F = R/2$ 的薄透镜对同一傍轴光线的透射变换是等效的，只是在前一种情况下将引起光线传播方向的折转。在此基础上，可以将球面镜腔等效为周期透镜波导。

回到光线在腔内传播的情形(图 2.2.1)。当光线在曲率半径为 R_2 的镜 M_2 上反射时，有

$$\begin{bmatrix} r_3 \\ \theta_3 \end{bmatrix} = \begin{bmatrix} 1 & 0 \\ -\dfrac{2}{R_2} & 1 \end{bmatrix} \begin{bmatrix} r_2 \\ \theta_2 \end{bmatrix} = \mathbf{T}_{R_2} \begin{bmatrix} r_2 \\ \theta_2 \end{bmatrix} \qquad (2.2.8)$$

当光线再从镜 M_2 行进到镜 M_1 面上时，又有

$$\begin{bmatrix} r_4 \\ \theta_4 \end{bmatrix} = \begin{bmatrix} 1 & L \\ 0 & 1 \end{bmatrix} \begin{bmatrix} r_3 \\ \theta_3 \end{bmatrix} = T_L \begin{bmatrix} r_3 \\ \theta_3 \end{bmatrix} \qquad (2.2.9)$$

然后又在 M_1 上发生反射

$$\begin{bmatrix} r_5 \\ \theta_5 \end{bmatrix} = \begin{bmatrix} 1 & 0 \\ -\dfrac{2}{R_1} & 1 \end{bmatrix} \begin{bmatrix} r_4 \\ \theta_4 \end{bmatrix} = T_{R_1} \begin{bmatrix} r_4 \\ \theta_4 \end{bmatrix} \qquad (2.2.10)$$

至此，光线在腔内完成一次往返。其总的坐标变换为

$$\begin{bmatrix} r_5 \\ \theta_5 \end{bmatrix} = \begin{bmatrix} 1 & 0 \\ -\dfrac{2}{R_1} & 1 \end{bmatrix} \begin{bmatrix} 1 & L \\ 0 & 1 \end{bmatrix} \begin{bmatrix} 1 & 0 \\ -\dfrac{2}{R_2} & 1 \end{bmatrix} \begin{bmatrix} 1 & L \\ 0 & 1 \end{bmatrix} \begin{bmatrix} r_1 \\ \theta_1 \end{bmatrix} = \begin{bmatrix} A & B \\ C & D \end{bmatrix} \begin{bmatrix} r_1 \\ \theta_1 \end{bmatrix} = T \begin{bmatrix} r_1 \\ \theta_1 \end{bmatrix}$$

$$(2.2.11)$$

式中

$$T = \begin{bmatrix} A & B \\ C & D \end{bmatrix} = \begin{bmatrix} 1 & 0 \\ -\dfrac{2}{R_1} & 1 \end{bmatrix} \begin{bmatrix} 1 & L \\ 0 & 1 \end{bmatrix} \begin{bmatrix} 1 & 0 \\ -\dfrac{2}{R_2} & 1 \end{bmatrix} \begin{bmatrix} 1 & L \\ 0 & 1 \end{bmatrix} = T_{R_1} T_L T_{R_2} T_L \qquad (2.2.12)$$

为傍轴光线在腔内往返一次的总变换矩阵，称为往返矩阵，T 是四个变换矩阵的乘积。上式表明连续施行 T_L、T_{R_2}、T_L、T_{R_1} 四个变换的结果等效于由矩阵 T 所表示的一个变换。按矩阵的乘法规则(2.2.4)，可以求出

$$\begin{cases} A = 1 - \dfrac{2L}{R_2} & B = 2L\left(1 - \dfrac{L}{R_2}\right) \\ C = -\left[\dfrac{2}{R_1} + \dfrac{2}{R_2}\left(1 - \dfrac{2L}{R_1}\right)\right] & D = -\left[\dfrac{2L}{R_1} - \left(1 - \dfrac{2L}{R_1}\right)\left(1 - \dfrac{2L}{R_2}\right)\right] \end{cases} \qquad (2.2.13)$$

在上述分析的基础上，可进一步将光线在腔内经 n 次往返时其参数的变换关系以矩阵的形式表示为

$$\begin{bmatrix} r_n \\ \theta_n \end{bmatrix} = \underbrace{TT\cdots T}_{n\uparrow T} \begin{bmatrix} r_1 \\ \theta_1 \end{bmatrix} = T_n \begin{bmatrix} r_1 \\ \theta_1 \end{bmatrix} \qquad (2.2.14)$$

式中，T_n 为 n 个往返矩阵 T 的乘积；(r_n,θ_n) 为经 n 次往返后光线的坐标参数；(r_1,θ_1) 为初始出发时光线的坐标参数。

按照矩阵理论可以求得

$$T_n = \begin{bmatrix} A & B \\ C & D \end{bmatrix}^n = \dfrac{1}{\sin\phi} \begin{bmatrix} A\sin n\phi - \sin(n-1)\phi & B\sin n\phi \\ C\sin n\phi & D\sin n\phi - \sin(n-1)\phi \end{bmatrix} = \begin{bmatrix} A_n & B_n \\ C_n & D_n \end{bmatrix} \qquad (2.2.15)$$

式中

$$\phi = \arccos\dfrac{1}{2}(A+D) \qquad (2.2.16)$$

利用式(2.2.15)，可将式(2.2.14)写成

$$\begin{cases} r_n = A_n r_1 + B_n \theta_1 \\ \theta_n = C_n r_1 + D_n \theta_1 \end{cases} \qquad (2.2.17)$$

式(2.2.11)~式(2.2.17)就是我们用几何光学方法分析傍轴光线在共轴球面腔内往返传播过程所得到的基本结果。

二、共轴球面腔的稳定性条件

我们首先关心的问题是,在什么情况下傍轴光线能在腔内往返任意多次而不致横向逸出腔外。由式(2.2.17)可以看出,这要求 n 次往返变换矩阵 $\boldsymbol{T}^n$ 的各个元素 A_n、B_n、C_n、D_n 对任意值 n 均保持有限。按式(2.2.15),这归结为 ϕ 应为实数(而且 ϕ 不应为 $k\pi$,$k=0,1,2,\cdots$。因为在这种情况下 A_n、B_n、C_n、D_n 均为不定式)。这样,根据式(2.2.16)即可得出

$$\left[\frac{1}{2}(A+D)\right]^2 < 1$$

或

$$-1 < \frac{1}{2}(A+D) < 1 \qquad (2.2.18)$$

以式(2.2.13)所示之 A、D 代入上式得出

$$0 < \left(1-\frac{L}{R_1}\right)\left(1-\frac{L}{R_2}\right) < 1 \qquad (2.2.19)$$

引入所谓 g 参数可将该式写成

$$\begin{cases} 0 < g_1 g_2 < 1 \\ g_1 = 1 - \dfrac{L}{R_1},\ g_2 = 1 - \dfrac{L}{R_2} \end{cases} \qquad (2.2.20)$$

式(2.2.19)或式(2.2.20)称为共轴球面腔的稳定性条件。式中,当凹面镜向着腔内时,R 取正值,而当凸面镜向着腔内时,R 取负值。

当式(2.2.19)或式(2.2.20)满足时,ϕ 为实数,从而 A_n、B_n、C_n、D_n 均保持有限,并随着 n 的增大而发生周期性变化。按式(2.2.17),r_n、θ_n 将随 n 的增大而发生周期性变化,但无论 n 为多大,r_n、θ_n 均保持有限,这就保证了傍轴光线能在腔内往返无限多次而不致于从侧面逸出(只要镜的横向尺寸足够大)。反之,当满足条件

$$\frac{1}{2}(A+D) > 1 \quad \text{或} \quad \frac{1}{2}(A+D) < -1 \qquad (2.2.21)$$

时,ϕ 不可能为实数(一般为复数),这时 $\sin(n-1)\phi$、$\sin n\phi$ 等均将随 n 的增大而按指数规律增大,从而 r_n、θ_n 也将随 n 的增大而指数地增大。这就表示,傍轴光线在腔内经历有限次往返后必将横向逸出腔外。

从上述分析可知,傍轴光线在满足条件式(2.2.19)的腔中往返传播时将没有几何偏折损耗,而满足条件式(2.2.21)的腔则必定是高损耗的。从产生振荡的观点来看,前一种腔比较有利。

从前面推导出的结果可以看出,共轴球面腔的往返矩阵 $\boldsymbol{T}=\begin{bmatrix}A & B \\ C & D\end{bmatrix}$ 以及 n 次往返矩阵 $\boldsymbol{T}^n=\begin{bmatrix}A_n & B_n \\ C_n & D_n\end{bmatrix}$ 均与光线的初始坐标 (r_1,θ_1) 无关,因而它们可以描述任意傍轴光线在腔内往返传播的行为。然而,随着光线在腔内的初始出发位置及往返一次的行进次序的不同,如

一次按图 2.2.1 所示,从镜 M_1 出发向镜 M_2 传播然后返回 M_1,另一次从 M_2 出发向 M_1 传播然后再返回到 M_2,矩阵 T 各元素的具体表示式也将各不相同。但可以证明:$\frac{1}{2}(A+D)$ 对于一定几何结构的球面腔是一个不变量,与光线的初始坐标、出发位置(如在镜面上或在腔内任何其他点)及往返一次的顺序都无关。对共轴球面腔,下式永远成立

$$\frac{1}{2}(A+D) \equiv 1 - \frac{2L}{R_1} - \frac{2L}{R_2} + \frac{2L^2}{R_1 R_2} \tag{2.2.22}$$

从而,稳定条件式(2.2.19)对简单共轴球面腔普遍适用。

所有满足条件

$$\begin{cases} g_1 g_2 > 1 & \text{即} \frac{1}{2}(A+D) > 1 \\ \text{或} g_1 g_2 < 0 & \text{即} \frac{1}{2}(A+D) < -1 \end{cases} \tag{2.2.23}$$

的腔都称为非稳腔。非稳腔的特点是,傍轴光线在腔内经有限次往返后必然从侧面逸出腔外,因而这类腔具有较高的几何损耗。

满足条件

$$\begin{cases} g_1 g_2 = 0 & \text{即} \frac{1}{2}(A+D) = -1 \\ \text{或} g_1 g_2 = 1 & \text{即} \frac{1}{2}(A+D) = 1 \end{cases} \tag{2.2.24}$$

的共轴球面腔称为临界腔。临界腔属于一种极限情形,它们在谐振腔的理论研究和实际应用中均具有重要的意义。下面列举几种有代表性的临界腔。

(1) 平行平面腔。此时有 $R_1 = R_2 = \infty$,$g_1 = g_2 = 1$,从而满足条件(2.2.24)的第二式。

(2) 共心腔。满足条件

$$R_1 + R_2 = L \tag{2.2.25}$$

的谐振腔称为共心腔,因这时腔的两个镜面的曲率中心互相重合。其 $g_1 g_2 = 1$。

大多数临界腔,如平行平面腔、共心腔等,其性质界于稳定腔与非稳腔之间。以平行平面腔而论,腔中沿轴线方向行进的光线能往返无限多次而不致逸出腔外,且一次往返即实现简并(形成闭合光路),这与稳定腔的情况类似。但仅仅轴向光线有这种特点,所有沿非轴向行进的光线在经有限次往返后,必然从侧面逸出腔外,这又与非稳腔相像。共心腔的情况也是这样,通过公共中心的光线能在腔内往返无限多次,且一次往返即自行闭合,而所有不通过公共中心的光线在腔内往返有限多次后,必然横向逸出腔外。以上情形如图 2.2.3(a)、(b)所示,这一类临界腔可称为介稳腔。

满足条件 $R_1 = R_2 = L$ 的谐振腔称为对称共焦腔,这时腔的中心即为两个镜面的公共焦点。对称共焦腔满足

$$g_1 = 0, g_2 = 0, g_1 g_2 = 0 \tag{2.2.26}$$

然而它却是满足式(2.2.24)的谐振腔中的一个特例。在共焦腔中,任意傍轴光线均可在腔内往返无限多次而不致横向逸出,而且经两次往返即自行闭合,因而属稳定腔。在图 2.2.3(c)、(d)中,我们画出了对称共焦腔中的 3 种简并光束,类似的简并光束还有无限多种。以后将会看到,完整的稳定球面腔模式理论都可以建立在共焦腔振荡模理论的基础之上。考虑到共焦腔,共轴球面腔的稳定性条件应改写为

$$\begin{cases} 0 < g_1 g_2 < 1 \\ g_1 = g_2 = 0 \end{cases} \quad (2.2.27)$$

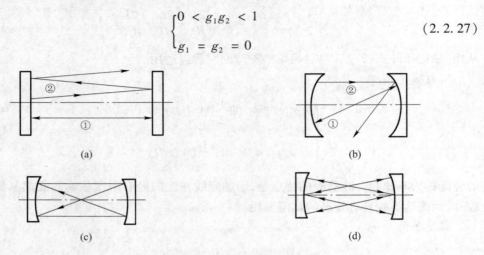

图 2.2.3　临界腔中傍轴光线的传播
(a)平行平面腔(介稳腔);(b)共心腔(介稳腔);(c)、(d)对称共焦腔(稳定腔)。
①—简并光束;②—逃逸光束。

最后,还须指出,式(2.2.20)或式(2.2.27)所示的稳定性条件只适于二镜组成的共轴球面镜腔,而式(2.2.18)所示的稳定性条件可用于任何开腔(如腔内插入光学元件或环形腔、折叠腔等复杂开腔)。但在折叠腔和环形腔中,当谐振腔的光轴与球面镜的光轴存在夹角时,球面反射镜的反射矩阵应作修正(见本章习题)。

2.3　开腔模式的物理概念和衍射理论分析方法

下面比较严格地讨论开腔模式的概念及其分析方法。

在研究开腔模式时所遇到的第一个问题是:在一个没有侧面边界的区域中,是否存在着电磁场的本征态,即不随时间变化的稳态场分布?应该如何求出这些场分布?也就是要证明开腔模的存在性并解决其计算方法问题。

我们首先关心的是镜面上的场,因为激光输出直接与镜面上的场相联系。镜面上稳态场分布的形成可以看成是光在两个镜面间往返传播的结果。因此,两个镜面上的场必然是互相关联的:一个镜面上的场可以视为由另一个镜面上的场的传输所产生;反过来,也一样。这样,求解镜面上稳态场分布的问题就归结为解一个积分方程。积分方程给出空间某一点(或某一个表面)上的场与处在有限距离上的另一个表面上的场之间的关系。

虽然大多数开腔的反射镜尺寸比较大,实际限制光的传输并影响衍射损耗的往往是

增益工作物质、腔内光阑或其他元件的尺寸,为简单起见,通常将限制腔内光传输的元件尺寸与形状等效为反射镜的有效尺寸和形状。反射镜的有效形状将影响模式结构。有时虽然增益工作物质、腔内光阑及反射镜的形状是圆的,但由于增益或布儒斯特窗损耗的不均匀性,光束在镜面上的分布呈矩形分布。在以下的理论分析中,将反射镜的有效形状分为圆形和矩形,它们对应不同的模式结构。

一、开腔模的一般物理概念

当光在两镜面间往返传播时,一方面将受到激活介质的光放大作用,另一方面将经受各种损耗。由反射镜的有限大小所引起的衍射损耗就是其中之一。尤其重要的是,在决定开腔中激光振荡能量的空间分布方面,衍射将起主要作用。由腔镜反射不完全以及介质中的吸收所造成的损耗,将使横截面内各点的场按同样的比例衰减,因而,对场的空间分布不会发生什么影响。但衍射损耗却与此不同,由于衍射主要是发生在镜的边缘上,因而恰恰将对场的空间分布发生重要影响,而且,只要镜的横向尺寸是有限的,这一影响将永远存在。为了突出开腔的主要特征,以简化分析,这里提出一个理想的开腔模型:两块反射镜片(平面的或曲面的)沉浸在均匀的、无限的、各向同性的介质中。这样就没有侧壁的不连续性,而决定衍射效应的孔径就由镜的边缘所构成。

考虑在上述开腔中往返传播的一列波。设初始时刻在镜Ⅰ上有某一个场分布 u_1,则当波在腔中经第一次渡越而到达镜Ⅱ时,将在镜Ⅱ上生成一个新的场分布 u_2,场 u_2 经第二次渡越后又将在镜Ⅰ上生成一个新的场分布 u_3。由于每经一次渡越时,波都将因衍射而损失一部分能量,而且衍射还将引起能量分布的变化。因此,经一次往返后所获得的场 u_3 不仅幅度将小于 u_1,而且,分布也与 u_1 不同。以后 u_3 又转化为 u_4,u_4 再转化为 u_5,……这一过程将反复进行下去。不管初始分布 u_1 的具体特性如何,经过足够多次渡越以后所生成的场都将明显地带上衍射的痕迹。由于衍射主要是发生在镜的边缘附近,因此,在往返传播过程中,镜边缘附近的场将衰落得更快。经多次衍射后所形成的场分布,其边缘振幅往往都很小(与靠近镜面中部的场比较),这几乎是一切开腔模场分布的共同特征。反过来,具有这种特征的场分布受衍射的影响也将比较小。可以预期,在经过足够多次渡越以后,能形成这样一种稳态场:分布不再受衍射的影响,在腔内往返一次后能够"再现"出发时的场分布。这种稳态场经一次往返后,唯一可能的变化是,镜面上各点的场振幅按同样的比例衰减,各点的相位发生同样大小的滞后。当两个镜面完全相同时(对称开腔),这种稳态场分布应在腔内经单程渡越后即实现"再现"。

我们把开腔镜面上的经一次往返能再现的稳态场分布称为开腔的自再现模或横模。自再现模一次往返所经受的能量损耗称为模的往返损耗。在理想开腔中,等于前面所指出的衍射损耗。自再现模经一次往返所发生的相移称为往返相移,该相移等于 2π 的整数倍,这就是模的谐振条件。

研究表明,开腔的自再现模确实存在。一方面,人们从理论上论证了自再现模的存在性,并且用数值的和解析的方法求出了各种开腔的横模。另外,又从实验上观测到了激光的各种稳定的强度花样,而且理论分析与实验观测的结果符合得很好。

二、孔阑传输线

为了形象地理解开腔中自再现模的形成过程,我们用波在孔阑传输线中的行进,模拟它在平面开腔中的往复反射。这种孔阑传输线由一系列同轴的孔径构成,这些孔径开在平行放置着的无限大完全吸收屏上,相邻两个孔径间的距离等于腔长,孔径大小等于镜的大小。当模拟对称开腔时,所有孔径的大小和形状都应相同。平面开腔以及相应的孔阑传输线如图 2.3.1 所示。

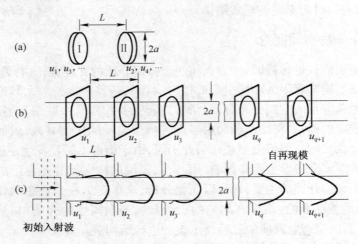

图 2.3.1　开腔中自再现模的形成
(a) 理想开腔;(b) 孔阑传输线;(c) 自再现模的形成。

在图 2.3.1 所示的孔阑传输线中,光从一个孔径传播到另外一个孔径,就等效于光在开腔中从一个反射镜面传播到另一个镜面。在通过每一个孔阑时光将发生衍射,射到孔的范围以外的光将被屏所吸收(对应于损耗)。

设想一均匀平面波垂直入射到传输线的第一个孔阑上。第一个孔面上波的强度分布应是均匀的。由于衍射,在穿过该孔后波前将发生改变,并且波束将产生若干旁瓣,也就是说,已不再是均匀平面波了。当它到达第二个孔时,其边缘部分的强度将比中心部分小,而且,第二个孔面已不再是等相位面了。通过第二个孔时波束又将发生衍射,然后再通过第三个孔……每经过一个孔,波的振幅和相位分布就经历一次改变,其情形如图 2.3.1 所示。从图中可以直观地看出,在通过若干个孔以后,波的振幅和相位分布被改变成这样的形状,以致于它们受到衍射的影响越来越小。当通过的孔阑数足够多时,镜面上场的相对振幅和相位分布将不再发生变化。在孔阑传输线中形成的这种稳态场分布就是我们前面所说的自再现模。由此可见,并非任何形态的电磁场都能在开腔中长期存在,只有那些不受衍射影响的场分布才能最终稳定下来。

虽然这里是以均匀平面波入射在第一个孔阑上为例来说明自再现模的形成,但由于模的形成是多次衍射的结果,因此,初始入射波的形状在一定意义上是无关紧要的。原则上说,其他初始入射波也能形成自再现模。当然,由不同的初始入射波所得到的最终稳态场分布可能是各不相同的,这就预示了开腔模式的多样性。实际的物理过程是,开腔中的任何振荡都是从某种偶然的自发辐射开始的,而自发辐射服从统计规律,因而可以提供各种不同的初始分布。衍射在这里起着某种"筛子"的作用,它将其中能够存在的自再现模筛选出来。

上面的分析还能帮助我们理解激光的空间相干性。事实上,即使入射在第一个孔面上的光是空间非相干的,即在第一个孔面上各点波的相位互不相关,但由于衍射效应,第二个孔面上任一点的波应该看作是第一个孔面上所有各点发出的子波的叠加(惠更斯－菲涅耳原理),而不仅仅是由前一孔面上某一点的波所产生。这样,第二个孔面上各点波的相位就发生了一定程度的关联。在经过了足够多次衍射以后,光束横截面上各点的相位关联越来越紧密,因而空间相干性随之越来越增强。可见,在开腔中,从非相干的自发辐射发展成空间相干性极好的激光,正是由于衍射的作用。

显然,在无源开腔中,自再现模的形成过程和场的空间相干性的增强过程,都不可避免地伴随着初始入射波能量的衰减。这是在激光出现以前获得相干光的各种方法所共有的特点。在激活腔中,情况就不同了。只要某一自再现模能满足阈值条件,则该模在腔内就可以形成自激振荡。这时,自再现模的形成过程将伴随着光的受激放大,其结果是,光谱不断变窄,空间相干性不断增强,同时,光强也不断增大,最终形成高强度的激光输出。

三、菲涅耳－基尔霍夫衍射积分

前面已经叙述了开腔模的物理概念,在转入定量的讨论时,必须将前述物理思想"翻译"成数学的语言。首先要解决的一个问题是,如果已知某一镜面上的场分布 $u_1(x',y')$,如何求出在衍射的作用下经腔内一次渡越而在另一个镜面上生成的场 $u_2(x,y)$。这里,(x',y')、(x,y) 分别表示两个镜面上场点的坐标。

光学中著名的惠更斯－菲涅耳原理是从理论上分析衍射问题的基础,因而也必然是开腔模式问题的理论基础。该原理的严格数学表述是菲涅耳－基尔霍夫衍射积分,它可以从普遍的电磁场理论推导出来。该积分公式表明,如果知道了光波场在其所达到的任意空间曲面上的振幅和相位分布,就可以求出该光波场在空间其他任意位置处的振幅和相位分布。

设已知空间任一曲面 S 上光波场的振幅和相位分布函数为 $u(x',y')$,这里 (x',y') 为 S 面上点的坐标。由它在所要考察的空间任一点 P 处产生的场为 $u(x,y)$,这里,(x,y) 为观察点 P 的坐标。如大家在光学课程中所学过的,有下述关系式

$$u(x,y) = \frac{ik}{4\pi} \int\int_S u(x',y') \frac{e^{-ik\rho}}{\rho}(1+\cos\theta)ds' \tag{2.3.1}$$

式中:ρ 为源点 (x',y') 与观察点 (x,y) 之间连线的长度;θ 为 S 面上点 (x',y') 处的法线 n 与上述连线之间的夹角;ds' 为 S 面上点 (x',y') 处的面积元;$k=2\pi/\lambda$ 为波矢的模。

积分沿整个 S 面进行。式(2.3.1)就是菲涅耳－基尔霍夫衍射积分公式。该式的意义可以这样来理解:观察点 P 处的场 $u(x,y)$ 可以看作是 S 面上各子波源所发出的非均匀球面子波的叠加。积分号下的因子 $u(x',y')ds'$ 比例于子波源的强弱;因子 $e^{-ik\rho}/\rho$ 描述球面子波;而因子 $(1+\cos\theta)$ 表示球面子波是非均匀的(见图2.3.2)。

将前述积分公式应用到开腔的两个镜面上的场,则有

$$u_2(x,y) = \frac{ik}{4\pi} \int\int_{S_1} u_1(x',y') \frac{e^{-ik\rho}}{\rho}(1+\cos\theta)ds' \tag{2.3.2}$$

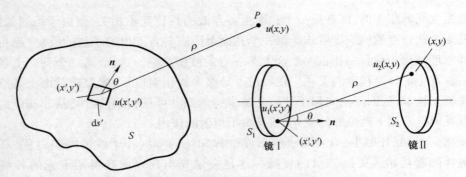

图 2.3.2 菲涅耳 – 基尔霍夫积分公式中各量的意义

式中:$u_1(x',y')$ 为镜 I 上的场分布;$u_2(x,y)$ 为 u_1 经腔内一次渡越后在镜 II 上生成的场。

积分对镜 I 的整个表面 S_1 进行。这样,我们就将一个镜面上的场通过菲涅耳 – 基尔霍夫积分与另一个镜面上的场联系起来。经过 j 次渡越后所生成的场 u_{j+1} 与产生它的场 u_j 之间亦应满足类似的迭代关系

$$u_{j+1}(x,y) = \frac{\mathrm{i}k}{4\pi} \int\int_S u_j(x',y') \frac{\mathrm{e}^{-\mathrm{i}k\rho}}{\rho}(1+\cos\theta)\mathrm{d}s' \tag{2.3.3}$$

四、自再现模所应满足的积分方程式

我们先来考虑对称开腔。对这种腔中的自再现模而言,按照模式"再现"概念,当式(2.3.3)中的 j 足够大时,除了一个表示振幅衰减和相位移动的常数因子以外,u_{j+1} 应能将 u_j 再现出来。即应有

$$\begin{cases} u_{j+1} = \dfrac{1}{\gamma} u_j \\ u_{j+2} = \dfrac{1}{\gamma} u_{j+1} \quad \text{当 } j \text{ 足够大时} \\ \vdots \end{cases} \tag{2.3.4}$$

式(2.3.4)就是模式再现概念的数学表述,式中的 γ 应为一个与坐标无关的复常数。将式(2.3.4)代入式(2.3.3),得出

$$\begin{cases} u_j(x,y) = \gamma \dfrac{\mathrm{i}k}{4\pi} \int\int_S u_j(x',y') \dfrac{\mathrm{e}^{-\mathrm{i}k\rho}}{\rho}(1+\cos\theta)\mathrm{d}s' \\ u_{j+1}(x,y) = \gamma \dfrac{\mathrm{i}k}{4\pi} \int\int_S u_{j+1}(x',y') \dfrac{\mathrm{e}^{-\mathrm{i}k\rho}}{\rho}(1+\cos\theta)\mathrm{d}s' \\ \vdots \end{cases} \tag{2.3.5}$$

以 $v(x,y)$ 表示开腔中这一不受衍射影响的稳态场分布函数[即式(2.3.5)中的 u_j,u_{j+1},…],则有

$$v(x,y) = \gamma \int\int_S K(x,y,x',y')v(x',y')\mathrm{d}s' \tag{2.3.6}$$

式(2.3.6)就是开腔自再现模应满足的积分方程式。式中

$$K(x,y,x',y') = \frac{\mathrm{i}k}{4\pi} \frac{\mathrm{e}^{-\mathrm{i}k\rho(x,y,x',y')}}{\rho(x,y,x',y')}(1+\cos\theta) \tag{2.3.7}$$

称为积分方程的核。式(2.3.7)中的 ρ、θ 均为源点 (x',y') 与观察点 (x,y) 坐标的函数。

满足式(2.3.6)的任意一个分布函数 $v(x,y)$ 就描述腔的一个自再现模或横模。一般地说，$v(x,y)$ 应为复函数，它的模 $|v(x,y)|$ 描述镜面上场的振幅分布，而其辐角 $\arg v(x,y)$ 描述镜面上场的相位分布。

由于光学开腔的腔长 L 通常远大于反射镜的线度 a，即

$$L \gg a \tag{2.3.8}$$

在反射镜为曲面镜的情况下，其曲率半径 R 也往往满足

$$R \gg a \tag{2.3.9}$$

这样，在式(2.3.6)的被积函数中，因子 $(1+\cos\theta)/\rho$ 可近似取为 $2/L$，并从积分号中提出，从而将式(2.3.6)、式(2.3.7)简化为

$$\begin{cases} v(x,y) = \gamma \iint_S K(x,y,x',y') v(x',y') \mathrm{d}s' \\ K(x,y,x',y') = \dfrac{\mathrm{i}}{\lambda L} \mathrm{e}^{-\mathrm{i}k\rho(x,y,x',y')} \end{cases} \tag{2.3.10}$$

注意，虽然镜的线度 $a \gg \lambda$，被积函数中的指数因子 $\mathrm{e}^{-\mathrm{i}k\rho} = \mathrm{e}^{-\mathrm{i}\frac{2\pi}{\lambda}\rho}$ 一般却不能用 $\mathrm{e}^{-\mathrm{i}kL}$ 代替，而只能根据不同腔面的几何形状取合理的近似。至此，我们将寻求开腔模的问题，归结为求解积分方程(2.3.6)或简化了的积分方程组(2.3.10)这样一个数学问题。

五、复常数 γ 的意义

将方程(2.3.6)中的复常数 γ 表示为

$$\gamma = \mathrm{e}^{\alpha + \mathrm{i}\beta} \tag{2.3.11}$$

式中：α、β 为与坐标无关的两个实常数。将式(2.3.11)代入对称开腔 γ 的定义式(2.3.4)，得出

$$u_{j+1} = \frac{1}{\gamma} u_j = (\mathrm{e}^{-\alpha} u_j) \mathrm{e}^{-\mathrm{i}\beta}$$

可见，$\mathrm{e}^{-\alpha}$ 量度每经单程渡越时自再现模的振幅衰减，α 愈大，衰减愈甚，$\alpha \to 0$ 时，自再现模在腔内能无损耗地传播。β 表示每经一次渡越模的相位滞后，β 愈大，相位滞后愈多。

自再现模在腔内经单程渡越所经受的相对功率损失称为模的单程损耗，通常以 δ_d 表示。在对称开腔的情况下有

$$\delta_\mathrm{d} = \frac{|u_j|^2 - |u_{j+1}|^2}{|u_j|^2} = 1 - \mathrm{e}^{-2\alpha} = 1 - \left|\frac{1}{\gamma}\right|^2 \tag{2.3.12}$$

可见，$|\gamma|$ 越大，模的单程损耗越大。一旦由方程(2.3.6)解得了复常数 γ，则可按式(2.3.12)计算自再现模的损耗，δ_d 通常以百分数表示。应该指出，δ_d 量度自再现模在理想开腔中完成一次渡越时的总损耗，即 δ_d 为2.1节所讲的几何损耗与衍射损耗之和。

在理想的稳定腔中，几何损耗为0，δ_d 即为衍射损耗。在衍射损耗很小时，δ_d 等同于平均单程衍射损耗因子。

自再现模在腔内经单程渡越的总相移 $\delta\Phi$ 定义为

$$\delta\Phi = \arg u_{j+1} - \arg u_j$$

在对称开腔的情况下，按式(2.3.4)和式(2.3.11)得出

$$\delta\Phi = -\beta = \arg\frac{1}{\gamma} \qquad (2.3.13)$$

因此，一旦由方程(2.3.6)中解得了复常数 γ，则可按式(2.3.13)来计算模的单程总相移。

在腔内存在激活物质的情况下，若要形成稳定振荡的自再现模，还必须满足多光束相长干涉条件：在腔内一次往返的总相移等于 2π 的整数倍，即

$$\delta\Phi = \arg\frac{1}{\gamma} = q\pi \qquad (2.3.14)$$

这就是开腔自再现模的谐振条件。一旦求得 γ 的表示式，则可按式(2.3.14)决定模的谐振频率。

总之，复常数 γ 的模量度自再现模的单程损耗，它的辐角量度自再现模的单程相移，从而也决定模的谐振频率。

以上都是讨论对称开腔的情况。在非对称开腔中，应按场在腔内往返一次写出模式再现条件及相应的积分方程。其中的复常数 γ 的模量度自再现模在腔内往返一次的功率损耗，γ 的辐角量度模的往返相移，并从而决定模的谐振频率。

六、分离变量法

既然我们已将寻求开腔振荡模的问题归结为求解积分方程(2.3.10)这样一个数学问题，进一步的任务就应该是根据各类开腔的具体几何结构，写出方程(2.3.10)的具体形式，并进行求解。在这样做的时候，十分重要的是，根据问题的对称性引入适当的坐标系，然后在考虑到波长 λ、镜的线度 a 以及腔长 L 的相互数量级关系的情况下，将方程(2.3.10)的核 $K(x,y,x',y')$ 展开，也就是将 $\rho(x,y,x',y')$ 展开，并舍去无关紧要的高阶小量，从而将积分方程进一步简化。

相应的计算表明，对矩形及圆形平面镜腔、共焦球面或抛物面腔和一般球面镜腔等几种常见的几何结构，这样的简化是可能的。而且还可以进一步实现变量分离，将关于二元函数 $v(x,y)$ 的积分方程(2.3.10)化成两个单元函数的积分方程，从而更易于求解。

下面，首先以矩形平面镜腔为例，写出方程(2.3.10)的具体形式，并注意如何实现变量分离。

图2.3.3为一对称矩形平面镜腔，镜的边长为 $2a \times 2b$，腔长为 L。a、b、L、λ 之间满足关系

$$L \gg a, b \gg \lambda \qquad (2.3.15)$$

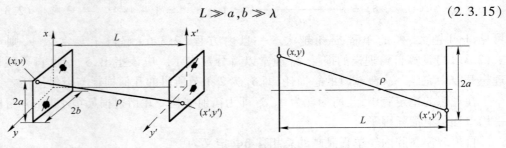

图 2.3.3 矩形平面镜腔

在图示的坐标系中，有

$$\rho = \sqrt{(x-x')^2 + (y-y')^2 + L^2}$$

将 ρ 按 $(x-x')/L, (y-y')/L$ 的幂级数展开为

$$\rho(x,y,x',y') = L\sqrt{\left[1 + \left(\frac{x-x'}{L}\right)^2 + \left(\frac{y-y'}{L}\right)^2\right]} \approx$$

$$L\left[1 + \frac{1}{2}\left(\frac{x-x'}{L}\right)^2 + \frac{1}{2}\left(\frac{y-y'}{L}\right)^2 - \frac{1}{8}\left(\frac{x-x'}{L}\right)^4 - \right.$$

$$\left.\frac{1}{8}\left(\frac{y-y'}{L}\right)^4 - \frac{1}{4}\left(\frac{x-x'}{L}\right)^2\left(\frac{y-y'}{L}\right)^2 + \cdots\right] \quad (2.3.16)$$

当满足条件 $a^2/L\lambda \ll (L/a)^2$ 和 $b^2/L\lambda \ll (L/b)^2$ 时,近似有

$$e^{-ik\rho} = e^{-ik\left[L + \frac{1}{2}\frac{(x-x')^2}{L} + \frac{1}{2}\frac{(y-y')^2}{L}\right]} = e^{-ikL}e^{-ik\left[\frac{(x-x')^2}{2L} + \frac{(y-y')^2}{2L}\right]} \quad (2.3.17)$$

从而可得式(2.3.10)的具体形式为

$$v(x,y) = \gamma\left(\frac{i}{\lambda L}\right)e^{-ikL}\int_{-a}^{+a}\int_{-b}^{+b} v(x',y')e^{-ik\left[\frac{(x-x')^2}{2L} + \frac{(y-y')^2}{2L}\right]}dx'dy' \quad (2.3.18)$$

上述方程是可以分离变量的,令

$$v(x,y) = v(x)v(y) \quad (2.3.19)$$

并代入式(2.3.18),即可得出

$$\begin{cases} v(x) = \gamma_x \int_{-a}^{+a} K_x(x,x')v(x')dx' \\ v(y) = \gamma_y \int_{-b}^{+b} K_y(y,y')v(y')dy' \\ K_x(x,x') = \sqrt{\frac{i}{\lambda L}}e^{-ikL}e^{-ik\frac{(x-x')^2}{2L}} \\ K_y(y,y') = \sqrt{\frac{i}{\lambda L}}e^{-ikL}e^{-ik\frac{(y-y')^2}{2L}} \\ \gamma_x\gamma_y = \gamma \end{cases} \quad (2.3.20)$$

这样,我们就将关于二元函数 $v(x,y)$ 的一个积分方程(2.3.18)化成单元函数 $v(x)$ 和 $v(y)$ 的两个积分方程(2.3.20),而这两个方程的形状是完全一样的,因而只须求解其中一个就够了。

方程(2.3.20)中的第一式代表一个在 x 方向宽度为 $2a$ 而沿 y 方向无限延伸的条状腔的自再现模,第二式代表一个在 y 方向宽度为 $2b$ 但沿 x 方向无限延伸的条状腔的自再现模。在开腔模式理论中,常常研究这种二维腔的本征模问题。

满足方程(2.3.20)的函数 $v(x)$ 和 $v(y)$ 可能不止一个。以 $v_m(x)$ 和 $v_n(y)$ 分别表示它的第 m 个和第 n 个解,γ_m 和 γ_n 表示相应的复常数,则有

$$\begin{cases} v_m(x) = \gamma_m \int_{-a}^{+a} K_x(x,x')v_m(x')dx' \\ v_n(y) = \gamma_n \int_{-b}^{+b} K_y(y,y')v_n(y')dy' \end{cases} \quad (2.3.21)$$

整个镜面上的自再现模场分布函数为
$$v_{mn}(x,y) = v_m(x) \cdot v_n(y) \tag{2.3.22}$$
相应的复常数为
$$\gamma_{mn} = \gamma_m \gamma_n \tag{2.3.23}$$

在数学上,将求解类似于式(2.3.21)这类积分方程的问题称为积分本征值问题。通常,只有当方程中的复常数γ_m和γ_n取一系列不连续的特定值时,方程式才能成立,这些γ_m、γ_n称为方程的本征值。对于每一个特定的γ_m和γ_n,能使方程(2.3.21)成立的分布函数$v_m(x)$和$v_n(y)$称为与本征值γ_m和γ_n相应的本征函数。解积分方程问题就是要求出这些本征值与本征函数。它们决定着开腔自再现模的全部特征,包括场分布(镜面上场的振幅和相位分布)及传输特性(如模的衰减、相移、谐振频率等)。

对圆形平面镜腔,也可以进行类似的推导,并证明其模式积分方程是可分离变量的。

作为分离变量法的另一个例子,下面我们研究如图 2.3.4 所示的一般球面镜腔。若腔的两个反射镜的曲率半径分别为R_1和R_2,腔长为L,由图可以看出

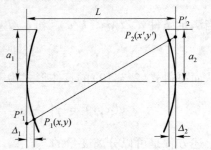

图 2.3.4 一般球面镜腔

$$\rho(x,y,x',y') = \overline{P_1 P_2} = \overline{P'_1 P'_2} - \overline{P'_1 P_1} - \overline{P'_2 P_2}$$

按式(2.3.16)得出
$$\overline{P'_1 P'_2} \approx L + \frac{(x-x')^2}{2L} + \frac{(y-y')^2}{2L}$$

而由球面镜的简单几何关系可以求得
$$\overline{P'_1 P_1} \approx \Delta_1 \approx \frac{x^2+y^2}{2R_1}, \quad \overline{P'_2 P_2} \approx \Delta_2 \approx \frac{x'^2+y'^2}{2R_2}$$

由此
$$\rho(x,y,x',y') = L + \frac{(x-x')^2}{2L} + \frac{(y-y')^2}{2L} - \frac{x^2+y^2}{2R_1} - \frac{x'^2+y'^2}{2R_2} =$$
$$L + \frac{1}{2L}\Big[\Big(1-\frac{L}{R_1}\Big)(x^2+y^2) + \Big(1-\frac{L}{R_2}\Big)(x'^2+y'^2) -$$
$$2(xx'+yy')\Big] = L + \frac{1}{2L}[g_1(x^2+y^2) + g_2(x'^2+y'^2) -$$
$$2(xx'+yy')] \tag{2.3.24}$$

式中:$g_1 = 1 - \frac{L}{R_1}$;$g_2 = 1 - \frac{L}{R_2}$。

g_1、g_2 称为球面镜腔的几何参数，或简称 g 参数。在 g 的表示式中，对凹面镜 R 取正值，对凸面镜 R 取负值。在对称开腔的情况下

$$R_1 = R_2 = R, g_1 = g_2 = 1 - \frac{L}{R}$$

将上列关系代入式(2.3.24)中即可求得对称球面腔的 ρ 值，将这样求得的 ρ 值代入式(2.3.10)，即得出一般对称球面腔自再现模所满足的积分方程的具体形式。对所谓对称共焦腔，ρ 的表示式还可以进一步简化。

对称共焦腔满足条件

$$R_1 = R_2 = R = L \tag{2.3.25}$$

即两个球面镜的曲率半径相等且等于腔长，从而两个镜面的焦点重合并处在腔的中心，这就是"对称共焦"这一名称的涵义。在这种情况下有

$$g_1 = g_2 = 0 \tag{2.3.26}$$

由此，按式(2.3.24)得出

$$\rho(x,y,x',y') = L - \frac{1}{L}(xx' + yy') \tag{2.3.27}$$

当反射镜是孔径为 $2a \times 2a$ 的方形镜时，将上式代入式(2.3.10)得出

$$\begin{cases} v(x,y) = \gamma \int_{-a}^{+a}\int_{-a}^{+a} K(x,y,x',y')v(x',y')\mathrm{d}x'\mathrm{d}y' \\ K(x,y,x',y') = \frac{i}{\lambda L}e^{-ikL}e^{ik\frac{xx'+yy'}{L}} \end{cases} \tag{2.3.28}$$

显然，上述方程又是可分离变量的。分离变量后可变为两个单变量积分方程（见 2.5 节）。

2.4 平行平面腔模的迭代解法

平行平面腔在激光发展史上最先被采用，第一台激光器（梅曼（T. H. Maiman）的红宝石激光器）就是用平行平面腔做成的。目前，在中等以上功率的固体激光器和气体激光器中仍常常采用它。平行平面腔的主要优点是，光束方向性极好（发散角小）、模体积较大、比较容易获得单横模振荡等。其主要缺点是调整精度要求极高，此外，与稳定腔比较，损耗也较大，因而对小增益器件不大适用。

由于平行平面腔振荡模所满足的自再现积分方程(2.3.6)至今尚得不到精确的解析解，因此本节简要介绍平面腔模的迭代解法。

所谓迭代法，就是利用迭代公式（见式(2.3.3)）

$$u_{j+1} = \iint_S K u_j \mathrm{d}s' \tag{2.4.1}$$

直接进行数值计算，式中 K 由式(2.3.7)确定。首先，假设在某一镜面上存在一个初始场分布 u_1，将它代入上式，计算在腔内经第一次渡越而在第二个镜面上生成的场 u_2，然后再用所得到的 u_2 代入式(2.4.1)，计算在腔内经第二次渡越而在第一个镜上生成的场 u_3。如此反复运算并注意经过足够多次以后，在腔面上能否形成一种稳态场分布。在对称开腔的情况下，当 j 足够大时，由数值计算得出的 u_j, u_{j+1}, u_{j+2} 能否满足下述关系式

$$\begin{cases} u_{j+1} = \dfrac{1}{\gamma} u_j \\ u_{j+2} = \dfrac{1}{\gamma} u_{j+1} \\ \vdots \end{cases} \qquad (2.4.2)$$

式中:γ 为复常数。如果直接数值计算得出了这种稳定的场分布,则可认为找到了腔的一个自再现模或横模。

对不同几何形状的平行平面腔(如条状腔、矩形平面镜腔、圆形平面镜腔等),由于迭代方程(2.4.1)的具体形状各不相同,因而必须用相应的迭代方程进行计算。

福克斯和厉鼎毅首先用计算机完成了上述计算,求出了各种几何形状的平行平面腔、圆形镜共焦腔等的一系列腔的自再现模。

迭代法的重要意义在于,首先,它用逐次近似计算直接求出了一系列自再现模,从而第一次证明了开腔模式的存在性。其次,迭代法能加深对模的形成过程的理解,因为它的数学运算过程与波在腔中往返传播而最终形成自再现模这一物理过程相对应,而且用迭代法求出的结果使我们具体地、形象地认识了模的各种特征。第三,迭代法虽然比较繁杂,但却具有普遍的适用性,它原则上可以用来计算任何几何形状的开腔中的自再现模,而且还可以计算诸如平行平面腔中腔镜的倾斜、镜面的不平整性等对模的扰动。

下面,我们以对称条状腔为例,看看平行平面腔中自再现模是如何形成的。

考察镜的宽度为 $2a$,腔长为 L 的对称条状腔。按式(2.3.20),该条状腔的模式迭代方程应为

$$\begin{cases} u_2(x) = \sqrt{\dfrac{i}{\lambda L}} e^{-ikL} \int_{-a}^{+a} e^{-ik\frac{(x-x')^2}{2L}} u_1(x') dx' \\ u_3(x') = \sqrt{\dfrac{i}{\lambda L}} e^{-ikL} \int_{-a}^{+a} e^{-ik\frac{(x'-x)^2}{2L}} u_2(x') dx \\ \vdots \end{cases} \qquad (2.4.3)$$

在利用式(2.4.3)进行数值计算时,首先碰到的一个问题是,初始入射波分布函数 u_1 应如何选择。一种自然的想法是,以一列均匀平面波作为第一个镜面上的初始激发波。由于重要的只是振幅和相位的相对分布,因此,我们可以取

$$u_1 \equiv 1 \qquad (2.4.4)$$

即认为整个镜面为等相位面($\arg u_1 = 0$),且镜面上各点波的振幅均为 1。将式(2.4.4)代入式(2.4.3)进行数值计算求出 u_2,然后将 u_2 归一化,即取

$$|u_2|_{\max} = 1 \qquad (2.4.5)$$

并代入式(2.4.3)以计算 $u_3 \cdots\cdots$

图 2.4.1 是这类计算结果的一个例子。图中所用条状腔的具体尺寸是

$$a = 25\lambda, \quad L = 100\lambda, \quad N = \frac{a^2}{L\lambda} = 6.25$$

这里 N 为腔的菲涅耳数。由初始分布式(2.4.4)出发,经第一次及第 300 次渡越后所得到的振幅和相位分布已绘于图 2.4.1 中。

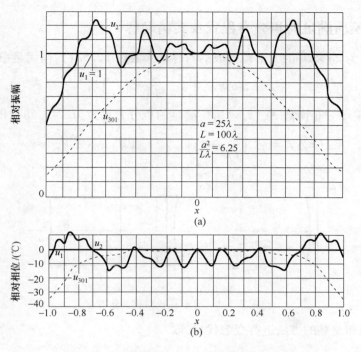

图 2.4.1　条状腔中模的形成
(a) 振幅分布；(b) 相位分布。

从图 2.4.1 可以看出，均匀平面波经过第一次渡越后起了很大的变化，场 u_2 的振幅与相位随腔面坐标的变化而急剧地起伏。对随后的几次渡越，情况也是一样，每一次渡越都将对场的分布发生明显的影响。但随着渡越次数的增加，每经一次渡越后场分布的变化越来越不明显，振幅与相位分布曲线上的起伏越来越小，场的相对分布逐渐趋向某一稳定状态。在经过 300 次渡越以后，归一化的振幅曲线和相位曲线实际上已不再发生变化，这样我们就得到了一个自再现模。这种稳态场分布的特点是：总的说来，在镜面中心处振幅最大，从中心到边缘振幅逐渐降落，整个镜面上的场分布具有偶对称性。我们将具有这种特征的横模称为腔的最低阶偶对称模或基模。矩形镜腔和圆形镜腔的基模通常以符号 TEM_{00} 表示。

数值计算的结果表明，对 $u_1 = 1$ 的初始激发波，在经过足够多次渡越以后，不但振幅分布发生了明显变化，而且相位分布也发生了变化，镜面已不再是等相位面了。因此，严格地说，TEM_{00} 模已不仅不再是均匀平面波，而且也已经不再是平面波了。

2.5　方形镜共焦腔的自再现模

满足条件 $R_1 = R_2 = L$ 的谐振腔称为对称共焦腔，这时腔的中心即为两个镜面的公共焦点。博伊德和戈登首先证明，方形镜共焦腔模式积分方程具有严格的解析函数解。当腔的菲涅耳数 N 足够大时，可将自再现模式积分方程的积分限开拓至无穷大，从而获得共焦腔自再现模的近似解析解。

一、自再现模所满足的积分方程式及其精确解

对由线度为 $2a \times 2a$ 的方形镜构成的对称共焦腔(图 2.5.1),当满足条件

$$L \gg a \gg \lambda, \qquad \frac{a^2}{L\lambda} \ll \left(\frac{L}{a}\right)^2$$

时,其自再现模场分布函数 $v_{mn}(x,y)$ 所应满足的积分方程式为(2.3.28),即

$$v_{mn}(x,y) = \gamma_{mn}\left(\frac{\mathrm{i}}{L\lambda}\mathrm{e}^{-\mathrm{i}kL}\right)\int_{-a}^{+a}\int_{-a}^{+a}v_{mn}(x',y')\mathrm{e}^{\mathrm{i}k\frac{xx'+yy'}{L}}\mathrm{d}x'\mathrm{d}y' \qquad (2.5.1)$$

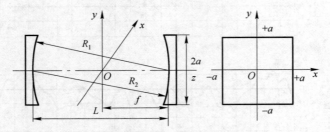

图 2.5.1　方形孔径对称共焦腔

下面按博伊德和戈登的方法进行变数代换,取

$$\begin{cases} X = \dfrac{\sqrt{c}}{a}x, \; Y = \dfrac{\sqrt{c}}{a}y \\ c = \dfrac{a^2 k}{L} = 2\pi\left(\dfrac{a^2}{L\lambda}\right) = 2\pi N \end{cases} \qquad (2.5.2)$$

并令

$$v_{mn}(x,y) = F_m(X)G_n(Y) \qquad (2.5.3)$$

则式(2.5.1)转化为

$$\sigma_m \sigma_n F_m(X) G_n(Y) = \frac{\mathrm{i}\mathrm{e}^{-\mathrm{i}kL}}{2\pi}\int_{-\sqrt{c}}^{+\sqrt{c}}F_m(X')\mathrm{e}^{\mathrm{i}XX'}\mathrm{d}X'\int_{-\sqrt{c}}^{+\sqrt{c}}G_n(Y')\mathrm{e}^{\mathrm{i}YY'}\mathrm{d}Y' \qquad (2.5.4)$$

上式中的 $\sigma_m \sigma_n$ 与式(2.5.1)中的本征值 γ_{mn} 的关系为

$$\gamma_{mn} = \frac{1}{\sigma_m \sigma_n} \qquad (2.5.5)$$

显然,寻求满足方程式(2.5.4)的方形镜共焦腔自再现模的问题就等价于求解下述两个积分方程问题:

$$\begin{cases} \sigma_m F_m(X) = \left(\dfrac{\mathrm{i}\mathrm{e}^{-\mathrm{i}kL}}{2\pi}\right)^{1/2}\int_{-\sqrt{c}}^{+\sqrt{c}}F_m(X')\mathrm{e}^{\mathrm{i}XX'}\mathrm{d}X' \\ \sigma_n G_n(Y) = \left(\dfrac{\mathrm{i}\mathrm{e}^{-\mathrm{i}kL}}{2\pi}\right)^{1/2}\int_{-\sqrt{c}}^{+\sqrt{c}}G_n(Y')\mathrm{e}^{\mathrm{i}YY'}\mathrm{d}Y' \end{cases} \qquad (2.5.6)$$

式(2.5.6)中的每一个方程都只包含一个自变数,而且两个方程的形式是完全一样的,因此只要求解其中的一个就够了。

方程式(2.5.4)的精确解已为博伊德和戈登所求得,在 c 为有限值时的本征函数为

$$v_{mn}(x,y) = F_m(X)G_n(Y) = S_{0m}(c, X/\sqrt{c})S_{0n}(c, Y/\sqrt{c}) \quad m, n = 0, 1, 2, \cdots \qquad (2.5.7)$$

式中
$$S_{om}(c, X/\sqrt{c}) = S_{om}\left(c, \frac{x}{a}\right), \qquad S_{on}(c, Y/\sqrt{c}) = S_{on}\left(c, \frac{y}{a}\right)$$

为角向长椭球函数。与 $v_{mn}(x,y)$ 相应的本征值为

$$\sigma_m \sigma_n = \chi_m \chi_n \mathrm{i} \mathrm{e}^{-\mathrm{i}kL} \tag{2.5.8}$$

式中

$$\begin{cases} \chi_m = \sqrt{2c/\pi}\, \mathrm{i}^m R_{om}^{(1)}(c,1) & m = 0,1,2,\cdots \\ \chi_n = \sqrt{2c/\pi}\, \mathrm{i}^n R_{on}^{(1)}(c,1) & n = 0,1,2,\cdots \end{cases} \tag{2.5.9}$$

$R_{om}^{(1)}(c,1)$,$R_{on}^{(1)}(c,1)$ 为径向长椭球函数。将式(2.5.9)代入式(2.5.8)得出

$$\sigma_m \sigma_n = 4N \mathrm{e}^{-\mathrm{i}\left[kL - (m+n+1)\frac{\pi}{2}\right]} R_{om}^{(1)}(c,1) R_{on}^{(1)}(c,1) \tag{2.5.10}$$

人们对前述长椭球函数进行了大量研究,已弄清了它们的基本性质。该函数满足如下的积分关系式

$$2\mathrm{i}^m R_{om}^{(1)}(c,1) S_{om}(c,T) = \int_{-1}^{+1} \mathrm{e}^{\mathrm{i}cTT'} S_{om}(c,T') \mathrm{d}T' \tag{2.5.11}$$

且 $R_{om}^{(1)}(c,1)$ 及 $S_{om}(c,T)$ 均为实函数。人们计算出了 c 取某些具体数值时的角向及径向长椭球函数表,并研究了它们在某些特殊情况下的近似表达式。

由式(2.5.7)和式(2.5.10)可以看出,对任一给定的 c 值,当 m,n 取一系列不连续的整数时,即得出一系列本征函数,它们描述共焦腔镜面上场的振幅和相位分布,同时得出一系列相应的本征值,它们决定模的相移和损耗。我们以符号 TEM_{mn} 表示共焦腔自再现模。下面就以式(2.5.7)和式(2.5.10)为基础讨论共焦腔模的各种特征。

二、镜面上场的振幅和相位分布

1. 厄米特—高斯近似

可以证明,在

$$x \ll a, y \ll a$$

的区域内,即在共焦反射镜面中心附近,角向长椭球函数可以表示为厄米特多项式和高斯分布函数的乘积:

$$\begin{cases} F_m(X) = S_{om}\left(c, \frac{X}{\sqrt{c}}\right) = C_m H_m(X) \mathrm{e}^{-\frac{X^2}{2}} \\ G_n(Y) = S_{on}\left(c, \frac{Y}{\sqrt{c}}\right) = C_n H_n(Y) \mathrm{e}^{-\frac{Y^2}{2}} \end{cases} \tag{2.5.12}$$

式中:C_m、C_n 为常系数;$H_m(X)$ 为 m 阶厄米特多项式

$$H_m(X) = (-1)^m \mathrm{e}^{X^2} \frac{\mathrm{d}^m}{\mathrm{d}X^m} \mathrm{e}^{-X^2} = \sum_{k=0}^{\left[\frac{m}{2}\right]} \frac{(-1)^k m!}{k!(m-2k)!}(2X)^{m-2k}$$

$$m = 0,1,2,\cdots \tag{2.5.13}$$

其中 $\left[\frac{m}{2}\right]$ 表示 $\frac{m}{2}$ 的整数部分。最初几阶厄米特多项式为(图 2.5.2)

$$\begin{cases} H_0(X) = 1 \\ H_1(X) = 2X \\ H_2(X) = 4X^2 - 2 \\ H_3(X) = 8X^3 - 12X \\ H_4(X) = 16X^4 - 48X^2 + 12 \\ \vdots \end{cases} \quad (2.5.14)$$

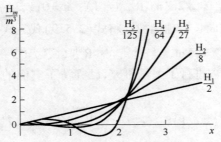

图 2.5.2 最初几阶厄米特多项式

注：曲线 $\frac{H_1}{2}$ 的纵坐标为 $\frac{H_1}{2}$，其余曲线的纵坐标为 $\frac{H_m}{m^3}$。

应该指出。当 $c \to \infty$ 时，厄米特—高斯函数

$$H_m(X)e^{-\frac{X^2}{2}}, \quad H_n(Y)e^{-\frac{Y^2}{2}} \quad (2.5.15)$$

即为方程(2.5.6)的本征函数，在 c 为有限值的情况下，只要条件

$$c = 2\pi N \gg 1 \quad (2.5.16)$$

成立，则式(2.5.15)仍在极好的近似程度上满足方程(2.5.6)。如果式(2.5.16)不能满足，则在镜面中心附近，厄米特—高斯函数仍能正确描述共焦腔模的振幅和相位分布。

将式(2.5.12)代入式(2.5.7)，并将 X, Y 换回镜面上的笛卡儿坐标 x, y，最后得出

$$v_{mn}(x,y) = C_{mn} H_m\left(\frac{\sqrt{c}}{a}x\right) H_n\left(\frac{\sqrt{c}}{a}y\right) e^{-\frac{c(x^2+y^2)}{2a^2}} =$$

$$C_{mn} H_m\left(\sqrt{\frac{2\pi}{L\lambda}}x\right) H_n\left(\sqrt{\frac{2\pi}{L\lambda}}y\right) e^{-\frac{x^2+y^2}{(L\lambda/\pi)}} \quad (2.5.17)$$

式中：C_{mn} 为常系数。

下面我们来讨论厄米特—高斯近似下共焦腔镜面上的场分布特性。

2. 基模

在式(2.5.17)中取 $m = n = 0$，即得出共焦腔基模（TEM_{00}模）的场分布函数

$$v_{00}(x,y) = C_{00} e^{-\frac{x^2+y^2}{(L\lambda/\pi)}} \quad (2.5.18)$$

可见，基模在镜面上的分布是高斯型的，模的振幅从镜中心（$x = y = 0$）向边缘平滑地降落。在离中心的距离为

$$r = \sqrt{x^2 + y^2} = \sqrt{\frac{L\lambda}{\pi}} \qquad (2.5.19)$$

处场的振幅降落为中心处的 $\frac{1}{e}$，如图 2.5.3 所示。式中 L 为共焦腔长，λ 为激光波长。通常就用半径为 $r = \sqrt{L\lambda/\pi}$ 的圆来规定基模光斑的大小，并定义

$$w_{0s} = \sqrt{\frac{L\lambda}{\pi}} \qquad (2.5.20)$$

为共焦腔基模在镜面上的光斑尺寸或光斑半径。应该注意，场并不局限在 $r \leqslant w_{0s}$ 的范围内。只要场的分布是高斯型的，从理论上说，它就应横向延伸到无穷远处，但在 $r > w_{0s}$ 的区域内，光强实际上已经很弱。

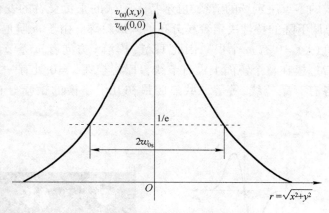

图 2.5.3 高斯分布与光斑尺寸

式(2.5.20)表明，共焦腔基模在镜面上的光斑大小与镜的横向几何尺寸无关，而只决定于腔长 L 或共焦腔反射镜的焦距 $f = L/2$。这是共焦腔的一个重要特性，与平行平面腔的情况是不同的。当然，这一结论只有在模的振幅分布可以用厄米特—高斯函数近似表述的情况下才是正确的。

从下述例子可以获得光斑尺寸的数量概念。一台使用共焦腔的二氧化碳激光器，若 $L = 1\text{m}, \lambda = 10.6\mu\text{m}$，则 $w_{0s} \approx 1.84\text{mm}$；若氦氖激光器（$\lambda = 0.6328\mu\text{m}$）采用 $L = 30\text{cm}$ 的共焦腔，则镜面上的光斑尺寸为 $w_{0s} = 0.25\text{mm}$。可见，共焦腔的光斑半径通常是很小的，远比实际上使用的反射镜的横向尺寸小得多。因此，共焦腔模的场主要集中在镜面中心附近。

借助式(2.5.20)，可将式(2.5.17)重写为

$$v_{mn}(x,y) = C_{mn} H_m\left(\frac{\sqrt{2}}{w_{0s}}x\right) H_n\left(\frac{\sqrt{2}}{w_{0s}}y\right) e^{-\frac{x^2+y^2}{w_{0s}^2}} \qquad (2.5.21)$$

3. 高阶横模

当 m、n 取不同时为零的一系列整数时，由式(2.5.21)可得出镜面上各高阶横模的振幅分布。对最初几个横模，我们有

$$\begin{cases} v_{10}(x,y) = C_{10}\dfrac{2\sqrt{2}}{w_{0s}}x\mathrm{e}^{-\frac{x^2+y^2}{w_{0s}^2}} = C'_{10}x\mathrm{e}^{-\frac{x^2+y^2}{w_{0s}^2}} \\ v_{01}(x,y) = C_{01}\dfrac{2\sqrt{2}}{w_{0s}}y\mathrm{e}^{-\frac{x^2+y^2}{w_{0s}^2}} = C'_{01}y\mathrm{e}^{-\frac{x^2+y^2}{w_{0s}^2}} \\ v_{20}(x,y) = C_{20}\left[4\dfrac{2x^2}{w_{0s}^2}-2\right]\mathrm{e}^{-\frac{x^2+y^2}{w_{0s}^2}} = C'_{20}[4x^2-w_{0s}^2]\mathrm{e}^{-\frac{x^2+y^2}{w_{0s}^2}} \\ v_{11}(x,y) = C_{11}\times 4\times\dfrac{2}{w_{0s}^2}xy\mathrm{e}^{-\frac{x^2+y^2}{w_{0s}^2}} = C'_{11}xy\mathrm{e}^{-\frac{x^2+y^2}{w_{0s}^2}} \\ \vdots \end{cases} \quad (2.5.22)$$

可以看出,TEM$_{mn}$模在镜面上振幅分布的特点取决于厄米特多项式与高斯分布函数的乘积。厄米特多项式的零点决定场的节线,厄米特多项式的正负交替的变化与高斯函数随着x、y的增大而单调下降的特性决定着场分布的外形轮廓。由于m阶厄米特多项式有m个零点(即方程$\mathrm{H}_m(X)=0$有m个根),因此TEM$_{mn}$模沿x方向有m条节线,沿y方向有n条节线。例如,TEM$_{00}$模在整个镜面上没有节线,TEM$_{10}$模在$x=0$处有一条节线,TEM$_{11}$模在$x=0,y=0$处各有一条节线,等等。共焦腔最初几个横模的振幅分布和强度花样如图2.5.4所示。

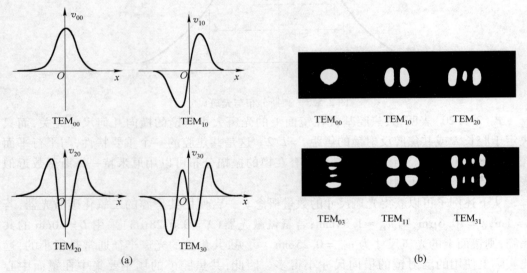

图 2.5.4 方形镜共焦腔模的振幅分布和强度花样
(a) 振幅分布;(b) 强度花样。

注意到式(2.5.20)所定义的基模光斑半径的平方恰为基模中坐标均方差的4倍

$$w_{0s}^2 = \frac{4\int_{-\infty}^{+\infty}\mathrm{e}^{-\frac{X^2}{2}}(x-\bar{x})^2\mathrm{e}^{-\frac{X^2}{2}}\mathrm{d}X}{\int_{-\infty}^{+\infty}(\mathrm{e}^{-\frac{X^2}{2}})^2\mathrm{d}X} = \frac{4\int_{-\infty}^{+\infty}\mathrm{e}^{-\frac{Y^2}{2}}(y-\bar{y})^2\mathrm{e}^{-\frac{Y^2}{2}}\mathrm{d}Y}{\int_{-\infty}^{+\infty}(\mathrm{e}^{-\frac{Y^2}{2}})^2\mathrm{d}Y} \quad (2.5.23)$$

式中:坐标的平均值$\bar{x}$和$\bar{y}$为零。因此,可类似地将高阶横模的光斑尺寸的平方定义为其

坐标均方差的 4 倍

$$\begin{cases} w_{ms}^2 = \dfrac{4\int_{-\infty}^{+\infty} F_m(X)(x-\bar{x})^2 F_m(X)\,\mathrm{d}X}{\int_{-\infty}^{+\infty} [F_m(X)]^2 \,\mathrm{d}X} \\ w_{ns}^2 = \dfrac{4\int_{-\infty}^{+\infty} G_n(Y)(y-\bar{y})^2 G_n(Y)\,\mathrm{d}Y}{\int_{-\infty}^{+\infty} [G_n(Y)]^2 \,\mathrm{d}Y} \end{cases} \quad (2.5.24)$$

式中：$F_m(X)$、$G_n(Y)$ 由式(2.5.12)给出。将式(2.5.12)、式(2.5.14)代入上式不难求得

$$\begin{cases} w_{ms}^2 = (2m+1)w_{0s}^2 \\ w_{ns}^2 = (2n+1)w_{0s}^2 \end{cases} \quad (2.5.25)$$

由此求得镜面上的高阶横模与基模光斑尺寸之比为

$$\frac{w_{ms}}{w_{0s}} = \sqrt{2m+1}, \qquad \frac{w_{ns}}{w_{0s}} = \sqrt{2n+1} \quad (2.5.26)$$

这样，只要由式(2.5.20)求得了基模光斑半径的大小，就可以由式(2.5.26)求出高阶横模的光斑半径。

　　4. 相位分布

镜面上场的相位分布由自再现模 $v_{mn}(x,y)$ 的辐角决定。由于长椭球函数为实函数，因此，按式(2.5.7)，$v_{mn}(x,y)$ 亦为实函数。这就表明，镜面上各点场的相位相同，共焦腔反射镜本身构成场的一个等相位面，无论对基模或高阶横模，情况都是一样。共焦腔的这一性质也与平行平面腔不同。对平行平面腔来说，反射镜本身已不是严格意义下的等相位面了。

三、单程损耗

共焦腔自再现模 TEM_{mn} 的单程功率衍射损耗由下式给出

$$\delta_{mn} = 1 - \left|\frac{1}{\gamma_{mn}}\right|^2 = 1 - |\sigma_m \sigma_n|^2 = 1 - |\chi_m \chi_n|^2 \quad (2.5.27)$$

对方形镜共焦腔，根据式(2.5.27)和式(2.5.9)，代入径向长椭球函数的具体数值，将损耗 δ_{mn} 作为菲涅耳数的函数绘于图 2.5.5 中。为了便于比较，图中还给出了平行平面腔单程损耗的数值计算结果，右上角的曲线表示均匀平面波在线度为 $2a$ 的镜面上的衍射损耗，它由 $\delta \approx 1/N$ 给出。

从图中的曲线可以看出，均匀平面波的夫琅和费衍射损耗比平面腔自再现模的损耗大得多，而平面腔模的损耗又比共焦腔模的损耗大得多。表 2.5.1 列出了菲涅耳数相同的两种腔的 TEM_{00} 模的损耗值。显然，共焦腔模的衍射损耗在数量级上比平面腔低。

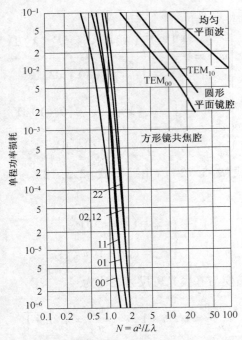

图 2.5.5 方形镜共焦腔的单程功率衍射损耗

表 2.5.1 TEM$_{00}$ 模的单程损耗

$N = \dfrac{a^2}{L\lambda}$		1	2	4	5	10
损耗	平面波		≈0.5	≈0.25	0.2	0.1
	平面腔	≈0.18	0.08	0.03	0.022	0.0082
	共焦腔	$10^{-3.9}$	$10^{-8.48}$	$10^{-18.76}$	$10^{-23.7}$	$10^{-48.4}$

共焦腔模与平面腔模在损耗上的这一差别是不难理解的。在共焦腔中,除了衍射引起的光束发散作用以外,还有腔镜(凹面镜)对光束的会聚作用。这两种因素一起决定腔的损耗的大小。如第一章已经证明的,对共焦腔和其他稳定球面腔而言,傍轴光线的几何偏折损耗为零,因而腔的损耗具有"纯粹"衍射损耗的性质。而且,只要 N 不太小,共焦腔模就将集中在镜面中心附近,在镜边缘处振幅很小,因而衍射损耗极低。平面腔的情况与此不同,所有与轴线成非零夹角而传播的光都将不可避免地出现几何损耗,而且平面腔模原则上展布在整个镜面上。在菲涅耳数相同的情况下,同一模式在镜边缘处的振幅远比共焦腔模的振幅大,所有这一切都决定了平面腔的损耗应比共焦腔高得多。

共焦腔中各个模式的损耗与腔的具体几何尺寸无关,而单值地由菲涅耳数确定。所有模式的损耗都随着菲涅耳数的增加而迅速下降。TEM$_{00}$ 模的损耗可近似按下述公式计算

$$\delta_{00} = 10.9 \times 10^{-4.94N} \tag{2.5.28}$$

在同一菲涅耳数下,不同横模的衍射损耗各不相同,损耗随着模的阶次的增高而迅速增大。这就表明,在共焦腔中可以利用衍射损耗的差别来进行横模选择。

2.6 方形镜共焦腔的行波场

一、共焦腔中的厄米特—高斯光束

知道了镜面上的场以后,利用菲涅耳-基尔霍夫衍射积分即可求出共焦腔内外任一点的场。博伊德和戈登证明,在镜面上的场能用厄米特—高斯函数描述的条件下,共焦腔场可以解析地表示为(坐标原点选在腔的中心)

$$E_{mn}(x,y,z) = A_{mn}E_0 \frac{w_0}{w(z)} H_m\left[\frac{\sqrt{2}}{w(z)}x\right] H_n\left[\frac{\sqrt{2}}{w(z)}y\right] e^{-\frac{r^2}{w^2(z)}} e^{-i\Phi(x,y,z)} \quad (2.6.1)$$

式中

$$\begin{cases} w(z) = \sqrt{\frac{L\lambda}{2\pi}(1+\xi^2)} = \frac{w_{0s}}{\sqrt{2}}\sqrt{1+\left(\frac{z}{f}\right)^2} = w_0\sqrt{1+\left(\frac{z}{f}\right)^2} \\ \Phi(x,y,z) = k\left[f(1+\xi) + \frac{\xi}{1+\xi^2}\frac{r^2}{2f}\right] - (m+n+1)\left(\frac{\pi}{2}-\psi\right) \end{cases} \quad (2.6.2)$$

式(2.6.1)、式(2.6.2)中各参数的意义如下:$\psi = \arctan[(1-\xi)/(1+\xi)]$;$\xi = 2z/L = z/f$;$w_0 = w_{0s}/\sqrt{2} = \sqrt{L\lambda/2\pi}$;$L$ 为共焦腔长;$f = L/2$ 为镜的焦距;$E_{mn}(x,y,z)$ 表示 TEM_{mn} 模在腔内任意点 (x,y,z) 处的电场强度;E_0 为一与坐标无关的常量;A_{mn} 为与模的级次有关的归一化常数。$E_{mn}(x,y,z)$ 是由腔的一个镜面上的场[如式(2.5.17)所示]所产生的、并沿着腔的轴线而传播的行波场。只要我们考虑到输出镜的适当透射率,则式(2.6.1)不仅适用于腔内空间中的场,而且对输出到腔外的场也同样是正确的。

下面分析共焦腔行波场(简称共焦场)的特征。

二、振幅分布和光斑尺寸

按式(2.6.1),共焦场的振幅分布由下式确定

$$|E_{mn}(x,y,z)| = A_{mn}E_0 \frac{w_0}{w(z)} H_m\left(\frac{\sqrt{2}}{w(z)}x\right) H_n\left(\frac{\sqrt{2}}{w(z)}y\right) e^{-\frac{x^2+y^2}{w^2(z)}} \quad (2.6.3)$$

对基模

$$|E_{00}(x,y,z)| = A_{00}E_0 \frac{w_0}{w(z)} e^{-\frac{x^2+y^2}{w^2(z)}} \quad (2.6.4)$$

可见,共焦场基模的振幅在横截面内由高斯分布函数所描述。定义在振幅最大值的 $\frac{1}{e}$ 处的基模光斑尺寸(半径)为

$$w(z) = \sqrt{\frac{L\lambda}{2\pi}\left(1+\frac{z^2}{f^2}\right)} = \frac{w_{0s}}{\sqrt{2}}\sqrt{1+\left(\frac{z}{f}\right)^2} = w_0\sqrt{1+\left(\frac{z}{f}\right)^2} \quad (2.6.5)$$

式中,w_{0s} 为镜面上基模的光斑半径。式(2.6.5)表明,腔中不同位置处的光斑大小各不相同(图2.6.1)。在共焦腔镜面上,$z = \pm L/2 = \pm f$,此处

$$w(z) = w(\pm f) = w_{0s} = \sqrt{\frac{L\lambda}{\pi}}$$

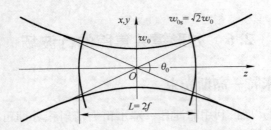

图 2.6.1　共焦腔基模高斯光束腰斑半径

$$w_0 = \sqrt{\frac{L\lambda}{2\pi}} = \sqrt{\frac{f\lambda}{\pi}}$$

与前一节的结果一致。在共焦腔的中心(即两镜面的公共焦点)$z=0$处,$w(z)$达到极小值

$$w(z) = \frac{w_{0s}}{\sqrt{2}} = w_0 = \sqrt{\frac{f\lambda}{\pi}} \qquad (2.6.6)$$

通常将 w_0 称为高斯光束的基模腰斑半径。

式(2.6.5)表明,共焦场中基模光斑的大小随着坐标 z 按双曲线规律变化

$$\frac{w^2(z)}{w_0^2} - \frac{z^2}{f^2} = 1 \qquad (2.6.7)$$

对各高阶厄米特—高斯光束,也可按同样的方法分析。

三、等相位面的分布

共焦场的相位分布由式(2.6.2)中的相位函数 $\Phi(x,y,z)$ 描述。$\Phi(x,y,z)$ 随坐标 x, y, z 而变化,与腔的轴线相交于 z_0 点的等相位面的方程由

$$\Phi(x,y,z) = \Phi(0,0,z_0) \qquad (2.6.8)$$

给出。忽略由于 z 的微小变化所引起的函数 ψ 的改变,则在腔的轴线附近有

$$z - z_0 \approx \frac{-\xi}{1+\xi^2} \frac{r^2}{L} \approx -\frac{r^2}{(1+\xi_0^2)\frac{L}{\xi_0}} \qquad (2.6.9)$$

式中:$\xi = z/f$;$\xi_0 = z_0/f$。式(2.6.9)是圆柱坐标系中的抛物面方程式,抛物面的顶点位于 $z = z_0$ 处。

可以证明,在腔的轴线附近,由式(2.6.9)所描述的共焦场的等相位面近似为球面,与腔的轴线在 z_0 点相交的等相位面的曲率半径为

$$R(z_0) = 2f' = \left|z_0 + \frac{f^2}{z_0}\right| = \left|f\left(\frac{z_0}{f} + \frac{f}{z_0}\right)\right| \qquad (2.6.10)$$

图 2.6.2 说明了共焦场等相位面方程中各参数的意义。

由式(2.6.9)看出,当 $z_0 > 0$ 时,$z - z_0 < 0$;而当 $z_0 < 0$ 时,$z - z_0 > 0$。这就表示,共焦场的等相位面都是凹面向着腔的中心($z=0$)的球面。等相位面的曲率半径随坐标 z_0 而变化,当 $z_0 = \pm f = \pm \frac{L}{2}$ 时,$R(z_0) = 2f = L$,表明共焦腔反射镜面本身与场的两个等相位面重合,这与前一节的结果相符。当 $z_0 = 0$ 时,$R(z_0) \to \infty$;$z_0 \to \infty$ 时,$R(z_0) \to \infty$。可见通过共焦腔中心的等相位面是与腔轴垂直的平面,距腔中心无限远处的等相位面也是平面。不难证明,共焦腔

反射镜面是共焦场中曲率最大的等相位面。共焦场中等相位面的分布如图 2.6.3 所示。

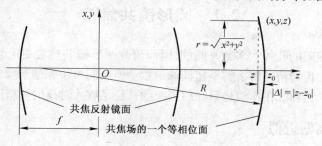

图 2.6.2 共焦场等相位面的方程

$$\left(\Delta = z - z_0 = \frac{r^2}{2R}\right)$$

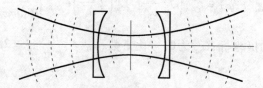

图 2.6.3 共焦场等相位面的分布

显然,如果在场的任意一个等相位面处放上一块具有相应曲率的反射镜片,则入射在该镜片上的场将准确地沿着原入射方向返回,这样共焦场分布将不会受到扰动。这个性质对利用共焦腔的自再现模理论求解一般稳定腔模有重要意义。

四、远场发散角

前面已经证明,共焦腔的基模光束依双曲线规律从腔的中心向外扩展,由此不难求得基模的远场发散角。该发散角(全角)定义为双曲线的两根渐近线之间的夹角(见图 2.6.1):

$$\theta_0 = \lim_{z \to \infty} \frac{2w(z)}{z} \tag{2.6.11}$$

式中:$2w(z)$ 为光斑直径。以式(2.6.5)所示之 $w(z)$ 代入,则

$$\theta_0 = \lim_{z \to \infty} \frac{2\sqrt{\frac{L\lambda}{2\pi}\left(1 + \frac{z^2}{f^2}\right)}}{z} = 2\sqrt{\frac{\lambda}{f\pi}} \tag{2.6.12}$$

相应的计算证明,包含在发散角 θ_0 内的功率占高斯基模光束总功率的 86.5%,由下面的例子可以获得共焦腔基模发散角的数量概念。

某共焦腔氦氖激光器,$L = 30\text{cm}, \lambda = 0.6328\mu\text{m}$,则按式(2.6.12)有

$$\theta_0 \approx 2.3 \times 10^{-3} \text{rad}$$

某共焦腔二氧化碳激光器,$L = 1\text{m}, \lambda = 10.6\mu\text{m}$,则

$$\theta_0 \approx 5.2 \times 10^{-3} \text{rad}$$

可见,共焦腔基模光束的理论发散角具有毫弧度的数量级。当共焦腔激光器以 TEM_{00} 模单模运转时,光束将具有优良的方向性。如果产生多横模振荡,则由于高阶模的发散角随模的阶次而增大,因而光束的方向性将变差。

2.7 圆形镜共焦腔

由于实际谐振腔的孔径大多数是圆的,因而研究圆形镜共焦腔更有现实意义。圆形镜共焦腔模式积分方程的精确解析解是超椭球函数。但人们对超椭球函数的研究还不像对长椭球函数那样成熟,因此,在本节将只介绍当腔的孔径足够大时模的解析近似表达式。

一、拉盖尔—高斯近似

可以证明,当腔的菲涅耳数 $N \to \infty$ 时,圆形镜共焦腔的自再现模场分布函数由下述拉盖尔—高斯函数所描述:

$$v_{mn}(r,\varphi) = C_{mn}\left(\sqrt{2}\frac{r}{w_{0s}}\right)^m L_n^m\left(2\frac{r^2}{w_{0s}^2}\right) e^{-\frac{r^2}{w_{0s}^2}} \begin{cases} \cos m\varphi \\ \sin m\varphi \end{cases} \quad (2.7.1)$$

式中:(r,φ) 为镜面上的极坐标;C_{mn} 为归一化常数;$w_{0s} = \sqrt{\dfrac{L\lambda}{\pi}}$;$L = 2f$ 为共焦腔长(f——镜的焦距)。

$L_n^m(\zeta)$ 为缔合拉盖尔多项式:

$$\begin{cases} L_0^m(\zeta) = 1 \\ L_1^m(\zeta) = 1 + m - \zeta \\ L_2^m(\zeta) = \dfrac{1}{2}[(1+m)(2+m) - 2(2+m)\zeta + \zeta^2] \\ \vdots \\ L_n^m(\zeta) = e^\zeta \dfrac{\zeta^{-m}}{n!}\dfrac{d^n}{d\zeta^n}(e^{-\zeta}\zeta^{n+m}) = \sum_{k=0}^{n} \dfrac{(n+m)!(-\zeta)^k}{(m+k)!k!(n-k)!} \\ n = 0, 1, 2, \cdots \end{cases} \quad (2.7.2)$$

将式(2.7.2)所示之 L_n^m 代入式(2.7.1)得出

$$\begin{cases} v_{00}(r,\varphi) = C_{00} e^{-\frac{r^2}{w_{0s}^2}} \\ v_{10}(r,\varphi) = C_{10} \dfrac{\sqrt{2}}{w_{0s}} r e^{-\frac{r^2}{w_{0s}^2}} \begin{cases} \cos\varphi \\ \sin\varphi \end{cases} \\ v_{01}(r,\varphi) = C_{01}\left(1 - 2\dfrac{r^2}{w_{0s}^2}\right) e^{-\frac{r^2}{w_{0s}^2}} \\ \vdots \end{cases} \quad (2.7.3)$$

与 $v_{mn}(r,\varphi)$ 相应的本征值为

$$\gamma_{mn} = e^{i\left[kL - (m+2n+1)\frac{\pi}{2}\right]} \quad (2.7.4)$$

当腔的菲涅耳数 N 为有限时,用式(2.7.1)描述镜面上的场分布将有一定的误差。但分析表明,只要腔的菲涅耳数 N 不太小,式(2.7.1)的近似程度就会是令人满意的。因

此,通常取 $N\to\infty$ 时圆形镜共焦腔模式本征函数的解作为 N 值为有限时模的解析近似表达式,并称为拉盖尔—高斯近似。

下面分析拉盖尔—高斯近似下的共焦腔模的特征。

1. 模的振幅和相位分布

式(2.7.3)第一个式子描述 TEM_{00} 模的场。显然,基模在镜面上的振幅分布是高斯型的,整个镜面上没有场的节线,在镜面中心($r=0$)处,振幅最大,定义在基模振幅 $1/e$ 处的光斑半径为

$$w_{0s} = \sqrt{\frac{L\lambda}{\pi}}$$

这一表达式与式(2.5.20)相同。

对其他各阶横模,镜面上出现节线。TEM_{mn} 模沿幅角(φ)方向的节线数目为 m,沿径向(r 方向)的节线圆数目为 n,各节线圆沿 r 方向不是等距分布的。图 2.7.1 是几个低阶横模的强度花样。

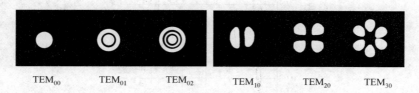

图 2.7.1 圆形镜共焦腔模的强度花样

与方形镜的情况相似,随着 m,n 的增加,模的光斑也将增大,但在圆形镜系统中光斑随 n 的增大要比随 m 的增大来得更快。仿照 w_{0s},将高阶模的光斑半径 w_{mns} 定义为场振幅降落到最外面一个极大值的 $1/e$ 的点与镜面中心的距离①,则相应的计算给出最初几个横模的光腰半径如表 2.7.1 所列。

表 2.7.1 不同横模的光腰半径

横模阶次	TEM_{00}	TEM_{10}	TEM_{20}	TEM_{01}	TEM_{11}	TEM_{21}
w_{mns}	w_{0s}	$1.50w_{0s}$	$1.77w_{0s}$	$1.92w_{0s}$	$2.21w_{0s}$	$2.38w_{0s}$

由于 $v_{mn}(r,\varphi)$ 为实函数,因此圆形共焦镜面本身为场的等相位面,其情况与方形镜共焦腔完全一样。

2. 单程衍射损耗

模的单程衍射损耗应由

$$\delta_{mn} = 1 - \left|\frac{1}{\gamma_{mn}}\right|^2$$

给出。按式(2.7.4),γ_{mn} 的模为 1,由此得出

$$\delta_{mn} = 0$$

---

① 这一定义方法与关于方形镜共焦腔高阶横模光斑半径的定义方法有些差别,两种方法在有关文献中都被采用。

即所有自再现模的损耗均为零。这一结果是不足为奇的,因为式(2.7.1)和式(2.7.4)是在 $N\to\infty$ 的情况下得到的。可见,当 N 为有限(但不太小)时,拉盖尔—高斯近似虽然能满意地描述场分布及相移等特征,但却不能用来分析模的损耗。只有精确解才能给出共焦模的损耗与 N 及横模指标 m 和 n 的关系。福克斯和厉鼎毅用迭代法对圆形镜对称共焦腔模进行了数值求解。圆形镜共焦腔几个最低阶模的损耗如图2.7.2所示。与方形镜共焦腔模的损耗比较,当菲涅耳数相同时,它的损耗比方形镜腔类似横模的损耗要大几倍。

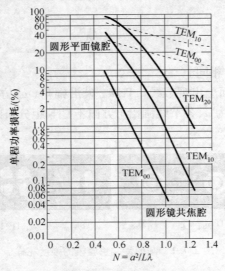

图 2.7.2 圆形镜共焦腔模的单程功率损耗

二、圆形镜共焦腔的行波场

当已知镜面上的场分布时,利用菲涅耳-基尔霍夫衍射积分即可求出共焦腔中的场。在拉盖尔—高斯近似下,由一个镜面上的场所产生的圆形镜共焦腔的行波场为

$$E_{mn}(r,\varphi,z) = A_{mn}E_0 \frac{w_0}{w(z)}\left(\sqrt{2}\frac{r}{w(z)}\right)^m L_n^m\left(2\frac{r^2}{w^2(z)}\right)e^{-\frac{r^2}{w^2(z)}}e^{-im\varphi}e^{-i\Phi(r,\varphi,z)} \quad (2.7.5)$$

$$\begin{cases} w(z) = \dfrac{w_{0s}}{\sqrt{2}}\sqrt{1+\left(\dfrac{z}{f}\right)^2} = w_0\sqrt{1+\left(\dfrac{z}{f}\right)^2} \\ \Phi(r,\varphi,z) = k\left[f(1+\xi) + \dfrac{\xi}{1+\xi}\dfrac{r^2}{2f}\right] - (m+2n+1)\left(\dfrac{\pi}{2}-\psi\right) \end{cases} \quad (2.7.6)$$

式中: $\psi = \arctan\dfrac{1-\xi}{1+\xi}; \xi = \dfrac{2z}{L} = \dfrac{z}{f}; w_0 = \dfrac{w_{0s}}{\sqrt{2}} = \sqrt{\dfrac{L\lambda}{2\pi}}; L=2f$,为共焦腔长; f 为镜的焦距。

将式(2.7.5)、式(2.7.6)与式(2.6.1)、式(2.6.2)比较看出,两者是十分类似的。因此,对圆形镜共焦腔行波场特性的分析可按与方形镜同样的方法进行。两者的基模光束的振幅分布、光斑尺寸、等相位面的曲率半径及光束发散角都完全相同。

通过前面的讨论可以看出,当共焦腔自再现模能以厄米特—高斯或拉盖尔—高斯函数近似描述时,很容易解析地表达出共焦腔振荡模的一系列重要特征。然而,也必须注意,近似解是在 $N\to\infty$ 的条件下得到的,因此,只有当 N 足够大时,近似解的结果才能与实际情况符合较好。一般地说,在 $N>1$ 的范围内,近似解能比较满意地描述共焦腔模的各种特征,特别是共焦腔基模的基本特征。通过本章后面的分析可看出,要求 N 较大与要求镜面上的光斑半径较小(与镜的线度相比)是一致的。

2.8 一般稳定球面腔的模式特征

共焦腔模式理论不仅能定量地说明共焦腔振荡模本身的特征,更重要的是,它能被推广到一般稳定球面腔系统,这一推广是谐振腔理论中的一个重大进展。

下面我们将要证明,任何一个共焦腔与无穷多个稳定球面腔等价。而任何一个稳定球面腔唯一地等价于一个共焦腔。这里所说的"等价",就是指它们具有相同的行波场。这种等价性深刻地揭示出各种稳定腔(共焦腔也是其中的一种)之间的内在联系,它使得我们可以利用共焦腔模式理论的研究结果来解析地表述一般稳定球面腔模的特征。

上述等价性是以共焦腔模式的空间分布,特别是其等相位面的分布规律为依据的。根据式(2.6.10),与腔的轴线相交于任意一点 z 的等相位面的曲率半径为

$$R(z) = \left| f\left(\frac{z}{f} + \frac{f}{z}\right) \right| = \left| z + \frac{f^2}{z} \right| \tag{2.8.1}$$

由此,我们不难证明下述两点。

(1) 任意一个共焦球面腔与无穷多个稳定球面腔等价。

2.6 节已经指明,如果我们在共焦场的任意两个等相位面上放置两块具有相应曲率半径的球面反射镜,则共焦场将不会受到扰动。但这样,我们就做成了一个新的谐振腔,它的行波场与原共焦腔的行波场相同。由于任一共焦腔模有无穷多个等相位面,因而我们可以用这种方法构成无穷多个等价球面腔。现在证明,所有这些球面腔都是稳定腔。

以图 2.8.1 所示的等相位面 c_1, c_2 为例,注意到关于球面腔曲率半径 R 的符号规定,对放置在 c_1, c_2 处的反射镜,应有

$$\begin{cases} R_1 = R(z_1) = -\left(z_1 + \dfrac{f^2}{z_1}\right) \\ R_2 = R(z_2) = +\left(z_2 + \dfrac{f^2}{z_2}\right) \\ L = z_2 - z_1 \end{cases} \tag{2.8.2}$$

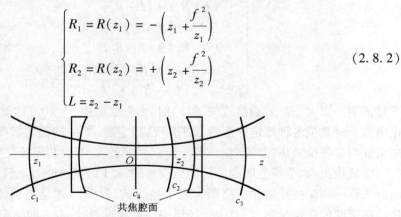

图 2.8.1 共焦腔与稳定球面腔的等价性

不难证明,上述 R_1, R_2, L 满足关系式

$$0 < \left(1 - \frac{L}{R_1}\right)\left(1 - \frac{L}{R_2}\right) < 1 \tag{2.8.3}$$

这正是 2.2 节导出的稳定性条件。

利用类似的方法可以证明,放置在图中 c_2,c_3 处或 c_2,c_4 处的反射镜都将构成稳定腔。

(2) 任一满足稳定性条件式(2.8.3)的球面腔唯一地等价于某一个共焦腔。

这个断言的意思是,如果某一个球面腔满足稳定性条件,则我们必定可以找到一个而且也只能找到一个共焦腔,其行波场的某两个等相位面与给定球面腔的两个反射镜面相重合。

仍以双凹腔为例,如图 2.8.2 所示,其中镜Ⅰ的曲率半径为 R_1,镜Ⅱ的曲率半径为 R_2,腔长为 L。假设它的等价共焦腔已经找到,如图中 $c-c'$ 所示,其焦距为 f,腔的中心为 O。我们就取 O 作为沿腔轴线的坐标 z 的原点,在此坐标系中,所给球面腔的两个反射镜面中心的坐标分别为 z_1,z_2。

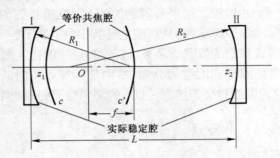

图 2.8.2 稳定球面腔和它的等价共焦腔

现在,我们的任务是要证明,只要 R_1、R_2、L 满足条件式(2.8.3),则必能求出合理的 f 值并正确决定等价共焦腔 $c-c'$ 的位置。具体地说,由给定的 R_1、R_2、L 所求得的 f 值必须为实数,而且能正确地决定等价共焦腔的中心 O 的位置。

按式(2.8.1),图 2.8.2 中所示的双凹腔应满足式(2.8.2)所示联立方程。由该联立方程组可唯一地解出一组数 z_1、z_2 和 f^2

$$\begin{cases} z_1 = \dfrac{L(R_2 - L)}{(L - R_1) + (L - R_2)} \\ z_2 = \dfrac{-L(R_1 - L)}{(L - R_1) + (L - R_2)} \\ f^2 = \dfrac{L(R_1 - L)(R_2 - L)(R_1 + R_2 - L)}{[(L - R_1) + (L - R_2)]^2} \end{cases} \quad (2.8.4)$$

不难证明。当 R_1,R_2,L 满足式(2.8.3)时,由上式可得 $f^2 > 0$。这就证明了第 2 项论断是正确的。对其他各种稳定球面腔,如凹-凸稳定腔、平-凹稳定腔等,都可以用类似的方法来证明其等价共焦腔的存在。当 z_1、z_2、f^2 求出后,等价共焦腔就唯一地确定下来了。

应该指出,本节所证明的等价性是以式(2.8.1)为基础的,而只有当共焦腔中的场能由厄米特—高斯或拉盖尔—高斯光束描述时式(2.8.1)才是正确的。因此,只有当所讨论的稳定腔的孔径足够大,腔中的场集中在轴线附近时,本节的结论才是正确的。

有了前面所证明的等价性定理,我们就可以将稳定腔模的特征解析地表述如下。

一、镜面上的光斑尺寸

按式(2.6.5),共焦腔中基模的光斑尺寸为

$$w(z) = \sqrt{\frac{f\lambda}{\pi}\left[1+\left(\frac{z}{f}\right)^2\right]} = w_0\sqrt{1+\frac{z^2}{f^2}} \tag{2.8.5}$$

将式(2.8.4)中所示之 f 代入上式,即得出一般稳定球面腔(R_1、R_2、L)的行波场的基模光斑尺寸的分布。再以式(2.8.4)中之 z_1、z_2 代入,便分别得出镜Ⅰ和镜Ⅱ上的光斑尺寸

$$\begin{cases} w_{s_1} = \sqrt{\frac{\lambda L}{\pi}}\left[\dfrac{R_1^2(R_2-L)}{L(R_1-L)(R_1+R_2-L)}\right]^{1/4} \\ w_{s_2} = \sqrt{\frac{\lambda L}{\pi}}\left[\dfrac{R_2^2(R_1-L)}{L(R_2-L)(R_1+R_2-L)}\right]^{1/4} \end{cases} \tag{2.8.6}$$

式(2.8.6)还可以用腔的 g 参数表示如下

$$\begin{cases} w_{s_1} = w_{0s}\left[\dfrac{g_2}{g_1(1-g_1g_2)}\right]^{1/4} \\ w_{s_2} = w_{0s}\left[\dfrac{g_1}{g_2(1-g_1g_2)}\right]^{1/4} \end{cases} \tag{2.8.7}$$

式中:$w_{0s} = \sqrt{L\lambda/\pi}$ 表示腔长为 L 的共焦腔镜面上的光斑半径。由式(2.8.7)可以直接看出,该公式仅对稳定腔适用。当 $g_1g_2 > 1$ 或 $g_1g_2 < 0$ 时,w_{s_1} 和 w_{s_2} 将成为复数,这显然是没有物理意义的;而当 $g_1g_2 = 1$ 或 $g_1g_2 = 0$(但 $g_1 \neq g_2$)时,w_{s_1} 和 w_{s_2} 中至少有一个将趋于发散。

二、模体积

模体积的概念在激光振荡及腔体设计中都具有重要意义。定性地说,某一模式的模体积描述该模式在腔内所扩展的空间范围。模体积大,对该模式的振荡有贡献的激发态粒子数就多,因而,也就可能获得大的输出功率;模体积小,则对振荡有贡献的激发态粒子数就少,输出功率也就小。一种模式能否振荡?能获得多大的输出功率?它与其他模式的竞争能力如何?所有这些不仅取决于该模式损耗的高低,也与模体积的大小有密切的关系。

一般稳定球面腔的基模模体积可以定义为

$$V_{00} = \frac{1}{2}L\pi \cdot \left(\frac{w_{s_1}+w_{s_2}}{2}\right)^2 \tag{2.8.8}$$

TEM$_{mn}$ 模的模体积 V_{mn} 与 TEM$_{00}$ 模的模体积 V_{00} 之比为

$$\frac{V_{mn}}{V_{00}} = \sqrt{(2m+1)(2n+1)} \tag{2.8.9}$$

上式对方形孔径一般稳定球面腔成立;对圆形孔径稳定腔,也可进行类似的讨论。

三、等相位面的分布

将式(2.8.4)中的 f 代入式(2.8.1)中,即得出稳定腔(R_1、R_2、L)中高斯光束的等相位面的曲率半径的方程式。不难证明,以式(2.8.4)中之 z_1、z_2 代入所得到的方程式中,即可得出 $R(z_1) = R_1$,$R(z_2) = R_2$。

四、谐振频率

等效共焦腔的相位函数如式(2.6.2)、式(2.7.6)所示,对方形镜有

$$\Phi_{mn}(r,z) = -\left[k\left(z+\frac{r^2}{2R}\right)+kf-(m+n+1)\left(\frac{\pi}{2}-\arctan\frac{f-z}{f+z}\right)\right]$$

对圆形镜有

$$\Phi_{mn}(r,z) = -\left[k\left(z+\frac{r^2}{2R}\right)+kf-(m+2n+1)\left(\frac{\pi}{2}-\arctan\frac{f-z}{f+z}\right)\right]$$

(2.8.10)

将式(2.8.4)之 f、z_1、z_2 代入式(2.8.10)，并由谐振条件

$$2\delta\Phi_{mn}(r,z)=2[\Phi_{mn}(0,z_2)-\Phi_{mn}(0,z_1)]=-2q\pi \quad (2.8.11)$$

即可证明，方形孔径稳定球面腔 TEM_{mnq} 模的谐振频率为

$$\nu_{mnq}=\frac{c}{2\eta L}\left[q+\frac{1}{\pi}(m+n+1)\arccos\sqrt{g_1g_2}\right] \quad (2.8.12)$$

同理，圆形孔径稳定球面腔 TEM_{mnq} 模的谐振频率为

$$\nu_{mnq}=\frac{c}{2\eta L}\left[q+\frac{1}{\pi}(m+2n+1)\arccos\sqrt{g_1g_2}\right] \quad (2.8.13)$$

五、衍射损耗

共焦腔的模式理论证明：每一个横模的单程衍射损耗单值地由腔的菲涅耳数

$$N=\frac{a^2}{2f\lambda}=\frac{a^2}{L\lambda} \quad (2.8.14)$$

决定，其中 a 表示共焦腔反射镜的线度（例如方形镜边长的一半或圆形镜的半径）。

注意到共焦腔镜面上光斑尺寸的表示式(2.5.20)，可将式(2.8.14)改写成

$$N=\frac{a^2}{\pi w_{0s}^2} \quad (2.8.15)$$

即共焦腔的菲涅耳数正比于镜的面积与镜面上光斑的面积之比。这一比值越大，单程衍射损耗就越小。

根据波动光学的一般原理，衍射损耗的大小不仅与孔径的大小有关，与波长 λ 有关，而且还与入射在给定孔径上的光波的具体性质有关。例如，入射在同一孔径上的平面波与球面波的衍射情况就不相同，入射在同一孔径上的均匀平面波与非均匀平面波的衍射情况也不相同，等等。对稳定球面腔以及与它等价的共焦腔而言，由于它们的行波场结构完全相同，而且反射镜都构成场的等相位面，因此，它们的衍射损耗应该遵从相同的规律。以 a_i 和 a_0 分别表示稳定球面腔及其等价共焦腔的反射镜线度，w_{s_i} 和 w_{0s} 分别表示其镜面上的光斑半径，当

$$\frac{a_i^2}{\pi w_{s_i}^2}=\frac{a_0^2}{\pi w_{0s}^2} \quad (2.8.16)$$

时，两个腔的单程损耗应该相等。将

$$N_{\text{ef}_i}=\frac{a_i^2}{\pi w_{s_i}^2} \quad (2.8.17)$$

称为稳定球面腔的有效菲涅耳数。按式(2.8.6)和式(2.8.7)有

$$\begin{cases} N_{\text{ef}_1}=\dfrac{a_1^2}{\pi w_{s_1}^2}=\dfrac{a_1^2}{|R_1|\lambda}\sqrt{\dfrac{(R_1-L)(R_1+R_2-L)}{L(R_2-L)}}=\dfrac{a_1^2}{L\lambda}\sqrt{\dfrac{g_1}{g_2}(1-g_1g_2)} \\ N_{\text{ef}_2}=\dfrac{a_2^2}{\pi w_{s_2}^2}=\dfrac{a_2^2}{|R_2|\lambda}\sqrt{\dfrac{(R_2-L)(R_1+R_2-L)}{L(R_1-L)}}=\dfrac{a_2^2}{L\lambda}\sqrt{\dfrac{g_2}{g_1}(1-g_1g_2)} \end{cases}$$

(2.8.18)

当 $a_1 = a_2 = a$ 时有

$$\begin{cases} N_{ef_1} = \dfrac{a^2}{L\lambda}\sqrt{\dfrac{g_1}{g_2}(1-g_1g_2)} = N_0\sqrt{\dfrac{g_1}{g_2}(1-g_1g_2)} \\ N_{ef_2} = \dfrac{a^2}{L\lambda}\sqrt{\dfrac{g_2}{g_1}(1-g_1g_2)} = N_0\sqrt{\dfrac{g_2}{g_1}(1-g_1g_2)} \end{cases} \quad (2.8.19)$$

式中，$N_0 = a^2/L\lambda$ 表示腔长为 L、反射镜线度为 a 的谐振腔的菲涅耳数。式(2.8.18)、式(2.8.19)表明，对一般稳定球面腔，每一个反射镜对应着一个有效菲涅耳数，即使两个反射镜的线度完全一样，相应的有效菲涅耳数也不一定相同。在求得了有效菲涅耳数以后，即可按共焦腔的单程衍射损耗曲线来查得一般稳定腔的损耗值。一般地说，两个反射镜上的损耗将是不相同的，分别以 δ_{mn_1}，δ_{mn_2} 表示，则平均单程衍射损耗为

$$\delta_{mn} = \frac{1}{2}(\delta_{mn_1} + \delta_{mn_2}) \quad (2.8.20)$$

对方形孔径稳定球面腔，基模损耗还可以按式(2.5.28)计算，只须在其中以 N_{ef} 代替 N。

由式(2.8.19)看出，当趋向稳定区的边界时，腔的有效菲涅耳数中至少有一个急剧减小，这将预示着腔的损耗急剧增加。

六、基模远场发散角

将式(2.8.4)的 f 代入共焦腔的基模发散角公式(2.6.12)中即得出一般稳定球面腔的基模远场发散角(全角)为

$$\theta_0 = 2\left[\frac{\lambda^2(2L-R_1-R_2)^2}{\pi^2 L(R_1-L)(R_2-L)(R_1+R_2-L)}\right]^{1/4} = 2\sqrt{\frac{\lambda}{\pi L}}\left\{\frac{[g_1+g_2-2g_1g_2]^2}{g_1g_2(1-g_1g_2)}\right\}^{1/4} \quad (2.8.21)$$

通过上述分析，已将一般球面腔模式特征借助于其等价共焦腔行波场的特性而解析地表示出来。在本节的基础上可以进一步讨论对称稳定球面腔、平-凹稳定腔等在实用上有重要意义的特殊情形。这一工作留给读者自己完成。

2.9 高斯光束的基本性质及 q 参数

一、基模高斯光束

沿 z 轴方向传播的基模高斯光束的场，不管它是由何种结构的稳定腔所产生的，均可表示为如下的一般形式

$$\psi_{00}(x,y,z) = \frac{c}{w(z)} e^{-\frac{r^2}{w^2(z)}} e^{-i\left[k\left(z+\frac{r^2}{2R}\right)-\arctan\frac{z}{f}\right]} \quad (2.9.1)$$

式中：c 为常数因子，其余各符号的意义为

$$\begin{cases} r^2 = x^2 + y^2 \\ k = \dfrac{2\pi}{\lambda} \\ w(z) = w_0 \sqrt{1 + \left(\dfrac{z}{f}\right)^2} \\ R = R(z) = z\left[1 + \left(\dfrac{f}{z}\right)^2\right] = z + \dfrac{f^2}{z} \\ f = \dfrac{\pi w_0^2}{\lambda},\ w_0 = \sqrt{\dfrac{\lambda f}{\pi}} \end{cases} \quad (2.9.2)$$

w_0 为基模高斯光束的腰斑半径；f 称为高斯光束的共焦参数；$R(z)$ 为与传播轴线相交于 z 点的高斯光束等相位面的曲率半径；$w(z)$ 为与传播轴线相交于 z 点的高斯光束等相位面上的光斑半径。

由式(2.9.2)可以看出，当 $z = f$ 时，$w(z) = \sqrt{2}w_0$，即 f 表示光斑半径增加到腰斑的 $\sqrt{2}$ 倍处的位置。从 2.6 节和 2.7 节关于共焦腔振荡模的知识得知，焦距为 f 或曲率半径为 $R = 2f$ 的对称共焦腔所产生的高斯光束的腰斑半径恰为 w_0，式(2.9.2)最后一式给出了 f 与 w_0 的联系。对于由一般稳定球面腔(R_1、R_2、L)所产生的高斯光束，参数 w_0 及 f 与 R_1、R_2、L 的关系为

$$\begin{cases} w_0^4 = \left(\dfrac{\lambda}{\pi}\right)^2 \dfrac{L(R_1 - L)(R_2 - L)(R_1 + R_2 - L)}{(R_1 + R_2 - 2L)^2} \\ f^2 = \dfrac{L(R_1 - L)(R_2 - L)(R_1 + R_2 - L)}{(R_1 + R_2 - 2L)^2} \end{cases} \quad (2.9.3)$$

式(2.9.1)与式(2.9.2)与前面所列高斯光束的表达式(2.6.1)、式(2.6.2)和式(2.7.8)、式(2.7.9)实质上是一样的。两者的相位函数在形式上略有差异，因为在本节中以高斯光束束腰($z = 0$)处作为相位计算的起点，即取 $z = 0$ 处的相位为 0，而在式(2.6.1)、式(2.6.2)和式(2.7.8)、式(2.7.9)中，则以 $z = -f$（即共焦腔的一个镜面）处作为相位计算起点。在式(2.9.1)与式(2.9.2)中，我们以高斯光束的典型参数 f(或 w_0)来描述高斯光束的具体结构，从而可深入研究高斯光束本身的特性及其传输规律，而不管它是由何种几何结构的稳定腔所产生的。

二、基模高斯光束在自由空间的传输规律

式(2.9.1)和式(2.9.2)描述了高斯光束在自由空间中的传输规律。从这两个式子看出，高斯光束具有下述基本性质。

(1) 基模高斯光束在横截面内的场振幅分布按高斯函数 $e^{-\frac{r^2}{w^2(z)}}$ 所描述的规律从中心（即传输轴线）向外平滑地降落。由振幅降落到中心值的 $\dfrac{1}{e}$ 的点所定义的光斑半径为

$$w(z) = w_0\sqrt{1 + \left(\dfrac{z}{f}\right)^2} = w_0\sqrt{1 + \left(\dfrac{\lambda z}{\pi w_0^2}\right)^2} \quad (2.9.4)$$

可见,光斑半径随坐标 z 按双曲线的规律而扩展,在 $z=0$ 处,$w(z)=w_0$,达到极小值。

(2) 基模高斯光束的相移特性由相位因子

$$\Phi_{00}(x,y,z) = k\left(z + \frac{r^2}{2R}\right) - \arctan\frac{z}{f} \quad (2.9.5)$$

所决定,它描述高斯光束在点 (x,y,z) 处相对于原点 $(0,0,0)$ 处的相位滞后。其中 kz 描述几何相移;$\arctan(z/f) = \arctan(z\lambda/\pi w_0^2)$ 描述高斯光束在空间行进距离 z 时相对几何相移的附加相位超前;因子 $kr^2/2R$ 表示与横向坐标 (x,y) 有关的相位移动,它表明高斯光束的等相位面是以 R 为半径的球面,R 由下式给出:

$$R(z) = z\left[1 + \left(\frac{\pi w_0^2}{\lambda z}\right)^2\right] \quad (2.9.6)$$

由式(2.9.6)可以看出:

当 $z=0$ 时,$R(z) \to \infty$,表明束腰所在处的等相位面为平面;

当 $z=\pm\infty$ 时,$|R(z)| \approx |z| \to \infty$,表明离束腰无限远处的等相位面亦为平面,且曲率中心就在束腰处;

当 $z=\pm f$ 时,$|R(z)|=2f$,且 $|R(z)|$ 达到极小值;

当 $0<z<f$ 时,$R(z)>2f$,表明等相位面的曲率中心在 $[-\infty,-f]$ 区间上;

当 $z>f$ 时,$z<R(z)<z+f$,表明等相位面的曲率中心在 $[-f,0]$ 区间上。

(3) 定义在基模高斯光束强度的 $\frac{1}{e^2}$ 点的远场发散角为

$$\theta_0 = \lim_{z\to\infty}\frac{2w(z)}{z} = 2\frac{\lambda}{\pi w_0} = 0.6367\frac{\lambda}{w_0} = 2\sqrt{\frac{\lambda}{\pi f}} = 1.128\sqrt{\frac{\lambda}{f}} \quad (2.9.7)$$

总之,高斯光束在其传输轴线附近可近似看作是一种非均匀球面波。其曲率中心随着传输过程而不断改变,但其振幅和强度在横截面内始终保持高斯分布特性,且其等相位面始终保持为球面。

三、基模高斯光束的 q 参数

基模高斯光束及其参数如图 2.9.1 所示。

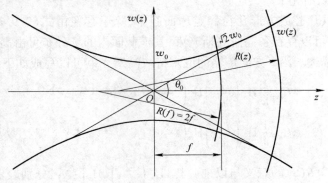

图 2.9.1 高斯光束及其参数

将式(2.9.1)中与横向坐标 r 有关的因子放在一起,则式(2.9.1)可以写成

$$\psi_{00}(x,y,z) = \frac{c}{w(z)} e^{-ik\frac{r^2}{2}\left[\frac{1}{R(z)} - i\frac{\lambda}{\pi w^2(z)}\right]} e^{-i\left[kz - \arctan\frac{z}{f}\right]}$$

引入一个新的参数 $q(z)$，其定义为

$$\frac{1}{q(z)} = \frac{1}{R(z)} - i\frac{\lambda}{\pi w^2(z)} \tag{2.9.8}$$

则前式可写成

$$\psi_{00}(x,y,z) = \frac{c}{w(z)} e^{-ik\frac{r^2}{2}\frac{1}{q}} e^{-i\left[kz - \arctan\frac{z}{f}\right]} \tag{2.9.9}$$

式(2.9.8)所定义的参数 q 将描述高斯光束基本特征的两个参数 $w(z)$ 和 $R(z)$ 统一在一个表达式中，它是表征高斯光束的又一个重要参数。一旦知道了高斯光束在某位置处的 q 参数值，则可由下式求出该位置处 $w(z)$ 和 $R(z)$ 的数值：

$$\begin{cases} \dfrac{1}{R(z)} = \mathrm{Re}\left\{\dfrac{1}{q(z)}\right\} \\ \dfrac{1}{w^2(z)} = -\dfrac{\pi}{\lambda}\mathrm{Im}\left\{\dfrac{1}{q(z)}\right\} \end{cases} \tag{2.9.10}$$

如果以 $q_0 = q(0)$ 表示 $z=0$ 处的 q 参数值，并注意到 $R(0)\to\infty$，$w(0)=w_0$，则按式(2.9.8)有

$$\frac{1}{q_0} = \frac{1}{q(0)} = \frac{1}{R(0)} - i\frac{\lambda}{\pi w^2(0)}$$

由此得出

$$q_0 = i\frac{\pi w_0^2}{\lambda} = if \tag{2.9.11}$$

此式将 q_0、w_0 及 f 联系起来。

总之，确定了 q 参数就可以确定基模高斯光束的具体结构。由下节可知，用 q 参数来研究高斯光束的传输规律，特别是高斯光束通过光学系统的传输极为方便。

四、高阶高斯光束

1. 厄米特—高斯光束

在方形孔径共焦腔或方形孔径稳定球面腔中，除了存在由式(2.9.1)所表示的基模高斯光束以外，还可以存在各高阶高斯光束，其横截面内的场分布可由高斯函数与厄米特多项式的乘积来描述。沿 z 方向传输的厄米特—高斯光束可以写成如下的一般形式

$$\psi_{mn}(x,y,z) = C_{mn}\frac{1}{w}\mathrm{H}_m\left(\frac{\sqrt{2}}{w}x\right)\mathrm{H}_n\left(\frac{\sqrt{2}}{w}y\right) \cdot e^{-\frac{r^2}{w^2}} e^{-i\left[k\left(z+\frac{r^2}{2R}\right) - (1+m+n)\arctan\frac{z}{f}\right]} =$$

$$C_{mn}\frac{1}{w}\mathrm{H}_m\left(\frac{\sqrt{2}}{w}x\right)\mathrm{H}_n\left(\frac{\sqrt{2}}{w}y\right) \cdot e^{-i\left[k\left(z+\frac{r^2}{2q}\right) - (1+m+n)\arctan\frac{z}{f}\right]} \tag{2.9.12}$$

式中：$w=w(z)$、$R=R(z)$ 的意义与以前一样，$\mathrm{H}_m\left(\frac{\sqrt{2}}{w}x\right)$、$\mathrm{H}_n\left(\frac{\sqrt{2}}{w}y\right)$ 分别表示 m 阶和 n 阶厄米特多项式。

厄米特—高斯光束与基模高斯光束的区别在于：厄米特—高斯光束的横向场分布由高斯函数与厄米特多项式的乘积

$$e^{-\frac{r^2}{w^2}} H_m\left(\frac{\sqrt{2}}{w}x\right) H_n\left(\frac{\sqrt{2}}{w}y\right)$$

决定,厄米特—高斯光束沿 x 方向有 m 条节线,沿 y 方向有 n 条节线;沿传输轴线相对于几何相移的附加相位超前

$$\Delta\Phi_{mn} = (m+n+1)\arctan\frac{z}{f} \tag{2.9.13}$$

随阶数 m 和 n 的增大而增大。由式(2.5.26)可以推论,其 x 方向和 y 方向的光腰尺寸为

$$\begin{cases} w_m^2 = (2m+1)w_0^2 \\ w_n^2 = (2n+1)w_0^2 \end{cases} \tag{2.9.14}$$

在 z 处的光斑尺寸为

$$\begin{cases} w_m^2(z) = (2m+1)w^2(z) \\ w_n^2(z) = (2n+1)w^2(z) \end{cases} \tag{2.9.15}$$

式中: w_0 和 $w(z)$ 分别为基模光腰半径和 z 处光斑半径。在 x 方向和 y 方向的远场发散角

$$\begin{cases} \theta_m = \lim_{z\to\infty}\frac{2w_m(z)}{z} = \sqrt{2m+1}\frac{2\lambda}{\pi w_0} = \sqrt{2m+1}\,\theta_0 \\ \theta_n = \lim_{z\to\infty}\frac{2w_n(z)}{z} = \sqrt{2n+1}\frac{2\lambda}{\pi w_0} = \sqrt{2n+1}\,\theta_0 \end{cases} \tag{2.9.16}$$

式中: θ_0 为基模高斯光束远场发散角。

由式(2.9.15)与式(2.9.16)可见,光斑尺寸和光束发散角均随 m 和 n 的增大而增大。

2. 拉盖尔—高斯光束

在圆形孔径稳定腔中,高阶横模由缔合拉盖尔多项式与高斯分布函数的乘积来描述,沿 z 方向传输的拉盖尔—高斯光束可表为如下的一般形式

$$\psi_{mn}(r,\varphi,z) = \frac{C_{mn}}{w}\left(\sqrt{2}\frac{r}{w}\right)^m L_n^m\left(2\frac{r^2}{w^2}\right) e^{-\frac{r^2}{w^2}} \times e^{-i\left[k\left(z+\frac{r^2}{2R}\right)-(m+2n+1)\arctan\frac{z}{f}\right]} \begin{Bmatrix}\cos m\varphi \\ \sin m\varphi\end{Bmatrix} \tag{2.9.17}$$

式中: (r,φ,z) 为场点的柱坐标; $w=w(z)$, $R=R(z)$ 的意义与式(2.9.1)一样; $L_n^m\left(2\frac{r^2}{w^2}\right)$ 为缔合拉盖尔多项式。

与基模高斯光束比较,柱对称系统中的高阶高斯光束的横向场分布由函数

$$L_n^m\left(2\frac{r^2}{w^2}\right) e^{-\frac{r^2}{w^2}} \begin{Bmatrix}\cos m\varphi \\ \sin m\varphi\end{Bmatrix}$$

描述,它沿半径 r 方向有 n 个节线圆,沿辐角 φ 方向有 m 根节线;而拉盖尔—高斯光束的附加相移为

$$\Delta\Phi_{mn} = (m+2n+1)\arctan\frac{z}{f} \tag{2.9.18}$$

由上式可见 $\Delta\Phi_{mn}$ 随 n 的增加比随 m 更快;可以证明,其光斑半径

$$w_{mn}(z) = \sqrt{m+2n+1}\,w(z) \tag{2.9.19}$$

发散角

$$\theta_{mn} = \sqrt{m+2n+1}\,\theta_0 \tag{2.9.20}$$

2.10 高斯光束 q 参数的变换规律

本节用 q 参数来讨论高斯光束的传输规律。其结果表明,可以用一个统一的公式来描述高斯光束通过自由空间及光学系统的行为。

一、普通球面波的传播规律

考察沿 z 轴方向传播的普通球面波,其曲率中心为 O(见图 2.10.1)。该球面波的波前曲率半径 $R(z)$ 随传播过程而变化

$$R_1 = R(z_1) = z_1$$

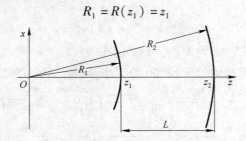

图 2.10.1 普通球面波在自由空间的传播

$$R_2 = R(z_2) = z_2$$
$$R_2 = R_1 + (z_2 - z_1) = R_1 + L \tag{2.10.1}$$

式(2.10.1)表述了普通球面波在自由空间的传播规律。

当傍轴球面波通过焦距为 F 的薄透镜时,其波前曲率半径满足

$$\frac{1}{R_2} = \frac{1}{R_1} - \frac{1}{F} \tag{2.10.2}$$

这里,我们以 R_1 表示入射在透镜表面上的球面波面的曲率半径,以 R_2 表示经过透镜出射的球面波面的曲率半径。式(2.10.2)描述了傍轴球面波通过薄透镜的变换规律。

在 2.2 节中我们已经引入过傍轴光线通过光学系统的变换矩阵

$$\begin{bmatrix} r_2 \\ \theta_2 \end{bmatrix} = \begin{bmatrix} A & B \\ C & D \end{bmatrix} \begin{bmatrix} r_1 \\ \theta_1 \end{bmatrix} \tag{2.10.3}$$

当光线在自由空间(或均匀各向同性介质)中行进距离 L 时,其变换矩阵为

$$\boldsymbol{T}_L = \begin{bmatrix} A & B \\ C & D \end{bmatrix} = \begin{bmatrix} 1 & L \\ 0 & 1 \end{bmatrix} \tag{2.10.4}$$

而焦距为 F 的薄透镜对傍轴光线的变换矩阵为

$$\boldsymbol{T}_F = \begin{bmatrix} A & B \\ C & D \end{bmatrix} = \begin{bmatrix} 1 & 0 \\ -1/F & 1 \end{bmatrix} \tag{2.10.5}$$

依此,球面波的传播规律式(2.10.1)及式(2.10.2)可以统一地写成

$$R_2 = \frac{AR_1 + B}{CR_1 + D} \tag{2.10.6}$$

通过上述讨论可以看出,具有固定曲率中心的普通傍轴球面波可以由其曲率半径 R 来描述,它的传播规律按式(2.10.6)由傍轴光线变换矩阵 $\boldsymbol{T}$ 确定。

二、高斯光束 q 参数的变换规律——ABCD 公式

高斯球面波——非均匀的、曲率中心不断改变的球面波——也具有类似于普通球面波的曲率半径 R 这样的参量,其传播规律与普通球面波的 R 完全类似。这就是 2.9 节定义的 q 参数。按式(2.9.8),q 参数的定义为

$$\frac{1}{q(z)} = \frac{1}{R(z)} - i\frac{\lambda}{\pi w^2(z)} \tag{2.10.7}$$

以

$$R(z) = z\left[1 + \left(\frac{\pi w_0^2}{\lambda z}\right)^2\right]$$

$$w^2(z) = w_0^2\left[1 + \left(\frac{\lambda z}{\pi w_0^2}\right)^2\right]$$

代入式(2.10.7),经适当运算后得出

$$q(z) = i\frac{\pi w_0^2}{\lambda} + z = q_0 + z \tag{2.10.8}$$

式中:$q_0 \equiv q(0) = i\pi w_0^2/\lambda = if$ 为 $z=0$ 处的 q 参数值(见式(2.9.11))。式(2.10.8)描述了高斯光束的 q 参数在自由空间(或均匀各向同性介质)中的传输规律。它在形式上比式(2.9.4)和式(2.9.6)所表示的 R 和 w 的传输规律要简单一些。由式(2.10.8)可以推得

$$q_2 = q_1 + (z_2 - z_1) = q_1 + L \tag{2.10.9}$$

式中:$q_1 = q(z_1)$ 为 z_1 处的 q 参数值;$q_2 = q(z_2)$ 为 z_2 处的 q 参数值。

式(2.10.9)与普通球面波的式(2.10.1)形式上完全一样。

当通过薄透镜时,高斯光束 q 参数的变换规律很简单。下面,我们首先证明,高斯光束经过薄透镜变换后仍为高斯光束。若以 M_1 表示高斯光束入射在透镜表面上的波面(见图 2.10.2),由于高斯光束的等相位面为球面,经透镜后被转换成另一球面波面 M_2 而出射,M_1 与 M_2 的曲率半径 R_1 及 R_2 之间的关系由式(2.10.2)确定。同时,由于透镜很"薄",所以在紧挨透镜的两方的波面 M_1 及 M_2 上的光斑大小及光强分布都应该完全一样。以 w_1 表示入射在透镜表面上的高斯束光斑半径,w_2 表示出射高斯束光斑半径,则薄透镜的这一性质可表示为

$$w_2 = w_1 \tag{2.10.10}$$

总之,经薄透镜变换后,我们将获得具有高斯型强度分布的另一球面波面 M_2,按博伊德和戈登的理论,出射光束继续传输时仍为高斯光束。

有了式(2.10.2)和式(2.10.10),可以立即写出

$$\frac{1}{q_2} = \frac{1}{R_2} - i\frac{\lambda}{\pi w_2^2} = \left(\frac{1}{R_1} - \frac{1}{F}\right) - i\frac{\lambda}{\pi w_2^2} =$$

$$\left(\frac{1}{R_1} - i\frac{\lambda}{\pi w_1^2}\right) - \frac{1}{F} = \frac{1}{q_1} - \frac{1}{F} \tag{2.10.11}$$

式中:q_1 为入射高斯束在透镜表面上的 q 参数值;q_2 为出射高斯束在透镜表面上的 q 参数值;R_1、w_1 为入射高斯束在透镜表面上的波面曲率半径和光斑半径;R_2、w_2 为出射高斯束在透镜表面上的波面曲率半径和光斑半径。式(2.10.11)即为 q 参数通过薄透镜的变换

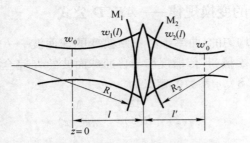

图 2.10.2 薄透镜对高斯光束的变换

公式,它在形式上与普通球面波所满足的式(2.10.2)完全类似。

比较式(2.10.9)、式(2.10.11)和式(2.10.1)、式(2.10.2)可知,无论是在自由空间的传播或通过光学系统的变换,高斯束的 q 参数都和普通球面波的曲率半径 R 的变化规律类同,因此有时又将 q 参数称为高斯束的复曲率半径。与式(2.10.6)类似,q 参数的变换规律可用下式统一表示

$$q_2 = \frac{Aq_1 + B}{Cq_1 + D} \qquad (2.10.12)$$

这就是高斯光束经任何光学系统变换时服从的所谓 $ABCD$ 公式,式中 $\begin{bmatrix} A & B \\ C & D \end{bmatrix}$ 为光学系统对傍轴光线的变换矩阵。当 $\lambda \to 0$ 时,波动光学过渡到几何光学,这时由式(2.10.7)得出 $q \to R$,表明高斯束的传输规律过渡到几何光学中傍轴光线的传输规律。

式(2.10.12)的主要优点是使我们能通过任意复杂的光学系统追踪高斯光束的 q 参数值,只要我们知道了傍轴光线通过该系统的变换矩阵 $\begin{bmatrix} A & B \\ C & D \end{bmatrix}$,在求得某位置处的 $q(z)$ 后,光束的曲率半径 $R(z)$ 及光斑大小 $w(z)$ 即可按式(2.9.10)算出。通过下面的例子,这一程序将变得更清楚。

三、用 q 参数分析高斯光束的传输问题

下面,我们用 q 参数来研究如图 2.10.3 所示的高斯光束的传输过程。

若透镜的焦距为 F,入射高斯光束的光腰半径为 w_0,光腰与透镜的距离为 l,利用 q 参数经光学系统变换时的 $ABCD$ 公式(2.10.12),可求出出射高斯光束的光腰半径 w_0' 和光腰和透镜的距离 l'。

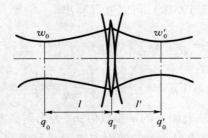

图 2.10.3 高斯光束经透镜的传输

设入射高斯光束光腰处的 q 参数为 q_0，透镜出射面处高斯光束的 q 参数为 q_F，出射高斯光束光腰处的 q 参数为 q'_0，则

$$q_0 = \mathrm{i}\frac{\pi w_0^2}{\lambda} \tag{2.10.13}$$

$$q_F = q'_0 - l' = \mathrm{i}\frac{\pi w_0'^2}{\lambda} - l' \tag{2.10.14}$$

自入射高斯光束光腰至透镜出射面的变换矩阵

$$\begin{bmatrix} A & B \\ C & D \end{bmatrix} = \begin{bmatrix} 1 & 0 \\ -\dfrac{1}{F} & 1 \end{bmatrix}\begin{bmatrix} 1 & l \\ 0 & 1 \end{bmatrix} = \begin{bmatrix} 1 & l \\ -\dfrac{1}{F} & 1-\dfrac{l}{F} \end{bmatrix} \tag{2.10.15}$$

应有

$$q_F = \frac{Aq_0 + B}{Cq_0 + D} = \frac{\mathrm{i}\dfrac{\pi w_0^2}{\lambda} + l}{-\dfrac{1}{F}\mathrm{i}\dfrac{\pi w_0^2}{\lambda} + \left(1-\dfrac{l}{F}\right)} = \mathrm{i}\frac{\pi w_0'^2}{\lambda} - l' \tag{2.10.16}$$

由式(2.10.16)等式两端虚实部各自相等的条件，可得

$$l' = F + \frac{(l-F)F^2}{(l-F)^2 + \left(\dfrac{\pi w_0^2}{\lambda}\right)^2} \tag{2.10.17}$$

$$w_0'^2 = \frac{F^2 w_0^2}{(F-l)^2 + \left(\dfrac{\pi w_0^2}{\lambda}\right)^2} \tag{2.10.18}$$

式(2.10.17)及式(2.10.18)就是高斯光束束腰的变换关系式。它们完全确定了像方高斯光束的特征。它们将 w'_0、l' 表示为 w_0、l、F 的函数，可以很方便地用来解决各种实际问题。在本章后面几节中，我们将进一步讨论这些公式的应用。现在先将由式(2.10.17)及式(2.10.18)所表征的高斯光束的成像规律与熟知的几何光学成像规律进行比较。

当满足条件

$$\begin{cases} \left(\dfrac{\pi w_0^2}{\lambda}\right)^2 \ll (l-F)^2 \\ \text{或}\left(\dfrac{f}{F}\right)^2 \ll \left(1-\dfrac{l}{F}\right)^2 \end{cases} \tag{2.10.19}$$

时，由式(2.10.17)得出

$$l' \approx F + \frac{F^2}{l-F} = \frac{lF}{l-F}$$

$$\frac{1}{l'} + \frac{1}{l} = \frac{1}{F} \tag{2.10.20}$$

这正是几何光学中的成像公式。同样，在满足条件(2.10.19)时，由式(2.10.18)可求得薄透镜对高斯光束的腰斑放大率为

$$k = \frac{w'_0}{w_0} \approx \frac{F}{l-F} = \frac{l'}{l} \tag{2.10.21}$$

与几何光学中透镜成像的放大率公式一致。

可见,如果将物、像高斯光束之束腰与几何光学中之物和像相对应,则当满足条件(2.10.19)时,可以用几何光学中处理傍轴光线的方法来处理高斯光束,这将使问题大为简化。由于$(l-F)$为物高斯光束束腰与透镜后焦面的距离,$\pi w_0^2/\lambda$为物高斯光束的共焦参数,所以,不等式(2.10.19)要求物高斯光束束腰与透镜后焦面的距离远大于物高斯光束的共焦参数。粗略地说,就是要求物高斯光束束腰与透镜相距足够远。

如果条件(2.10.19)不满足,则式(2.10.17)、式(2.10.18)与式(2.10.20)、式(2.10.21)可能有甚大的差异。这时高斯光束的行为可能与通常几何光学中傍轴光线的行为迥然不同。例如,当

$$l = F \tag{2.10.22}$$

时,由式(2.10.17)得出

$$l' = F \tag{2.10.23}$$

即当物高斯光束束腰处在透镜物方焦面上时,像高斯光束束腰亦将处在透镜像方焦面上,这与几何光学中处在焦点上的物经过透镜成像于无穷远处的概念完全不同。同样,当$l<F$时,由式(2.10.17)仍可解得正的l'值,如$l=0$时,有$F>l'>0$;这又与几何光学中当$l<F$时不能成实像的情况不同。总之,在条件(2.10.19)不成立时,只有式(2.10.17)、式(2.10.18)才能正确地描述高斯光束通过透镜的传输规律。

2.11 高斯光束的聚焦和准直

一、高斯光束的聚焦

实际应用中提出的一个重要问题是,如何用适当的光学系统将高斯光束聚焦。在本节中我们只讨论单透镜的聚焦作用。为此,我们首先利用式(2.10.17)和式(2.10.18)分析像方高斯光束腰斑的大小w_0'随物高斯光束的参数w_0、l及透镜的焦距F而变化的情况,从而判明,为了有效地将高斯光束聚焦应如何合理地选择上述参数。

1. F一定时,w_0'随l变化的情况

像方高斯光束腰斑的大小由式(2.10.18)确定。由此,不难得知:

(1) 当$l<F$时,$w_0'^2$随l的减小而减小,因而当$l=0$时,w_0'达到最小值

$$w_0' = \frac{w_0}{\sqrt{1+\left(\dfrac{\pi w_0^2}{\lambda F}\right)^2}} = \frac{w_0}{\sqrt{1+\left(\dfrac{f}{F}\right)^2}} \tag{2.11.1}$$

此时,由式(2.10.17)得出

$$l' = F\left(1 - \frac{F^2}{F^2 + \left(\dfrac{\pi w_0^2}{\lambda}\right)^2}\right) = F\left(1 - \frac{1}{1+\left(\dfrac{f}{F}\right)^2}\right) = \frac{F}{1+\left(\dfrac{F}{f}\right)^2} < F \tag{2.11.2}$$

而腰斑放大率为

$$K = \frac{w_0'}{w_0} = \frac{1}{\sqrt{1+\left(\dfrac{\pi w_0^2}{\lambda F}\right)^2}} = \frac{1}{\sqrt{1+\left(\dfrac{f}{F}\right)^2}} < 1 \tag{2.11.3}$$

可见,当 $l=0$ 时,w_0' 总是比 w_0 小,因而不论透镜的焦距 F 为多大,它都有一定的聚焦作用,并且像方腰斑的位置将处在前焦点以内。

如进一步满足条件

$$F \ll \frac{\pi w_0^2}{\lambda} \equiv f \tag{2.11.4}$$

则式(2.11.1)、式(2.11.2)成为

$$w_0' \approx \frac{\lambda}{\pi w_0} F, \quad l' \approx F \tag{2.11.5}$$

在这种情况下,像方腰斑就处在透镜的前焦面上,且透镜的焦距 F 越小,焦斑半径 w_0' 也越小,聚焦效果越好。

(2) 当 $l > F$ 时,w_0' 随 l 的增大而单调地减小,当 $l \to \infty$ 时,按式(2.10.17)及式(2.10.18)得出

$$w_0' \to 0, \quad l' \to F \tag{2.11.6}$$

一般地,当 $l \gg F$ 时,有

$$\frac{l}{w_0'^2} \approx \frac{1}{w_0^2} \left(\frac{l}{F}\right)^2 + \frac{1}{F^2}\left(\frac{\pi w_0}{\lambda}\right)^2 =$$

$$\frac{1}{F^2}\left(\frac{\pi w_0}{\lambda}\right)^2 \left[1 + \left(\frac{\lambda l}{\pi w_0^2}\right)^2\right] = \frac{\pi^2}{F^2 \lambda^2} w^2(l)$$

由此式及式(2.10.17)得出

$$\begin{cases} w_0' \approx \frac{\lambda}{\pi w(l)} F \\ l' \approx F \end{cases} \tag{2.11.7}$$

式中,$w(l)$ 为入射在透镜表面上的高斯光束光斑半径。若同时还满足条件 $l \gg \pi w_0^2/\lambda = f$,则有

$$w_0' \approx \frac{F}{l} w_0 \tag{2.11.8}$$

可见,在物高斯光束的腰斑离透镜甚远($l \gg F$)的情况下,l 越大,F 越小,聚焦效果越好。当然,上述讨论都是在透镜孔径足够大的假设下进行的,否则,还必须考虑衍射效应。

(3) 当 $l = F$ 时,w_0' 达到极大值

$$w_0' = \frac{\lambda}{\pi w_0} F \tag{2.11.9}$$

且有 $l' = F$,仅当 $F < \pi w_0^2/\lambda = f$ 时,透镜才有聚焦作用。

F 一定时,w_0' 随 l 而变化的情况以及透镜对高斯光束的聚焦作用如图 2.11.1 所示。从图中还可以看出,不论 l 的值为多大,只要满足条件

$$f = \frac{\pi w_0^2}{\lambda} > F$$

就能实现一定的聚焦作用

2. l 一定时,w_0' 随 F 而变化的情况

当 w_0 和 l 一定时,按式(2.10.18),w_0' 随 F 而变化的情况大体如图 2.11.2 所示。图中 $R(l)$ 表示高斯光束到达透镜表面上的波面的曲率半径

$$R(l) = f\left(\frac{l}{f} + \frac{f}{l}\right) = l\left[1 + \left(\frac{\pi w_0^2}{\lambda l}\right)^2\right]$$

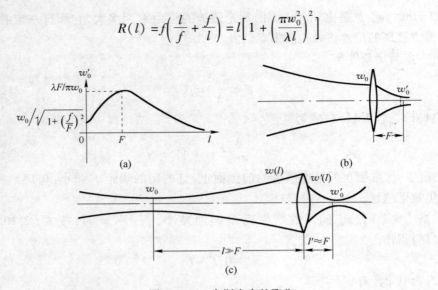

图 2.11.1 高斯光束的聚焦
（a）F 一定时，w_0' 随 l 而变化的曲线；（b）$l=0, l' \approx F$；（c）$l \gg F, l' \approx F$。

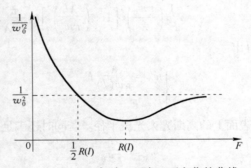

图 2.11.2 l 一定时，w_0' 随 F 而变化的曲线

从图 2.11.2 中可以看出，对一定的 l 值，只有当其焦距 $F < R(l)/2$ 时，透镜才能对高斯光束起聚焦作用，F 越小，聚焦效果越好。在 $F \ll l$ 的条件下，w_0' 及 l' 由式 (2.11.7) 给出。

总之，为使高斯光束获得良好聚焦，通常采用的方法是：用短焦距透镜；使高斯光束腰斑远离透镜焦点，从而满足条件 $l \gg f, l \gg F$；取 $l = 0$，并设法满足条件 $f \gg F$。

二、高斯光束的准直

利用光学系统压缩高斯光束的发散角是实际应用中提出的又一个重要问题。为此，我们先来考察高斯光束通过薄透镜时其发散角的变化规律。

1. 单透镜对高斯光束发散角的影响

按式 (2.9.7)，腰斑大小为 w_0 的物高斯光束的发散角为

$$\theta_0 = 2\frac{\lambda}{\pi w_0} \tag{2.11.10}$$

通过焦距为 F 的透镜后，像高斯光束的发散角为

$$\theta_0' = 2\frac{\lambda}{\pi w_0'} \qquad (2.11.11)$$

利用式(2.10.18)得出

$$\theta_0' = \frac{2\lambda}{\pi}\sqrt{\frac{1}{w_0^2}\left(1-\frac{l}{F}\right)^2 + \frac{1}{F^2}\left(\frac{\pi w_0}{\lambda}\right)^2} \qquad (2.11.12)$$

可以看出,对 w_0 为有限大小的高斯光束,无论 F、l 取什么数值,都不可能使 $w_0' \to \infty$,从而也就不可能使 $\theta_0' \to 0$。这就表明,要想用单个透镜将高斯光束转换成平面波,从原则上说是不可能的。

现在的问题是,在什么条件下可以借助于透镜来改善高斯光束的方向性。由式(2.11.10)和式(2.11.11)看出,当 $w_0' > w_0$ 时,将有 $\theta_0' < \theta_0$,在一定的条件下,当 w_0' 达到极大值时,θ_0' 将达到极小值。

设腰斑为 w_0 的高斯光束入射在焦距为 F 的透镜上,由条件

$$\partial \frac{1}{w_0'^2} \Big/ \partial l = 0$$

可以得出,当 $l = F$ 时,w_0' 达到极大值

$$w_0' = \frac{\lambda}{\pi w_0}F \qquad (2.11.13)$$

此时

$$\theta_0' = 2\frac{\lambda}{\pi w_0'} = 2\frac{w_0}{F} \qquad (2.11.14)$$

$$\frac{\theta_0'}{\theta_0} = \frac{\pi w_0^2}{F\lambda} = \frac{f}{F} \qquad (2.11.15)$$

可见,当透镜的焦距 F 一定时,若入射高斯束的束腰处在透镜的后焦面上($l=F$),则 θ_0' 达到极小。此时,F 愈大,即透镜焦距越长,θ_0' 越小。当

$$\frac{\pi w_0^2}{\lambda F} = \frac{f}{F} \ll 1 \qquad (2.11.16)$$

时,有较好的准直效果。

从式(2.11.15)还可得到启示:在 $l=F$ 的条件下,像高斯光束的方向性不但与 F 的大小有关,而且也与 w_0 的大小有关。w_0 越小,则像高斯光束的方向性越好。因此,如果预先用一个短焦距的透镜将高斯光束聚焦,以便获得极小的腰斑,然后再用一个长焦距的透镜来改善其方向性,就可得到很好的准直效果。

2. 利用望远镜将高斯光束准直

根据本节前面的分析可知,前述两个透镜应按图 2.11.3 所示之方式组合起来,它实际上是一个望远镜,只不过倒装使用而已。

图 2.11.3 中 L_1 为一短焦距透镜(称为副镜),其焦距为 F_1,当满足条件

$$F_1 \ll l$$

时它将物高斯光束聚焦于前焦面上,得一极小光斑

$$w_0' = \frac{\lambda F_1}{\pi w(l)} \qquad (2.11.17)$$

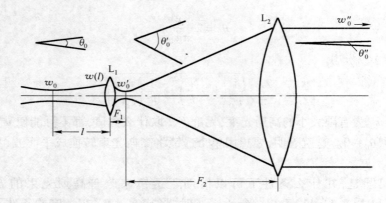

图 2.11.3 利用望远镜将高斯光束准直

式中:$w(l)$ 为入射在副镜表面上的光斑半径。由于 w_0' 恰好落在长焦距透镜 L_2(称为主镜,其焦距为 F_2)的后焦面上,所以腰斑为 w_0' 的高斯束将被 L_2 很好地准直。整个系统的准直倍率可计算如下。

以 θ_0 表示入射高斯光束的发散角,θ_0' 表示经过副镜 L_1 后的高斯光束的发散角,θ_0'' 表示经过主镜 L_2 后出射的高斯光束的发散角,则该望远镜对高斯光束的准直倍率 M' 定义为

$$M' = \frac{\theta_0}{\theta_0''} \tag{2.11.18}$$

按式(2.11.15)及式(2.11.10)、式(2.11.11)

$$\frac{\theta_0''}{\theta_0'} = \frac{\pi w_0'^2}{\lambda F_2}$$

$$\frac{\theta_0'}{\theta_0} = \frac{2\lambda}{\pi w_0'} \bigg/ \frac{2\lambda}{\pi w_0} = \frac{w_0}{w_0'}$$

注意到式(2.11.17),不难求得

$$\frac{\theta_0''}{\theta_0} = \left(\frac{\theta_0''}{\theta_0'}\right)\left(\frac{\theta_0'}{\theta_0}\right) = \frac{\pi}{\lambda F_2} w_0 w_0' = \frac{F_1}{F_2} \frac{w_0}{w(l)}$$

由此即可得出望远镜对高斯光束之准直倍率

$$M' = \frac{\theta_0}{\theta_0''} = \frac{F_2}{F_1} \frac{w(l)}{w_0} = M \frac{w(l)}{w_0} =$$

$$M \sqrt{1 + \left(\frac{l}{f}\right)^2} = M \sqrt{1 + \left(\frac{\lambda l}{\pi w_0^2}\right)^2} \tag{2.11.19}$$

式中:$M = F_2/F_1$,为望远镜主镜与副镜的焦距比,它就是通常所说的望远镜的准直倍率(或称为几何压缩比)。

从式(2.11.19)可以看出,一个给定的望远镜对高斯光束的准直倍率 M' 不仅与望远镜本身的结构参数有关,而且还与高斯光束的结构参数 f 以及腰斑与副镜的距离 l 有关。

虽然该公式是在 $l \gg F_1$ 的条件下导出的,但它对 $l = 0$(且 $f \gg F_1$)的情况也适合。此时

$$w(l) = w_0$$
$$M' = M = F_2/F_1$$

在一般情况下,由于$w(l)$总是大于w_0,因而望远镜对高斯光束的准直倍率M'总是比它对普通傍轴光线的几何压缩比M要高。M愈大,$w(l)/w_0$越大,M'也就越大。

在l为有限的情况下,出射高斯光束的光腰并不准确地落在副镜L_1的前焦面上,因而望远系统应允许作微小的调整。此外,这里的讨论没有考虑像差,而且假设透镜孔面上的光斑远小于透镜本身的孔径,因而无须考虑由透镜的有限孔径引起的衍射效应。当光斑等于或大于透镜的孔径时,要想通过提高准直倍率来无限制地压缩高斯光束的发散角是不可能的。这时w'_0的大小及出射光束的最小发散角应由透镜的孔径所决定,这就是望远镜运用在衍射极限的情形。

实际的准直望远镜可以做成透射式,反射式或折-反式,但其基本工作原理都是一样的。

2.12 高斯光束的自再现变换与稳定球面腔

如果一个高斯光束通过透镜后其结构不发生变化,即参数w_0或f不变,则称这种变换为自再现变换。对自再现变换,下述两个等式必能同时成立

$$\begin{cases} w'_0 = w_0 \\ l' = l \end{cases} \tag{2.12.1}$$

若以q参数来表述自再现变换,则在图2.10.3所示的情形中,应有

$$q_0 = q'_0 \tag{2.12.2}$$

式(2.12.1)或式(2.12.2)就是自再现变换的数学表示。

一、利用透镜实现自再现变换

利用薄透镜对高斯光束实现自再现变换的条件可推导如下。

设腰斑为w_0的高斯光束入射在焦距为F的透镜上,入射高斯光束的束腰与透镜的距离为l。在式(2.10.18)中令$w'_0 = w_0$,则有

$$\frac{1}{w_0^2}\left[1 - \left(1 - \frac{l}{F}\right)^2\right] = \frac{1}{F^2}\left(\frac{\pi w_0}{\lambda}\right)^2$$

由此解得

$$F = \frac{1}{2}l\left[1 + \left(\frac{\pi w_0^2}{\lambda l}\right)^2\right] \tag{2.12.3}$$

将上式代入式(2.10.17)中可证实$l' = l$。

由式(2.9.6)可知,物高斯光束在透镜表面上的波面的曲率半径为

$$R(l) = l\left[1 + \left(\frac{\pi w_0^2}{\lambda l}\right)^2\right] \tag{2.12.4}$$

因此式(2.12.3)可以写成

$$F = \frac{1}{2}R(l) \text{ 或 } R(l) = 2F \tag{2.12.5}$$

可见,当透镜的焦距等于高斯光束入射在透镜表面上的波面曲率半径的一半时,透镜对该高斯光束作自再现变换。

二、球面反射镜对高斯光束的自再现变换

本章前面几节有关高斯光束通过透镜系统变换的所有公式都适用于高斯光束被球面镜反射的情形,只须将公式中透镜的焦距 F 用球面反射镜的曲率半径 R 的一半(即球面镜的焦距)来代替就行了。在此两种情形下,高斯光束参数的变换关系都是一样的,只是在被球面镜反射时,物、像高斯光束均在反射镜的同一方,且传播方向相反;而在薄透镜的情况下,物、像高斯光束各自处在透镜的不同两方,且传播方向相同。其情形如图 2.12.1 所示。

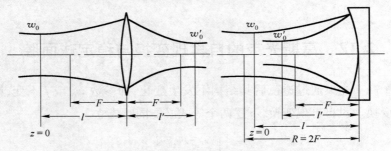

图 2.12.1　薄透镜与球面镜的等价性

在高斯光束被球面镜反射的情况下,自再现变换条件式(2.12.5)的意义变得十分明显。当入射在球面镜上的高斯光束波前曲率半径正好等于球面镜的曲率半径时,在反射时高斯光束的参数将不会发生变化,即像高斯光束与物高斯光束完全重合。通常将这种情况称为反射镜与高斯光束的波前相匹配。透镜及球面镜对高斯光束作自再现变换的情况如图 2.12.2 所示。

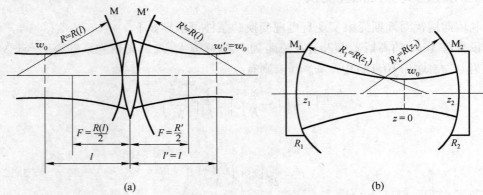

图 2.12.2　高斯光束的自再现变换
(a)薄透镜对高斯光束作自再现变换;(b)球面反射镜对高斯光束的自再现变换及稳定球面腔。

如果条件式(2.12.5)不满足,则在反射时高斯光束的参数将发生变化。它的腰斑不能再与入射高斯光束腰斑相重合,其大小与位置应按式(2.10.17)及式(2.10.18)计算。计算时,式中的 F 用球面反射镜曲率半径 R 之一半来代替。

三、高斯光束的自再现变换与稳定球面腔

高斯光束被匹配反射镜作自再现变换这一事实在谐振腔理论中具有重要的意义。我们知道,高斯光束的等相位面近似为球面,且任意两个等相位面的曲率半径及其间距之间满足稳定性条件。因此,如果将某高斯光束的两个等相位面用相应曲率半径的球面反射镜来代替,则将构成一个稳定腔,而且由于该高斯光束被腔的两个反射镜作自再现变换,因而它将成为该谐振腔中的自再现模。反之,对任意稳定腔而言,只要适当选择高斯光束的束腰位置及腰斑大小,就可以使它成为该稳定腔的本征模。这样,以高斯光束的基本性质及其传输规律为基础,可以逻辑地建立起稳定腔的模式理论。下面,我们就用 q 参数来处理这个问题。

根据自再现模的定义,稳定腔的任一高斯模在腔内往返一周后,应能重现其自身。现在,设某一高斯光束从腔内某一参考平面(例如,腔的一个镜面)出发时的 q 参数值为 q_M,在腔内往返一周后其 q 参数值记为 q'_M,则按式(2.10.12)应有

$$q'_M = \frac{Aq_M + B}{Cq_M + D} \tag{2.12.6}$$

该高斯光束能成为谐振腔的自再现模的条件为

$$q'_M = q_M \tag{2.12.7}$$

由式(2.12.6)及式(2.12.7)可得知,对腔的高斯模应有

$$q_M = \frac{Aq_M + B}{Cq_M + D} \tag{2.12.8}$$

式中:A、B、C、D 为傍轴光束在腔内(循前述高斯束渡越路径)的往返矩阵的元素。式(2.12.8)表示腔的高斯模在参考平面上的 q 参数值,从而对整个高斯模的具体结构给予一定的限制。由该式可解得

$$\frac{1}{q_M} = \frac{D-A}{2B} \pm i \frac{\sqrt{1-(D+A)^2/4}}{B} \tag{2.12.9}$$

由上式及式(2.9.10),可算得高斯模在参考平面处的等相位面曲率半径和光斑尺寸为

$$R_M = \frac{2B}{D-A} \tag{2.12.10}$$

$$w_M = \frac{\left(\frac{\lambda}{\pi}\right)^{\frac{1}{2}} \cdot |B|^{1/2}}{\left[1-\left(\frac{D+A}{2}\right)^2\right]^{1/4}} \tag{2.12.11}$$

知道了参考平面处的 R_M 及 w_M 值,就可以求出其他任意平面上的 R 及 w 值,特别是可以求出腰斑的大小及位置。

上述讨论表明,一旦给定了稳定腔的具体几何结构,其高斯模的特征就可按式(2.12.10)和式(2.12.11)完全确定。值得指出的是,式(2.12.9)、式(2.12.10)和式(2.12.11)不仅可用于两镜组成的共轴球面镜腔,而且适用于所有稳定腔,从而可求出任何稳定腔内任一参考面处高斯光束的参数。

由式(2.12.11)还可以导出腔的稳定性条件。腔内存在着真实的高斯模的条件应该是能由式(2.12.11)得到实数 w_M 值,由此应有

$$-1 < \frac{D+A}{2} < +1 \qquad (2.12.12)$$

这正是在 2.2 节中由分析傍轴光线的几何损耗所导出的开腔的稳定性条件。现在,我们对这一条件有了新的认识:在稳定光学开腔中不存在傍轴光线的几何逸出损耗与腔内存在着高斯光束型的本征模这一断言是等价的。

2.13 光束衍射倍率因子

如何评价一个激光器所产生的激光光束空域质量是一个重要问题。人们曾根据不同的应用需要,将聚焦光斑尺寸、远场发散角等列为衡量激光束空域质量的参数。但由 2.11 节可知,经过光学系统后,光束的光腰尺寸和发散角均可改变,减小腰斑必然使发散角增加。因此单独用其中之一来评价激光束空域质量是不科学的。人们发现,经过理想的无像差的光学系统后光腰尺寸和远场发散角的乘积不变。对于基模高斯光束,由式(2.9.7)可得

$$w_0 \theta_0 = \frac{2\lambda}{\pi} \qquad (2.13.1)$$

对于高阶厄米特—高斯光束,若用式(2.5.24)来定义光斑尺寸,则由式(2.9.14)与式(2.9.16)可得,在 x 方向和 y 方向的光腰半宽和发散角的乘积分别为

$$\begin{cases} w_m \theta_m = (2m+1) 2\lambda/\pi \\ w_n \theta_n = (2n+1) 2\lambda/\pi \end{cases} \qquad (2.13.2)$$

对于高阶拉盖尔—高斯光束,由式(2.9.19)与式(2.9.20)可得

$$w_{mn} \theta_{mn} = (m+2n+1) 2\lambda/\pi \qquad (2.13.3)$$

鉴于激光束腰斑尺寸和发散角乘积具有确定值,并可同时描述光束的近场和远场特性,目前国际上普遍将光束衍射倍率因子 M^2 作为衡量激光束空域质量的参量。光束衍射倍率因子 M^2 定义为

$$M^2 = \frac{\text{实际光束的腰斑尺寸与远场发射角的乘积}}{\text{基模高斯光束的腰斑尺寸与远场发散角的乘积}} \qquad (2.13.4)$$

对于基模高斯光束

$$M^2 = 1 \qquad (2.13.5)$$

对于高阶厄米特—高斯光束和高阶拉盖尔—高斯光束,分别有

$$\begin{cases} M_x^2 = (2m+1) \\ M_y^2 = (2n+1) \end{cases} \qquad (2.13.6)$$

和

$$M_r^2 = (m+2n+1) \qquad (2.13.7)$$

对于各模式间不相干的多模厄米特—高斯光束,其 x 方向和 y 方向的光束衍射倍率因子是各模式相对强度的加权平均

$$\begin{cases} M_x^2 = \sum_m \sum_n (2m+1) |C_{mn}|^2 \\ M_y^2 = \sum_m \sum_n (2n+1) |C_{mn}|^2 \end{cases} \qquad (2.13.8)$$

对于多模拉盖尔—高斯光束,则有

$$M_r^2 = \sum_m \sum_n (m + 2n + 1) |C_{mn}|^2 \qquad (2.13.9)$$

式中:C_{mn} 为表征各阶模相对强度的归一化系数。由以上论述可知,基模高斯光束具有最小的 M^2 值($M^2=1$),其光腰半径和发散角也最小,达到衍射极限。高阶、多模高斯光束或其他非理想光束(如波前畸变)的 M^2 值均大于 1。M^2 值可以表征实际光束偏离衍射极限的程度,因此被称作衍射倍率因子。M^2 值越大,光束衍射发散越快。

由式(1.5.5)可知,激光束的单色亮度 B_ν 反比于激光束的截面积和发散角的平方。根据光束衍射倍率因子 M^2 的定义,可得

$$B_\nu \propto \frac{1}{(M^2)^2}$$

M^2 因子越小,激光束的亮度越高。由此可见,M^2 因子是表征激光束空间相干性好坏的本质参量。$K=1/M^2$ 称作光束传输因子,它也是国际上公认的一个描述光束空域传输特性的量。

2.14 非稳腔的几何自再现波型

非稳腔是随着高功率激光器件的发展而发展起来的。高功率激光器件设计中的主要问题是,如何获得尽可能大的模体积和好的横模鉴别能力,以实现高功率单模运转,从而既能从激活物质中高效率地提取能量,又能保持高的光束质量。分析表明,前面描述的稳定腔不能满足这些要求,而非稳腔却是最合适的。

由于非稳腔中存在着傍轴光线的固有发散损耗,而且这种损耗往往很高,每一单程可达百分之几十;又由于典型的高功率激光器件的激活物质的横向尺寸往往较大,腔的菲涅耳数远大于 1,在这种情况下,衍射损耗往往不起重要作用。因此几何光学的分析方法对非稳腔具有十分重要的意义。几何光学分析方法揭示出,非稳腔中存在着唯一的一对轴上共轭像点及相应的一对几何自再现波型,它就是非稳腔基模的近似描写。此外,几何光学分析方法还能大体上正确地给出非稳腔的损耗特征并描述非稳腔的输出光束特性(远近场图、发散角等),从而为非稳腔的设计提供初步根据。本节仅介绍非稳腔的几何自再现波型的概念,为学习非稳腔理论提供初步的基础。

一、非稳腔的构成

共轴球面谐振腔(R_1,R_2,L)满足下列不等式之一

$$\begin{cases} g_1 g_2 < 0 \\ g_1 g_2 > 1 \end{cases} \qquad (2.14.1)$$

时,该球面谐振腔称为非稳腔。式中

$$\begin{cases} g_1 = 1 - \dfrac{L}{R_1} \\ g_2 = 1 - \dfrac{L}{R_2} \end{cases} \qquad (2.14.2)$$

为腔的 g 参数。R_1、R_2 的符号规定与 2.2 节相同。

按照 2.2 节的分析,在非稳腔内存在着固有的光线发散损耗。傍轴光线在腔镜面上经历相继的反射时,或者每次都向外偏折,离开腔轴线越来越远,以致最后逸出腔外;或者在反射时虽然向内偏折,但却偏折太强,以致往复穿过轴线,而且,随着光线的每一次往返,它们与轴线的夹角越来越大,最后也将从侧面逸出。因此非稳定腔必然是高损耗的,我们也仅仅是在这种意义下使用"非稳腔"这个名称。

非稳腔有以下几种构成方式。

1. 双凸腔

所有的双凸腔都是非稳腔。对图 2.14.1(a) 所示的双凸腔,由于 $R_1<0, R_2<0$,因而有

$$g_1>1, g_2>1, g_1g_2>1 \tag{2.14.3}$$

即任何双凸腔均满足式 (2.14.1) 中第二式。

2. 平－凸腔

所有平－凸腔也都是非稳腔。如图 2.14.1(b) 所示之平凸腔,有 $R_1<0, R_2\to\infty$,因而

$$g_1>1, g_2=1, g_1g_2>1 \tag{2.14.4}$$

3. 平－凹非稳腔

考察如图 2.14.11(c) 所示之平－凹腔,其 $R_1>0, R_2\to\infty$。仅当满足条件

$$R_1<L \tag{2.14.5}$$

即当凹面镜的曲率半径小于腔长时,平－凹腔才是非稳腔。

4. 双凹非稳腔

由两个共轴凹面镜组成非稳腔的条件是

$$g_1g_2=(1-L/R_1)(1-L/R_2)<0 \tag{2.14.6a}$$

或

$$g_1g_2=(1-L/R_1)(1-L/R_2)>1 \tag{2.14.7a}$$

式中:$R_1>0, R_2>0$。由式 (2.14.6a) 得出

$$\begin{cases} R_1>L, R_2<L, g_1>0, g_2<0 \\ \text{或 } R_1<L, R_2>L, g_1<0, g_2>0 \end{cases} \tag{2.14.6b}$$

如图 2.14.1(d) 所示;由式 (2.14.7a) 得出

$$R_1+R_2<L \tag{2.14.7b}$$

如图 2.14.1(e) 所示。

满足式 (2.14.6) 的双凹非稳腔的一个重要的特殊情形是所谓非对称实共焦腔。这种腔满足关系式

$$\begin{cases} R_1/2+R_2/2=L \\ 2g_1g_2=g_1+g_2 \end{cases} \tag{2.14.8}$$

这时,两个凹面镜将在腔内有一个公共实焦点,构成一个望远镜系统,如图 2.14.1(f) 所示。

5. 凹－凸非稳腔

由一个凹面镜和一个凸面镜既可以构成稳定腔,也可以构成非稳腔。我们讨论 $R_1>0, R_2<0$ 的情形。非稳条件 $g_1g_2<0$ 要求

$$R_1<L \tag{2.14.9}$$

而 $g_1g_2>1$ 要求

$$R_1+R_2=R_1-|R_2|>L \tag{2.14.10}$$

上述两种凹－凸非稳腔如图 2.14.1(g) 所示。

满足条件(2.14.10)的凹-凸非稳腔的最重要的特例是所谓虚共焦型非稳腔。这种腔满足下述关系式

$$\begin{cases} \dfrac{R_1}{2} + \dfrac{R_2}{2} = L \\ 2g_1 g_2 = g_1 + g_2 \end{cases} \quad (2.14.11)$$

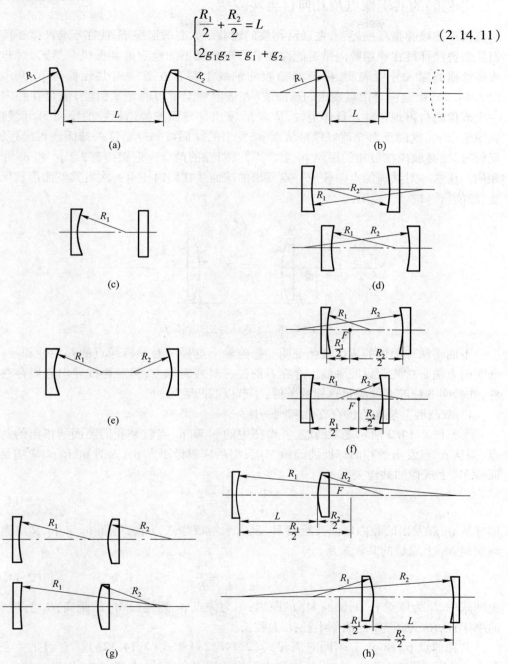

图 2.14.1 非稳腔的构成

(a) 双凸腔；(b) 平-凸腔；(c) 平-凹非稳腔；(d) 双凹非稳腔，$g_1 g_2 < 0$；
(e) 双凹非稳腔，$g_1 g_2 > 1$；(f) 非对称实共焦腔；(g) 凹-凸非稳腔；(h) 虚共焦腔。

这时,凹面镜的实焦点与凸面镜的虚焦点相重合,公共焦点处在腔外,构成一个虚共焦望

远镜系统,如图 2.14.1(h)所示。

二、非稳腔的共轭像点及几何自再现波型

由于非稳腔是高损耗腔,在激活物质的增益不太高的情况下,往往不易产生振荡。人们甚至曾经怀疑在非稳腔内是否能存在自再现意义下的稳定的共振模。然而,对非稳腔成像性质的深入分析表明,任何非稳腔的轴线上都存在着一对共轭像点 p_1 和 p_2(见图 2.14.2),由这一对像点发出的球面波(在极限情况下可能是平面波)满足在腔内往返一次成像的自再现条件。具体地说,从点 p_1 发出的球面波经谐振腔的镜面 M_2 反射后将成像于点 p_2,这时反射光就好像是从点 p_2 发出的球面波一样。这一球面波再经过镜 M_1 反射时,又必成像在最初的源点 p_1 上。因此,对腔的两个反射镜而言,点 p_1 和 p_2 互为源和像。从这一对共轭像点中任何一点发出的球面波在腔内往返一次后其波面形状保持不变,即能自再现。

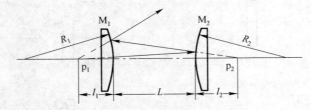

图 2.14.2 双凸腔的共轭像点

下面将从球面镜的成像规律证明非稳腔轴上这样一对共轭像点的存在性和唯一性。证明的方法是首先假设腔轴线上存在着前述一对共轭像点,然后再推导出它们存在的条件,并验明非稳腔确能满足这样的条件,本节以双凸腔为例。

1. 双凸腔共轭像点的存在性和唯一性

考察图 2.14.2 所示之双凸腔,并设图中的 p_1 和 p_2 点就是我们前面所指出的共轭像点,则从 p_1 点发出的腔内球面波经镜 M_2 反射后应成像于点 p_2,因而 p_1 和 p_2 应满足在球面镜 M_2 上成像的共轭关系

$$\frac{1}{l_1+L}-\frac{1}{l_2}=\frac{2}{R_2} \quad (2.14.12a)$$

同样从 p_2 点发出的腔内球面波经镜 M_1 反射后应成像于点 p_1,因而 p_1 和 p_2 又应满足在球面镜 M_1 上成像的共轭关系

$$\frac{1}{l_2+L}-\frac{1}{l_1}=\frac{2}{R_1} \quad (2.14.12b)$$

上两式中,l_1 为像点 p_1 到镜面 M_1 的距离;l_2 为像点 p_2 到镜面 M_2 的距离;R_1 为镜 M_1 的曲率半径;R_2 为镜 M_2 的曲率半径;L 为腔长。

共轭像点 p_1 和 p_2 必须同时满足式(2.14.12a)和式(2.14.12b)。它们是关于量 l_1 和 l_2 的二元联立方程。如果从这些方程式能解得合理的(亦即实的)l_1 和 l_2 值,可证明共轭像点确实存在。按图 2.14.2 以及式(2.14.12),若 l_1 为正值,则表示点 p_1 在凸面镜 M_1 的"后方",若 l_1 为负值则表示点 p_1 在镜 M_1 的"前方"(即反射面一方);对 l_2 情况也是一样。下面将具体求解这些方程式。

将前述二元联立方程式化为只含变量 l_1(或 l_2)的一元二次方程式

$$\begin{cases} l_1^2 + Bl_1 + C = 0 \\ B = \dfrac{2L(L-R_2)}{2L-R_1-R_2} \\ C = \dfrac{LR_1(L-R_2)}{2L-R_1-R_2} \end{cases} \tag{2.14.13}$$

式(2.14.13)存在实根的条件是

$$B^2 - 4C \geqslant 0 \tag{2.14.14}$$

不难证明,对双凸腔,式(2.14.14)是必然满足的。

由式(2.14.13)可具体解得

$$\begin{cases} l_1 = \dfrac{\pm\sqrt{L(L-R_1)(L-R_2)(L-R_1-R_2)} - L(L-R_2)}{2L-R_1-R_2} \\ l_2 = \dfrac{\pm\sqrt{L(L-R_1)(L-R_2)(L-R_1-R_2)} - L(L-R_1)}{2L-R_1-R_2} \end{cases} \tag{2.14.15}$$

至此,我们已证明了双凸腔共轭像点的存在。

式(2.14.15)中根号前可取正、负两种符号。取正号时,得出一组 l_1 和 l_2,相应的像点用 p_1 和 p_2 表示;而取负号时得出另一组 l_1^- 和 l_2^-,相应的像点用 p_1^- 和 p_2^- 表示。但这并不意味存在两对共轭像点。可以看出,当式(2.14.15)根号前取正号时,$l_1 > 0, l_2 > 0$,表示 p_1 和 p_2 各自处在镜 M_1 和 M_2 的"后方"。反之,当根号前取负号时,$l_1^- < 0, l_2^- < 0$,表示 p_1^- 和 p_2^- 各自处在镜 M_1 和 M_2 的"前方"。但它们都不在腔内,因为在这种情况下 $|l_1^-| > L, |l_2^-| > L$。进一步可以证明

$$\begin{cases} -l_1^- = l_2 + L \\ -l_2^- = l_1 + L \end{cases} \tag{2.14.16}$$

可见,点 p_1^- 实际上与点 p_2 重合,而点 p_2^- 与点 p_1 重合,如图 2.14.3 所示。这表明,无论式(2.14.15)中根号前取正号或负号,实际只确定了一对共轭像点。

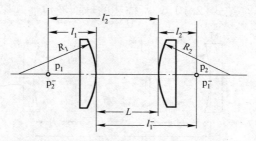

图 2.14.3 共轭像点的唯一性

还可进一步证明:仅当式(2.14.15)根号前取正号时,所对应的一对像点 p_1 和 p_2 才是稳定的。

所谓像点的稳定性,应作如下理解:如果由于某种扰动(不管由什么原因引起),点 p_1 的位置发生一个微小的移动 dl_1',从 $p_1 \to p_1'$,这时经过镜 M_2 成像的像点已不在原来的位置 p_2 上,像点有了一个微小的移动 dl_2',从 $p_2 \to p_2'$。而这一移动了的 p_2',再经 M_1 成像时又将得到新的像点位置 p_1'',p_1'' 与 p_1 的距离以 dl_1'' 表示,p_1'' 又经 M_2 成像于 $p_2''\cdots$。这

样,我们将得到一系列的像点
$$p'_1, p''_1, p'''_1, \cdots$$
$$p'_2, p''_2, p'''_2, \cdots$$
这些像点与未受扰动时的像点 p_1 和 p_2 的距离将分别构成下述数列:
$$dl'_1, dl''_1, dl'''_1, \cdots$$
$$dl'_2, dl''_2, dl'''_2, \cdots$$

如果点列 $p'_1, p''_1, p'''_1, \cdots$ 趋近于点 p_1,而 $p'_2, p''_2, p'''_2, \cdots$ 趋近于点 p_2,或者说数列 dl'_1,$dl''_1, \cdots, dl'_2, dl''_2, \cdots$ 均收敛于零,则共轭像点 p_1 和 p_2 对系统的任何扰动都将是稳定的。可以证实,对双凸腔,当式(2.14.15)中根号前取正号时,正是这种情况。而根号前取负号时,前述数列将趋于发散。这表明相应的共轭像点是不稳定的。

综上所述,我们证明了双凸腔的轴上存在着唯一的一对共轭像点,而且只要适当地选取式(2.14.15)中根号前的符号,则可得到一对稳定的共轭像点,其位置可由下式确定

$$\begin{cases} l_1 = \dfrac{\sqrt{L(L-R_1)(L-R_2)(L-R_1-R_2)} - L(L-R_2)}{2L - R_1 - R_2} \\ l_2 = \dfrac{\sqrt{L(L-R_1)(L-R_2)(L-R_1-R_2)} - L(L-R_1)}{2L - R_1 - R_2} \end{cases} \quad (2.14.17)$$

以上方程组给出了像点位置与腔参数 R_1、R_2、L 之间的关系,一旦腔的结构确定了,其共轭像点的位置也就唯一地确定了。

2. 光学开腔中存在共轭像点的条件

现在的问题是,轴上一对共轭像点的存在仅仅是双凸腔的特殊属性呢,还是一切非稳腔的共同属性。也就是说,是否非稳腔就一定存在共轭像点,而其他腔(如稳定腔)就一定不存在共轭像点。对这个问题的分析可以加深我们对非稳腔的认识。

考察任一共轴球面开腔(见图 2.14.4),设其中存在着一对轴上共轭像点 p_1、p_2。设发自像点 p_1 的球面波在腔内某一参考平面处的波阵面曲率半径为 R'_1,经腔内一次往返后,其曲率半径变为 R'_2。按式(2.10.6)所描述的球面波传播规律有

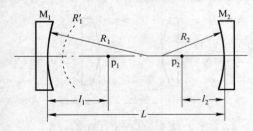

图 2.14.4 共轭像点存在的条件

$$R'_2 = \frac{AR'_1 + B}{CR'_1 + D} \quad (2.14.18)$$

式中,A、B、C、D 为腔内傍轴光线的往返矩阵的元素。自再现条件要求 $R'_2 = R'_1$,即

$$R'_1 = \frac{AR'_1 + B}{CR'_1 + D} \quad (2.14.19)$$

由此解得

$$R'_1 = \frac{(A-D) \pm \sqrt{(A+D)^2 - 4}}{2C} \tag{2.14.20}$$

在导出上式时利用了关系式 $AD - BC = 1$。

腔内的确存在着自再现球面波的条件是 R'_1 应为实数。由式(2.14.20)可知,此时应有

$$\left[\frac{1}{2}(A+D)\right]^2 \geq 1 \tag{2.14.21}$$

这正是非稳条件的一般表示。取腔内往返矩阵如式(2.2.13)所示,则式(2.14.21)成为

$$g_1 g_2 > 1 \text{ 或 } g_1 g_2 < 0$$

此即式(2.14.1)。

式(2.14.17)虽然是在双凸腔的情况下求出的,但可以证明,只需遵循统一的符号规则,对确定各类非稳腔共轭像点的位置都适用。所需遵循的符号规则是:凸面镜的 R_1(或 R_2)<0,凹面镜的 R_1(或 R_2)>0;l_1(或 l_2)<0 表明共轭像点在镜的前方(反射面的一方),l_1(或 l_2)>0 则共轭像点在镜的后方。

3. 非稳腔几何自再现波型的概念

由前面的讨论可知,仅当开腔满足非稳条件式(2.14.1)时,才存在唯一的一对轴上共轭像点。由共轭像点发出的球面波满足腔内往返一次成像的自再现条件。也就是说,从每一个像点发出的球面波在腔内往返一次后,其波面形状将实现自再现。按照关于激光振荡模的一般概念,我们可以将这样一对发自共轭像点的几何自再现波型定义为非稳腔的共振模。

显然,上述几何自再现球面波具有固定中心,而且当忽略衍射效应时,在腔内增益均匀分布的条件下,还可以进一步认为,这一对球面波是均匀球面波。比较严格的波动光学分析表明,由共轭像点发出的一对自再现球面波给出了非稳腔最低阶振荡模的一个粗略的、但在实际应用中却十分重要的几何形象。虽然由于衍射的作用,非稳腔最低阶模的强度并不是均匀分布的,但它的等相位面确实十分接近于球面。

不同类型非稳腔的共轭像点的位置各不相同,有的在腔内,有的在腔外,有的在无穷远处。相应地,从这些共轭像点发出的几何自再现波型可能是球面波,也可能是平面波。球面波可以是发散的、会聚的或发散与会聚交替进行的。弄清楚各类非稳腔中共轭像点的分布情况及自再现波型的特征,对非稳腔的设计和实际应用都是非常重要的。对这些问题有兴趣的读者可参阅本书 1984 年 11 月第 2 版或本章末所附的有关参考文献。

2.15 非稳腔的几何放大率及自再现波型的能量损耗

谐振腔理论的一个重要课题是估计振荡模能量损耗的大小。非稳腔的几何理论认为,这种损耗是由于非稳腔对几何自再现波型的固有发散作用造成的。当从共轭像点发出的自再现球面波在腔内往复反射时,其波面横向尺寸将不断扩展,最后,会超出反射镜的范围,使波的一部分能量直接逸出腔外。下面定量地分析这个问题。

一、非稳腔的几何放大率

研究如图 2.15.1 所示之非稳腔。设相当于从共轭像点 p_2 发出的腔内球面波到达镜

M_1 时，其波面恰能完全覆盖镜 M_1，即波面线度为 a_1；当此球面波经镜 M_1 反射到达 M_2 后，其波面尺寸将扩展为 a'_1。取

$$m_1 = a'_1/a_1 \tag{2.15.1}$$

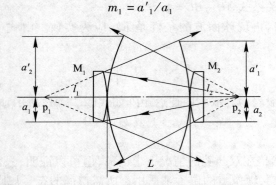

图 2.15.1 双凸非稳腔对几何自再现波型的放大率

显然 m_1 为波在腔内行进时镜 M_1 对几何自再现波型波面尺寸的单程放大倍率，称 m_1 为镜 M_1 的单程放大率。与此类似，可定义镜 M_2 对几何自再现波型的单程放大率

$$m_2 = a'_2/a_2 \tag{2.15.2}$$

取

$$M = m_1 m_2 \tag{2.15.3}$$

显然 M 表示非稳腔对几何自再现波型在腔内往返一周的放大率。

由共轭像点的性质可知，从 p_2 点发出的球面波被镜 M_1 反射时与从像点 p_1 发出的球面波一样。因此，对双凸腔不难求得

$$\begin{cases} m_1 = \dfrac{l_1 + L}{l_1} \\ m_2 = \dfrac{l_2 + L}{l_2} \end{cases} \tag{2.15.4}$$

对望远镜腔，按图 2.15.2，利用式（2.14.8）和式（2.14.11）不难求得

$$\begin{cases} m_1 = a'_1/a_1 = 1 \\ m_2 = \dfrac{a'_2}{a_2} = \left|\dfrac{\dfrac{R_1}{2}}{\dfrac{R_2}{2}}\right| = \left|\dfrac{R_1}{R_2}\right| \end{cases} \tag{2.15.5}$$

$$M = m_1 m_2 = \left|\dfrac{R_1}{R_2}\right| \tag{2.15.6}$$

式（2.15.5）和式（2.15.6）无论对非对称实共焦腔和虚共焦腔都是正确的，而且 $M = |R_1/R_2| = F_1/F_2$ 也与通常望远镜的放大率公式一致。

放大率是从非稳腔的几何光学分析中所获得的一个重要参数。所有上述公式表明，非稳腔的几何放大率 m_1、m_2、M 只与腔长 L 和镜的曲率半径 R_1、R_2 有关，而与镜的横向尺寸 a_1、a_2 无关。

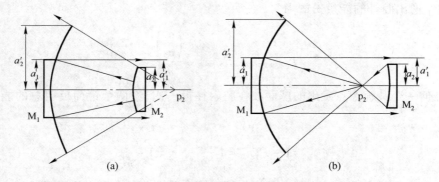

图 2.15.2 望远镜型非稳腔的几何放大率
(a) 虚共焦腔；(b) 非对称实共焦腔。

二、非稳腔的能量损耗率

非稳腔的能量损耗与几何放大率有密切关系。由图 2.15.1 可见，相当于从像点 p_1 发出并恰能全部覆盖住镜 M_1 的球面波到达镜 M_2 后，其波面尺寸已超出了 M_2 的范围。其中只有一部分（即在镜 M_2 范围以内的那一部分）被镜 M_2 截住并反射回来，超出镜 M_2 范围的那一部分波面将逸出腔外，造成能量损耗。由于在几何光学分析中认定自再现波型是均匀球面波，因此能量损耗份额即由超出镜 M_2 的那部分波面的面积与整个波面的面积之比决定，而这一比值又直接与几何放大率相联系。对相当于从像点 p_2 发出的球面波，情形也是一样。下面具体讨论能量损耗的大小。

如图 2.15.1 所示，被镜 M_2 所截住并反射回腔内的能量份额为

$$\Gamma_1 = \frac{a_2^2}{a_1'^2} = \frac{\left(\dfrac{a_2}{a_1}\right)^2}{m_1^2} \tag{2.15.7}$$

而越过 M_2 逸出腔外的能量份额为

$$\xi_{1\text{单程}} = 1 - \Gamma_1 = 1 - \frac{\left(\dfrac{a_2}{a_1}\right)^2}{m_1^2} \tag{2.15.8}$$

$\xi_{1\text{单程}}$ 的意义是：每当几何自再现波型在腔内从镜 M_1 单程行进到 M_2 时，将有 $\xi_{1\text{单程}}$ 这么大一个份额的能量从镜 M_2 端逸出腔外。也就是说，相当于从共轭像点 p_1 发出的球面波从镜 M_1 单程行进到 M_2 时，其能量的相对损耗即为 $\xi_{1\text{单程}}$。

同理，相当于从像点 p_2 发出并恰能全部覆盖住镜 M_2 的几何自再现波型到达镜 M_1 后，被 M_1 截住并反射回腔内的能量份额为

$$\Gamma_2 = \frac{a_1^2}{a_2'^2} = \frac{\left(\dfrac{a_1}{a_2}\right)^2}{m_2^2} \tag{2.15.9}$$

而越过 M_1 逸出腔外的能量份额为

$$\xi_{2单程} = 1 - \Gamma_2 = 1 - \frac{\left(\dfrac{a_1}{a_2}\right)^2}{m_2^2} \tag{2.15.10}$$

从任何一个共轭像点发出的球面波在腔内往返一次,经两个镜面反射总的能量损耗份额为

$$\xi_{往返} = 1 - \Gamma_1\Gamma_2 = 1 - \frac{1}{m_1^2}\frac{1}{m_2^2} = 1 - \frac{1}{M^2} \tag{2.15.11}$$

式中:$M = m_1 m_2$ 为式(2.15.3)所定义的非稳腔的往返放大率。平均单程损耗为

$$\xi_{单程} = 1 - \sqrt{\Gamma_1\Gamma_2} = 1 - \frac{1}{M} \tag{2.15.12}$$

作为非稳腔能量损耗的例子,考虑一个 $|R| = 10\mathrm{m}$, $L = 1\mathrm{m}$ 的对称双凸腔。由式(2.14.17)、式(2.15.3)、式(2.15.4)、式(2.15.11)及式(2.15.12)可得

$$m = 1.558$$

$$M = m^2 = 2.428, M^2 = m^4 = 5.895$$

$$\xi_{单程} = 1 - \frac{1}{m^2} \approx 59\%$$

$$\xi_{往返} = 1 - \frac{1}{m^4} \approx 83\%$$

可以看出,即使凸面镜曲率很小,由它们组成的对称双凸腔的损耗仍将是十分可观的。

应该指出,非稳腔的这种侧向能量逸出"损耗"往往在实际上被利用来作为非稳腔的有用输出。在这种情况下,腔的两个反射镜通常都做成全反射镜,而利用从一个(或两个)反射镜边缘逸出的能量来取得所需要的耦合输出。这样,通过调节腔的几何参数就可直接控制输出能量的份额。关于非稳腔实现输出耦合的具体方法,就不在这里一一列举了。图 2.15.3 是在虚共焦腔内插入带孔的倾斜反射镜以获得侧向耦合输出的例子。

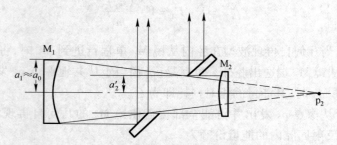

图 2.15.3　腔内放有带孔的倾斜耦合镜的虚共焦腔

习 题

1. 证明如图 2.1 所示傍轴光线进入平面介质界面的光线变换矩阵为 $\begin{bmatrix} 1 & 0 \\ 0 & \dfrac{\eta_1}{\eta_2} \end{bmatrix}$。

2. 证明光线通过图 2.2 所示厚度为 d 的平行平面介质的光线变换矩阵为 $\begin{bmatrix} 1 & \dfrac{\eta_1 d}{\eta_2} \\ 0 & 1 \end{bmatrix}$。

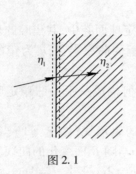

图 2.1

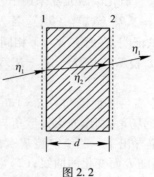

图 2.2

3. 试利用往返矩阵证明共焦腔为稳定腔,即任意傍轴光线在其中可以往返无限多次,而且两次往返即自行闭合。

4. 试求平凹、双凹、凹凸共轴球面镜腔的稳定性条件。

5. 激光器的谐振腔由一面曲率半径为 1m 的凸面镜和曲率半径为 2m 的凹面镜组成,工作物质长 0.5m,其折射率为 1.52,求腔长 L 在什么范围内是稳定腔。

6. 图 2.3 所示三镜环形腔,已知 l,试画出其等效透镜序列图,并求球面镜的曲率半径 R 在什么范围内该腔是稳定腔。图示环形腔为非共轴球面镜腔。在这种情况下,对于在由光轴组成的平面内传输的子午光线,式(2.2.7)中的 $F = (R\cos\theta)/2$,对于在与此垂直的平面内传输的弧矢光线,$F = R/(2\cos\theta)$,θ 为光轴与球面镜法线的夹角。

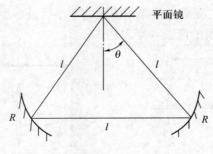

图 2.3

7. 有一方形孔径共焦腔氦氖激光器,腔长 $L = 30\text{cm}$,方形孔边长 $d = 2a = 0.12\text{cm}$,

$\lambda = 632.8$ nm,镜的反射率为 $r_1 = 1, r_2 = 0.96$,其他损耗以每程 0.003 估计。此激光器能否作单模运转?如果想在共焦镜面附近加一个方形小孔阑来选择 TEM_{00} 模,小孔的边长应为多大?试根据图 2.5.5 作一大略的估计。氦氖增益由公式 $e^{g_0 l} = 1 + 3 \times 10^{-4} \dfrac{l}{d}$ 估算(l 为放电管长度,假设 $l \approx L$)。

8. 试求出方形镜共焦腔面上 TEM_{30} 模的节线位置,这些节线是等距分布的吗?

9. 求圆形镜共焦腔 TEM_{20} 和 TEM_{02} 模在镜面上光斑的节线位置。

10. 今有一球面腔,$R_1 = 1.5$ m,$R_2 = -1$ m,$L = 80$ cm。试证明该腔为稳定腔;求出它的等价共焦腔的参数;在图上画出等价共焦腔的具体位置。

11. 某二氧化碳激光器采用平 – 凹腔,$L = 50$ cm,$R = 2$ m,$2a = 1$ cm,$\lambda = 10.6$ μm。试计算 w_{s1}、w_{s2}、w_0、θ_0、$(\delta_{00})_1$、$(\delta_{00})_2$ 各为多少?

12. 试证明,在所有 $a^2/L\lambda$ 相同而 R 不同的对称稳定球面腔中,共焦腔的衍射损耗最低。这里 L 表示腔长,$R = R_1 = R_2$ 为对称球面腔反射镜的曲率半径,a 为镜的横向线度(半径)。

13. 今有一平面镜和一 $R = 1$ m 的凹面镜,问:应如何构成一平 – 凹稳定腔以获得最小的基模远场角;画出光束发散角与腔长 L 的关系曲线。

14. 推导出平 – 凹稳定腔基模在镜面上光斑大小的表示式,做出:(1)当 $R = 100$ cm 时,w_{s1}、w_{s2} 随 L 而变化的曲线;(2)当 $L = 100$ cm 时,w_{s1}、w_{s2} 随 R 而变化的曲线。

15. 某二氧化碳激光器,采用平 – 凹腔,凹面镜的 $R = 2$ m,腔长 $L = 1$ m。试给出它所产生的高斯光束的束腰斑半径 w_0 的大小和位置、该高斯光束的共焦参数 f 及远场发散角 θ_0 的大小。

16. 某高斯光束束腰斑大小为 $w_0 = 1.14$ mm,$\lambda = 10.6$ μm。求与束腰相距 30 cm、10 m、1000 m 远处的光斑半径 w 及波前曲率半径 R。

17. 若已知某高斯光束之 $w_0 = 0.3$ mm,$\lambda = 632.8$ nm。求束腰处的 q 参数值,与束腰相距 30 cm 处的 q 参数值,以及在与束腰相距无限远处的 q 值。

18. 如图 2.4 所示平 – 凹谐振腔,腔长 $L = (3/4)R_2$,求方形镜或圆形镜腔中 TEM_{00} 模的谐振频率表达式。

19. 假设图 2.5 所示方形镜谐振腔是稳定腔,凸透镜左、右高斯光束的共焦参数为 f_1、f_2。

(1)在球面反射镜处的高斯光束等相位面曲率半径是多少?

(2)试推导出 TEM_{mnq} 模的谐振频率表达式。

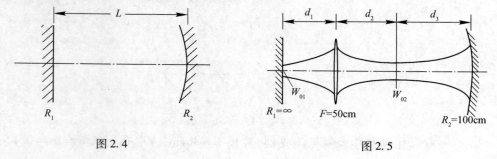

图 2.4   图 2.5

20. 假设一 TEM_{mn} 模(矩形对称)高斯光束照射到一完全吸收的平面上,平面上位于光束中间的位置有一个半径为 a 的孔。求随着 a/w(w 为该处的基模光斑半径)的变化,TEM_{00} 模和 TEM_{01} 模透过小孔的功率百分比并画出其随 a 的变化曲线。

21. 某高斯光束 $w_0 = 1.2\text{mm}, \lambda = 10.6\mu\text{m}$。今用 $F = 2\text{cm}$ 的锗透镜来聚焦,当束腰与透镜的距离为 $10\text{m}、1\text{m}、10\text{cm}、0$ 时,求焦斑大小和位置,并分析所得的结果。

22. CO_2 激光器输出光 $\lambda = 10.6\mu\text{m}, w_0 = 3\text{mm}$,用一 $F = 2\text{cm}$ 的凸透镜聚焦,求欲得到 $w'_0 = 20\mu\text{m}$ 及 $2.5\mu\text{m}$ 时透镜应放在什么位置。

23. 如图 2.6 光学系统,入射光 $\lambda = 10.6\mu\text{m}$,求 w''_0 及 l_3。

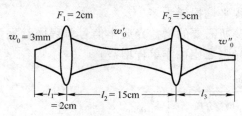

图 2.6

24. 某高斯光束 $w_0 = 1.2\text{mm}, \lambda = 10.6\mu\text{m}$。今用一望远镜将其准直。主镜用镀金反射镜 $R = 1\text{m}$,口径为 20cm;副镜为一锗透镜,$F_1 = 2.5\text{cm}$,口径为 1.5cm;高斯光束束腰与透镜相距 $l = 1\text{m}$,如图 2.7 所示。求该望远系统对高斯光束的准直倍率。

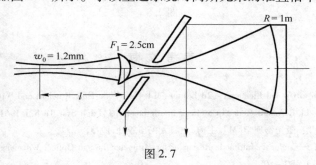

图 2.7

25. 激光器的谐振腔由两个相同的凹面镜组成,它出射波长为 λ 的基模高斯光束,今给定功率计,卷尺以及半径为 a 的小孔光阑,试叙述测量该高斯光束共焦参数 f 的实验原理及步骤。

26. 已知一二氧化碳激光谐振腔由两个凹面镜构成,$R_1 = 1\text{m}, R_2 = 2\text{m}, L = 0.5\text{m}$。如何选择高斯束腰斑 w_0 的大小和位置才能使它成为该谐振腔中的自再现光束?

27. (1)用焦距为 F 的薄透镜对波长为 λ、束腰半径为 w_0 的高斯光束进行变换,并使变换后的高斯光束的束腰半径 $w'_0 < w_0$(此称为高斯光束的聚焦),在 $F > f$ 和 $F < f \left(f = \dfrac{\pi w_0^2}{\lambda} \right)$ 两种情况下,如何选择薄透镜到该高斯光束束腰的距离 l?(2)在聚焦过程中,如果薄透镜到高斯光束束腰的距离 l 不能改变,如何选择透镜的焦距 F?

28. 试由自再现变换的定义式(2.12.2)用 q 参数法来推导出自再现变换条件式(2.12.3)。

29. 试证明在一般稳定腔(R_1, R_2, L)中,其高斯模在腔镜面处的两个等相位面的曲率半径必分别等于各该镜面的曲率半径。

30. 试从式(2.14.12)导出式(2.14.13),并证明对双凸腔 $B^2 - 4C > 0$。

31. 试计算 $R_1 = 1\text{m}$, $L = 0.25\text{m}$, $a_1 = 2.5\text{cm}$, $a_2 = 1\text{cm}$ 的虚共焦腔的 $\xi_{单程}$ 和 $\xi_{往返}$。若想保持 a_1 不变并从凹面镜 M_1 端单端输出,应如何选择 a_2?反之,若想保持 a_2 不变并从凸面镜 M_2 端单端输出,应如何选择 a_1?在这两种单端输出的条件下,$\xi_{单程}$ 和 $\xi_{往返}$ 各为多大?题中 a_1 为镜 M_1 的横截面半径,R_1 为其曲率半径,a_2、R_2 的意义类似。

32. 考虑图2.8所示的非稳定谐振腔
(1)试求出 p_1、p_2 点(共轭像点)的位置,并在光学谐振腔图上标出来;
(2)通过空腔的单程平均损耗为多少?
(3)这个激光器振荡所需要的增益介质小信号单程增益是多少?(在增益介质中单程传输后的光强与初始光强之比称作单程增益)

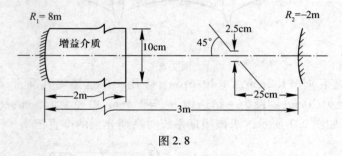

图2.8

参考文献

[1] Yariv A. Introduction to Optical Electronics. 2d Edition[M]. New York:Holt,Rinehart and Winston. 1976.
[2] Fox A G and Tingye Li. Resonant Modes in a Maser Interferometer[J]. Bell Syst. Tech. J. 1961,40(2):453 – 488.
[3] 《激光物理学》编写组. 激光物理学[M]. 上海:上海人民出版社,1975.
[4] Boyd G D,Gordon J P. Confocal Multimode Resonator for Milimeter through Optical Wavelength Maser[J]. Bell Syst. Techn. J. 1961,40(2):489 – 508.
[5] Kogelnik H,Tingye Li. Laser Beam and Resonators[J]. Appl. Optics,1966,5(10):1550 – 1567.
[6] Boyd G D,Kogelnik H. Generalized Confocal Resonator Theory[J]. Bell. Syst. Techn. J. 1962,41:1347 – 1369.
[7] 《气体激光》编写组. 气体激光[M]. 上海:上海人民出版社,1975.
[8] Yariv A. Quantum Electronics. 3rd Edition[M]. New York:Wiley,1989.
[9] Siegman A E. Unstable Optical Resonators for Laser Applications[C]. Proc. IEEE,1965,53:277 – 287.
[10] Anan'ev Y A. Unstable Resonators and Their Applicationos[J]. Soviet J. Quant. Elec. 1972,1:565.
[11] Siegman A E. Unstable Optical Resonators[J]. Appl. Optics,1974,13(2):353 – 367.
[12] Siegman A E. Output Beam Propagation and Beam Quality from a Multimode Stable-Cavity Laser[J]. IEEE J. Quantum Electron,1993,4:1212.
[13] 吕百达. 激光光学[M]. 成都:四川大学出版社,1992.
[14] 高以智,姚敏玉,张洪明,等. 激光原理学习指导(第2版)[M]. 北京:国防工业出版社,2014.

第三章　电磁场和物质的共振相互作用

激光器的物理基础是光频电磁场与物质的相互作用(特别是共振相互作用),对于绝大多数激光器来说,是指光与组成物质的原子(或离子、分子)内的电子之间的共振相互作用。对于自由电子激光器,则应考虑光与自由电子的相互作用。本书将只讨论前者。此外,光与物质相互作用中的另一类效应,例如非线性光学效应的物理基础,也不在本章的讨论范围之内。

激光器的特性和它所包含的物理现象是十分丰富的,从宏观的激光强度、频率特性直到微观的场的量子起伏(相干性和噪声)特性。为了揭示这些现象的物理本质和掌握激光器的工作特性,需要在光和物质相互作用理论的基础上建立激光器的理论。激光器的严格理论是建立在量子电动力学基础上的量子理论,它在原则上可以描述激光器的全部特性。但是,这并不意味着,在描述激光器的任何特性时都一定要采用这种理论的全部观点和方法,因为这将给激光理论带来不必要的复杂性。正确的做法是,用不同近似程度的理论去描述激光器的不同层次的特性,每种近似理论都揭示出激光器的某些规律性,但也掩盖着某些更深层次的物理现象。这些近似理论方法基本上可分为4类,下面简述它们的出发点和应用范围。

一、经典理论

这是在量子力学建立以前人们对场和原子相互作用的处理方法,也称为经典原子发光模型。它的出发点是,将原子系统和电磁场都作经典处理,即用经典电动力学的麦克斯韦方程组描述电磁场,将原子中的运动电子视为服从经典力学的振子。从现代量子理论观点看来,这种原子模型显然是粗糙的。但在原子物理学发展的历史进程中,它曾成功地解释了物质对光的吸收和色散现象,定性地说明了原子的自发辐射及其谱线宽度,等等。这些对于定性解释光和物质相互作用中的某些物理现象有一定帮助。此外,经典理论在描述光和物质的非共振相互作用时也起一定作用。特别是对于自由电子激光器,可以完全采用运动电子电磁辐射的经典理论来描述。4.1节将给出经典理论要点。

二、半经典理论

它是属于量子力学范围内的理论方法,与量子力学中关于原子跃迁和光的辐射、吸收问题的处理方法相似。它的出发点是采用经典麦克斯韦方程组描述光频电磁场,而物质原子则用量子力学描述。采用这种方法建立激光器理论的工作是由兰姆(W. E. Lamb Jr)在1964年开始的,故称为激光器的兰姆理论。半经典理论能较好地揭示激光器中大部分物理现象,如强度特性(反转粒子数烧孔效应与振荡光强的兰姆凹陷)、增益饱和效应、多模耦合与竞争效应、模的相位锁定效应、激光振荡的频率牵引与频率推斥效应等。但是，这种理论也掩盖了与场的量子化特性有关的物理现象，例如自发辐射的产生以及由它引起的激光振荡的线宽极限（见4.5节）、振荡过程的量子起伏效应（噪声和相干性）等。半经典理论的另一缺点是数学处理比较繁杂，因此在只需要了解激光器的一些宏观特性的情况下，我们宁愿采用下面将要讲到的更简明的速率方程理论。

三、量子理论

这是量子电动力学处理方法。它对光频电磁场和物质原子都作量子化处理，并将二者作为一个统一的物理体系加以描述。激光器的全量子理论只是在需要严格地确定激光的相干性和噪声以及线宽极限等特性时才是必要的。这一类专门的课题超出本书范围，我们不予讨论。

四、速率方程理论

可以认为，它是量子理论的一种简化形式，因为它是从光子（即量子化的辐射场）与物质原子的相互作用出发的。但是，由于忽略了光子的相位特性和光子数的起伏特性而使这种理论具有非常简单的形式。特别是如果沿用爱因斯坦的推导黑体辐射普朗克公式时的唯象方法，则速率方程理论的基础就是1.2节所给的简单概念和关系。这种理论以其简明性而诱人，但严格说来，它只能给出激光的强度特性，而不能揭示出色散（频率牵引）效应，也不能给出与激光场的量子起伏有关的特性。对于烧孔效应、兰姆凹陷、多模竞争等，则只能给出粗略的近似描述。

本章将引出激光器的速率方程，并在此基础上导出激光工作物质的增益系数和反转集居数的关系，以及光强增加时增益的饱和行为。在第四章和第五章中，将应用速率方程理论描述激光器和激光放大器的主要特性。

3.1 光和物质相互作用的经典理论简介

在量子理论建立之前，人们曾用经典模型比较直观和简单地说明了有关光和物质原子相互作用的某些实验现象，这对于理解激光器的物理过程有一定帮助。经典理论所应用的一些概念和术语对于理解半经典理论和量子理论也是有帮助的，因此我们首先在本节介绍经典理论的基本概念。

一、原子自发辐射的经典模型

在量子力学建立之前，人们用经典力学描述原子内部电子的运动，其物理模型就是按简谐振动或阻尼振动规律运动的电偶极子，称为简谐振子。简谐振子模型认为，原子中的电子被与位移成正比的弹性恢复力束缚在某一平衡位置 $x=0$（原子中的正电中心）附近振动（假设一维运动情况），当电子偏离平衡位置而具有位移 x 时，就受到一个恢复力 $f=-Kx$ 的作用。假定没有其他力作用在电子上，则电子运动方程为

$$m\ddot{x} + Kx = 0 \tag{3.1.1}$$

式中：m 为电子质量。

这个齐次二阶微分方程就是熟知的一维线性谐振子方程,它的解就是简单的无阻尼振荡

$$x(t) = x_0 e^{i\omega_0 t} \tag{3.1.2}$$

式中:ω_0 为谐振频率,并且

$$\omega_0 = \left(\frac{K}{m}\right)^{1/2} \tag{3.1.3}$$

根据电动力学原理,当运动电子具有加速度时,它将以如下的速率发射电磁波能量

$$\frac{e^2(\dot{v}_e)^2}{6\pi\varepsilon_0 c^3} \tag{3.1.4}$$

式中:$\dot{v}_e$ 为电子运动的加速度。上式所表示的电子能量在单位时间内的损失也可以认为是辐射对电子的反作用力(或辐射阻力)在单位时间内所作的负功,即可表示为

$$F v_e = \frac{-e^2(\dot{v}_e)^2}{6\pi\varepsilon_0 c^3} \tag{3.1.5}$$

式中:F 为作用在电子上的辐射反作用力。

将上式在一个周期的时间间隔 $t_2 \sim t_1$ 内对时间积分:

$$\int_{t_1}^{t_2} F v_e \mathrm{d}t = \int_{t_1}^{t_2} -\frac{e^2(\dot{v}_e)^2}{6\pi\varepsilon_0 c^3}\mathrm{d}t = -\frac{e^2}{6\pi\varepsilon_0 c^3}\int_{t_1}^{t_2} \dot{v}_e \mathrm{d}v_e =$$

$$-\frac{e^2}{6\pi\varepsilon_0 c^3}\dot{v}_e v_e \bigg|_{t_1}^{t_2} + \frac{e^2}{6\pi\varepsilon_0 c^3}\int_{t_1}^{t_2} v_e \mathrm{d}\dot{v}_e$$

所以

$$\int_{t_1}^{t_2}\left(F - \frac{e^2}{6\pi\varepsilon_0 c^3}\ddot{v}_e\right)v_e \mathrm{d}t = -\frac{e^2}{6\pi\varepsilon_0 c^3}\dot{v}_e v_e \bigg|_{t_1}^{t_2}$$

由于所选取的 $t_2 \sim t_1$ 是一个周期时间间隔,故等式右方为零。在一个周期内 $\left(F - \frac{e^2}{6\pi\varepsilon_0 c^3}\ddot{v}_e\right)v_e$ 的平均值为零,可粗略地取

$$F = \frac{e^2}{6\pi\varepsilon_0 c^3}\ddot{v}_e = \frac{e^2}{6\pi\varepsilon_0 c^3}\dddot{x} \tag{3.1.6}$$

考虑到作用在电子上的辐射反作用力,则电子运动方程(3.1.1)应改写为

$$m\ddot{x} + Kx = \frac{e^2}{6\pi\varepsilon_0 c^3}\dddot{x} \tag{3.1.7}$$

由于辐射反作用力比恢复力小得多,因而可以认为位移 x 仍可近似表示为式(3.1.2),这样

$$\dddot{x} = -\omega_0^2 \dot{x}$$

再根据式(3.1.3),则式(3.1.7)可写为

$$\ddot{x} + \gamma\dot{x} + \omega_0^2 x = 0 \tag{3.1.8}$$

式中:γ 称为经典辐射阻尼系数,并且

$$\gamma = \frac{e^2 \omega_0^2}{6\pi\varepsilon_0 c^3 m} \tag{3.1.9}$$

因为 γ 很小,方程(3.1.8)的解为

$$x(t) = x_0 e^{-\frac{\gamma}{2}t} e^{i\omega_0 t} \tag{3.1.10}$$

式中:x_0 为常数。可见,考虑了辐射阻尼,则振子作简谐阻尼振荡。以上就是原子的经典简谐振子模型。

按式(3.1.10)作简谐振动的电子和带正电的原子核组成一个作简谐振动的电偶极子,其偶极矩为

$$p(t) = -ex(t) = -ex_0 e^{-\frac{\gamma}{2}t} e^{i\omega_0 t} = p_0 e^{-\frac{\gamma}{2}t} e^{i\omega_0 t} \tag{3.1.11}$$

上述简谐偶极振子发出的电磁辐射可表示为

$$E = E_0 e^{-\frac{\gamma}{2}t} e^{i\omega_0 t} \tag{3.1.12}$$

这就是原子在某一特定谱线(中心频率为 ω_0)上的自发辐射的经典描述。显然,可以将 $\tau_r = \dfrac{1}{\gamma}$ 定义为简谐振子的辐射衰减时间。在可见光频率范围内,τ_r 大约为 10^{-8} s 量级,这与实验结果一致。

二、受激吸收和色散现象的经典理论

我们现在从原子的经典模型出发,分析当频率为 ω 的单色平面波通过物质时的受激吸收和色散现象,并直接导出物质的吸收系数和折射率(色散)的经典表示式,以及它们之间的相互关系。在本章中,我们还将从速率方程理论出发导出物质的吸收(或增益)系数的表示式,但速率方程理论不能给出物质的色散关系。此外,本节的基本概念对于理解激光器半经典理论将有直接帮助。

受激吸收和色散现象是物质原子和电磁场相互作用的结果。物质原子在电磁场的作用下产生感应电极化强度(即介质的极化),感应电极化强度使物质的介电常数(因而电磁波的传播常数)发生变化,从而导致物质对电磁波的吸收和色散。下面我们就从这个概念出发求出吸收系数和折射率的经典表示式。

根据电磁场理论,在物质中沿 z 方向传播的单色平面波,其 x 方向的电场强度可表示为

$$E(z,t) = E(z) e^{i\omega t} = E_0 e^{-i\frac{\omega}{c}\sqrt{\varepsilon'\mu'}z} e^{i\omega t} \tag{3.1.13}$$

式中:ε' 和 μ' 分别为物质的相对介电常数和相对磁导率。在一般介电物质中 $\mu'=1$,而 ε' 则应根据物质在 $E(z,t)$ 作用下的极化过程求得。下面就从原子的经典模型出发求出 ε'。

设物质由单电子原子组成,则作用在电子上的力为

$$-eE(z,t)$$

这里忽略了磁场对电子的微小作用力。

在上述电场力的作用下,电子运动方程(3.1.8)应改写为

$$\ddot{x} + \gamma \dot{x} + \omega_0^2 x = -\frac{e}{m} E(z) e^{i\omega t} \tag{3.1.14}$$

上述微分方程的特解可写为如下形式

$$x(t) = x_0 e^{i\omega t} \tag{3.1.15}$$

这里我们没有考虑微分方程通解中代表自由阻尼振荡的项,因为它对感应电矩没有贡献。

将式(3.1.15)代入式(3.1.14),得

$$x_0 = \frac{-\frac{e}{m}E(z)}{(\omega_0^2 - \omega^2) + i\gamma\omega} \tag{3.1.16}$$

我们只对共振相互作用,即 $\omega \approx \omega_0$ 时的情况感兴趣,此时有

$$x_0 = \frac{-\frac{e}{m}E(z)}{2\omega_0(\omega_0 - \omega) + i\gamma\omega_0} \tag{3.1.17}$$

一个原子的感应电矩则为

$$p(z,t) = -ex(z,t) = \frac{\frac{e^2}{m}E(z)}{2\omega_0(\omega_0 - \omega) + i\gamma\omega_0}e^{i\omega t} \tag{3.1.18}$$

对于气压不太高的气体工作物质,原子之间相互作用可以忽略,因而感应电极化强度可以通过对单位体积中原子电矩求和得到

$$P(z,t) = np(z,t) = \frac{ne^2/m}{2\omega_0(\omega_0 - \omega) + i\gamma\omega_0}E(z,t) \tag{3.1.19}$$

式中:n 为单位体积工作物质中的原子数。

物质的感应电极化强度也可表示为

$$P(z,t) = \varepsilon_0 \chi E(z,t) \tag{3.1.20}$$

式中:χ 为工作物质的电极化系数。

比较式(3.1.19)和式(3.1.20)可得电极化系数

$$\chi = \frac{ne^2}{m\varepsilon_0} \frac{1}{2\omega_0(\omega_0 - \omega) + i\gamma\omega_0} = \frac{-ine^2}{m\omega_0\varepsilon_0\gamma} \frac{1}{1 + \frac{i2(\omega - \omega_0)}{\gamma}} \tag{3.1.21}$$

令 $\chi = \chi' + i\chi''$,则电极化系数的实部和虚部分别是

$$\chi' = +\left(\frac{ne^2}{m\omega_0\varepsilon_0\gamma}\right)\frac{2(\omega_0 - \omega)\gamma^{-1}}{1 + \frac{4(\omega - \omega_0)^2}{\gamma^2}} \tag{3.1.22}$$

$$\chi'' = -\left(\frac{ne^2}{m\omega_0\varepsilon_0\gamma}\right)\frac{1}{1 + \frac{4(\omega - \omega_0)^2}{\gamma^2}} \tag{3.1.23}$$

物质的相对介电系数 ε' 与电极化系数的关系为

$$\varepsilon' = (1 + \chi) = (1 + \chi' + i\chi'') \tag{3.1.24}$$

因为 $|\chi| \ll 1$,所以

$$\sqrt{\varepsilon'} = \sqrt{1 + \chi} \approx 1 + \frac{\chi}{2} = 1 + \frac{\chi'}{2} + i\frac{\chi''}{2} = \eta + i\beta \tag{3.1.25}$$

式中已令

$$\eta = 1 + \frac{\chi'}{2} \tag{3.1.26}$$

$$\beta = \frac{\chi''}{2} \tag{3.1.27}$$

将式(3.1.25)代入式(3.1.13),可得

$$E(z,t) = E_0 e^{\frac{\omega}{c}\beta z} e^{i(\omega t - \frac{\omega}{c}\eta z)} \tag{3.1.28}$$

从上式可见,η 就是物质的折射率。根据增益系数的定义

$$g = \frac{dI(z)}{d(z)} \frac{1}{I(z)}$$

考虑到 $I(z) \propto |E(z,t)|^2 = E(z,t)E^*(z,t) = E_0^2 e^{2\frac{\omega}{c}\beta z}$,可得

$$g = 2\frac{\omega}{c}\beta \tag{3.1.29}$$

利用式(3.1.27),上式可写作

$$g = \frac{\omega}{c}\chi'' \tag{3.1.30}$$

将式(3.1.22)和式(3.1.23)分别代入式(3.1.26)和式(3.1.30),则得物质的增益系数和折射率为

$$g = -\left(\frac{ne^2}{m\varepsilon_0 \gamma c}\right) \frac{1}{1 + \frac{4(\omega - \omega_0)^2}{\gamma^2}} \tag{3.1.31}$$

$$\eta = 1 + \left(\frac{ne^2}{m\omega_0 \varepsilon_0 \gamma}\right) \frac{(\omega_0 - \omega)\gamma^{-1}}{1 + \frac{4(\omega - \omega_0)^2}{\gamma^2}} \tag{3.1.32}$$

其中运用了条件 $\omega \approx \omega_0$。式(3.1.31)和式(3.1.32)在无激励的情况下导出,在小信号情况下,若二能级简并度相等,则反转粒子数密度 $\Delta n = -n$,所以 $g < 0$,实际处于吸收状态。将上述结果推广到普遍的状态(有激励或无激励,大信号或小信号),令 Δn 代替 $(-n)$,并令 $\Delta \nu_H = \gamma/2\pi$,则上式可改写为

$$g = \left(\frac{\Delta n e^2}{4m\varepsilon_0 c}\right) \frac{\frac{\Delta \nu_H}{2\pi}}{(\nu - \nu_0)^2 + \left(\frac{\Delta \nu_H}{2}\right)^2} \tag{3.1.33}$$

$$\eta = 1 - \left(\frac{\Delta n e^2}{16\pi^2 m \nu_0 \varepsilon_0}\right) \frac{\nu_0 - \nu}{(\nu - \nu_0)^2 + \left(\frac{\Delta \nu_H}{2}\right)^2} \tag{3.1.34}$$

若 $\Delta n > 0$,则 $g > 0$,对应于增益状态。若 $\Delta n < 0$,则 $g < 0$,对应于吸收状态。由上述分析可见,由于自发辐射的存在,物质的增益(吸收)谱线为洛伦兹线型,而 $\Delta \nu_H$ 即为谱线宽度。并且物质在 ν_0 附近呈现由式(3.1.34)描述的强烈色散。根据式(3.1.33)和式(3.1.34)还可得出物质折射率 η 与增益系数 g 之间的普遍关系式

$$\eta = 1 - \frac{(\nu_0 - \nu)c}{\Delta \nu_H \omega} g \tag{3.1.35}$$

根据这个关系,我们可以从物质的增益系数求得它的折射率。

3.2 谱线加宽和线型函数

在 1.2 节的全部讨论中,我们没有考虑原子能级 E_2、E_1 具有一定的宽度,而假设能级是无限窄的,因而认为上述自发辐射是单色的,辐射时全部功率 P 都集中在一个单一的频率 $\nu = (E_2 - E_1)/h$ 上。由式(1.2.4)可求得单位体积物质内原子发出的自发辐射功率为(为简化起见,去掉脚标 sp)

$$P = \frac{dn_{21}}{dt} h\nu = n_2 A_{21} h\nu \tag{3.2.1}$$

实际上由于各种因素的影响,自发辐射并不是单色的,而是分布在中心频率 $(E_2 - E_1)/h$ 附近一个很小的频率范围内。这就叫谱线加宽。由于谱线加宽,式(3.2.1)所表示的自发辐射功率不再集中在频率 $(E_2 - E_1)/h$ 上,而应表示为频率的函数 $P(\nu)$,如图 3.2.1 所示。为了区别变数 ν 和辐射的中心频率 $(E_2 - E_1)/h$,令 $(E_2 - E_1)/h = \nu_0$,并以 $P(\nu)$ 描述自发辐射总功率 P 按频率的分布,即在总功率 P 中,分布在 $\nu \sim \nu + d\nu$ 范围内的功率为 $P(\nu) \cdot d\nu$,数学表示为

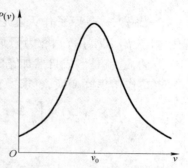

图 3.2.1 自发辐射的频率分布

$$P = \int_{-\infty}^{+\infty} P(\nu) d\nu \tag{3.2.2}$$

在速率方程理论中,重要的是 $P(\nu)$ 的函数形式。因此,引入谱线的线型函数 $\tilde{g}(\nu, \nu_0)$,它定义为

$$\tilde{g}(\nu, \nu_0) = \frac{P(\nu)}{P} \tag{3.2.3}$$

$\tilde{g}(\nu, \nu_0)$ 的单位为 s,括号中的 ν_0 表示线型函数的中心频率。

根据式(3.2.2)和式(3.2.3),有

$$\int_{-\infty}^{+\infty} \tilde{g}(\nu, \nu_0) d\nu = 1 \tag{3.2.4}$$

此式称为线型函数的归一化条件。

线型函数在 $\nu = \nu_0$ 时有最大值 $\tilde{g}(\nu_0, \nu_0)$,并在 $\nu = \nu_0 \pm \Delta\nu/2$ 时下降至最大值的一半,即

$$\tilde{g}\left(\nu_0 \pm \frac{\Delta\nu}{2}, \nu_0\right) = \frac{\tilde{g}(\nu_0, \nu_0)}{2}$$

按上式定义的 $\Delta\nu$ 称为谱线宽度。

下面将分析引起谱线加宽的各种物理机制,并根据不同的物理过程求出 $\tilde{g}(\nu, \nu_0)$ 的具体函数形式。

一、均匀加宽

如果引起加宽的物理因素对每个原子都是等同的,则这种加宽称作均匀加宽。对此种加宽,每个发光原子都以整个线型发射,不能把线型函数上的某一特定频率和某些特定

原子联系起来,或者说,每一发光原子对光谱线内任一频率都有贡献。自然加宽、碰撞加宽及晶格振动加宽均属均匀加宽类型。

1. 自然加宽

在不受外界影响时,受激原子并非永远处于激发态,它们会自发地向低能态跃迁,因而受激原子在激发态上具有有限的寿命。这一因素造成了原子跃迁谱线的自然加宽,自然加宽线型函数可以在辐射的经典理论基础上简单而直观地求得。

根据经典模型,原子中作简谐振动的电子由于自发辐射而不断损耗能量,因而电子振动的振幅服从阻尼振动规律(见式(3.1.10))

$$x(t) = x_0 e^{\frac{-\gamma t}{2}} e^{i\omega_0 t}$$

式中:$\omega_0 = 2\pi\nu_0$,ν_0 是原子作无阻尼简谐振动的频率,即原子发光的中心频率(相应于量子理论中的 $(E_2 - E_1)/h$);γ 为阻尼系数。上述阻尼振动不再是频率为 ν_0 的单一频率(简谐)振动,这就是形成自然加宽的原因。

对 $x(t)$ 作傅里叶变换,可求得它的频谱:

$$x(\nu) = \int_0^{+\infty} x(t) e^{-i2\pi\nu t} dt = x_0 \int_0^{+\infty} e^{-\frac{\gamma t}{2}} e^{i2\pi(\nu_0-\nu)t} dt = \frac{x_0}{\frac{\gamma}{2} - i(\nu_0 - \nu)2\pi}$$

由于辐射功率正比于电子振动振幅的平方,所以频率在 $\nu \sim \nu + d\nu$ 区间内的自发辐射功率为

$$P(\nu) d\nu \propto |x(\nu)|^2 d\nu$$

而总自发辐射功率由式(3.2.2)表示。根据线型函数定义式(3.2.3)可得

$$\tilde{g}(\nu, \nu_0) = \frac{P(\nu)}{P} = \frac{|x(\nu)|^2}{\int_{-\infty}^{+\infty} |x(\nu)|^2 d\nu} = \frac{1}{\left[\left(\frac{\gamma}{2}\right)^2 + 4\pi^2(\nu-\nu_0)^2\right] \int_{-\infty}^{+\infty} \frac{1}{\left(\frac{\gamma}{2}\right)^2 + 4\pi^2(\nu-\nu_0)^2} d\nu}$$

式中积分等于 γ^{-1}。于是可得

$$\tilde{g}_N(\nu, \nu_0) = \frac{\gamma}{\left(\frac{\gamma}{2}\right)^2 + 4\pi^2(\nu-\nu_0)^2} \tag{3.2.5}$$

式中:下标 N 表示自然加宽。

下面讨论阻尼系数 γ 与原子在 E_2 能级上的自发辐射寿命 τ_{s_2} 之间的关系。设在初始时刻 $t=0$ 时能级 E_2 上有 n_{20} 个原子,则自发辐射功率随时间的变化规律可写为

$$P(t) \propto n_{20} |x(t)|^2 = n_{20} x(t) x^*(t)$$

所以

$$P(t) \propto n_{20} x_0^2 e^{-\gamma t}$$

也可写作

$$P(t) = P_0 e^{-\gamma t} \tag{3.2.6}$$

另一方面,从式(1.2.4)也可求得 E_2 能级上原子数随时间的变化规律。根据1.2节所述则有

$$\frac{\mathrm{d}n_2(t)}{\mathrm{d}t} = -\frac{\mathrm{d}n_{21}(t)}{\mathrm{d}t} = -\frac{n_2(t)}{\tau_{s_2}}$$

$$n_2(t) = n_{20}\mathrm{e}^{-t/\tau_{s_2}}$$

由式(3.2.1)求得自发辐射功率为

$$P(t) = -\frac{\mathrm{d}n_2(t)}{\mathrm{d}t}h\nu = n_{20}h\nu A_{21}\mathrm{e}^{-t/\tau_{s_2}} = P_0\mathrm{e}^{-t/\tau_{s_2}} \tag{3.2.7}$$

比较式(3.2.6)和式(3.2.7)可得

$$\gamma = \frac{1}{\tau_{s_2}} \tag{3.2.8}$$

式(3.2.5)表示自然加宽谱线具有洛伦兹线型,如图3.2.2所示。当 $\nu = \nu_0$ 时,线型函数取最大值 $\tilde{g}(\nu_0,\nu_0) = 4\tau_{s_2}$,谱线宽度为

$$\Delta\nu_N = \frac{1}{2\pi\tau_{s_2}} \tag{3.2.9}$$

式中:$\Delta\nu_N$ 称为自然线宽。它完全取决于原子在能级 E_2 的自发辐射寿命 τ_{s_2}。将式(3.2.9)代入式(3.2.5),也可将自然加宽线型函数表示为

$$\tilde{g}_N(\nu,\nu_0) = \frac{\dfrac{\Delta\nu_N}{2\pi}}{(\nu-\nu_0)^2 + \left(\dfrac{\Delta\nu_N}{2}\right)^2} \tag{3.2.10}$$

最后必须指出,原子在能级上的有限寿命所引起的谱线加宽也是量子力学测不准原理的直接结果。设原子在 $E_i(i=1,2,\cdots)$ 能级上的自发辐射寿命为 τ_{s_i},则 τ_{s_i} 可理解为原子的时间测不准量,于是原子因自发辐射引起的能量测不准量为

$$\Delta E_i \approx \frac{\hbar}{\tau_{s_i}}$$

若跃迁上、下能级的自发辐射寿命分别为 τ_{s_2} 与 τ_{s_1},则原子发光具有的频率不确定量或自然线宽

$$\Delta\nu_N = \frac{1}{2\pi}\left(\frac{1}{\tau_{s_2}} + \frac{1}{\tau_{s_1}}\right) \tag{3.2.11}$$

当下能级为基态时,τ_{s_1} 为无穷大,故有

$$\Delta\nu_N = \frac{1}{2\pi\tau_{s_2}} \tag{3.2.12}$$

与式(3.2.9)一致。

式(3.2.10)表示自然加宽谱线具有洛伦兹线型,如图3.2.2所示。当 $\nu = \nu_0$ 时,线型函数有最大值 $\tilde{g}(\nu_0,\nu_0) = 2/\pi\Delta\nu_N$。

2. 碰撞加宽

大量原子(分子、离子)之间的无规"碰撞"是引起谱线加宽的另一重要原因。在气体

物质中，大量原子（分子、离子）处于无规热运动状态，当两个原子相遇而处于足够接近的位置时（或原子与器壁相碰时），原子间的相互作用足以改变原子原来的运动状态。这时我们认为两原子发生了"碰撞"。在晶体中，虽然原子基本上是不动的，但每个原子也受到相邻原子的偶极相互作用（即原子 – 原子耦合相互作用）。因而一个原子也可能在无规的时刻由于这种相互作用而改变自己的运动状态，这时我们也可称之为"碰撞"，虽然实际上并没有碰撞过程发生。

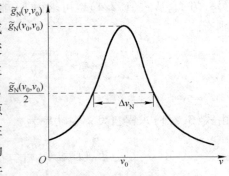

图 3.2.2 谱线自然加宽线型函数

现在我们来分析碰撞过程对谱线加宽的影响。碰撞过程可能是各种各样的，例如激发态原子和同类基态原子发生碰撞而将自己的内能转移给基态原子并使其跃迁至激发态，而激发态原子本身回到基态。激发态原子还可能和其他原子发生弹性碰撞。通常将以上过程称作横向弛豫过程。以上过程虽不会使激发态原子减少，却会使原子发出的自发辐射波列发生无规的相位突变，如图 3.2.3 所示。相位突变所引起波列时间的缩短可等效于原子寿命的缩短。

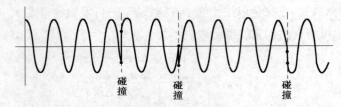

图 3.2.3 碰撞过程使波列发生无规相位突变

由于碰撞的发生完全是随机的，我们只能了解它们的统计平均性质。设任一原子与其他原子发生碰撞的平均时间间隔为 τ_L，它描述碰撞的频繁程度并称为平均碰撞时间。可以证明，这种平均长度为 τ_L 的波列可以等效为振幅呈指数变化的波列，其衰减常数为 $1/\tau_L$。由此可见，碰撞过程应和自发辐射过程同样地引起谱线加宽，而且完全可从物理概念出发预见到它的线型函数应和自然加宽一样，并可表示为

$$\begin{cases} \tilde{g}_L(\nu,\nu_0) = \dfrac{\dfrac{\Delta\nu_L}{2\pi}}{(\nu-\nu_0)^2 + \left(\dfrac{\Delta\nu_L}{2}\right)^2} \\ \Delta\nu_L = \dfrac{1}{\pi\tau_L} \end{cases} \quad (3.2.13)$$

式中：$\Delta\nu_L$ 为碰撞线宽。

在气体工作物质中，平均碰撞时间 τ_L 与气体的压强、原子（分子）间的碰撞截面、温度等有关。如果气体包含两种原子（或分子、离子）a 和 b，其中一个 a 类原子和 b 类原子的平均碰撞时间 $(\tau_L)_{ab}$ 可用下式计算

$$\dfrac{1}{(\tau_L)_{ab}} = n_b Q_{ab} \sqrt{\dfrac{8k_bT}{\pi}\left(\dfrac{1}{m_a} + \dfrac{1}{m_b}\right)} \quad (3.2.14)$$

式中：n_b 为单位体积气体中 b 类原子数；m_a、m_b 分别为 a 原子和 b 原子质量；T 为气体温度；Q_{ab} 为 a 原子和 b 原子间的碰撞截面，它一般由实验测得。对于激光器常用气体，典型的 Q_{ab} 数值约在 $(0.1\sim1.0)\times10^{-18}\mathrm{m}^2$ 范围之内。例如，对于 CO_2 分子，测得的数据为 $Q_{CO_2-CO_2}\approx10^{-18}\mathrm{m}^2$，$Q_{CO_2-N_2}\approx10^{-18}\mathrm{m}^2$，$Q_{CO_2-He}\approx0.3\times10^{-18}\mathrm{m}^2$。

同类原子的平均碰撞时间，则可据式(3.2.14)写为

$$\frac{1}{(\tau_L)_{aa}} = n_a Q_{aa}\sqrt{\frac{16k_bT}{\pi m_a}} \tag{3.2.15}$$

原子数密度 n_a（或 n_b）与该种气体的分压强 p_a 有关，可根据下式计算

$$n_a = 7.24\times10^{22}\frac{p_a}{T}$$

式中：n_a 的单位为 m^{-3}；p_a 的单位为 Pa；T 的单位为 K。

气体激光工作物质一般都是由工作气体（设为 a）和辅助气体（b，c，…）组成，这时工作气体的碰撞寿命应按下式计算

$$\frac{1}{\tau_L} = \frac{1}{(\tau_L)_{aa}} + \frac{1}{(\tau_L)_{ab}} + \frac{1}{(\tau_L)_{ac}} + \cdots$$

τ_L 或 $\Delta\nu_L$ 的数值也可直接由实验测得。在气压不太高时，实验证明 $\Delta\nu_L$ 与气压 p 成正比

$$\Delta\nu_L = \alpha p \tag{3.2.16}$$

式中：p 为气体总气压(Pa)；α 为实验测得的比例系数(kHz/Pa)。例如，对 CO_2 气体测得 $\alpha\approx49$ kHz/Pa，对 $He^3:Ne^{20}$ 混合气体(7:1)，测得 Ne^{20} 的 $\alpha\approx750$ kHz/Pa。

在气体工作物质中，均匀加宽来源于自然加宽和碰撞加宽。我们可把两者的线型函数式(3.2.10)和式(3.2.13)合并起来，称为均匀加宽线型函数 $\tilde{g}_H(\nu,\nu_0)$。

$$\begin{cases}\tilde{g}_H(\nu,\nu_0) = \dfrac{\dfrac{\Delta\nu_H}{2\pi}}{(\nu-\nu_0)^2 + \left(\dfrac{\Delta\nu_H}{2}\right)^2} \\ \Delta\nu_H = \Delta\nu_N + \Delta\nu_L\end{cases} \tag{3.2.17}$$

式中：$\tilde{g}_H(\nu,\nu_0)$ 为同时考虑自然加宽和碰撞加宽时的均匀加宽线型函数；$\Delta\nu_H$ 为相应的均匀加宽线宽。对于一般气体激光工作物质，因为 $\Delta\nu_L\gg\Delta\nu_N$，所以均匀加宽主要由碰撞加宽决定。只有当气压极低时，自然加宽才会显示出来。

激发态原子（分子、离子）也可以和其他原子或器壁发生碰撞而将自己的内能变为其他原子的动能或给予器壁，而自己回到基态。这一过程属于非弹性碰撞，它与自发辐射过程一样，也会引起激发态寿命的缩短。为了有别于产生辐射的跃迁，称作无辐射跃迁。在固体工作物质中，无辐射跃迁起因于离子和晶格振动相互作用，离子释放的内能转化为声子能量。若原子（分子、离子）在 $E_i(i=1,2,\cdots)$ 能级的自发辐射跃迁寿命为 τ_{s_i}，无辐射跃迁寿命为 τ_{nr_i}，则该能级的寿命 τ_i 由下式给出

$$\frac{1}{\tau_i} = \frac{1}{\tau_{s_i}} + \frac{1}{\tau_{nr_i}} \tag{3.2.18}$$

由量子力学的测不准关系可得，当存在无辐射跃迁时，自 $E_2\to E_1$ 能级的自发辐射均匀加

宽线宽为

$$\Delta\nu_H = \frac{1}{2\pi\tau_2} \quad (\text{下能级为基态}) \tag{3.2.19}$$

$$\Delta\nu_H = \frac{1}{2\pi}\left(\frac{1}{\tau_2} + \frac{1}{\tau_1}\right) \quad (\text{下能级为激发态}) \tag{3.2.20}$$

其线型函数如式(3.2.17)中上式所示。

3. 晶格振动加宽

固体工作物质中，激活离子镶嵌在晶体中，周围的晶格场将影响其能级的位置。由于晶格振动使激活离子处于随时间周期变化的晶格场中，激活离子的能级所对应的能量在某一范围内变化，因而引起谱线加宽。温度越高，振动越剧烈，谱线越宽。由于晶格振动对于所有激活离子的影响基本相同，所以这种加宽属于均匀加宽。对于固体激光工作物质，自发辐射和无辐射跃迁造成的谱线加宽是很小的，晶格振动加宽是主要的均匀加宽因素。

二、非均匀加宽

非均匀加宽的特点是，原子体系中每个原子只对谱线内与它的表观中心频率相应的部分有贡献，因而可以区分谱线上的某一频率范围是由哪一部分原子发射的。气体工作物质中的多普勒加宽和固体工作物质中的晶格缺陷加宽均属非均匀加宽类型。用 $\tilde{g}_i(\nu,\nu_0)$ 表示非均匀加宽线型函数，$\tilde{g}_D(\nu,\nu_0)$ 则特指气体中的多普勒加宽线型函数。

1. 多普勒加宽

多普勒加宽是由于作热运动的发光原子(分子)所发出的辐射的多普勒频移引起的。我们首先简述多普勒效应的某些概念，然后给出多普勒加宽线型函数。

如图 3.2.4 所示，设一发光原子(光源)的中心频率为 ν_0($h\nu_0 = E_2 - E_1$)，当原子相对于接收器静止时，接收器测得光波频率也为 ν_0，但当原子相对于接收器以 v_z 速度运动时，接收器测得的光波频率不再是 ν_0，而是

$$\nu = \nu_0 \sqrt{\frac{1+v_z/c}{1-v_z/c}}$$

这就是光学多普勒效应。当 $v_z/c \ll 1$ 时，可取一级近似，即

$$\nu \approx \nu_0\left(1 + \frac{v_z}{c}\right)$$

式中规定：当原子朝着接收器运动(或沿光传播方向运动)时，$v_z > 0$；当原子离开接收器(或反光波传播方向)运动时，$v_z < 0$。

在激光器中，我们讨论的问题是原子和光波场的相互作用，这时可将上述概念进行必要的引申。如图 3.2.5 所示，中心频率为 ν_0 的运动原子和沿 z 轴传播的频率为 ν 的单色光相互作用。我们可以把单色光波看作是由某一假想光源发出的，而把原子看作是感受这个光波的接收器。当原子静止时($v_z = 0$)，它感受到的光波频率为 ν，并在 $\nu = \nu_0$ 处有最大的共振相互作用(最大的受激跃迁概率)。这就意味着，原子的中心频率为 ν_0。当原子沿着 z 方向以 v_z 运动时，就相当于它离开假想光源运动，于是原子感受到的

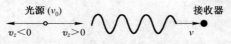
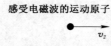

图 3.2.4 光学多普勒效应示意图　　图 3.2.5 运动原子与光波相互作用时的多普勒频移

光波频率变为
$$\nu' = \nu\left(1 - \frac{v_z}{c}\right)$$

这时,只有当 $\nu' = \nu_0$ 时才有最大的相互作用,即当
$$\nu' = \nu\left(1 - \frac{v_z}{c}\right) = \nu_0$$

或

$$\nu = \frac{\nu_0}{1 - \frac{v_z}{c}} = \frac{\nu_0\left(1 + \frac{v_z}{c}\right)}{1 - \left(\frac{v_z}{c}\right)^2} \approx \nu_0\left(1 + \frac{v_z}{c}\right)$$

时,才有最大相互作用。这就意味着,当运动原子与光相互作用时,原子表现出来的中心频率变为 $\nu'_0 = \nu_0[1 + (v_z/c)]$。只有当光波频率 $\nu = \nu'_0$ 时才有最大相互作用。

综上所述,可得结论:沿 z 方向传播的光波与中心频率为 ν_0 并具有速度 v_z 的运动原子相互作用时,原子表现出来的中心频率为

$$\nu'_0 = \nu_0\left(1 + \frac{v_z}{c}\right) \qquad \frac{v_z}{c} \ll 1 \tag{3.2.21}$$

当 v_z 沿光波传播方向时,$v_z > 0$;当反向时,$v_z < 0$。ν'_0 也可称为运动原子的表观中心频率。

现在考虑包含大量原子(分子)的气体工作物质中原子数按表观中心频率的分布。由于气体原子的无规热运动,各个原子具有不同方向、不同大小的热运动速度[图 3.2.6(a)]。设单位体积工作物质内的原子数为 n,根据分子运动论,它们的热运动速度服从麦克斯韦统计分布规律:在温度为 T 的热平衡状态下,单位体积内具有 z 方向速度分量 $v_z \sim v_z + dv_z$ 的原子数(如图 3.2.6(c)中阴影所示)为

$$n(v_z)dv_z = n\left(\frac{m}{2\pi k_b T}\right)^{1/2} e^{-mv_z^2/2k_b T} dv_z \tag{3.2.22}$$

式中:k_b 为玻耳兹曼常数;T 为热力学温度;m 为原子(分子、离子)的质量。原子数按 v_z 的分布函数 $n(v_z)$ 示于图 3.2.6(b)。

现在分别考虑单位体积中 E_2 和 E_1 能级上的原子数 n_2 和 n_1,它们在 $v_z \sim v_z + dv_z$ 速度间隔内的原子数分别为

$$n_2(v_z)dv_z = n_2\left(\frac{m}{2\pi k_b T}\right)^{1/2} e^{-mv_z^2/2k_b T} dv_z$$

$$n_1(v_z)dv_z = n_1\left(\frac{m}{2\pi k_b T}\right)^{1/2} e^{-mv_z^2/2k_b T} dv_z$$

将式(3.2.21)代入上式,可得在 $\nu'_0 \sim \nu'_0 + d\nu'_0$ 的表观中心频率间隔内上、下能级上的原子数分别为

$$\begin{cases} n_2(\nu'_0)d\nu'_0 = n_2 \tilde{g}_D(\nu'_0, \nu_0)d\nu'_0 \\ n_1(\nu'_0)d\nu'_0 = n_1 \tilde{g}_D(\nu'_0, \nu_0)d\nu'_0 \end{cases} \quad (3.2.23)$$

如图 3.2.6(c) 所示。上式中

$$\tilde{g}_D(\nu'_0, \nu_0) = \frac{c}{\nu_0}\left(\frac{m}{2\pi k_b T}\right)^{1/2} e^{-\left[\frac{mc^2}{2k_b T \nu_0^2}(\nu'_0 - \nu_0)^2\right]} \quad (3.2.24)$$

这就是原子数按表观中心频率 ν'_0 的分布规律。

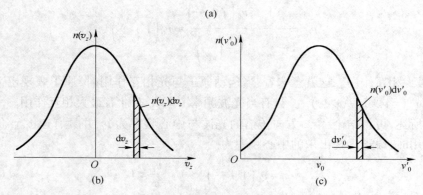

图 3.2.6 原子数按速度和频率的分布

我们仍从表示自发辐射光功率的式(3.2.1)出发导出多普勒加宽线型函数。暂不考虑每个发光原子的自然和碰撞加宽,于是每个原子自发辐射的频率 ν 就精确等于原子的表观中心频率 ν'_0。但由于 n_2 个原子具有式(3.2.23)所示的表观中心频率分布,故其中不同速度原子发出的频率 $\nu = \nu'_0$ 是不同的,因而频率处于 $\nu \sim \nu + d\nu$ 范围内的自发辐射功率为

$$P(\nu)d\nu = h\nu_0 n_2(\nu) A_{21} d\nu = h\nu_0 A_{21} n_2 \tilde{g}_D(\nu, \nu_0) d\nu$$

上式体现了自发辐射谱线的多普勒加宽。根据线型函数定义 $\tilde{g}(\nu, \nu_0) = \frac{P(\nu)}{P}$,可见多普勒加宽线型函数就是原子数按表观中心频率的分布函数

$$\tilde{g}_D(\nu, \nu_0) = \frac{c}{\nu_0}\left(\frac{m}{2\pi k_b T}\right)^{1/2} e^{-\left[\frac{mc^2}{2k_b T \nu_0^2}(\nu - \nu_0)^2\right]} \quad (3.2.25)$$

$\tilde{g}_D(\nu, \nu_0)$ 具有高斯函数形式,示于图 3.2.7。当 $\nu = \nu_0$ 时,具有最大值

$$\tilde{g}_D(\nu_0, \nu_0) = \frac{c}{\nu_0}\left(\frac{m}{2\pi k_b T}\right)^{1/2}$$

其半宽度为

$$\Delta \nu_D = 2\nu_0 \left(\frac{2k_b T}{mc^2}\ln 2\right)^{1/2} = 7.16 \times 10^{-7} \nu_0 \left(\frac{T}{M}\right)^{\frac{1}{2}}$$

（3.2.26）

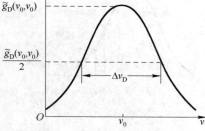

图 3.2.7 多普勒加宽线型函数

称为多普勒加宽。式中 M 为原子（分子）量，$m = 1.66 \times 10^{-27} M(\mathrm{kg})$。式（3.2.25）也可改写为下述形式：

$$\tilde{g}_D(\nu,\nu_0) = \frac{2}{\Delta \nu_D}\left(\frac{\ln 2}{\pi}\right)^{1/2} e^{-\left[\frac{4\ln 2(\nu-\nu_0)^2}{\Delta \nu_D^2}\right]}$$

（3.2.27）

$\tilde{g}_D(\nu,\nu_0)$ 满足归一化条件。

2. 晶格缺陷加宽

在固体工作物质中，不存在多普勒加宽，但却有一系列引起非均匀加宽的其他物理因素。其中最主要的是晶格缺陷的影响（如位错、空位等晶体不均匀性）。在晶格缺陷部位的晶格场将和无缺陷部位的理想晶格场不同，因而处于缺陷部位的激活离子的能级将发生位移，这就导致处于晶体不同部位的激活离子的发光中心频率不同，即产生非均匀加宽。这种加宽在均匀性差的晶体中表现得最为突出。在玻璃作为基质的钕玻璃或铒玻璃等激光介质中，由于玻璃结构的无序性，各个激活离子处于不等价的配位场中，这也导致了与晶格缺陷类似的非均匀加宽。非均匀加宽线型函数可用 $\tilde{g}_i(\nu,\nu_0)$ 表示。固体工作物质的非均匀加宽线型函数一般很难从理论上求得，只能由实验测出它的谱线宽度。

三、综合加宽

1. 气体工作物质的综合加宽线型函数

对于气体工作物质，主要的加宽类型就是由碰撞引起的均匀加宽和多普勒非均匀加宽。由于它们的线型函数具有前节所述的解析形式，因而我们有可能同时考虑这两种加宽因素来求得综合加宽线型函数。

仍从式（3.2.3）出发求线型函数。在求频率处于 $\nu \sim \nu + d\nu$ 范围内的自发辐射光功率 $P(\nu)d\nu$ 时，要同时考虑原子按表观中心频率的分布和每个原子发光的均匀加宽。如前节所述，单位体积中表观中心频率处在 $\nu'_0 \sim \nu'_0 + d\nu'_0$ 范围内的高能级原子数为

$$n_2(\nu'_0)d\nu'_0 = n_2 \tilde{g}_D(\nu'_0,\nu_0)d\nu'_0$$

如图 3.2.8(a)所示。由于均匀加宽，这部分原子也将发出频率为 ν 的自发辐射，如图 3.2.8(b)所示。它们对 $P(\nu)d\nu$ 的贡献为

$$h\nu n_2 \tilde{g}_D(\nu'_0,\nu_0)d\nu'_0 A_{21} \tilde{g}_H(\nu,\nu'_0)d\nu$$

由于具有不同 ν'_0 的 n_2 个原子对 $P(\nu)d\nu$ 都有贡献，所以 n_2 个原子对 $P(\nu)d\nu$ 的总贡献应当为上式对全部 ν'_0 的积分：

$$P(\nu)d\nu = \int_{-\infty}^{+\infty} h\nu n_2 \tilde{g}_D(\nu'_0,\nu_0)d\nu'_0 A_{21}\tilde{g}_H(\nu,\nu'_0)d\nu$$

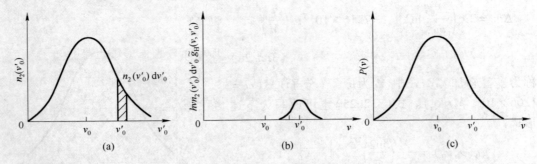

图 3.2.8 综合加宽线型函数推导用图
(a) $n_2(\nu'_0) - \nu'_0$; (b) $h\nu n_2(\nu'_0)\mathrm{d}\nu'_0 \tilde{g}_H(\nu,\nu') - \nu$; (c) $P(\nu) - \nu$。

由于在整个谱线范围内都有 $\nu \approx \nu_0$，所以上式中的 $h\nu$ 可用 $h\nu_0$ 近似代替，于是

$$P(\nu) = h\nu_0 n_2 A_{21} \int_{-\infty}^{+\infty} \tilde{g}_D(\nu'_0,\nu_0) \tilde{g}_H(\nu,\nu'_0) \mathrm{d}\nu'_0$$

根据线型函数定义，由上式及式(3.2.1)可求得综合加宽线型函数为

$$\tilde{g}(\nu,\nu_0) = \int_{-\infty}^{+\infty} \tilde{g}_D(\nu'_0,\nu_0) \tilde{g}_H(\nu,\nu'_0) \mathrm{d}\nu'_0 \tag{3.2.28}$$

一般情况下，$\tilde{g}(\nu,\nu_0)$ 具有误差函数的形式，这留待 3.6 节讨论。下面讨论两种极限情况。

(1) 当 $\Delta\nu_H \ll \Delta\nu_D$ 时，上述积分只在 $\nu'_0 \approx \nu$ 附近很小范围内才有非零值，在此范围内可将函数 $\tilde{g}_D(\nu'_0,\nu_0)$ 用常数 $\tilde{g}_D(\nu,\nu_0)$ 代替，因此

$$\tilde{g}(\nu,\nu_0) = \tilde{g}_D(\nu,\nu_0) \int_{-\infty}^{+\infty} \tilde{g}_H(\nu,\nu'_0) \mathrm{d}\nu'_0 = \tilde{g}_D(\nu,\nu_0)$$

即当 $\Delta\nu_H \ll \Delta\nu_D$ 时，综合加宽近似于多普勒非均匀加宽。其物理意义是：具有表观中心频率 $\nu'_0 = \nu$ 的那部分原子只对谱线中频率为 ν 的部分有贡献。

(2) 当 $\Delta\nu_D \ll \Delta\nu_H$ 时，根据同样的考虑可得

$$\tilde{g}(\nu,\nu_0) = \tilde{g}_H(\nu,\nu_0)$$

即综合加宽近似于均匀加宽，这时 n_2 个原子近似具有同一表观中心频率 ν_0，其中每个原子都以均匀加宽谱线发射。

下面给出几种典型气体激光器谱线宽度的数据。

(1) 氦氖激光器。

$\Delta\nu_N$：Ne 原子 $3S_2 - 2P_4$ 的 632.8nm 谱线，$\Delta\nu_N \approx 10^7$ Hz。

$\Delta\nu_L$：实验测得 $\alpha \approx 750$kHz/Pa，对一般器件，气压 p 约为 $(133 \sim 400)$ Pa，故 $\Delta\nu_L$ 为 $(100 \sim 300)$ MHz。

$\Delta\nu_D$：在式(3.2.26)中代入 Ne 原子的原子量 $M=20$，$T=400$K，估算得 $\Delta\nu_D \approx 1500$MHz。可见，在氦氖激光器中，可以认为是多普勒加宽占主要优势。

(2) 二氧化碳激光器。

$\Delta\nu_N$：CO_2 的 $00°1 - 10°0$ $(10.6\mu m)$ 谱线，$\Delta\nu_N \approx (10^3 \sim 10^4)$ Hz。

$\Delta\nu_L$：它与气压 p 有关，并满足关系式 $\Delta\nu_L = \alpha p$，式中 $\alpha = 49$kHz/Pa。

$\Delta\nu_D$：在式(3.2.26)中代入 $M=44$，$T=400$K，估算得出 $\Delta\nu_D \approx 60$MHz。

可见，气压 p 在 1333Pa 左右时，可以认为是综合加宽；对于 p 比 1333Pa 大得较多的情况，则是均匀加宽为主。

（3）氩离子激光器和 He-Cd 金属蒸气激光器。这两种激光器的特点都是工作物质温度较高（(500~1500)K），而气压一般只有数百帕，因而主要是多普勒非均匀加宽。对 Ar 离子激光器，$\Delta\nu_D \approx 6000\text{MHz}$。对 He-Cd 激光器，$\Delta\nu_D \approx 1800\text{MHz}$（单同位素 Cd）或 4000MHz（天然 Cd）。

2. 固体激光工作物质的谱线加宽

在一般情况下，固体激光工作物质的谱线加宽主要是晶格热振动引起的均匀加宽和晶格缺陷引起的非均匀加宽，它们的机构都较复杂，很难从理论上求得线型函数的具体形式，一般都是通过实验求得它的谱线形状和宽度。图 3.2.9 给出实验测得的红宝石的 694.3nm 和 Nd:YAG 的 1.06μm 谱线宽度与温度的关系。从图 3.2.9(a) 看出，红宝石在低温时主要是晶格缺陷引起的非均匀加宽，它与温度无关；而在常温时则是晶格热振动引起的均匀加宽为主，它随温度的升高而加大。对 Nd:YAG 晶体，由于晶体质量比红宝石好，因而非均匀加宽可以忽略，在工作温度范围内都以均匀加宽为主。

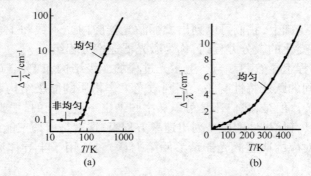

图 3.2.9　红宝石和 Nd:YAG 的谱线宽度与温度关系曲线

(a) 红宝石，694.3nm；(b) Nd:YAG，1.06μm。

固体物质的谱线宽度一般都比气体大很多，例如对室温下的红宝石 694.3nm 谱线，其谱线宽度约为 9cm^{-1}，即相应于

$$\Delta\lambda = \Delta\left(\frac{1}{\lambda}\right)\lambda^2 = 9\text{cm}^{-1}(0.69\times10^{-4}\text{cm})^2 \approx 0.4\text{nm}$$

或以频率表示的谱线宽度为 $\Delta\nu = c\Delta\left(\dfrac{1}{\lambda}\right) \approx 2.7\times10^5\text{MHz}$。

在钕玻璃中，配位场不均匀性引起的非均匀加宽和玻璃网络体热振动引起的均匀加宽是主要的加宽机构。二者的比例因材料而异。在室温下，1.06μm 谱线的非均匀加宽在 $(40\sim120)\text{cm}^{-1}$（(120~3600)GHz）范围内变化。均匀加宽在 $(20\sim75)\text{cm}^{-1}$（60GHz~225GHz）的范围内变化。

掺铒光纤在常温下的谱线加宽属均匀加宽，其谱线宽度与形状和掺杂情况有关，典型情况下谱宽约 35nm，其谱线形状可参阅 7.4 节。

在半导体激光器或放大器的工作物质中，由于能带中各能级间载流子的快速热弛豫（跃迁弛豫时间为皮秒量级），通常表现为均匀加宽。但在某些瞬态过程中，会出现光谱

烧孔等非均匀加宽现象。

3. 液体工作物质

溶于液体中的发光分子与周围其他分子碰撞而导致自发辐射的碰撞加宽。由于和气体介质相比有高得多的密度,碰撞的平均时间间隔较短,约为 $10^{-11}\mathrm{s} \sim 10^{-13}\mathrm{s}$,因此碰撞加宽往往很大,从而使液体有机染料激光工作物质自发辐射的带状分子光谱变成准连续光谱,其线宽可达数十纳米。这种加宽的特点是有机染料激光器的输出波长连续可调的物理基础。

应该指出,虽然自然加宽和碰撞加宽构成的均匀加宽具有洛伦兹线型,多普勒效应导致的非均匀加宽具有高斯线型。但在有些工作物质中(如掺杂光纤),均匀加宽或非均匀加宽机构比较复杂,其线型函数不能简单地由洛伦兹或高斯函数来描述。这种情况下,线型函数通常须由实验测出。为简单起见,本书在某些理论推导中采用洛伦兹线型或高斯线型。

3.3 典型激光器速率方程

在上述各节的基础上,我们可以列出表征激光器腔内光子数和工作物质各有关能级上的原子数随时间变化的微分方程组,称为激光器速率方程组。

激光器速率方程组显然和参与产生激光过程的能级结构和工作粒子(原子、离子、分子等)在这些能级间的跃迁特性有关。不同激光工作物质的能级结构和跃迁特性可能很不相同,而且很复杂。但是,我们还是可以从中归纳出一些共同的、主要的物理过程,从而针对一些简化的、具有代表性的模型列出速率方程组,这就是所谓三能级系统和四能级系统(与这些模型相对应的典型激光器请参阅第七章)。适用于半导体激光器的速率方程列于 8.5 节。

激光器速率方程理论的出发点是原子的自发辐射、受激辐射和受激吸收概率的基本关系式。在 1.2 节中,我们已经给出爱因斯坦采用唯象方法得到的这些关系式

$$\left(\frac{\mathrm{d}n_{21}}{\mathrm{d}t}\right)_{\mathrm{sp}} = A_{21}n_2$$

$$\left(\frac{\mathrm{d}n_{21}}{\mathrm{d}t}\right)_{\mathrm{st}} = W_{21}n_2 \quad W_{21} = B_{21}\rho_\nu$$

$$\left(\frac{\mathrm{d}n_{12}}{\mathrm{d}t}\right)_{\mathrm{st}} = W_{12}n_1 \quad W_{12} = B_{12}\rho_\nu$$

$$\frac{A_{21}}{B_{21}} = \frac{8\pi h\nu^3}{c^3} = n_\nu h\nu$$

$$B_{12}f_1 = B_{21}f_2$$

我们将在上述关系式的基础上导出激光器的速率方程组。但上述关系建立在能级无限窄,因而自发辐射是单色的假设基础上。实际上,自发辐射并不是单色的,因此在建立速率方程之前,必须对上述关系式进行必要的修正。

一、自发辐射、受激辐射和受激吸收概率

线型函数 $\tilde{g}(\nu,\nu_0)$ 也可理解为跃迁概率按频率的分布函数。为此将式(3.2.3)改

写为
$$P(\nu) = n_2 h\nu_0 A_{21} \tilde{g}(\nu,\nu_0) = n_2 h\nu_0 A_{21}(\nu)$$

其中
$$A_{21}(\nu) = A_{21}\tilde{g}(\nu,\nu_0) \tag{3.3.1}$$

它表示在总自发跃迁概率 A_{21} 中,分配在频率 ν 处单位频带内的自发跃迁概率。

再根据 B_{21} 与 A_{21} 的关系式(1.2.15)可得
$$B_{21} = \frac{c^3}{8\pi h\nu^3} A_{21} = \frac{c^3}{8\pi h\nu^3} \frac{A_{21}(\nu)}{\tilde{g}(\nu,\nu_0)}$$

或
$$B_{21}(\nu) = B_{21}\tilde{g}(\nu,\nu_0) = \frac{c^3}{8\pi h\nu^3} A_{21}(\nu)$$

因此,在辐射场 ρ_ν 的作用下的总受激跃迁概率 W_{21} 中,分配在频率 ν 处单位频带内的受激跃迁概率为
$$W_{21}(\nu) = B_{21}(\nu)\rho_\nu = B_{21}\tilde{g}(\nu,\nu_0)\rho_\nu \tag{3.3.2}$$

现在根据式(3.3.1)和式(3.3.2)对式(1.2.4)至式(1.2.9)进行修正。式(1.2.4)中的 $(dn_{21}/dt)_{sp}$ 表示 n_2 个原子中单位时间内发生自发跃迁的原子总数,根据式(3.3.1),它应表示为

$$\left(\frac{dn_{21}}{dt}\right)_{sp} = \int_{-\infty}^{+\infty} n_2 A_{21}(\nu) d\nu =$$
$$n_2 \int_{-\infty}^{+\infty} A_{21}\tilde{g}(\nu,\nu_0) d\nu = n_2 A_{21} \tag{3.3.3}$$

上式和式(1.2.4)一样,它说明,谱线加宽对式(1.2.4)没有影响。根据式(3.3.2),式(1.2.8)应表示为

$$\left(\frac{dn_{21}}{dt}\right)_{st} = \int_{-\infty}^{+\infty} n_2 W_{21}(\nu) d\nu = n_2 B_{21}\int_{-\infty}^{+\infty}\tilde{g}(\nu,\nu_0)\rho_\nu d\nu \tag{3.3.4}$$

上式中的积分与辐射场 ρ_ν 的带宽 $\Delta\nu'$ 有关,以下对两种极限情况进行讨论。

1. 原子和连续谱光辐射场的相互作用

如图 3.3.1 所示,辐射场 ρ_ν 分布在 $\Delta\nu' \gg \Delta\nu$ 的频带范围内,ρ_ν 为单色能量密度。积分式(3.3.4)的被积函数只在原子中心频率 ν_0 附近的很小频率范围($\Delta\nu$)内才有非零值,在此频率范围内可近似认为 ρ_ν 为常数 ρ_{ν_0},于是有

$$\left(\frac{dn_{21}}{dt}\right)_{st} = n_2 B_{21}\int_{-\infty}^{+\infty}\tilde{g}(\nu,\nu_0)\rho_{\nu_0} d\nu = n_2 B_{21}\rho_{\nu_0} \tag{3.3.5}$$

同理有
$$\left(\frac{dn_{12}}{dt}\right)_{st} = n_1 B_{12}\rho_{\nu_0} \tag{3.3.6}$$

或者
$$\begin{cases} W_{21} = B_{21}\rho_{\nu_0} \\ W_{12} = B_{12}\rho_{\nu_0} \end{cases} \tag{3.3.7}$$

式中:ρ_{ν_0} 为连续谱辐射场在原子中心频率 ν_0 处的单色能量密度。可见,这和式(1.2.9)、

式(1.2.7)一致,因为黑体辐射场正是具有连续谱的。

2. 原子和准单色光辐射场相互作用

如图3.3.2所示,辐射场$\rho_{\nu'}$的中心频率为ν,带宽为$\Delta\nu'$,并满足条件$\Delta\nu'\ll\Delta\nu$。由于激光的高度单色性,所以激光器内的光波场和原子相互作用都属于这种情况。从图3.3.2中可见,此时积分式(3.3.4)的被积函数只在中心频率ν附近的一个极窄范围内才有非零值。在此频率范围内,$\tilde{g}(\nu',\nu_0)$可以近似看成不变。为求此积分,可将单色能量密

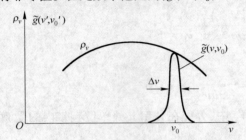

图3.3.1 原子和连续谱场相互作用

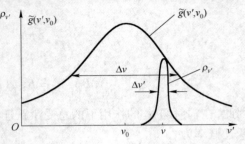

图3.3.2 原子和准单色场相互作用

度$\rho_{\nu'}$表示为δ函数形式

$$\rho_{\nu'} = \rho\delta(\nu' - \nu) \tag{3.3.8}$$

并根据δ函数的性质有

$$\int_{-\infty}^{+\infty} \rho_{\nu'} d\nu' = \int_{-\infty}^{+\infty} \rho\delta(\nu' - \nu) d\nu' = \rho$$

因此,ρ表示频率为ν的准单色光辐射场的总能量密度,其单位为$J\cdot m^{-3}$。

将式(3.3.8)代入式(3.3.4)则得

$$\left(\frac{dn_{21}}{dt}\right)_{st} = n_2 B_{21} \int_{-\infty}^{+\infty} \tilde{g}(\nu',\nu_0)\rho\delta(\nu'-\nu) d\nu' = n_2 B_{21} \tilde{g}(\nu,\nu_0)\rho \tag{3.3.9}$$

同理可将式(1.2.6)修正为

$$\left(\frac{dn_{12}}{dt}\right)_{st} = n_1 B_{12} \tilde{g}(\nu,\nu_0)\rho \tag{3.3.10}$$

从以上两式可得:在频率为ν的准单色辐射场的作用下,受激跃迁概率为

$$\begin{cases} W_{21} = B_{21}\tilde{g}(\nu,\nu_0)\rho \\ W_{12} = B_{12}\tilde{g}(\nu,\nu_0)\rho \end{cases} \tag{3.3.11}$$

上式的物理意义是,由于谱线加宽,和原子相互作用的单色光的频率ν并不一定要精确等于原子发光的中心频率ν_0才能产生受激跃迁,而是在$\nu=\nu_0$附近一个频率范围内都能产生受激跃迁。当$\nu=\nu_0$时,跃迁概率最大;当ν偏离ν_0时,跃迁概率急剧下降。

激光器内ρ与第l模内的光子数密度N_l的关系为

$$\rho = N_l h\nu \tag{3.3.12}$$

式(3.3.11)也可表示为与N_l有关的形式,再利用式(1.2.14)及式(1.2.15),可有

$$\begin{cases} W_{21} = \dfrac{A_{21}}{n_\nu}\tilde{g}(\nu,\nu_0)N_l = \sigma_{21}(\nu,\nu_0)vN_l \\ W_{12} = \dfrac{f_2}{f_1}\dfrac{A_{21}}{n_\nu}\tilde{g}(\nu,\nu_0)N_l = \sigma_{12}(\nu,\nu_0)vN_l \end{cases} \tag{3.3.13}$$

式中: v 为工作物质中的光速; $\sigma_{21}(\nu,\nu_0)$ 和 $\sigma_{12}(\nu,\nu_0)$ 分别称为发射截面和吸收截面,它们具有面积的量纲,可表示为

$$\begin{cases} \sigma_{21}(\nu,\nu_0) = \dfrac{A_{21}v^2}{8\pi\nu_0^2}\tilde{g}(\nu,\nu_0) \\ \sigma_{12}(\nu,\nu_0) = \dfrac{f_2}{f_1}\dfrac{A_{21}v^2}{8\pi\nu_0^2}\tilde{g}(\nu,\nu_0) \end{cases} \tag{3.3.14}$$

中心频率处的发射截面与吸收截面最大。当 $\nu = \nu_0$ 时,均匀加宽工作物质(具有洛伦兹线型)的发射截面为

$$\sigma_{21} = \dfrac{v^2 A_{21}}{4\pi^2 \nu_0^2 \Delta\nu_H} \tag{3.3.15}$$

非均匀加宽工作物质(具有高斯线型)的发射截面为

$$\sigma_{21} = \dfrac{\sqrt{\ln 2}\, v^2 A_{21}}{4\pi^{3/2} \nu_0^2 \Delta\nu_D} \tag{3.3.16}$$

二、单模振荡速率方程组

激光振荡可以在满足振荡条件的各个不同模式上产生,每一个振荡模式是具有一定频率 ν(模式谐振频率)和一定腔内损耗的准单色光(具有极窄的模式频带宽度)。腔内损耗可由光腔的光子寿命 τ_R 描述。下面首先讨论激光器内只有第 l 个模式振荡时的单模速率方程组。

1. 三能级系统速率方程组

图 3.3.3 为三能级系统激光工作物质的能级简图。参与激光产生过程的有 3 个能级:激光下能级 E_1 为基态能级,激光上能级 E_2 一般为亚稳态能级,E_3 为抽运高能级。单位体积工作物质中 E_1、E_2、E_3 能级上的粒子(原子、分子、离子)数分别为 n_1、n_2 及 n_3,总粒子数为 n。

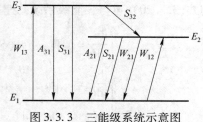

图 3.3.3 三能级系统示意图

粒子在这些能级间的跃迁过程简述如下:

(1) 在激励泵源的作用下,基态 E_1 上的粒子被抽运到能级 E_3 上,抽运概率设为 W_{13}。在光激励情况下,W_{13} 即为受激吸收跃迁概率。对于其他激励方式,则 W_{13} 只表示粒子在单位时间内被抽运到 E_3 的概率。

(2) 到达高能级 E_3 的粒子将主要以无辐射跃迁(热弛豫)的形式极为迅速地转移到激光上能级 E_2,其概率设为 S_{32}(单位时间内 n_3 个高能级原子中发生无辐射跃迁的粒子数与 n_3 的比值)。另外,该能级粒子也能以自发辐射(概率 A_{31})、无辐射跃迁(概率 S_{31})等方式返回基态 E_1,但对于一般激光工作物质来说,这种消激励过程的概率很小,即 $S_{31} \ll S_{32}$,$A_{31} \ll S_{32}$。

(3) 激光上能级 E_2 一般都是亚稳能级,在未形成集居数反转之前,该能级上的粒子将主要以自发跃迁(概率 A_{21})形式返回 E_1,并且 A_{21} 较小,即粒子在 E_2 上的寿命较长。另外,E_2 能极上的粒子也可能通过无辐射跃迁(概率 S_{21})返回 E_1,但一般情况下 $S_{21} \ll A_{21}$。

由于 A_{21} 较小,如果粒子抽运到 E_2 上的速率足够高,就有可能形成集居数反转状态 $\left(\text{即 } n_2 > \frac{f_2}{f_1} n_1\right)$。一旦出现这种情况,则在 E_2 和 E_1 间的受激辐射跃迁和吸收跃迁相比将占绝对优势。

正如第七章所述,三能级系统激光工作物质的典型例子是红宝石晶体。红宝石在室温下的一些跃迁概率数据为:$S_{32} \approx 0.5 \times 10^7 \text{s}^{-1}$,$A_{31} \approx 3 \times 10^5 \text{s}^{-1}$,$A_{21} \approx 0.3 \times 10^3 \text{s}^{-1}$,$S_{21}$、$S_{31} \approx 0$。

综上所述,可以写出各能级集居数密度随时间变化的方程

$$\frac{dn_3}{dt} = n_1 W_{13} - n_3 (S_{32} + A_{31}) \tag{3.3.17}$$

$$\frac{dn_2}{dt} = n_1 W_{12} - n_2 W_{21} - n_2 (A_{21} + S_{21}) + n_3 S_{32} \tag{3.3.18}$$

$$n_1 + n_2 + n_3 = n \tag{3.3.19}$$

由于一般情况下 S_{31} 很小,故在式(3.3.17)中予以忽略。

现在分析激光器光腔内的光子数密度(单位体积内的光子数)随时间的变化规律。若第 l 个模式的光子寿命为 τ_{Rl},工作物质长度 l 等于腔长 L,则其光子数密度的速率方程为

$$\frac{dN_l}{dt} = n_2 W_{21} - n_1 W_{12} - \frac{N_l}{\tau_{Rl}} \tag{3.3.20}$$

式中忽略了进入 l 模内的少量自发辐射非相干光子。最后,将式(3.3.13)代入式(3.3.18)与式(3.3.20),可得三能级系统的速率方程组为

$$\begin{cases} \dfrac{dn_3}{dt} = n_1 W_{13} - n_3 (S_{32} + A_{31}) \\ \dfrac{dn_2}{dt} = -\left(n_2 - \dfrac{f_2}{f_1} n_1\right) \sigma_{21}(\nu, \nu_0) v N_l - n_2 (A_{21} + S_{21}) + n_3 S_{32} \\ n_1 + n_2 + n_3 = n \\ \dfrac{dN_l}{dt} = \left(n_2 - \dfrac{f_2}{f_1} n_1\right) \sigma_{21}(\nu, \nu_0) v N_l - \dfrac{N_l}{\tau_{Rl}} \end{cases} \tag{3.3.21}$$

2. 四能级系统速率方程组

对于多数激光工作物质来说,四能级系统更具有代表性,因为如第四章所述,四能级系统更容易实现集居数反转。氦氖激光器以及 Nd: YAG 等都属于四能级系统。

图 3.3.4 表示具有四能级系统的激光工作物质的能级简图。参与产生激光的有四个能级:基态能级 E_0(抽运过程的低能级)、抽运高能级 E_3、激光上能级 E_2(亚稳能级)和激光下能级 E_1。它的主要特点是,激光下能级 E_1 不再是基态能级,因而在热平衡状态下处于 E_1 的粒子数很少,有利于在 E_2 和 E_1 之间形成集居数反转状态。有时将具有这一特点,而 E_2、E_3 合而为一的能级系统也称作四能级系统。

粒子在能级间的主要跃迁过程如图 3.3.4 所示,各符号代表的物理意义与三能级系统相似。这里着重指出两点。

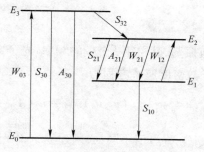

图 3.3.4 四能级系统示意图

（1）对于实际的激光工作物质，仍有
$$S_{30}, A_{30} \ll S_{32}, \qquad S_{21} \ll A_{21}$$
为简化起见，在速率方程中略去 S_{30} 的影响。

（2）激光下能级 E_1 与 E_0 的间隔一般都比粒子热运动能量 $k_b T$ 大得多，即 $E_1 - E_0 \gg k_b T$，因此在热平衡情况下 E_1 能级上的粒子数可以忽略。另一方面，当粒子由于受激辐射和自发辐射由 E_2 跃迁到 E_1 后，必须使它们以某种方式迅速地转移到基态，即要求 S_{10} 较大。S_{10} 也称为激光下能级的抽空速率。

参照图 3.3.4，根据和三能级系统完全相同的考虑，可得四能级系统的速率方程组为

$$\frac{dn_3}{dt} = n_0 W_{03} - n_3 (S_{32} + A_{30}) \tag{3.3.22}$$

$$\frac{dn_2}{dt} = -\left(n_2 - \frac{f_2}{f_1} n_1\right) \sigma_{21}(\nu, \nu_0) v N_l - n_2 (A_{21} + S_{21}) + n_3 S_{32} \tag{3.3.23}$$

$$\frac{dn_0}{dt} = n_1 S_{10} - n_0 W_{03} + n_3 A_{30} \tag{3.3.24}$$

$$n_0 + n_1 + n_2 + n_3 = n \tag{3.3.25}$$

$$\frac{dN_l}{dt} = \left(n_2 - \frac{f_2}{f_1} n_1\right) \sigma_{21}(\nu, \nu_0) v N_l - \frac{N_l}{\tau_{Rl}} \tag{3.3.26}$$

上式中忽略了 $n_3 W_{30}$ 项，因为 n_3 很小，故 $n_3 W_{30} \ll n_0 W_{03}$。

对于四能级系统，另有一种常见的粒子数密度速率方程的写法，介绍如下

$$\begin{cases} \dfrac{dn_2}{dt} = R_2 - \dfrac{n_2}{\tau_2} - \left(n_2 - \dfrac{f_2}{f_1} n_1\right) \sigma_{21}(\nu, \nu_0) v N_l \\ \dfrac{dn_1}{dt} = R_1 - \dfrac{n_1}{\tau_1} + \dfrac{n_2}{\tau_{21}} + \left(n_2 - \dfrac{f_2}{f_1} n_1\right) \sigma_{21}(\nu, \nu_0) v N_l \end{cases} \tag{3.3.27}$$

式中：R_1、R_2 为单位体积中，在单位时间内激励至 E_1、E_2 能级的粒子数；τ_1、τ_2 为 E_1、E_2 能级的寿命；τ_{21} 为 E_2 能级由于至 E_1 能级的跃迁造成的有限寿命。

式(3.3.27)与式(3.3.22)至式(3.3.25)的不同在于，前者采用激励速率和能级寿命来描述粒子数变化速率而不涉及具体的激励及跃迁过程；后者则忽略了激光下能级的激励过程，对大部分激光工作物质来说，这一忽略是允许的。读者可根据所研究工作物质的激励与跃迁过程选择或建立适用的速率方程。

三、多模振荡速率方程

如果激光器中有 m 个模振荡,其中第 l 个模的频率、光子数密度、光子寿命分别为 ν_l、N_l 及 τ_{Rl}。则 E_2 能级的粒子数密度速率方程为

$$\frac{\mathrm{d}n_2}{\mathrm{d}t} = -\sum_l \left(n_2 - \frac{f_2}{f_1}n_1\right)\sigma_{21}(\nu_l,\nu_0)vN_l - n_2(A_{21}+S_{21}) + n_3 S_{32} \qquad (3.3.28)$$

由于每个模式的频率、损耗、$\tilde{g}(\nu_l,\nu_0)$ 值不同,必须建立 m 个光子数密度速率方程,其中第 l 个模的光子数密度速率方程为

$$\frac{\mathrm{d}N_l}{\mathrm{d}t} = \left(n_2 - \frac{f_2}{f_1}n_1\right)\sigma_{21}(\nu_l,\nu_0)vN_l - \frac{N_l}{\tau_{Rl}} \qquad (3.3.29)$$

多模速率方程组的解非常复杂,在处理一些不涉及各模差别的问题时,为了使问题简化,可作以下假设。

(1) 假设各个模式的衍射损耗比腔内工作物质的损耗及反射镜透射损耗小得多,因而可以认为各个模式的损耗是相同的。

(2) 将线型函数 $\tilde{g}(\nu,\nu_0)$ 用一矩形线型函数 $\tilde{g}'(\nu,\nu_0)$ 代替(见图 3.3.5),并使矩形线型函数的高度与原线型函数中心点的高度相等,矩形线型函数所包含的面积与原有线型函数包含的面积相等,即

$$\tilde{g}'(\nu,\nu_0) = \tilde{g}(\nu_0,\nu_0) \qquad (3.3.30)$$

$$\delta\nu = \frac{1}{\tilde{g}(\nu_0,\nu_0)}$$

对洛伦兹线型与高斯线型,等效线宽分别为

$$\delta\nu = \frac{\pi}{2}\Delta\nu_F \qquad (3.3.31)$$

$$\delta\nu = \frac{1}{2}\left(\frac{\pi}{\ln 2}\right)^{1/2}\Delta\nu_F \qquad (3.3.32)$$

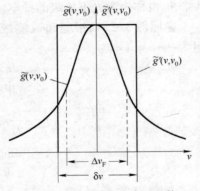

图 3.3.5 光谱线的线型函数及等效线型函数

式中用工作物质的自发辐射荧光谱线宽度 $\Delta\nu_F$ 统一表示均匀加宽线宽 $\Delta\nu_H$ 和非均匀加宽线宽 $\Delta\nu_i$。

按照以上简化模型,四能级多模振荡的速率方程可写为

$$\begin{cases} \dfrac{\mathrm{d}N}{\mathrm{d}t} = \left(n_2 - \dfrac{f_2}{f_1}n_1\right)\sigma_{21}vN - \dfrac{N}{\tau_R} \\[4pt] \dfrac{\mathrm{d}n_3}{\mathrm{d}t} = n_0 W_{03} - \dfrac{n_3 S_{32}}{\eta_1} \\[4pt] \dfrac{\mathrm{d}n_2}{\mathrm{d}t} = -\left(n_2 - \dfrac{f_2}{f_1}n_1\right)\sigma_{21}vN - \dfrac{n_2 A_{21}}{\eta_2} + n_3 S_{32} \\[4pt] \dfrac{\mathrm{d}n_0}{\mathrm{d}t} = n_1 S_{10} - n_0 W_{03} \\[4pt] n_0 + n_1 + n_2 + n_3 = n \end{cases} \qquad (3.3.33)$$

式中:N 为各模式光子数密度的总和;σ_{21} 为中心频率处的发射截面;$\eta_1 = S_{32}/(S_{32}+A_{30})$ 为

E_3 能级向 E_2 能级无辐射跃迁的量子效率;$\eta_2 = A_{21}/(A_{21} + S_{21})$ 为 E_2 能级向 E_1 能级跃迁的荧光效率。$\eta_F = \eta_1 \eta_2$ 为总量子效率,它的意义可以理解为:由光泵抽运到 E_3 的粒子,只有一部分通过无辐射跃迁到达激光上能级 E_2,另一部分通过其他途径返回基态。而到达 E_2 能级的粒子,也只有一部分通过自发辐射跃迁到达 E_1 能级并发射荧光,其余粒子通过无辐射跃迁而跃迁到 E_1 能级。因此总量子效率表示为

$$\eta_F = \frac{\text{发射荧光的光子数}}{\text{工作物质从光泵吸收的光子数}}$$

3.4 均匀加宽工作物质的增益系数

本节及下节从速率方程出发导出激光工作物质的增益系数表示式,分析影响增益系数的各种因素,着重讨论光强增加时增益的饱和行为。

具有均匀加宽谱线和具有非均匀加宽谱线的工作物质的增益饱和行为有很大差别,由它们所构成的激光器的工作特性也有很大不同,因此将分别予以讨论。

本节及下节导出的增益系数表示式,利用了连续工作状态下的稳态速率方程。因此所得表示式适用于连续激励及长脉冲激励状况。在短脉冲激励状况下,由于未达到稳态,某些表示式不完全适用。但本节及下节导出的增益饱和行为以及均匀加宽和非均匀加宽工作物质中增益饱和特性的差异仍然适用。

第一章已经指出,如果在工作物质的某一对跃迁频率为 ν 的能级间形成了集居数反转状态,若有频率为 ν,光强为 I_0 的准单色光入射,则由于受激辐射,在传播过程中光强将不断增加,如图 3.4.1 所示。通常用增益系数 g 来描述光强经过单位距离后的增长率。设在 z 处光强为 $I(z)$,$z + dz$ 处光强为 $I(z) + dI(z)$,则增益系数定义为

$$g = \frac{dI(z)}{I(z)dz}$$

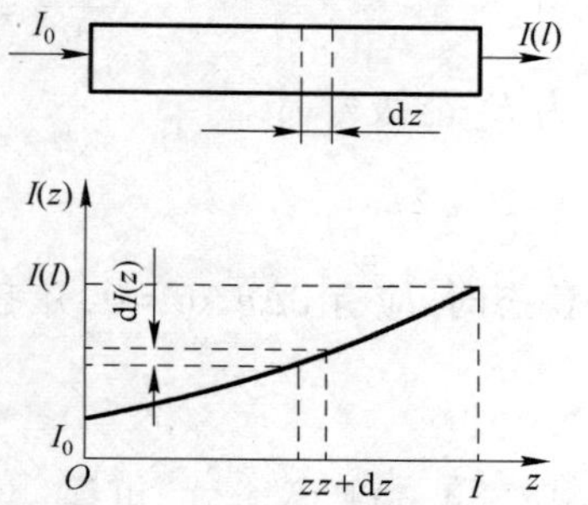

图 3.4.1 光在增益物质中的放大

由于大部分激光工作物质都是四能级系统,所以我们从四能级速率方程(3.3.26)出发,写出在不计损耗时工作物质中光子数密度 N 的速率方程

$$\frac{dN}{dt} = \Delta n \sigma_{21}(\nu, \nu_0) vN \tag{3.4.1}$$

式中,反转集居数密度

$$\Delta n = \left(n_2 - \frac{f_2}{f_1}n_1\right) \tag{3.4.2}$$

由于

$$I(z) = Nh\nu v \tag{3.4.3}$$
$$dz = vdt \tag{3.4.4}$$

将式(3.4.3)、式(3.4.4)代入式(3.4.1),可得增益系数的表示式为

$$g = \Delta n \sigma_{21}(\nu, \nu_0) = \Delta n \frac{v^2 A_{21}}{8\pi \nu_0^2} \tilde{g}(\nu, \nu_0) \tag{3.4.5}$$

由式(3.4.5)可见增益系数正比于反转集居数密度 Δn，其比例系数即为发射截面 $\sigma_{21}(\nu,\nu_0)$。$\sigma_{21}(\nu,\nu_0)$ 的大小决定于工作物质的线型函数及自发辐射概率 A_{21}。

一、反转集居数饱和

若入射光的频率为 ν_1，光强为 I_{ν_1}，在此光作用下，工作物质的反转集居数密度 Δn 可根据粒子数密度速率方程式(3.3.22)至式(3.3.25)求出。

在连续工作状态下，应有

$$\frac{dn_0}{dt} = \frac{dn_2}{dt} = \frac{dn_3}{dt} = 0$$

一般四能级系统中，$S_{10} \gg W_{03}$，$S_{32} \gg W_{03}$，$A_{30} \ll S_{32}$，于是由式(4.3.22)可得

$$n_3 S_{32} \approx n_0 W_{03}$$
$$n_3 \approx 0$$

由式(3.3.24)可得

$$n_1 = n_0 \frac{W_{03}}{S_{10}} \approx 0$$
$$\Delta n \approx n_2$$

因此式(3.3.23)可改写为

$$\frac{d\Delta n}{dt} = -\Delta n \sigma_{21}(\nu_1,\nu_0) v N - \frac{\Delta n}{\tau_2} + n_0 W_{03} \tag{3.4.6}$$

τ_2 为 E_2 能级寿命

$$\tau_2 = \frac{1}{A_{21} + S_{21}}$$

在稳态时，应有 $d\Delta n/dt = 0$，并考虑到四能级系统中 $n_0 \approx n$，于是由上式可求得

$$\Delta n = \frac{n W_{03} \tau_2}{1 + \sigma_{21}(\nu_1,\nu_0) v \tau_2 N}$$

将式(3.4.3)代入上式，可得

$$\Delta n = \frac{\Delta n^0}{1 + \dfrac{I_{\nu_1}}{I_s(\nu_1)}} \tag{3.4.7}$$

式中：$I_s(\nu_1)$ 为频率为 ν_1 的光对应的饱和光强，它具有光强的量纲。

$$I_s(\nu_1) = \frac{h\nu_1}{\sigma_{21}(\nu_1,\nu_0)\tau_2} \approx \frac{h\nu_0}{\sigma_{21}(\nu_1,\nu_0)\tau_2} \tag{3.4.8}$$

式(3.4.7)表明，在光强 $I_{\nu_1} \ll I_s(\nu_1)$ 的小信号情况下

$$\Delta n = \Delta n^0 = n W_{03} \tau_2 \tag{3.4.9}$$

Δn^0 称作小信号反转集居数密度，它正比于受激辐射上能级寿命及激发概率 W_{03}。

当 I_{ν_1} 足够强时，将有

$$\Delta n < \Delta n^0$$

I_{ν_1} 越强，反转集居数减少得越多，这种现象称为反转集居数的饱和。

饱和光强 $I_s(\nu_1)$ 的物理意义是：当入射光强度 I_{ν_1} 可以和 $I_s(\nu_1)$ 比拟时，受激辐射造

成的上能级集居数衰减率才可以与其他弛豫过程(自发辐射及无辐射跃迁)相比拟。因此当 $I_{\nu_1} \ll I_s(\nu_1)$ 时，Δn 与光强无关。而当 I_{ν_1} 可以和 $I_s(\nu_1)$ 相比拟时，Δn 随 I_{ν_1} 的增加而减少，Δn 减少到小信号情况下的 $[1+I_{\nu_1}/I_s(\nu_1)]^{-1}$ 倍。当 $I_{\nu_1} = I_s(\nu_1)$ 时

$$\Delta n = \frac{1}{2}\Delta n^0$$

即反转集居数密度减少了一半。

$I_s(\nu_1)$ 的值决定于增益物质的性质和入射光频率，可由实验测出。对于某些常用激光工作物质，其中心频率处的饱和光强 I_s 值可从手册查出。典型激光工作物质的 I_s 值列于附录一。

饱和光强 $I_s(\nu_1)$ 反比于线型函数。如果该均匀加宽工作物质具有洛伦兹线型，将式(3.3.14)和式(3.2.17)代入式(3.4.8)，可得 $I_s(\nu_1)$ 和 I_s 的关系式为

$$\frac{I_s(\nu_1)}{I_s} = 1 + \frac{4(\nu_1 - \nu_0)^2}{(\Delta\nu_H)^2} \tag{3.4.10}$$

式中：中心频率处的饱和光强

$$I_s = \frac{h\nu_0}{\sigma_{21}\tau_2} \tag{3.4.11}$$

当入射光频率恰为中心频率 ν_0 时

$$\Delta n = \frac{\Delta n^0}{1 + \dfrac{I_{\nu_0}}{I_s}} \tag{3.4.12}$$

显然，中心频率处的饱和光强 I_s 最小。入射光偏离中心频率越大，所对应的饱和光强越大。在相同的入射光强下，饱和光强越小，则与 Δn^0 相比，Δn 值下降越多，饱和效应越严重。因此，入射光频率为中心频率时饱和效应最强烈，偏离中心频率越远，则饱和效应越弱。

将式(3.4.10)代入式(3.4.7)，可将 Δn 表为

$$\Delta n = \frac{(\nu_1 - \nu_0)^2 + \left(\dfrac{\Delta\nu_H}{2}\right)^2}{(\nu_1 - \nu_0)^2 + \left(\dfrac{\Delta\nu_H}{2}\right)^2 \left(1 + \dfrac{I_{\nu_1}}{I_s}\right)} \Delta n^0 \tag{3.4.13}$$

式(3.4.7)对均匀加宽工作物质具有普适性，而式(3.4.13)只适用于洛伦兹线型的情况。

由式(3.4.13)可见，当入射光频率与中心频率的偏差在

$$|\nu_1 - \nu_0| < \sqrt{1 + \frac{I_{\nu_1}}{I_s}} \frac{\Delta\nu_H}{2} \tag{3.4.14}$$

的范围时，才有显著的饱和效应。

必须指出，式(3.4.8)及式(3.4.11)是在四能级情况下导出的。对于其他能级系统(如三能级或与吸收过程相对应的二能级系统)，也可以得到与式(3.4.7)、式(3.4.12)或式(3.4.13)类似的表示式，但其中 $I_s(\nu_1)$ 和 I_s 的表示式不同于式(3.4.8)及式(3.4.11)。本章末附有与此相关的习题，读者可参考本节处理方法，求出相应的饱和光强值。

二、增益饱和

现在分析,当频率为 ν_1,光强为 I_{ν_1} 的准单色光入射到均匀加宽工作物质时的增益系数 $g_H(\nu_1, I_{\nu_1})$。

由式(3.4.5)可得

$$g_H(\nu_1, I_{\nu_1}) = \Delta n \sigma_{21}(\nu_1, \nu_0) = \Delta n \frac{v^2}{8\pi\nu_0^2} A_{21} \tilde{g}_H(\nu_1, \nu_0)$$

将式(3.4.7)代入上式,可得

$$g_H(\nu_1, I_{\nu_1}) = \frac{g_H^0(\nu_1)}{1 + \dfrac{I_{\nu_1}}{I_s(\nu_1)}} \tag{3.4.15}$$

由式(3.4.15)可知,在 $I_{\nu_1} \ll I_s(\nu_1)$ 的小信号情况下,增益系数与入射光强无关。小信号增益系数可表示为

$$g_H^0(\nu_1) = \Delta n^0 \sigma_{21}(\nu_1, \nu_0) = \Delta n^0 \frac{v^2}{8\pi\nu_0^2} A_{21} \tilde{g}_H(\nu_1, \nu_0) \tag{3.4.16}$$

当 I_{ν_1} 可与 $I_s(\nu_1)$ 相比拟时,$g_H(\nu_1, I_{\nu_1})$ 的值将随 I_{ν_1} 的增加而减少。这就是增益饱和现象。若 $I_{\nu_1} = I_s(\nu_1)$,则

$$g_H(\nu_1, I_{\nu_1}) = \frac{1}{2} g_H^0(\nu_1)$$

大信号增益系数降为小信号增益系数之半。对于相同的入射光强,当入射光频率恰为中心频率 ν_0 时,饱和效应最强,偏离中心频率越远,饱和效应越弱。

式(3.4.16)表述的小信号增益系数和入射光频率有关,图3.4.2给出 $g_H^0(\nu_1)$ 与入射光频率 ν_1 的关系曲线,该曲线称为小信号增益曲线,其形状完全取决于线型函数 $\tilde{g}_H(\nu_1, \nu_0)$。

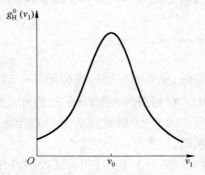

图3.4.2 小信号增益系数

若线型函数为洛伦兹型,将式(3.3.14)、式(3.2.17)及式(3.4.10)代入式(3.4.15)和式(3.4.16),可得

$$g_H(\nu_1, I_{\nu_1}) = g_H^0(\nu_0) \frac{\left(\dfrac{\Delta\nu_H}{2}\right)^2}{(\nu_1 - \nu_0)^2 + \left(\dfrac{\Delta\nu_H}{2}\right)^2 \left(1 + \dfrac{I_{\nu_1}}{I_s}\right)} \tag{3.4.17}$$

小信号增益系数可表示为

$$g_H^0(\nu_1) = g_H^0(\nu_0) \frac{\left(\dfrac{\Delta\nu_H}{2}\right)^2}{(\nu_1 - \nu_0)^2 + \left(\dfrac{\Delta\nu_H}{2}\right)^2} \tag{3.4.18}$$

式中:$g_H^0(\nu_0)$ 为中心频率处的小信号增益系数

$$g_H^0(\nu_0) = \Delta n^0 \sigma_{21} = \Delta n^0 \frac{\nu^2 A_{21}}{4\pi^2 \nu_0^2 \Delta \nu_H} \tag{3.4.19}$$

其值决定于工作物质特性和激发速率,可由实验测出。

以上我们讨论了当频率为 ν_1,强度为 I_{ν_1} 的光入射时,它本身所能获得的增益系数 $g(\nu_1, I_{\nu_1})$ 随 I_{ν_1} 增加而下降的规律。现在我们提出另外一个问题:设有一频率为 ν_1,强度为 I_{ν_1} 的强光入射,同时还有一频率为 ν 的弱光入射,此弱光的增益系数 $g(\nu, I_{\nu_1})$ 将如何变化?

对均匀加宽工作物质而言,显然,强光入射会引起反转集居数密度 Δn 的下降,而 Δn 的下降又将导致弱光增益系数的下降。由式(3.4.5)及式(3.4.7)可得

$$g_H(\nu, I_{\nu_1}) = \Delta n \sigma_{21}(\nu, \nu_0) = \frac{g_H^0(\nu)}{1 + \frac{I_{\nu_1}}{I_s(\nu_1)}} \tag{3.4.20}$$

将式(3.4.20)与式(3.4.15)比较可见,频率为 ν_1 的强光入射不仅使自身的增益系数下降,也使其他频率的弱光的增益系数也以同等程度下降。这是因为在均匀加宽情况下,每个粒子对谱线不同频率处的增益都有贡献。其结果是增益在整个谱线上均匀地下降。于是在均匀加宽激光器中,当一个模振荡后,就会使其他模的增益降低,因而阻止了其他模的振荡。图3.4.3表示均匀加宽工作物质中频率 ν_1 的强光入射使增益曲线均匀饱和的情形。

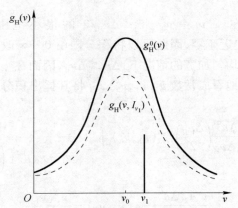

图 3.4.3 均匀加宽工作物质增益曲线

3.5 非均匀加宽工作物质的增益系数

一、增益饱和

对线型函数为 $\tilde{g}_i(\nu, \nu_0)$,线宽为 $\Delta \nu_i$ 的非均匀加宽工作物质,在计算增益系数时,必须将反转集居数密度 Δn 按表观中心频率分类。设小信号情况下的反转集居数密度为 Δn^0,则表观中心频率在 $\nu_0' \sim \nu_0' + d\nu_0'$ 范围内的粒子的反转集居数密度为

$$\Delta n^0(\nu_0') d\nu_0' = \Delta n^0 \tilde{g}_i(\nu_0', \nu_0) d\nu_0'$$

对于纯粹的非均匀加宽工作物质来说,表观中心频率为 ν_0' 的粒子发射频率为 ν_0' 的单色光。但在实际工作物质中,除了存在非均匀加宽因素外,还同时存在均匀加宽因素。例如,任何粒子都具有自发辐射,因而都具有属于均匀加宽的自然加宽。所以表观中心频率在 $\nu_0' \sim \nu_0' + d\nu_0'$ 范围内的粒子发射一条中心频率为 ν_0',线宽为 $\Delta\nu_H$ 的均匀加宽谱线。假设其均匀加宽可用洛伦兹线型描述。若有频率 ν_1,强度为 I_{ν_1} 的光入射,则这部分粒子对增益的贡献 dg 可按均匀加宽增益系数的表示式(3.4.17)计算

$$dg = \frac{v^2 A_{21}[\Delta n^0 \tilde{g}_i(\nu_0',\nu_0)d\nu_0']\left(\frac{\Delta\nu_H}{2}\right)^2}{4\pi\nu_0'^2 \Delta\nu_H\left[(\nu_1-\nu_0')^2+\left(\frac{\Delta\nu_H}{2}\right)^2\left(1+\frac{I_{\nu_1}}{I_s}\right)\right]} \approx$$

$$\frac{v^2 A_{21}[\Delta n^0 \tilde{g}_i(\nu_0',\nu_0)d\nu_0']\left(\frac{\Delta\nu_H}{2}\right)^2}{4\pi\nu_0^2 \Delta\nu_H\left[(\nu_1-\nu_0')^2+\left(\frac{\Delta\nu_H}{2}\right)^2\left(1+\frac{I_{\nu_1}}{I_s}\right)\right]}$$

总的增益应是具有各种表观中心频率的全部粒子对增益贡献的总和。因此增益系数为

$$g_i(\nu_1,I_{\nu_1}) = \int dg = \frac{v^2 A_{21}\Delta n^0}{4\pi^2\nu_0^2 \Delta\nu_H}\left(\frac{\Delta\nu_H}{2}\right)^2 \int_0^\infty \frac{\tilde{g}_i(\nu_0',\nu_0)d\nu_0'}{(\nu_1-\nu_0')^2+\left(\frac{\Delta\nu_H}{2}\right)^2\left(1+\frac{I_{\nu_1}}{I_s}\right)}$$

(3.5.1)

上式中的被积函数只在 $|\nu_1-\nu_0'| < \Delta\nu_H/2$ 的很小范围内才有显著值,而在 $|\nu_1-\nu_0'| \gg \Delta\nu_H/2$ 时趋近于零,因此可以将积分限由 $0\sim\infty$ 改换成 $-\infty\sim+\infty$ 而不影响积分结果。此外,在非均匀加宽的情况下,$\Delta\nu_i \gg \Delta\nu_H$,因而在 $|\nu_1-\nu_0'| < \Delta\nu_H/2$ 的范围内可将 $\tilde{g}_i(\nu_0',\nu_0)$ 近似地看成常数 $\tilde{g}_i(\nu_1,\nu_0)$,并将其提出积分号外,于是式(3.5.1)可简化为

$$g_i(\nu_1,I_{\nu_1}) = \frac{v^2 A_{21}\Delta n^0}{4\pi^2\nu_0^2 \Delta\nu_H}\left(\frac{\Delta\nu_H}{2}\right)^2 \tilde{g}_i(\nu_1,\nu_0) \int_{-\infty}^{+\infty} \frac{d\nu_0'}{(\nu_1-\nu_0')^2+\left(\frac{\Delta\nu_H}{2}\right)^2\left(1+\frac{I_{\nu_1}}{I_s}\right)} =$$

$$\frac{v^2 A_{21}\Delta n^0}{8\pi\nu_0^2 \sqrt{1+\frac{I_{\nu_1}}{I_s}}}\tilde{g}_i(\nu_1,\nu_0) = \frac{g_i^0(\nu_1)}{\sqrt{1+\frac{I_{\nu_1}}{I_s}}} \qquad (3.5.2)$$

当 $I_{\nu_1} \ll I_s$ 时,可由上式得出与光强无关的小信号增益系数

$$g_i^0(\nu_1) = \frac{v^2 A_{21}\Delta n^0}{8\pi\nu_0^2}\tilde{g}_i(\nu_1,\nu_0) =$$

$$\Delta n^0 \sigma_{21}(\nu_1,\nu_0) \qquad (3.5.3)$$

小信号增益系数和频率的关系完全取决于非均匀加宽线型函数 $\tilde{g}_i(\nu_1,\nu_0)$。

当 I_{ν_1} 可与 I_s 比拟时,$g_i(\nu_1,I_{\nu_1})$ 随 I_{ν_1} 的增加而减少。强度为 I_{ν_1} 的光入射时获得的增益系数是小信号时的 $(1+I_{\nu_1}/I_s)^{-1/2}$ 倍。这就是非均匀加宽情况下的增益饱和现象。在

非均匀加宽情况下,饱和效应的强弱与频率无关。

若非均匀加宽属多普勒加宽,$\tilde{g}_i(\nu_1,\nu_0)=\tilde{g}_D(\nu_1,\nu_0)$,则

$$g_i^0(\nu_1)=g_i^0(\nu_0)e^{-(4\ln2)\left(\frac{\nu_1-\nu_0}{\Delta\nu_D}\right)^2} \tag{3.5.4}$$

式中:$g_i^0(\nu_0)$为中心频率处的小信号增益系数

$$g_i^0(\nu_0)=\Delta n^0\sigma_{21}=\Delta n^0\frac{\nu^2 A_{21}}{4\pi\nu_0^2\Delta\nu_D}\left(\frac{\ln2}{\pi}\right)^{1/2} \tag{3.5.5}$$

式(3.5.2)可改写为

$$g_i(\nu_1,I_{\nu_1})=\frac{g_i^0(\nu_0)}{\sqrt{1+\frac{I_{\nu_1}}{I_s}}}e^{-\frac{(4\ln2)(\nu_1-\nu_0)^2}{(\Delta\nu_D)^2}} \tag{3.5.6}$$

二、烧孔效应

在非均匀加宽工作物质中,反转集居数密度 Δn 按其表观中心频率 ν 有一分布。在小信号情况下,其分布函数为 $\tilde{g}_i(\nu,\nu_0)$。处在 $\nu\sim\nu+d\nu$ 频率范围内的反转集居数密度 $\Delta n^0(\nu)d\nu$ 为

$$\Delta n^0(\nu)d\nu=\Delta n^0\tilde{g}_i(\nu,\nu_0)d\nu$$

图 3.5.1 给出 $\Delta n^0(\nu)$ 和 ν 的关系曲线。

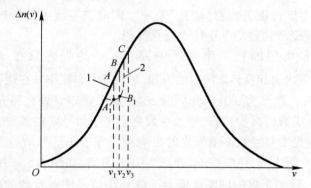

图 3.5.1　非均匀加宽工作物质中反转集居数密度和频率的关系
1—入射光很弱的小信号情况;2—入射光较强的情况(入射光频率为 ν_1)。

表观中心频率为 ν 的粒子发射一条中心频率为 ν,线宽为 $\Delta\nu_H$ 的均匀加宽谱线。这一部分粒子在准单色光作用下的饱和行为可以用均匀加宽情况下得出的公式描述。

当入射光频率为 ν_1 时,对表观中心频率 $\nu=\nu_1$ 的粒子而言,相当于前面所述均匀加宽情况下入射光频率等于中心频率的情况。如果入射光足够强,则 $\Delta n(\nu_1)$ 将按式(3.4.12)饱和,即

$$\Delta n(\nu_1)=\frac{\Delta n^0(\nu_1)}{1+\frac{I_{\nu_1}}{I_s}}$$

在图 3.5.1 中反转集居数密度由 A 点下降到 A_1 点。

对于表观中心频率为 ν_2 的粒子，由于入射光频率 ν_1 偏离表观中心频率 ν_2，所以引起的饱和效应较小，$\Delta n(\nu_2)/\Delta n^0(\nu_2) > \Delta n(\nu_1)/\Delta n^0(\nu_1)$。在图 3.5.1 中由 B 点下降到 B_1 点。

对表观中心频率为 ν_3 的粒子，由于

$$\nu_3 - \nu_1 > \sqrt{1 + \frac{I_{\nu_1}}{I_s}} \frac{\Delta \nu_H}{2}$$

所以饱和效应可以忽略，$\Delta n(\nu_3) \approx \Delta n^0(\nu_3)$。

由以上分析可知，当频率为 ν_1，强度为 I_{ν_1} 的光入射时，将使表观中心频率大致在

$$\nu - \nu_1 = \pm \sqrt{1 + \frac{I_{\nu_1}}{I_s}} \frac{\Delta \nu_H}{2}$$

范围内的粒子有饱和作用。因此在 $\Delta n(\nu)$ 曲线上形成一个以 ν_1 为中心的孔，孔的深度为

$$\Delta n^0(\nu_1) - \Delta n(\nu_1) = \frac{I_{\nu_1}}{I_{\nu_1} + I_s} \Delta n^0(\nu_1) \tag{3.5.7}$$

孔的宽度为

$$\delta \nu = \sqrt{1 + \frac{I_{\nu_1}}{I_s}} \Delta \nu_H \tag{3.5.8}$$

通常把以上现象称为反转集居数的"烧孔"效应。四能级系统中受激辐射产生的光子数等于烧孔面积 δS，故受激辐射功率正比于烧孔面积。

如上所述，在非均匀加宽工作物质中，频率 ν_1 的强光只在 ν_1 附近宽度约为 $\Delta \nu_H \sqrt{1 + I_{\nu_1}/I_s}$ 的范围内引起反转集居数的饱和，对表观中心频率处在烧孔范围外的反转集居数没有影响。若有一频率为 ν 的弱光同时入射，如果频率 ν 处在强光造成的烧孔范围之内，则由于反转集居数的减少，弱光增益系数将小于小信号增益系数。如果频率 ν 处于烧孔范围之外，则弱光增益系数不受强光的影响而仍等于小信号增益系数。所以在增益系数 $g_i(\nu, I_{\nu_1})$—ν 的曲线上，在频率 ν_1 处产生一个凹陷，如图 3.5.2 所示。凹陷的宽度由式(3.5.8)表示。频率 ν_1 处的凹陷最低点下降到小信号增益系数的 $(1 + I_{\nu_1}/I_s)^{-1/2}$ 倍。以上现象称为增益曲线的烧孔效应。

以上讨论了激光放大器及由非多普勒加宽的非均匀加宽工作物质组成的激光器中的烧孔效应。下面讨论多普勒加宽气体驻波腔激光器中的烧孔效应。在这类激光器中，频率为 ν_1 的振荡模在增益曲线上烧两个孔，它们对称地分布在中心频率的两侧，如图 3.5.3 所示。出现两个烧孔的原因分析如下：

在图 3.5.4 中 ϕ_1 表示频率为 ν_1 的某纵模，当它沿 z 方向传播时用 ϕ_1^+ 表示，沿 $-z$ 方向传播时用 ϕ_1^- 表示。在 3.2 节中已经指出，沿 z 方向传播的光波与中心频率为 ν_0 并具有 z 向分速度 v_z 的运动原子作用时，原子的表观中心频率为

$$\nu'_0 \approx \nu_0 \left(1 + \frac{v_z}{c}\right)$$

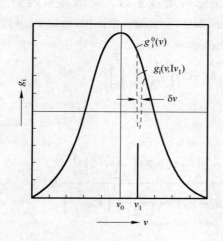
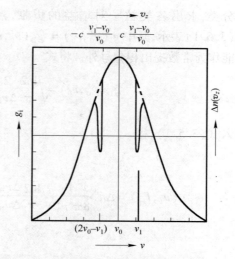

图 3.5.2 非均匀加宽工作物质增益曲线   图 3.5.3 非均匀加宽气体激光器的增益曲线及反转集居数的速度分布曲线

如果 $\nu_1 = \nu_0'$,则 ϕ_1^+ 将引起速度 v_z 粒子的受激辐射,由上式可求出

$$v_z = c\frac{\nu_1 - \nu_0}{\nu_0}$$

显然,反向传播的 ϕ_1^- 将引起速度 $v_z = -c(\nu_1 - \nu_0)/\nu_0$ 的粒子受激辐射。如果 ϕ_1 模较强,则 $v_z = \pm c(\nu_1 - \nu_0)/\nu_0$ 的反转粒子数将因受激辐射而减少,在 $\Delta n(v_z) - v_z$ 曲线上会出现两个烧孔,如图 3.5.3 所示。

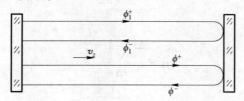

图 3.5.4 气体激光器中 ϕ_1、ϕ 模和运动原子相互作用说明图

若有另一频率为 ν 的微弱纵模 ϕ 存在,不难想象,ϕ^+ 及 ϕ^- 的受激辐射分别由 $v_z = c(\nu - \nu_0)/\nu_0$ 及 $v_z = -c(\nu - \nu_0)/\nu_0$ 的激活粒子贡献。如果 ν 既不等于 ν_1,又不等于 $(2\nu_0 - \nu_1)$,那么对 ϕ 模作贡献的激活粒子数不受 ϕ_1 模的影响,ϕ 模的增益系数等于小信号增益系数 $g^0(\nu)$。若 $\nu = \nu_1$,或 $\nu = (2\nu_0 - \nu_1)$,则 ϕ 模及 ϕ_1 模的受激辐射都由 $v_z = \pm c(\nu_1 - \nu_0)/\nu_0$ 的激活粒子所贡献。由于频率为 ν_1 的强模 ϕ_1 消耗了大量的激活粒子,ϕ 模及 ϕ_1 模的增益系数都将因此而减少。所以在增益曲线上,在 ν_1 及 $(2\nu_0 - \nu_1)$ 处出现了两个烧孔。

3.6 综合加宽工作物质的增益系数

本节假设工作物质的均匀加宽具有洛伦兹线型,而非均匀加宽属多普勒加宽。

当 $\Delta\nu_H$ 可以与 $\Delta\nu_D$ 相比拟时,谱线具有综合加宽线型。此时须将粒子按表观中心频率分类,求出各类粒子对增益的贡献,然后求出总的增益系数。总增益系数仍然由式(3.5.1)表示,其中 $g_i(\nu_0', \nu_0) = g_D(\nu_0', \nu_0)$,但因 $\Delta\nu_H$ 可与 $\Delta\nu_D$ 相比拟,所以 $\tilde{g}_D(\nu_0', \nu_0)$ 不能作为常数提出积分号外。将式

$$\tilde{g}_D(\nu_0', \nu_0) = \sqrt{\frac{\ln 2}{\pi}} \frac{2}{\Delta\nu_D} \exp\left[-4(\ln 2)\left(\frac{\nu_0' - \nu_0}{\Delta\nu_D}\right)^2\right]$$

代入式(3.5.1),得

$$g(\nu_1, I_{\nu_1}) = \Delta n^0 \frac{v^2 A_{21}}{8\pi^2 \nu_0^2} \sqrt{\frac{\ln 2}{\pi}} \frac{\Delta\nu_H}{\Delta\nu_D} \int_{-\infty}^{+\infty} \frac{\exp\left[-4(\ln 2)\left(\frac{\nu_0' - \nu_0}{\Delta\nu_D}\right)^2\right]}{(\nu_1 - \nu_0')^2 + \left(\frac{\Delta\nu_H}{2}\right)^2\left(1 + \frac{I_{\nu_1}}{I_s}\right)} d\nu_0'$$

(3.6.1)

上式中的积分可变换为复变量误差函数的形式。为此引入新的参量,令

$$t = \frac{\nu_0' - \nu_0}{\frac{\Delta\nu_D}{2\sqrt{\ln 2}}}$$

$$\xi = \frac{\nu_1 - \nu_0}{\frac{\Delta\nu_D}{2\sqrt{\ln 2}}}$$

$$\mu = \frac{\Delta\nu_H \sqrt{1 + \frac{I_{\nu_1}}{I_s}}}{\frac{\Delta\nu_D}{\sqrt{\ln 2}}}$$

代入式(3.6.1)得

$$g(\nu_1, I_{\nu_1}) = \Delta n^0 \frac{v^2 A_{21}}{4\pi \nu_0^2 \Delta\nu_H} \sqrt{\frac{\ln 2}{\pi}} \left(\frac{\Delta\nu_H}{\Delta\nu_D}\right) \frac{1}{\sqrt{1 + \frac{I_{\nu_1}}{I_s}}} \int_{-\infty}^{+\infty} \frac{\mu e^{-t^2}}{(\xi - t)^2 + \mu^2} dt$$

(3.6.2)

以 ξ 和 μ 为变量的复变量误差函数定义为

$$W(\xi + i\mu) = \frac{i}{\pi} \int_{-\infty}^{+\infty} \frac{e^{-t^2} dt}{(\xi + i\mu - t)}$$

将其按虚部和实部展开:

$$W(\xi + i\mu) = W_R(\xi + i\mu) + iW_I(\xi + i\mu)$$

其中实部为

$$W_R(\xi + i\mu) = \frac{1}{\pi}\int_{-\infty}^{+\infty}\frac{\mu e^{-t^2}}{(\xi-t)^2+\mu^2}dt$$

虚部为

$$W_I(\xi + i\mu) = \frac{1}{\pi}\int_{-\infty}^{+\infty}\frac{(\xi-t)e^{-t^2}}{(\xi-t)^2+\mu^2}dt$$

将式(3.6.2)与复变量的误差函数比较可以看出,式(3.6.2)中的积分可用 $W_R(\xi + i\mu)$ 表示。于是综合加宽工作物质的增益系数可表示为

$$g(\nu_1, I_{\nu_1}) = \Delta n^0 \frac{v^2 A_{21}}{4\pi\nu_0^2 \Delta\nu_D}\sqrt{\frac{\ln 2}{\pi}}\frac{1}{\sqrt{1+\frac{I_{\nu_1}}{I_s}}}W_R(\xi + i\mu) =$$

$$\frac{g_i^0(\nu_0)}{\sqrt{1+\frac{I_{\nu_1}}{I_s}}}W_R(\xi + i\mu) \tag{3.6.3}$$

如果已知 $\Delta\nu_H$、$\Delta\nu_D$、ν_1、I_{ν_1} 及 I_s,则可由 ξ 及 μ 之值从数学手册中查出 $W_R(\xi + i\mu)$ 的数值。图 3.6.1 给出了不同 μ 值时,$W_R(\xi + i\mu)$ - ξ 关系曲线。由图可知,当 μ 增加时,$W_R(\xi + i\mu)$ 数值减小。这就意味着当 I_{ν_1} 增加时,增益系数随之减小。

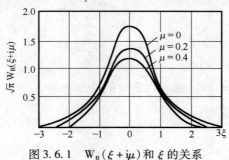

图 3.6.1 $W_R(\xi + i\mu)$ 和 ξ 的关系

习 题

1. 静止氖原子的 $3S_2 - 2P_4$ 谱线中心波长为 632.8 nm,设氖原子分别以 $0.1c$、$0.4c$ 和 $0.8c$ 的速度向着观察者运动,问其表观中心波长分别变为多少?

2. 在激光出现以前,Kr^{86} 低气压放电灯是很好的单色光源。如果忽略自然加宽和碰撞加宽,试估算在 77 K 温度下它的 605.7 nm 谱线的相干长度是多少,并与一个单色性 $\Delta\lambda/\lambda = 10^{-8}$ 的氦氖激光器比较。

3. 估算 CO_2 气体在室温(300 K)下的多普勒线宽 $\Delta\nu_D$ 和碰撞线宽系数 α,并讨论在什么气压范围内从非均匀加宽过渡到均匀加宽。

4. 氦氖激光器有下列三种跃迁,即 $3S_2 - 2P_4$ 的 632.8nm、$2S_2 - 2P_4$ 的 1.1523μm 和 $3S_2 - 3P_4$ 的 3.39μm 的跃迁。求 400K 时它们的多普勒线宽,分别用 GHz、μm、cm^{-1} 为单

位表示。由所得结果你能得到什么启示？

5. 考虑某二能级工作物质，E_2 能级自发辐射寿命为 τ_{s_2}，无辐射跃迁寿命为 τ_{nr_2}。假定在 $t=0$ 时刻能级 E_2 上的原子数密度为 $n_2(0)$，工作物质的体积为 V，自发辐射光的频率为 ν，求：

(1) 自发辐射光功率随时间 t 的变化规律；

(2) 能级 E_2 上的原子在其衰减过程中发出的自发辐射光子数；

(3) 自发辐射光子数与初始时刻能级 E_2 上的粒子数之比 η_2（η_2 称为量子产额）。

6. 二能级的波数分别为 18340cm^{-1} 和 2627cm^{-1}，相应的量子数分别为 $J_2=1$ 和 $J_1=2$，上能级的自发辐射概率 $A_{21}=10\text{s}^{-1}$，测出自发辐射谱线形状如图 3.1 所示。求：

(1) 中心频率发射截面 σ_{21}；

(2) 中心频率吸收截面 σ_{12}。

（能级简并度和相应量子数的关系为 $f_2=2J_2+1$，$f_1=2J_1+1$，可设该工作物质的折射率为 1。）

7. 根据 3.3 节所列红宝石的跃迁概率数据，估算 W_{13} 等于多少时红宝石对 $\lambda=694.3\text{nm}$ 的光是透明的。（对红宝石，激光跃迁上、下能级的统计权重 $f_1=f_2=4$，计算中可不计光的各种损耗。）

8. 设粒子数密度为 n 的红宝石被一矩形脉冲激励光照射，其激励跃迁概率可表示为（如图 3.2 所示）

$$W_{13}(t)=\begin{cases}W_p & 0<t\leq t_0\\ 0 & t>t_0\end{cases}$$

求激光上能级粒子数密度 $n_2(t)$，并画出相应的波形。

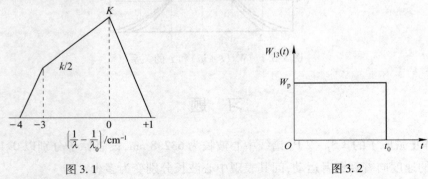

图 3.1　　　　　　　　　图 3.2

（提示：由于 S_{32} 极大，可有 $n_3\approx 0$，$\dfrac{dn_3}{dt}\approx 0$，在无谐振腔的情况下可忽略激光上、下能级间的受激跃迁。）

9. 某种多普勒加宽气体吸收物质被置于光腔中，设吸收谱线对应的能级为 E_2 和 E_1（基态），中心频率为 ν_0。如果光腔中存在频率为 ν 的单模光波场，试定性画出下列情况下基态粒子数按速度的分布 $n_1(v_z)$：

(1) $\nu\gg\nu_0$；

(2) $\nu - \nu_0 \approx \frac{1}{2}\Delta\nu_D$;

(3) $\nu = \nu_0$。

10. 试从爱因斯坦系数之间的关系说明下述概念:分配在一个模式中的自发辐射跃迁概率等于在此模式中的一个光子引起的受激跃迁概率。

11. 短波长(真空紫外、软 X 射线)谱线的主要加宽机构是自然加宽。试证明峰值吸收截面 $\sigma = \lambda_0^2/2\pi$。

12. 已知红宝石的密度为 $3.98\text{g}/\text{cm}^3$,其中 Cr_2O_3 所占比例为 0.05%(质量比),在波长 694.3 nm 附近的峰值吸收系数为 0.4 cm^{-1},试求其峰值吸收截面($T = 300$ K)。

13. 有光源一个,单色仪一台,光电倍增管及其电源一套,微安表一块,圆柱形端面抛光红宝石样品一块,红宝石中铬离子数密度 $n = 1.9 \times 10^{19}/\text{cm}^3$,694.3 nm 自发辐射线宽 $\Delta\nu_H = 3.3 \times 10^{11}$ Hz。可通过实验测出红宝石的吸收截面、发射截面及荧光寿命,试画出实验方块图,写出实验程序及计算公式(上下能级统计权重相等)。

14. 在均匀加宽工作物质中,频率为 ν_1、强度为 I_{ν_1} 的强光的增益系数为 $g_H(\nu_1, I_{\nu_1})$,$g_H(\nu_1, I_{\nu_1}) - \nu_1$ 关系曲线称作大信号增益曲线,求大信号增益曲线的宽度 $\Delta\nu$。

15. 有频率为 ν_1、ν_2 的二强光入射,试求在均匀加宽情况下:

(1) 频率为 ν 的弱光的增益系数表达式;

(2) 频率为 ν_1 的强光的增益系数表达式。

(设频率为 ν_1 及 ν_2 的光在介质内的平均强度为 I_{ν_1}, I_{ν_2})

16. 写出综合加宽线型函数表示式(用误差函数表示)。

17. 激光上、下能级的粒子数密度速率方程如式(3.3.27)所示。

(1) 试证明在稳态情况下,在均匀加宽介质(具有洛伦兹线型)中

$$\Delta n = \frac{\Delta n^0}{1 + \phi\tau_{21}\sigma_{21}(\nu_1, \nu_0)\nu N_l}$$

式中

$$\phi = \delta\left[1 + \frac{f_2}{f_1}\frac{\tau_1}{\tau_2}(1 - \delta)\right]$$

$$\delta = \frac{\tau_2}{\tau_{21}}$$

Δn^0 为小信号情况下的反转集居数密度。

(2) 写出中心频率处饱和光强 I_s 的表达式。

(3) 证明 $\tau_1/\tau_2 \ll 1$ 时 Δn 和 I_s 可由式(3.4.13)及式(3.4.11)表示。

18. 已知某均匀加宽二能级($f_2 = f_1$)饱和吸收染料在其吸收谱线中心波长 $\lambda_0 = 694.3$ nm 处的吸收截面 $\sigma = 8.1 \times 10^{-16}\text{cm}^2$,其上能级寿命 $\tau_2 = 22 \times 10^{-12}$ s,试求此染料中心频率的饱和光强 I_s。

19. 若红宝石被光泵激励,求激光能级跃迁的饱和光强。

20. 推导图 3.3 所示能级系统 $2 \to 0$ 跃迁的中心频率大信号吸收系数及饱和光强 I_s。假设该工作物质具有均匀加宽线型,中心频率吸收截面 σ_{02} 及单位体积中粒子数 n 已知,

$k_bT \ll h\nu_{10}$, $\tau_{10} \ll \tau_{21}$。

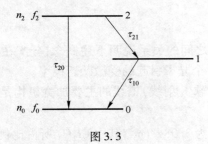

图 3.3

21. 设有两束频率分别为 $\nu_0 + \delta\nu$ 和 $\nu_0 - \delta\nu$，光强为 I_1 及 I_2 的强光沿相同方向（图 3.4(a)）或沿相反方向（图 3.4(b)）通过中心频率为 ν_0 的非均匀加宽增益介质，$I_1 > I_2$。试分别画出两种情况下反转粒子数按速度分布曲线，并标出烧孔位置。

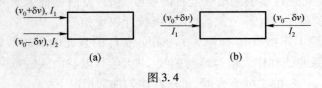

图 3.4

参 考 文 献

［1］ Amnon Yariv. Quantum Electronics. 3rd Ed［M］. New York：John Wiley & Sons, Inc. ,1989.
［2］ Siegman A E. An Introduction to Laser and Maser［M］. New York：Mc Graw-Hill Book Co. ,1971.
［3］ Siegman A E. Lasers［M］. California：University Science Books, Hill Valley,1986.
［4］ 北京大学物理系激光专业,广东省七〇一研究所三室合编. 激光原理［M］. 北京：北京大学,1976.
［5］ Orazio Svelto. Principles of Laser. 4th Ed［M］. New York：A Division of Plenum Publishing Corporation,1998.
［6］ Verdeyen J T. Laser Electronics. 3rd Ed［M］. N. j. ：Prentice-Hall, Inc. ,1995.
［7］ Harris E G. Introduction to Modern Theoretical Physics, Vol. 2［M］. New York：John Wiley & Sons',1975.
［8］ Murray Sargent Ⅲ, Scully M O, Lamb, W E, Jr. Laser Physics［M］. London：Addison-Wesly,1974.
［9］ Criffiths D J. Introduction to Electrodynamics［M］. New Jersey：Prentice-Hall Inc. ,1981.
［10］ 高以智,姚敏玉,张洪明,等. 激光原理学习指导(第 2 版)［M］. 北京：国防工业出版社,2014.

第四章 激光振荡特性

本章在速率方程及据此导出的激光工作物质增益特性的基础上讨论激光器的振荡条件、激光形成过程、模竞争效应、激光输出功率或能量、弛豫振荡效应等基本特性。激光线宽及频率牵引也是激光器的重要特性,对它们的严格理论分析必须运用量子理论及半经典理论,本章仅作简单介绍,而不涉及严格的理论分析。

激光器按其泵浦方式可分为连续激光器与脉冲激光器两大类。下面我们以三能级系统红宝石的激励过程为例来说明二者的本质区别。

若粒子数密度为 n 的红宝石被一矩形脉冲激励光照射,其激励概率 $W_{13}(t)$ 如图 4.0.1(a)所示。

$$W_{13}(t) = \begin{cases} W_{13} & 0 < t \leq t_0 \\ 0 & t > t_0 \end{cases}$$

从这一简化情况出发得出的一些结论对其他情况也是适用的。

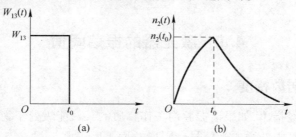

图 4.0.1 激励脉冲波形及高能级集居数随时间的变化

由于 $S_{32} \gg W_{13}$,使 $\dot{n}_3 \approx 0$,因此 $dn_3/dt \approx 0$,于是由式(3.3.21)第一式,可得

$$\frac{n_3 S_{32}}{\eta_1} = n_1 W_{13}(t)$$

式中:$\eta_1 = S_{32}/(S_{32} + A_{31})$ 表示 E_3 能级向 E_2 能级无辐射跃迁的量子效率。将上式代入式(3.3.21)第二式,并考虑到在未形成自激振荡或在阈值附近时受激辐射很微弱的情形,此式中第一项可以忽略不计,从而得出

$$\frac{dn_2(t)}{dt} = \eta_1 W_{13}(t)[n - n_2(t)] - \frac{A_{21} n_2(t)}{\eta_2}$$

式中:$\eta_2 = A_{21}/(A_{21} + S_{21})$ 为 E_2 能级向基态跃迁的荧光效率。由上式可解出当 $0 < t \leq t_0$ 时

$$n_2(t) = \frac{\eta_1 W_{13} n}{\frac{A_{21}}{\eta_2} + \eta_1 W_{13}} \left[1 - e^{-\left(\frac{A_{21}}{\eta_2} + \eta_1 W_{13}\right)t} \right] \tag{4.0.1}$$

$t > t_0$ 时，$W_{12}(t) = 0$，可得

$$n_2(t) = n_2(t_0) e^{-\frac{A_{21}}{\eta_2}(t-t_0)} \tag{4.0.2}$$

当 $t = t_0$ 时，$n_2(t)$ 达到最大值；当 $t > t_0$ 时，$n_2(t)$ 因自发辐射而指数衰减。$n_2(t)$ 的变化示于图 4.0.1(b)。由式(4.0.1)可见，若激励持续时间 $t_0 \gg \tau_2$ ($\tau_2 = 1/(A_{21} + S_{21})$)，当 $t \gg \tau_2$ 时，$n_2(t)$ 已完成了增长过程而达到稳定值。

$$n_2(t) \approx \frac{\eta_1 W_{13} n}{\frac{A_{21}}{\eta_2} + \eta_1 W_{13}}$$

若 $t_0 < \tau_2$，则在整个激励持续期间，$n_2(t)$ 处在不断增长的非稳定状态。

由以上分析可知，脉冲激光器中，由于脉冲泵浦持续时间短，在尚未达到新的平衡之前，过程就结束了，所以在整个工作过程中，各能级的粒子数及腔内光子数均处于剧烈变化中，系统处于非稳态。而连续激光器中各能级粒子数及腔内辐射则处于稳定状态。非稳态是系统打破原有热平衡状态到达新的稳态过程的一个阶段。若脉冲泵浦持续时间 $t_0 \gg \tau_2$（长脉冲），脉冲激光器也达到稳定状态，因此长脉冲激光器也可看成一个连续激光器。脉冲激光器和连续激光器的特性既有差别，又有联系。

在采用速率方程处理连续或长脉冲激光器时，可有 $dN/dt = 0$ 及 $dn_i/dt = 0$，这时微分方程变成代数方程。用速率方程处理非稳态问题比较复杂，一般采用数值解、小信号微扰或其他近似方法。

4.1 激光器的振荡阈值

一、阈值反转集居数密度

在第一章中已经指出，如果谐振腔内工作物质的某对能级处于集居数反转状态，则频率处在它的谱线宽度内的微弱光信号会因增益而不断增强。另一方面，谐振腔中存在的各种损耗，又使光信号不断衰减。能否产生振荡，取决于增益与损耗的大小。下面由速率方程出发推导激光器自激振荡的阈值条件。

考虑到谐振腔的长度 L 往往大于工作物质的长度 l，所以应对式(3.3.26)所表示的光子数密度速率方程作修正。设谐振腔中光束体积为 V_R，工作物质中的光束体积为 V_a，谐振腔中折射率均匀分布，则谐振腔中第 l 个模式的光子数的变化速率应表示为

$$\frac{d(N_l V_R)}{dt} = \left(n_2 - \frac{f_2}{f_1} n_1\right) \sigma_{21}(\nu,\nu_0) v N_l V_a - \frac{N_l V_R}{\tau_{Rl}}$$

假设光束直径沿腔长均匀分布，则上式可化简为

$$\frac{dN_l}{dt} = \left(n_2 - \frac{f_2}{f_1} n_1\right) \sigma_{21}(\nu,\nu_0) c N_l \frac{l}{L'} - \frac{N_l}{\tau_{Rl}} \tag{4.1.1}$$

式中

$$\tau_{Rl} = \frac{L'}{\delta c}$$

式中：L' 为谐振腔光程长度（至于腔内折射率不均匀的情况，参见本章习题 1）。当

$$\frac{dN_l}{dt} \geq 0 \quad (4.1.2)$$

时,腔内辐射场可由起始的微弱的自发辐射场增长为足够强的受激辐射场。将式(4.1.1)代入式(4.1.2),并考虑到在阈值附近腔内光强很弱,相当于小信号情况,可得出激光器自激振荡的阈值条件为

$$\Delta n^0 \geq \Delta n_t = \frac{\delta}{\sigma_{21}(\nu,\nu_0)l} \quad (4.1.3)$$

不同模式具有不同的 $\sigma_{21}(\nu,\nu_0)$ 值,因而 Δn_t 值不同。频率为 ν_0 的模式阈值最低,可表示为

$$\Delta n_t = \frac{\delta}{\sigma_{21}l} \quad (4.1.4)$$

二、阈值增益系数

由式(4.1.3)可得激光器自激振荡时,小信号增益系数应满足

$$g^0(\nu) \geq g_t = \frac{\delta}{l} \quad (4.1.5)$$

不同纵模具有相同的 δ,因而具有相同的阈值 g_t。不同的横模具有不同的衍射损耗,因而有不同的阈值,高次横模的阈值比基模大。图 4.1.1 给出了某激光器的起振模谱,其中 TEM_{00} 模和 TEM_{01} 模的阈值增益系数分别为 g_t^{00} 和 g_t^{01},并且 $g_t^{01} > g_t^{00}$。由于图中 TEM_{00q}、TEM_{01q} 及 TEM_{00q+1} 模的小信号增益系数 $g^0(\nu)$ 大于阈值 g_t,所以均可起振。

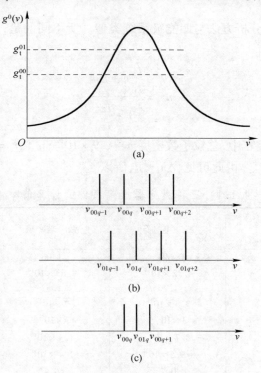

图 4.1.1 激光器起振模谱的形成
(a)增益曲线;(b)谐振腔模谱;(c)激光器起振模谱。

三、连续或长脉冲($t_0 \gg \tau_2$)激光器的阈值泵浦功率

1. 四能级激光器

四能级系统中,激光下能级 E_1 是激发态,其无辐射跃迁概率 S_{10} 很大,因而

$$n_1 \approx 0$$

$$\Delta n = \left(n_2 - \frac{f_2}{f_1}n_1\right) \approx n_2$$

E_2 能级集居数密度的阈值为

$$n_{2t} \approx \Delta n_t = \frac{\delta}{\sigma_{21}(\nu, \nu_0) l}$$

频率为 ν_0 的模式

$$n_{2t} \approx \Delta n_t = \frac{\delta}{\sigma_{21} l}$$

当 E_2 能级上集居数密度 n_2 稳定于 n_{2t} 时,单位时间内在单位体积中有 $n_{2t}/\eta_2 \tau_{s2}$ 个粒子自 E_2 能级跃迁到 E_1 能级。为使 n_2 稳定于 n_{2t},单位时间内在单位体积中必须有 $n_{2t}/\eta_2 \tau_{s2}$ 个粒子自 E_3 能级跃迁到 E_2 能级,与此相应在单位时间内单位体积中必须有 $n_{2t}/\eta_F \tau_{s2}$ 个粒子自 E_0 能级跃迁到 E_3 能级。为此须吸收的泵浦功率称作激光器的阈值泵浦功率,以 P_{pt} 表示。

$$P_{pt} = \frac{h\nu_p \Delta n_t V}{\eta_F \tau_{s2}} = \frac{h\nu_p \delta V}{\eta_F \sigma_{21}(\nu, \nu_0) \tau_{s2} l} \tag{4.1.6}$$

式中:V 为工作物质体积;ν_p 为泵浦光频率。

2. 三能级激光器

对于三能级系统,分析方法与四能级系统类似。所不同的是,在三能级系统中,激光下能级 E_1 是基态,故有

$$n_{2t} = \frac{\frac{f_2}{f_1}n + \Delta n_t}{1 + \frac{f_2}{f_1}}$$

在典型三能级系统红宝石中,总粒子数密度 $n \approx 1.9 \times 10^{19} \mathrm{cm}^{-3}$,$f_1 = f_2$,表 4.1.1 所列典型 Δn_t 值为 $8.7 \times 10^{17} \mathrm{cm}^{-3}$。由此可见,$\Delta n_t \ll n$,所以

表 4.1.1 三种激光器振荡条件的计算值举例

参量 \ 激光器种类	红宝石	钕玻璃	Nd:YAG
$\lambda_0/\mu m$	0.6943	1.06	1.06
ν_0/Hz	4.32×10^{14}	2.83×10^{14}	2.83×10^{14}
η	1.76	1.52	1.82
$\Delta \nu_F/\mathrm{Hz}$	3.3×10^{11}	7×10^{12}	1.95×10^{11}
τ_{s2}/s	3×10^{-3}	7×10^{-4}	2.3×10^{-4}
$\Delta n_t/\mathrm{cm}^{-3}$	8.7×10^{17}	1.4×10^{18}	1.8×10^{16}
n_{2t}/cm^{-3}	$\approx 9.5 \times 10^{18}$	1.4×10^{18}	1.8×10^{16}
η_F	0.7	0.4	1
$E_{pt}/V/(\mathrm{J} \cdot \mathrm{cm}^{-3})$	5	0.95	4.9×10^{-3}
$P_{pt}/V/(\mathrm{W} \cdot \mathrm{cm}^{-3})$	1600	1400	21

$$n_{2t} \approx \frac{\frac{f_2}{f_1}}{1+\frac{f_2}{f_1}} n$$

须吸收的泵浦功率阈值为

$$P_{\mathrm{pt}} = \frac{\frac{f_2}{f_1}}{1+\frac{f_2}{f_1}} \frac{h\nu_{\mathrm{p}} nV}{\eta_{\mathrm{F}} \tau_{s_2}} \tag{4.1.7}$$

四、短脉冲($t_0 \ll \tau_2$)激光器的阈值泵浦能量

若光泵激励时间很短，则在激励持续期间 E_2 能级的自发辐射和无辐射跃迁的影响可以忽略不计。在这种情况下，要使 E_2 能级增加一个粒子，只须吸收 $1/\eta_1$ 个泵浦光子。因此，当单位体积中吸收的泵浦光子数大于 n_{2t}/η_1 时，就能产生激光。由此可见，四能级系统须吸收的光泵能量的阈值为

$$E_{\mathrm{pt}} = \frac{h\nu_{\mathrm{p}} \Delta n_{\mathrm{t}} V}{\eta_1} = \frac{h\nu_{\mathrm{p}} \delta V}{\eta_1 \sigma_{21}(\nu,\nu_0) l} \tag{4.1.8}$$

三能级系统须吸收的光泵能量的阈值为

$$E_{\mathrm{pt}} = \frac{\frac{f_2}{f_1}}{1+\frac{f_2}{f_1}} \frac{h\nu_{\mathrm{p}} nV}{\eta_1} \tag{4.1.9}$$

对于激励脉冲宽度 t_0 可与 τ_2 相比拟的情况，泵浦能量的阈值 E_{pt} 不能用一个简单的解析式表示。但 t_0 给定时，可以用数字计算的办法求出 E_{pt} 的值，本节对此不予讨论。实验说明，当固体激光器的氙灯储能电容越大，因而光泵脉冲持续时间 t_0 增长时，光泵的阈值能量 E_{pt} 也增大。这是由于 t_0 越长自发辐射的损耗越严重所致。

对具有相同谐振腔参量的红宝石、钕玻璃和掺钕钇铝石榴石(Nd:YAG)3 种激光器，按本节所得公式计算了中心频率对应的 Δn_{t}、n_{2t}、E_{pt}/V 及 P_{pt}/V 的数值，并列于表 4.1.1。计算中取工作物质长度 $l=10\mathrm{cm}$，输出反射镜透过率 $T=0.5$，工作物质内部损耗为零，单程损耗 $\delta = -0.5\ln(1-T) \approx 0.35$，$\eta_1 = \eta_{\mathrm{F}}$，红宝石中粒子数密度 $n=1.9 \times 10^{19}\mathrm{cm}^{-3}$。

由表 4.1.1 可以看出以下 3 点：

(1) 三能级激光器所需的阈值能量比四能级大得多，这是因为四能级系统的激光下能级为激发态，$n_1 \approx 0$，所以只须把 Δn_{t} 个粒子激励到 E_2 能级去就可以使增益克服腔的损耗而产生激光。而在三能级系统中，激光下能级是基态，至少要将 $n(f_2/f_1)/(1+f_2/f_1)$ 个粒子激励到 E_2 能级上去，才能形成集居数反转，所以三能级系统的阈值能量或阈值功率要比四能级系统大得多。由于连续工作时所需阈值功率太大，属于三能级系统的红宝石激光器一般只能以脉冲方式工作。

(2) 三能级系统激光器中光腔损耗的大小对光泵阈值能量(功率)的影响不大。而在四能级系统中，阈值能量(功率)正比于光腔的损耗 δ。这是因为在四能级系统中，为获得激光，必须把 Δn_{t} 个粒子激励到高能级，而 Δn_{t} 正比于 δ。在三能级系统中，必须把

$[n(f_2/f_1) + \Delta n_t]/(1 + f_2/f_1)$ 个粒子激发到高能级上去,而 Δn_t 与 $n(f_2/f_1)$ 相比可以忽略,因而 δ 对阈值能量(功率)的影响很小。但当 δ 很大,以致 Δn_t 可与 $n(f_2/f_1)$ 相比拟时,δ 的大小同样会影响三能级激光器的阈值能量(功率)。

(3) 四能级激光器的阈值能量(功率)反比于发射截面 σ_{21},而 σ_{21} 又反比于荧光谱线宽度 $\Delta \nu_F$。所以阈值能量(功率)正比于 $\Delta \nu_F$。由于 Nd:YAG 的 $\Delta \nu_F$ 比钕玻璃小得多,其量子效率 η_F 又比钕玻璃高得多,所以 Nd:YAG 激光器的阈值能量(功率)较钕玻璃激光器低得多,可以连续工作,而钕玻璃激光器一般只能脉冲工作。

4.2 激光器的振荡模式

一、均匀加宽激光器中的模竞争

1. 增益曲线均匀饱和引起的自选模作用

如果有多个模式的谐振频率落在均匀加宽增益曲线范围内,且其小信号增益系数 $g^0(\nu)$ 均大于 g_t。那么,这些模式是否都能维持稳态振荡呢? 为了讨论方便,假设有频率为 ν_{q-1}、ν_q 和 ν_{q+1} 的三个模式满足上述要求(图 4.2.1)。开始时,这三个模式的小信号增益系数都大于 g_t,因而光强 $I_{\nu_{q-1}}$、I_{ν_q}、$I_{\nu_{q+1}}$ 都逐渐上升。由于饱和效应,增益曲线将随光强

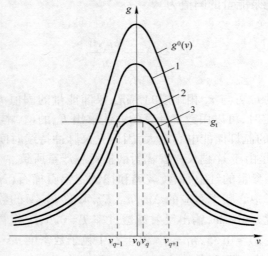

图 4.2.1 均匀加宽激光器中建立稳态振荡过程中的模竞争

的上升而不断下降。当增益曲线下降到曲线 1 时
$$g(\nu_{q+1}, I_{\nu_{q-1}}, I_{\nu_q}, I_{\nu_{q+1}}) = g_t$$
$I_{\nu_{q+1}}$ 不再增加。但 $I_{\nu_{q-1}}$、I_{ν_q} 仍将继续增加,增益曲线继续下降,这将使
$$g(\nu_{q+1}, I_{\nu_{q-1}}, I_{\nu_q}, I_{\nu_{q+1}}) < g_t$$
因此 $I_{\nu_{q+1}}$ 很快下降到零,即 ν_{q+1} 模熄灭。当增益曲线下降到曲线 2 时
$$g(\nu_{q-1}, I_{\nu_{q-1}}, I_{\nu_q}) = g_t$$
$I_{\nu_{q-1}}$ 不再增加,但 I_{ν_q} 仍继续增加,增益曲线随之继续下降,这就导致
$$g(\nu_{q-1}, I_{\nu_{q-1}}, I_{\nu_q}) < g_t$$

因此 ν_{q-1} 模也很快熄灭。最后，当增益曲线下降至曲线 3 时
$$g(\nu_q, I_{\nu_q}) = g_t$$
I_{ν_q} 达到稳态值。所以虽然三个模式都能起振，但在达到稳态工作的过程中，ν_{q-1}、ν_{q+1} 模都相继熄灭，最终只有 ν_q 模能维持稳定振荡。

以上讨论说明，在均匀加宽激光器中，几个满足阈值条件的纵模在振荡过程中互相竞争，结果总是靠近中心频率 ν_0 的一个纵模得胜，形成稳定振荡，其他纵模都被抑制而熄灭。因此，理想情况下，均匀加宽稳态激光器的输出应是单纵模的，单纵模的频率总是在谱线中心频率附近。

同样，不同横模间也会发生上述竞争过程，由于不同横模具有不同的 g_t 值，竞争的情况比较复杂。

2. 空间烧孔引起多模振荡

由以上分析可知，均匀加宽稳态激光器应为单纵模输出。但实际上，在许多激光器中，当激发较强时，往往出现多纵模振荡。激发越强，振荡模式越多。下面分析产生这一现象的原因。

如图 4.2.2(a) 所示，当频率为 ν_q 的纵模在腔内形成稳定振荡时，腔内形成一个驻波场，波腹处光强最大，波节处光强最小。因此虽然 ν_q 模在腔内的平均增益系数等于 g_t，但实际上轴向各点的反转集居数密度和增益系数是不相同的，波腹处增益系数（反转集居数密度）最小，波节处增益系数（反转集居数密度）最大。这一现象称作增益的空间烧孔效应。我们再来看频率为 $\nu_{q'}$ 的另一纵模，其腔内光强分布示于图 4.2.2(c)。由图可见，q' 模式的波腹有可能与 q 模的波节重合而获得较高的增益，从而形成较弱的振荡。以上讨论表明，由于轴向空间烧孔效应，不同纵模可以使用不同空间的激活粒子而同时产生振荡，这一现象叫做纵模的空间竞争。

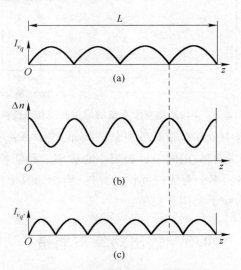

图 4.2.2　说明空间烧孔效应的图
(a) q 模腔内光强分布；(b) 只有 q 模存在时的反转集居数密度的分布；(c) q' 模腔内光强分布图。

如果激活粒子的空间转移很迅速，空间烧孔便无法形成。在气体工作物质中，粒子作无规热运动，迅速的热运动消除了空间烧孔，所以，以均匀加宽为主的高气压气体激光器

可获得单纵模振荡。在固体工作物质中,激活粒子被束缚在晶格上,虽然借助粒子和晶格的能量交换形成激发态粒子的空间转移,但由于激发态粒子在空间转移半个波长所需的时间远远大于激光形成所需的时间,所以空间烧孔不能消除。如不采取特殊措施,以均匀加宽为主的驻波腔固体激光器一般为多纵模振荡。在含光隔离器的环形行波腔内,光强沿轴向均匀分布,不存在空间烧孔,因而可以得到单纵模振荡。

激光器中,除了存在轴向空间烧孔外,由于横截面上光场分布的不均匀性,还存在着横向的空间烧孔。由于横向空间烧孔的尺度较大,激活粒子的空间转移过程不能消除横向空间烧孔。不同横模的光场分布不同,它们分别使用不同空间的激活粒子,因此,当激励足够强时,可形成多横模振荡。

二、非均匀加宽激光器的多纵模振荡

在非均匀加宽激光器中,假设有多个纵模满足振荡条件,由于某一纵模光强的增加,并不会使整个增益曲线均匀下降,而只是在增益曲线上造成对称的两个烧孔,所以只要纵模间隔足够大,各纵模基本上互不相关,所有小信号增益系数大于 g_t 的纵模都能稳定振荡。因此,在非均匀加宽激光器中,一般都是多纵模振荡。图 4.2.3 表示,当外界激发增强时,小信号增益系数增加,满足振荡条件的纵模个数增多,因而激光器的振荡模式数目增加,稳定后,各模的增益系数均为 g_t。

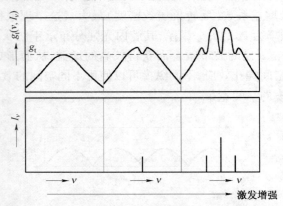

图 4.2.3　非均匀加宽激光器的增益曲线和振荡模谱

在非均匀加宽激光器中也存在模竞争现象。例如,当 $\nu_q = \nu_0$ 时,ν_{q+1} 及 ν_{q-1} 模形成的两个烧孔重合,也就是说,它们共用同一种表观中心频率的激活粒子,因而存在模竞争,此时 ν_{q-1} 模及 ν_{q+1} 模的输出功率会有无规起伏。此外,当相邻纵模所形成的烧孔重叠时,相邻纵模因共用一部分激活粒子而相互竞争。

4.3　输出功率与能量

一、连续或长脉冲激光器的输出功率

由于激活介质中的光放大作用、谐振腔内损耗系数的不均匀分布以及驻波效应和光波场的横向高斯分布,腔内光强是不均匀的。精确计算腔内各点光强是个复杂的问题。

本节由增益饱和效应出发估算稳态工作时的腔内平均光强,并在此基础上给出粗略估算输出功率的方法。

如果一个激光器的小信号增益系数恰好等于阈值,激光输出是非常微弱的。实际的激光器总是工作在阈值水平以上,即 $g^0(\nu) > g_t$,此时 $dN_l/dt > 0$,腔内光强不断增加。那么,光强是否会无限增加呢?实验表明,在一定的激发速率下,即当 $g^0(\nu)$ 一定时,激光器的输出功率保持恒定,当外界激发作用增强时,输出功率随之上升,但在一个新的水平上保持恒定。下面分析这一稳定状态是如何建立起来的。

如果腔内某一振荡模式的频率为 ν_q,开始时,由于 $g(\nu_q, I_{\nu_q}) > g_t$,腔内光强 I_{ν_q} 逐渐增加。同时,由于饱和效应,$g(\nu_q, I_{\nu_q})$ 将随 I_{ν_q} 的增加而减少,但只要 $g(\nu_q, I_{\nu_q})$ 仍比 g_t 大,这一过程就将继续下去,即 I_{ν_q} 继续增加,$g(\nu_q, I_{\nu_q})$ 不断减小,直到

$$g(\nu_q, I_{\nu_q}) = g_t = \frac{\delta}{l} \tag{4.3.1}$$

时,增益和损耗达到平衡,I_{ν_q} 才不再增加。这时,激光器建立了稳定工作状态。

当外界激发作用增强时,小信号增益系数 $g^0(\nu)$ 增大,此时 I_{ν_q} 必须增加到一个更大的值才能使 $g(\nu_q, I_{\nu_q})$ 降低到 g_t 并建立起稳定工作状态,因此激光器的输出功率增加。但是,不管激发强或弱,稳态工作时激光器振荡模式的大信号增益系数总是等于 g_t。根据式(4.3.1)可以确定稳态工作时的腔内光强。

1. 均匀加宽单模激光器

在驻波型激光器中,腔内存在着沿腔轴方向传播的光 I_+ 和反方向传播的光 I_-。若谐振腔由一面全反射镜和一面透射率为 T 的输出反射镜组成时,腔内光强如图4.3.1所示。

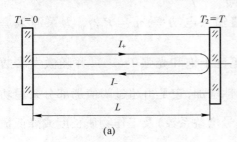
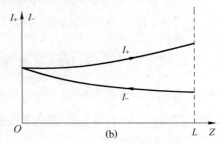

图4.3.1 驻波型激光器(a)腔内光强示意图(b)

如果 $T \ll 1$,则稳定工作时增益系数也很小,这时可近似认为 $I_+ \approx I_-$,腔内平均光强

$$I_{\nu_q} = I_+ + I_- \approx 2I_+$$

在均匀加宽情况下,I_+ 和 I_- 同时参与饱和作用。

由式(4.3.1)及式(3.4.15)可得

$$g_H(\nu_q, I_{\nu_q}) = \frac{g_H^0(\nu_q)}{1 + \dfrac{I_{\nu_q}}{I_s(\nu_q)}} = \frac{\delta}{l}$$

由此可求出

$$I_{\nu_q} = I_s(\nu_q) \left[\frac{g_H^0(\nu_q) l}{\delta} - 1 \right] \tag{4.3.2}$$

设激光束的有效截面面积为 A，则激光器的输出功率为

$$P = ATI_+ = \frac{1}{2}ATI_s(\nu_q)\left[\frac{g_H^0(\nu_q)l}{\delta} - 1\right] \tag{4.3.3}$$

在 $T \ll 1$ 时，$2\delta \approx T + a$，其中 a 为往返净损耗率，通常 $a \ll 1$。式(4.3.3)可改写为

$$P = \frac{1}{2}ATI_s(\nu_q)\left[\frac{2g_H^0(\nu_q)l}{a+T} - 1\right] \tag{4.3.4}$$

以上结果是在 $T \ll 1$ 的假设下推导的，在 T 较大时必须考虑 I_+ 与 I_- 在传播过程中的变化及二者的差别(图4.3.1)。但较严格的理论推导可证明在 $a \ll T$ 的情况下式(4.3.4)仍然适用(读者可通过第五章习题4证明)。

对于光泵激光器

$$\frac{g_H^0(\nu_q)}{g_t} = \frac{P_p}{P_{pt}}$$

将式(3.4.8)、式(4.1.6)及上式代入式(4.3.3)，可得输出功率的另一种表现形式为

$$P = \frac{\nu_0 A}{\nu_p S}\eta_0 \eta_1 P_{pt}\left(\frac{P_p}{P_{pt}} - 1\right) \tag{4.3.5}$$

式中：P_p 及 P_{pt} 分别为工作物质吸收的泵浦功率和阈值吸收泵浦功率；S 为工作物质截面积；耦合系数 $\eta_0 = T/2\delta$ 表征谐振腔内激光功率转化为输出激光功率的转换效率。

激光器输出功率和光泵电功率间的关系为

$$P = \frac{\nu_0 A}{\nu_p S}\eta_0 \eta_1 \eta_p p_{pt}\left(\frac{p_p}{p_{pt}} - 1\right)$$

式中：p_p 及 p_{pt} 分别为光泵的输入电功率和阈值输入电功率；$\eta_p = P_p/p_p$ 为泵浦效率(见7.1节)。

由式(4.3.3)及式(4.3.5)可见，输出功率正比于饱和光强 $I_s(\nu_q)$，并随激发参数 $g_H^0(\nu_q)l/\delta$ 或 $\frac{P_p}{P_{pt}}$ 的增加而增加。输出功率随 P_p 线性增加，它是由超过阈值那部分泵浦功率转换而来的。所以，增加泵浦功率(即提高小信号增益系数)及工作物质长度或降低损耗都将使输出功率提高。

应该指出，对于放电激励的气体激光器，无论是均匀加宽工作物质，还是下面将讨论的非均匀加宽工作物质，其增益系数值并不正比于激励电功率 p_p。由于放电激励过程中的各种因素(参见第七章)，往往存在一个使增益系数最大的最佳放电电流 j_m。当放电电流等于 j_m 时，输出功率最大。

输出功率还和输出反射镜的透射率 T 有关。当 T 增大时，一方面提高了透射光的比例，有利于提高输出功率，同时却又使阈值增加，从而导致腔内光强的下降。因此存在一个使输出功率达到极大值的最佳透射率 T_m。图4.3.2画出了 $\nu_q = \nu_0$ 时，往返净损耗率 a 值不同时的 T_m 和 $2g_m l$ 的关系曲线($g_m = g_H^0(\nu_0)$)。由图4.3.2及图4.3.3可知，g_m 越大，工作物质越长，a 越大，则最佳透过率越大。在实际工作中，往往由实验测定 T_m 值。

在透射率 $T \ll 1$ 时，将式(4.3.4)对 T 微分，并令 $dP/dT = 0$，得

$$T_m = \sqrt{2g_H^0(\nu_q)la} - a \tag{4.3.6}$$

将式(4.3.6)代入式(4.3.4),可求出输出镜具有最佳透射率时的输出功率为

$$P_m = \frac{1}{2}AI_s(\nu_q)\left[\sqrt{2g_H^0(\nu_q)l} - \sqrt{a}\right]^2 \tag{4.3.7}$$

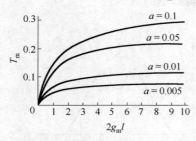

图 4.3.2　最佳透射率和 $2g_m l$ 的关系　　　图 4.3.3　输出功率和透射率的关系

2. 非均匀加宽单模激光器

和均匀加宽激光器不同的是,对于由多普勒非均匀加宽工作物质组成的激光器,当振荡模频率 $\nu_q \neq \nu_0$ 时,I_+ 和 I_- 两束光在增益曲线上分别烧两个孔。对每一个孔起饱和作用的分别是 I_+ 或 I_-,而不是两者的和。因此振荡模的增益系数为

$$g_i(\nu_q, I_{\nu_q}) = \frac{g_m}{\sqrt{1 + \frac{I_+}{I_s}}} e^{-4\ln 2 \frac{(\nu_q - \nu_0)^2}{\Delta \nu_D^2}} \tag{4.3.8}$$

式中:$g_m = g_i^0(\nu_0)$。激光器稳态工作时

$$g_i(\nu_q, I_{\nu_q}) = \frac{\delta}{l} \tag{4.3.9}$$

由式(4.3.8)和式(4.3.9)解得

$$I_+ = I_s\left\{\left[\frac{g_m l}{\delta} e^{-4\ln 2 \frac{(\nu_q - \nu_0)^2}{\Delta \nu_D^2}}\right]^2 - 1\right\}$$

单模($\nu_q \neq \nu_0$)输出功率为

$$P = AI_+ T = AI_s T\left\{\left[\frac{g_m l}{\delta} e^{-4\ln 2 \frac{(\nu_q - \nu_0)^2}{\Delta \nu_D^2}}\right]^2 - 1\right\} \tag{4.3.10}$$

当 $\nu_q = \nu_0$ 时,I_+ 和 I_- 同时在增益曲线上中心频率处烧一个孔,烧孔深度取决于腔内平均光强 I_{ν_0}

$$I_{\nu_0} = I_+ + I_- \approx 2I_+$$

稳定工作时振荡模的增益系数为

$$g_i(\nu_0, I_{\nu_0}) = \frac{g_m}{\sqrt{1 + \frac{I_{\nu_0}}{I_s}}} = \frac{\delta}{l}$$

由此可求出腔内平均光强为

$$I_{\nu_0} = I_s\left[\left(\frac{g_m l}{\delta}\right)^2 - 1\right] \tag{4.3.11}$$

输出功率为

$$P = ATI_+ = \frac{1}{2}ATI_s\left[\left(\frac{g_m l}{\delta}\right)^2 - 1\right] \tag{4.3.12}$$

与式(4.3.10)相比,式(4.3.12)多了一个1/2因子,由此可见 $\nu_q = \nu_0$ 时输出功率下降。

图 4.3.4(b)为单模输出功率 P 和单模频率 ν_q 的关系曲线。在 $\nu_q = \nu_0$ 处,曲线有一凹陷。称作兰姆凹陷。可利用图 4.3.4 定性解释兰姆凹陷的成因。

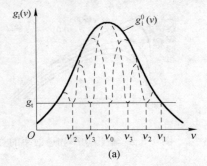
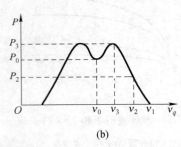

图 4.3.4　兰姆凹陷的形成
(a) $g_i(\nu) - \nu$; (b) $P - \nu_q$。

当 $\nu_q = \nu_1$ 时,$g_i^0(\nu_1) = g_t$,输出功率 $P = 0$。

当 $\nu_q = \nu_2$ 时,激光振荡将在增益曲线的 ν_2 及 $\nu_2' = 2\nu_0 - \nu_2$ 处造成两个凹陷,也就是说,速度 $v_z = c(\nu_2 - \nu_0)/\nu_0$ 及速度 $v_z = -c(\nu_2 - \nu_0)/\nu_0$ 的两部分粒子对频率 ν_2 的激光有贡献。激光功率 P_2 正比于这两个凹陷面积之和。

当 $\nu_q = \nu_3$ 时,由于烧孔面积增大,所以功率 P_3 比 P_2 大。

当频率 ν_q 接近 ν_0,且 $|\nu_q - \nu_0| < (\Delta\nu_H/2) \cdot \sqrt{1 + I_{\nu_q}/I_s}$ 时,两个烧孔部分重叠,烧孔面积的和可能小于 $\nu_q = \nu_3$ 时两个烧孔面积的和,因此 $P < P_3$。当 $\nu_q = \nu_0$ 时,两个烧孔完全重合,此时只有 $v_z = 0$ 附近的原子对激光有贡献。虽然它对应着最大的小信号增益,但由于对激光作贡献的反转集居数减少了,即烧孔面积减少了,所以输出功率 P_0 下降到某一极小值,$P - \nu_q$ 关系曲线于 ν_0 处出现兰姆凹陷。由于两个烧孔在 $|\nu_q - \nu_0| < (\Delta\nu_H/2) \cdot \sqrt{1 + I_{\nu_q}/I_s}$ 时开始重叠,所以兰姆凹陷的宽度 $\delta\nu$ 大致等于烧孔的宽度,即

$$\delta\nu = \Delta\nu_H \sqrt{1 + \frac{I_{\nu_q}}{I_s}}$$

激光管的气压增高时,碰撞线宽 $\Delta\nu_L$ 增加,兰姆凹陷变宽、变浅。当气压高到一定程度,谱线加宽以均匀加宽为主时,兰姆凹陷消失。图 4.3.5 为不同气压 p_1、p_2、p_3 下输出功率 P 随频率 ν_q 的变化曲线,图中 $p_3 > p_2 > p_1$。

运用半经典理论,可以得出兰姆凹陷的定量关系。凹陷的深度和激发参量 $g_m l/\delta$ 成正比,当 $g_m l/\delta$ 小时兰姆凹陷变浅,当 $g_m l/\delta$ 很小时,兰姆凹陷消失。

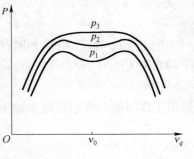

图 4.3.5　不同气压下输出功率与频率的关系

3. 多模激光器

在非均匀加宽激光器中,每个模式各自消耗表观中心频率与其频率相应的激活粒子。如果模间隔足够大,各个模式相互独立,因此可由式(4.3.10)及式(4.3.12)分别计算每个纵模的输出功率,总的输出功率应是各模输出功率之和。

在均匀加宽激光器中,由于各模式相互影响,所以必须由多模速率方程求出输出功

率。在矩形线型函数及各模损耗相同的简化假设下，由式(3.3.34)所表示的多模速率方程出发可证明其输出功率同样可由式(4.3.5)表示。

二、短脉冲激光器的输出能量

在短脉冲激光器中，设工作物质吸收的泵源能量为 E_p，则有 $E_p\eta_1/h\nu_p$ 个粒子从基态经 E_3 能级跃迁到 E_2 能级上去。如果 $E_p\eta_1/h\nu_p > n_{2t}V$，则由于增益大于损耗，腔内受激辐射光强不断增加，与此同时，n_2 将因受激辐射而不断减少，当 n_2 减少到 n_{2t} 时，受激辐射光强便开始迅速衰减直至熄灭。E_2 能级剩余的 n_{2t} 个粒子通过自发辐射而返回基态，它们对腔内激光能量没有贡献，因此对腔内激光能量有贡献的高能级粒子数为 $\frac{A}{S}(E_p\eta_1/h\nu_p - n_{2t}V)$。这部分粒子向 E_1 能级跃迁时将产生 $\frac{A}{S}(E_p\eta_1/h\nu_p - n_{2t}V)$ 个受激发射光子，所以在腔内产生的激光能量为

$$E_{内} = \frac{A}{S}h\nu_0\left(\frac{E_p\eta_1}{h\nu_p} - n_{2t}V\right) = \frac{A}{S}\frac{\nu_0}{\nu_p}\eta_1(E_p - E_{pt})$$

腔内光能部分变为无用损耗，部分经输出反射镜输出到腔外。设谐振腔由一面全反射镜和一面透射率为 T 的输出反射镜组成，则输出能量为

$$E = \frac{A}{S}\frac{\nu_0}{\nu_p}\eta_0\eta_1 E_{pt}\left(\frac{E_p}{E_{pt}} - 1\right) \tag{4.3.13}$$

式中：$\eta_0 = T/(T+a)$。

激光器输出能量和光泵电输入能量间的关系为

$$E = \frac{\nu_0}{\nu_p}\frac{A}{S}\eta_0\eta_1\eta_p\varepsilon_{pt}\left(\frac{\varepsilon_p}{\varepsilon_{pt}} - 1\right)$$

式中：ε_p 及 ε_{pt} 分别为光泵的输入电能量和阈值输入电能量；$\eta_p = E_p/\varepsilon_p$ 为泵浦效率（见 8.1 节）。

式(4.3.13)表明，输出能量 E 随 E_p 线性增加，输出能量是由超过阈值那部分能量转换而来的。图 4.3.6 是一个脉冲红宝石激光器的输出能量和光泵输入电能 ε_p 的关系曲线。

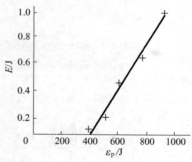

图 4.3.6　红宝石激光器输出能量和光泵输入电能的关系

三、激光器的效率

激光器的效率通常可以用总效率和斜效率来表示。

总效率 η_t 定义为激光器的输出功率（能量）与泵浦输入电功率（能量）的百分比，可表示为 $\eta_t = P/p_p$ 或 $\eta_t = E/\varepsilon_p$。

当泵浦输入电功率（能量）高出阈值很多时，激光器输出功率（能量）和泵浦输入电功率（能量）的关系曲线接近直线，该直线的斜率称为斜效率 η_s。斜效率可表示为

$$\eta_s = P/(p_p - p_{pt})$$

或

$$\eta_s = E/(\varepsilon_p - \varepsilon_{pt})$$

4.4 弛豫振荡

大量实验表明,一般固体脉冲激光器所输出的并不是一个平滑的光脉冲,而是一群宽度只有微秒量级的短脉冲序列,即所谓"尖峰"序列。激励越强,则短脉冲之间的时间间隔越小。人们把上述现象称作弛豫振荡效应或尖峰振荡效应。图 4.4.1(a) 为泵浦能量低于阈值时示波器上看到的荧光波形。图 4.4.1(b) 为泵浦能量高于阈值时的激光波形。实验表明,在不同情况下尖峰序列的形式不同,有的相当紊乱,有的很规则。图 4.4.2 为实验观察到的一台单模激光器的输出尖峰。它表明,单模激光器的输出是一个衰减尖峰序列。

脉冲激光器输出的激光为什么会具有尖峰结构呢？下面我们利用图 4.4.3 将振荡过程分为几个阶段来作定性说明。

第一阶段 $(t_1 \sim t_2)$：泵浦激励使 Δn 增加,当 $t = t_1$ 时, Δn 达到阈值 Δn_t ,开始产生激光。当 $t > t_1$ 时,由于 $\Delta n > \Delta n_t$,所以激光器内光子数密度急剧增加。与此同时,受激辐射将使 Δn 减小。但在此阶段,因为泵浦激励使 Δn 增加的速率仍超过受激辐射使 Δn 减少的速率,所以 Δn 仍继续增加。

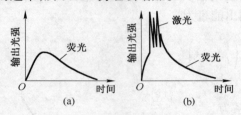

图 4.4.1 荧光波形与激光波形
(a)荧光波形；(b)激光波形。

图 4.4.2 红宝石单模激光器输出激光波形

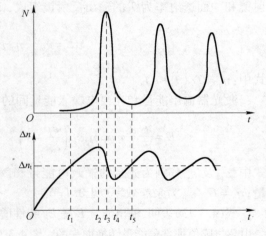

图 4.4.3 腔内光子数密度及反转集居数密度随时间的变化

第二阶段 $(t_2 \sim t_3)$：随着光子数密度 N 的增加,受激辐射使 Δn 减少的速率也不断增加。到时刻 t_2 ,受激辐射使 Δn 减少的速率恰好等于泵浦激励使 Δn 增加的速率。以后 Δn 开始减少。但由于 Δn 仍大于阈值 Δn_t ,所以腔内光子数仍继续增加。

第三阶段 $(t_3 \sim t_4)$：当 $t = t_3$ 时 $\Delta n = \Delta n_t$, $t > t_3$ 后, $\Delta n < \Delta n_t$ 。由于 Δn 仍大于 0,仍有受激辐射产生,这就使 Δn 继续减小。但因 $\Delta n < \Delta n_t$,增益小于损耗,所以腔内光子数急剧减少。

第四阶段 $(t_4 \sim t_5)$：随着腔内光子数 N 的减少,受激辐射使 Δn 减少的速率逐渐变小,至 t_4 时刻,泵浦激励使 Δn 增加的速率恰好等于受激辐射使 Δn 减少的速率,此后 Δn 又重新增加。至 t_5 时刻 Δn 又达到阈值 Δn_t ,于是又产生第二个激射尖峰。在整个脉冲氙灯激励时间内,这种过程反复发生,形成一个激光尖峰序列。泵浦功率越大,尖峰形成越快,因而尖峰的时间间隔越小。

以上定性说明了尖峰序列的形成过程。下面利用一级微扰近似的方法对非稳态的速率方程求解,从而对尖峰振荡过程给出一种近似的数学描述。

若激光器单模运行,振荡模式频率为 ν_0。

为简单起见,假定 $\eta_F = \eta_1 = \eta_2 = 1, L = l$,于是四能级系统中光子数密度 $N(t)$ 及反转集居数密度 $\Delta n(t)$ 的速率方程为

$$\frac{dN(t)}{dt} = \Delta n(t)\sigma_{21}vN(t) - \frac{N(t)}{\tau_R} \tag{4.4.1}$$

$$\frac{d\Delta n(t)}{dt} = -\Delta n(t)\sigma_{21}vN(t) - \Delta n(t)A_{21} + [n - \Delta n(t)]W_{03} \tag{4.4.2}$$

在一级微扰近似方法中,假定

$$N(t) = N_0 + N'(t) \tag{4.4.3}$$

$$\Delta n(t) = (\Delta n)_0 + \Delta n'(t) \tag{4.4.4}$$

上两式中 N_0 及 $(\Delta n)_0$ 为稳态解,$N'(t) \ll N_0, \Delta n'(t) \ll (\Delta n)_0$。这一假设的物理意义是:$N(t)$ 及 $\Delta n(t)$ 的值只在稳态值 N_0 和 $(\Delta n)_0$ 附近变化,$N'(t)$ 及 $\Delta n'(t)$ 是一个小量。令式(4.4.1)及式(4.4.2)等于0,可得出稳态解

$$(\Delta n)_0 = \Delta n_t \tag{4.4.5}$$

$$N_0 = \tau_R[W_{03}(n - \Delta n_t) - A_{21}\Delta n_t] \tag{4.4.6}$$

将式(4.4.3)、式(4.4.4)、式(4.4.5)及式(4.4.6)代入式(4.4.1)及式(4.4.2),并忽略二阶小量,可得

$$\frac{d\Delta n'}{dt} = -(\sigma_{21}vN_0 + A_{21} + W_{03})\Delta n' - \frac{N'}{\tau_R} \tag{4.4.7}$$

$$\frac{dN'}{dt} = \sigma_{21}vN_0\Delta n' \tag{4.4.8}$$

令

$$\alpha = \sigma_{21}vN_0 + A_{21} + W_{03}$$

$$\beta = \frac{1}{\tau_R}$$

$$\gamma = \sigma_{21}vN_0$$

对式(4.4.7)及式(4.4.8)再次求导后代入式(4.4.7)及式(4.4.8),可得

$$\frac{d^2\Delta n'}{dt^2} + \alpha\frac{d\Delta n'}{dt} + \beta\gamma\Delta n' = 0$$

$$\frac{d^2 N'}{dt^2} + \alpha\frac{dN'}{dt} + \beta\gamma N' = 0$$

以上是一对具有相同系数的二阶常系数微分方程,考虑到 $\Delta n'(t)$ 与 $N'(t)$ 的相位差,其解为

$$\Delta n'(t) = \Delta n'(0)e^{-\varphi t}\sin\Omega_R t$$

$$N'(t) = N'(0)e^{-\varphi t}\sin\left(\Omega_R t - \frac{\pi}{2}\right) \quad (t > 0)$$

其中 $t=0$ 时刻相应于 Δn 上升到 Δn_t 的时刻。上式说明，起伏量 $\Delta n'(t)$ 与 $N'(t)$ 随时间作阻尼周期变化，式中阻尼振荡的衰减常数 φ 及振荡频率 Ω_R 分别为

$$\varphi = \frac{\alpha}{2} = \frac{1}{2}(W_{03} + A_{21} + \sigma_{21}vN_0) \tag{4.4.9}$$

$$\Omega_R = \frac{1}{2}\sqrt{4\beta\gamma - \alpha^2} = \sqrt{\beta\gamma - \varphi^2} \tag{4.4.10}$$

当 $t \gg 1/\varphi$ 时，$\Delta n'(t)$ 与 $N'(t)$ 趋近于 0，$N(t) \longrightarrow N_0$，$\Delta n(t) \longrightarrow (\Delta n)_0$，此时达到稳态，激光器具有稳定的输出。以上结果和实验观察到的单模激光器输出的阻尼尖峰序列是一致的。这说明尖峰序列是向稳态振荡过渡的弛豫过程的产物。如果脉冲激励持续时间较短，输出具有尖峰序列，而在连续工作器件中，则可得到稳定输出。

将式(4.4.6)代入式(4.4.9)，可得

$$\varphi = \frac{1}{2}\sigma_{21}v\tau_R W_{03}n \tag{4.4.11}$$

由式(4.4.10)、式(4.4.11)及式(4.4.6)，并考虑到 $n \gg \Delta n_t$；一般情况下 $1/\tau_R \gg W_{03}$ 及稳态时 $A_{21}\Delta n_t \approx (W_{03})_t n$，于是可得

$$\Omega_R \approx \sqrt{\frac{A_{21}}{\tau_R}\left[\frac{W_{03}}{(W_{03})_t} - 1\right]} \tag{4.4.12}$$

式中：$(W_{03})_t$ 为 W_{03} 的阈值。

由 φ 及 Ω_R 的表达式可以看到，激励越强（W_{03} 越大），则阻尼振荡频率越高（尖峰时间间隔越小），衰减越迅速。

上述理论模型可粗略地解释单模激光器的阻尼尖峰序列现象，一般多模激光器的输出往往是无规尖峰序列。

4.5 单模激光器的线宽极限

按式(2.1.13)，在腔内工作物质增益为零的无源腔中，腔内光强为

$$I(t) = I_0 e^{-\frac{t}{\tau_R}}$$

因为光的强度与光场振幅的平方成比例，因此，上式所描写的光场振幅为

$$A(t) = A_0 e^{-\frac{t}{2\tau_R}}$$

而光场可表示为

$$E(t) = A(t)e^{-i\omega t} = A_0 e^{-\frac{t}{2\tau_R}} e^{i\omega t}$$

由频谱分析可知，上式所示的衰减振动将具有有限的频谱宽度 $\Delta\nu_c$

$$\Delta\nu_c = \frac{1}{2\pi\tau_R} = \frac{c\delta}{2\pi L'} \tag{4.5.1}$$

式中：τ_R 为腔内光子寿命；δ 为无源腔的单程损耗；L' 为腔的光学长度；$\Delta\nu_c$ 即为无源腔中本征模式的谱线宽度。

由式(4.5.1)可见，腔的损耗越低，则光场的衰减时间越长，模式线宽也越窄。

实际激光器腔内工作物质的增益系数恒大于零，所以称作有源谐振腔。有源谐振腔的单程净损耗为

$$\delta_s = \delta - g(\nu, I_\nu) l \tag{4.5.2}$$

有源腔模式线宽应为

$$\Delta \nu_s = \frac{c\delta_s}{2\pi L'} = \frac{1}{2\pi \tau_R'} \tag{4.5.3}$$

式中：$\tau_R' = L'/(c\delta_s)$ 为由谐振腔损耗及工作物质增益共同决定的有源腔中光子的寿命。如前所述，激光器稳态工作时，应有

$$g(\nu, I_\nu) l = \delta$$

因此激光器的净损耗以及单纵模的线宽似乎应等于零，但这只是对激光器内物理过程的一种理想化的近似描述。这种理想情况的物理图像是：腔内的受激辐射能量补充了损耗的能量，而且由于受激辐射产生的光波与原来的光波具有相同的相位，二者相干叠加使腔内光波的振幅始终保持恒定，因而输出激光在理想情况下为一无限长的波列，其线宽应等于零。

自然界不可能存在绝对的单色光，实际的单纵模激光器的线宽也不会等于零。产生这一矛盾的原因是，我们在分析激光器振荡过程时，忽略了自发辐射的存在，而实际上自发辐射是始终存在的。由于和受激辐射相比自发辐射的贡献极其微弱，因而在讨论阈值及输出功率等问题时可以忽略不计；但在考虑线宽问题时却必须考虑自发辐射的影响。下面对这一问题进行粗略的分析。

考虑到自发辐射的存在，当腔长 L 等于工作物质长 l 时，单模腔内光子数密度的速率方程为

$$\frac{dN_l}{dt} = \Delta n \sigma_{21}(\nu, \nu_0) v N_l + a_l n_2 - \frac{N_l}{\tau_R} \tag{4.5.4}$$

式(4.5.4)右方第二项为自发辐射项，a_l 为分配在该模式中的自发辐射概率，因为 $A_{21}\tilde{g}(\nu,\nu_0)$ 是分配到频率为 ν 处单位频带内的自发辐射跃迁概率，所以

$$a_l = \frac{A_{21}\tilde{g}(\nu,\nu_0)}{n_\nu SL} = \frac{\sigma_{21}(\nu,\nu_0) v}{SL} \tag{4.5.5}$$

式中：S 为光腔横截面面积。将式(3.4.5)及式(2.1.14)代入式(4.5.4)，得

$$\frac{dN_l}{dt} = g(\nu, I_\nu) v N_l + a_l n_2 - \frac{N_l \delta v}{L} \tag{4.5.6}$$

在稳定振荡时

$$\frac{dN_l}{dt} = 0 \tag{4.5.7}$$

由式(4.5.6)及式(4.5.7)并考虑到稳定工作时 $n_2 = n_{2t}$，$\Delta n = \Delta n_t$，可得

$$\delta_s = \delta - g(\nu, I_\nu) l = a_l n_{2t} \frac{1}{v N_l} \tag{4.5.8}$$

上式说明由于存在着自发辐射，稳定振荡时的单程增益略小于单程损耗，有源腔的净损耗 δ_s 不等于零。虽然该模式的总光子数密度 N_l 保持恒定，但自发辐射具有随机的相位，所以输出激光是一个略有衰减的有限长波列，因此具有一定的谱线宽度 $\Delta \nu_s$。由于分配到一个模式的自发辐射概率 a_l 很小，因而 $\delta_s \ll \delta$，$\Delta \nu_s \ll \Delta \nu_c$。

下面求式(4.5.8)中的 a_l 和 N_l。通常输出功率由两部分构成，即

$$P_0 = P_{st} + P_{sp}$$

式中:P_{st}为受激辐射功率;P_{sp}为分配于该模式的自发辐射功率,$P_{sp} \ll P_{st}$。若谐振腔由一面反射镜和一面透射率为 T 的输出反射镜组成,除输出损耗外的其他损耗可忽略不计,则在稳定工作时

$$P_0 \approx P_{st} = \Delta n_t \sigma_{21}(\nu,\nu_0) v N_l S L h \nu$$

利用式(4.5.5),上式可改写为

$$P_0 \approx \Delta n_t a_l N_l (SL)^2 h\nu \quad (4.5.9)$$

显然,输出功率和腔内光子数密度应满足如下关系:

$$P_0 = \frac{N_l}{2} v S h \nu T \quad (4.5.10)$$

由式(4.5.9)及式(4.5.10),可得

$$N_l = \frac{2P_0}{T v S h \nu} \quad (4.5.11)$$

$$a_l = \frac{Tv}{2SL^2 \Delta n_t} \quad (4.5.12)$$

将式(4.5.11)、式(4.5.12)及式(4.5.8)代入式(4.5.3),得

$$\Delta \nu_s = \frac{n_{2t}}{\Delta n_t} \frac{2\pi (\Delta \nu_c)^2 h\nu}{P_0} \approx \frac{n_{2t}}{\Delta n_t} \frac{2\pi (\Delta \nu_c)^2 h\nu_0}{P_0} \quad (4.5.13)$$

对 $L=30\text{cm}$,$T=0.02$,$P_0=1\text{mW}$ 的 632.8nm 氦氖激光器有

$$\Delta \nu_c = \frac{cT}{4\pi \eta L} = 1.6 \times 10^6 \text{Hz}$$

由于 $n_{2t}/\Delta n_t \approx 1$,所以由式(4.5.13),可算得

$$\Delta \nu_s = 6 \times 10^{-3} \text{Hz}$$

这种线宽是由于自发辐射的存在而产生的,因而是无法排除的,所以称它为线宽极限。实际激光器中由于各种不稳定因素,纵模频率本身的漂移远远大于 $\Delta \nu_s$。

由式(4.5.13)可看出,输出功率越大,线宽就越窄。这是因为输出功率增大就意味着腔内相干光子数增多,受激辐射比自发辐射占更大优势,因而线宽变窄。减小损耗和增加腔长也可使线宽变窄。例如半导体激光器由于腔长只有数百微米而具有较宽的激光线宽。若将它与一外反射镜构成外腔半导体激光器则可使线宽显著减小。

4.6 激光器的频率牵引

由 3.1 节已知,激光工作物质在增益(或吸收)曲线中心频率 ν_0 附近呈现强烈的色散,即折射率随频率而急剧变化(见图 4.6.1)。由式(3.1.35)可知,色散随工作物质增益系数的增高而增大。增益系数为零时,折射率为常数,记为 η^0(在式(3.1.35)中 $\eta^0=1$)。增益系数不为零时,折射率是频率的函数,记为 $\eta(\nu)$。

$$\eta(\nu) = \eta^0 + \Delta\eta(\nu) \quad (4.6.1)$$

式中：$\Delta\eta(\nu)$ 为折射率随频率变化的部分。

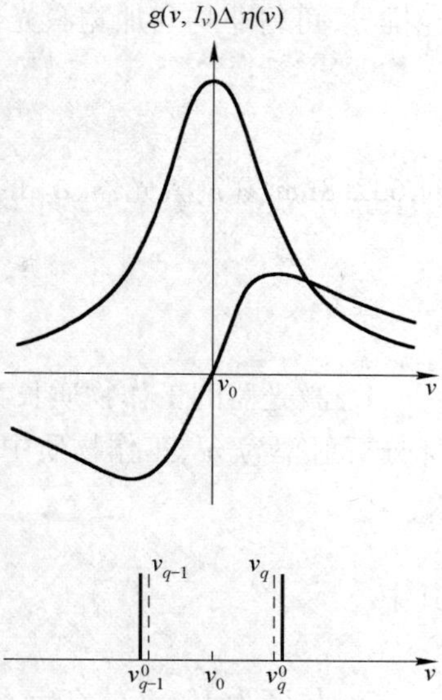

在洛伦兹加宽的均匀加宽工作物质中，由式(3.1.35)可得

$$\Delta\eta_H(\nu) = \frac{c(\nu-\nu_0)}{2\pi\nu\Delta\nu_H} g_H(\nu,I_\nu) \qquad (4.6.2)$$

式中

$$g_H(\nu,I_\nu) = \frac{A_{21}\nu^2\Delta n^0}{4\pi^2\nu_0^2\Delta\nu_H} \frac{\left(\frac{\Delta\nu_H}{2}\right)^2}{(\nu-\nu_0)^2+\left(\frac{\Delta\nu_H}{2}\right)^2\left(1+\frac{I_\nu}{I_s}\right)}$$

下面讨论由色散引起的频率牵引现象。在无源腔中，纵模频率表示为

$$\nu_q^0 = \frac{qc}{2\eta^0 L} \qquad (4.6.3)$$

相邻纵模间隔相等。在有源腔中，由于色散的存在，纵模频率变为

图 4.6.1 增益曲线，色散曲线及谐振腔模谱

$$\nu_q = \frac{qc}{2\eta L} = \frac{qc}{2[\eta^0+\Delta\eta(\nu)]L} \qquad (4.6.4)$$

显然，它将偏离无源腔的纵模频率，偏离量为

$$\nu_q - \nu_q^0 = \frac{qc}{2[\eta^0+\Delta\eta(\nu_q)]L} - \frac{qc}{2\eta^0 L} \approx -\frac{\Delta\eta(\nu_q)}{\eta^0}\nu_q \qquad (4.6.5)$$

由式(4.6.2)可以看出，当 $\nu_q^0 > \nu_0$ 时，$\Delta\eta(\nu_q) > 0$，因而 $\nu_q - \nu_q^0 < 0$。当 $\nu_q^0 < \nu_0$ 时，$\Delta\eta(\nu_q) < 0$，因而 $\nu_q - \nu_q^0 > 0$。由此可见在有源腔中，由于增益物质的色散，使纵模频率比无源腔纵模频率更靠近中心频率，这种现象叫做频率牵引。

在均匀加宽激光器中，根据式(4.6.2)及式(4.6.5)，并考虑到 $\nu_q \approx \nu_q^0$，可得

$$\nu_q - \nu_q^0 = -\frac{c(\nu_q-\nu_0)}{2\pi\eta^0\Delta\nu_H} g_H(\nu_q,I_{\nu_q})$$

假定腔长与工作物质长度相等，则当激光器稳态工作时

$$g_H(\nu_q,I_{\nu_q}) = \frac{\delta}{L}$$

因而有

$$\nu_q - \nu_q^0 = -\frac{c(\nu_q-\nu_0)\delta}{2\pi\eta^0 L\Delta\nu_H} = -\frac{\Delta\nu_c}{\Delta\nu_H}(\nu_q-\nu_0) \qquad (4.6.6)$$

式中：$\Delta\nu_c$ 为无源腔线宽，即

$$\Delta\nu_c = \frac{c\delta}{2\pi\eta^0 L}$$

引入牵引参量 σ_H，它表示为

$$\sigma_H = -\frac{\nu_q-\nu_q^0}{\nu_q-\nu_0} = \frac{\Delta\nu_c}{\Delta\nu_H} \qquad (4.6.7)$$

经推导,可得非均匀加宽激光器的牵引参量为[①]

$$\sigma_i = -\frac{\nu_q - \nu_q^0}{\nu_q - \nu_0} = 2\sqrt{\frac{\ln 2}{\pi}} \frac{\Delta\nu_c}{\Delta\nu_D} \sqrt{1 + \frac{I_{\nu_q}}{I_s}} \qquad (4.6.8)$$

对 632.8nm 氦氖激光器,σ_i 的数量级约为 10^{-3}。

习　题

1. 激光器的工作物质长为 l,折射率为 η,谐振腔长 L,谐振腔中除工作物质外的其余部分折射率为 η',工作物质中光子数密度为 N,试证明对频率为中心频率的光

$$\frac{\mathrm{d}N}{\mathrm{d}t} = \Delta n \sigma_{21} c N \frac{l}{L'} - N \frac{\delta c}{L'}$$

其中

$$L' = \eta l + \eta'(L-l)$$

2. 长度为 10cm 的红宝石棒置于长度为 20cm 的光谐振腔中,红宝石 694.3nm 谱线的自发辐射寿命 $\tau_{s2} \approx 4 \times 10^{-3}$s,均匀加宽线宽为 2×10^5MHz,光腔单程损耗因子 $\delta = 0.2$。求:

(1) 中心频率处阈值反转粒子数密度 Δn_t;

(2) 当光泵激励产生反转粒子数密度 $\Delta n = 1.2\Delta n_t$ 时,有多少个纵模可以振荡?(红宝石折射率为 1.76)

3. 在一理想三能级系统如红宝石中,令泵浦激励概率在 $t=0$ 瞬间达到一定值 W_{13},$W_{13} > (W_{13})_t$ [$(W_{13})_t$ 为长脉冲激励时的阈值泵源激励概率]。经 τ_d 时间后系统达到反转状态并产生振荡。试求 $\tau_d - W_{13}/(W_{13})_t$ 的函数关系,并画出归一化 $\tau_d/\tau_{s2} - W_{13}/(W_{13})_t$ 的示意关系曲线(令 $\eta_F = 1$)。

4. 脉冲掺钕钇铝石榴石激光器的两个反射镜透射率 T_1、T_2 分别为 0 和 0.5。工作物质直径 $d = 0.8$cm,折射率 $\eta = 1.836$,总量子效率为 1,荧光线宽 $\Delta\nu_F = 1.95 \times 10^{11}$Hz,自发辐射寿命 $\tau_{s2} = 2.3 \times 10^{-4}$s。假设光泵吸收带的平均波长 $\lambda_p = 0.8\mu$m。试估算此激光器在中心频率处所需吸收的阈值泵浦能量 E_{pt}。

5. 测出半导体激光器的一个解理端面不镀膜与镀全反射膜时的阈值电流分别为 J_1 与 J_2,试由此计算激光器工作物质的分布损耗系数 α(解理面的反射率 $r \approx 0.33$)。

6. 某激光器工作物质的谱线线宽为 50MHz,激励速率是中心频率处阈值激励速率的二倍,欲使该激光器单纵模振荡,腔长 L 应为多少?

7. 如图 4.1 所示环形激光器中顺时针模式 ϕ_+ 及逆时针模 ϕ_- 的频率为 ν_A,输出光强为 I_+ 及 I_-。

(1) 如果环形激光器中充以单一氖同位素气体 Ne^{20},其中心频率为 ν_{01},试画出 $\nu_A \neq \nu_{01}$ 及 $\nu_A = \nu_{01}$ 时的增益曲线及反转粒子数密度的轴向速度分布曲线。

(2) 当 $\nu_A \neq \nu_{01}$ 时激光器可输出两束稳定的光,而当 $\nu_A = \nu_{01}$ 时出现一束光变强,另一

[①] 参阅本书此版前的各版。

束光熄灭的现象,试解释其原因。

(3) 环形激光器中充以适当比例的 Ne^{20} 及 Ne^{22} 的混合气体,当 $\nu_A = \nu_0$ 时,并无上述一束光变强,另一束光变弱的现象,试说明其原因(图 4.2 为 Ne^{20}、Ne^{22} 及混合气体的增益曲线),ν_{01}、ν_{02} 及 ν_0 分别为 Ne^{20}、Ne^{22} 及混合气体增益曲线的中心频率,$\nu_{02} - \nu_{01} \approx 890\text{MHz}$。

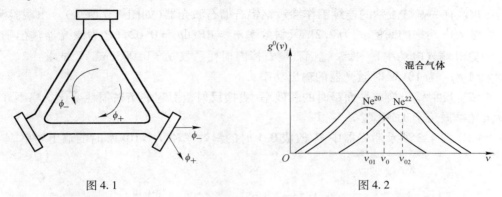

图 4.1　　　　　　　　　　图 4.2

(4) 为了使混合气体的增益曲线对称,两种氖同位素中哪一种应多一些。

8. 考虑氦氖激光器的 632.8nm 跃迁,其上能级 $3S_2$ 的寿命 $\tau_2 \approx 2 \times 10^{-8}$s,下能级 $2P_4$ 的寿命 $\tau_1 \approx 2 \times 10^{-8}$s,设管内气压 $p = 266$Pa:

(1) 计算 $T = 300$K 时的多普勒线宽 $\Delta\nu_D$;

(2) 计算均匀线宽 $\Delta\nu_H$ 及 $\Delta\nu_D/\Delta\nu_H$;

(3) 当腔内光强为(1)接近 0;(2)10W/cm^2 时谐振腔需多长才使烧孔重叠。

(计算所需参数可查阅附录一)

9. 某单模 632.8nm 氦氖激光器,腔长 10cm,二反射镜的反射率分别为 100% 及 98%,腔内损耗可忽略不计,稳态功率输出是 0.5mW,输出光束直径为 0.5mm(粗略地将输出光束看成是横向均匀分布的)。试求腔内光子数,并假设反转原子数在 t_0 时刻突然从 0 增加到阈值的 1.1 倍,忽略饱和效应,试粗略估算腔内光子数自 1 噪声光子/腔模增至计算所得之稳态腔内光子数须经多长时间。

10. 腔内均匀加宽增益介质具有最大增益系数 g_m 及中心频率处的饱和光强 I_{SG},同时腔内存在一均匀加宽吸收介质,其最大吸收系数为 α_m,中心频率处的饱和光强为 $I_{S\alpha}$,假设二介质中心频率均为 ν_0,$\alpha_m > g_m$,$I_{S\alpha} < I_{SG}$,试问:

(1) 此激光器能否起振?

(2) 如果瞬时输入一足够强的频率为 ν_0 的光信号,此激光器能否起振?写出其起振条件;讨论在何种情况下能获得稳定振荡,并写出稳定振荡时的腔内光强。

(提示:①读者可自行假设题中未给出的有关参数;②既然能注入光信号,就必须考虑谐振腔的透射损耗)

11. 设一台单向运行的环行激光器和驻波腔激光器具有相同的腔长、小信号增益系数和谐振腔损耗,试比较其输出功率。

12. 一台驻波腔均匀加宽单模(中心频率)气体激光器,其工作物质长 80cm,中心频率小信号增益系数为 0.001cm^{-1},中心频率饱和光强为 30W/cm^2,均匀加宽线宽为 2GHz,

一端反射镜透过率为 0.01,另一端输出反射镜透过率可调,腔长为 1m,不计其他损耗,求①输出光强和输出镜透过率间的函数关系;②假设光斑面积为 1mm²,求最佳输出透过率及相应的最大输出功率。

13. 低增益均匀加宽单模激光器中,输出镜最佳透射率 T_m 及阈值透射率 T_t 可由实验测出,试求往返净损耗率 a 及中心频率小信号增益系数 g_m(假设振荡频率 $\nu = \nu_0$)。

14. 有一氪灯激励的连续工作掺钕钇铝石榴石激光器(如图 4.3 所示)。由实验测出氪灯输入电功率的阈值 p_{pt} 为 2.2kW,斜效率 $\eta_s = \mathrm{d}P/\mathrm{d}p_p = 0.024$($P$ 为激光器输出功率,p_p 为氪灯输入电功率)。掺钕钇铝石榴石棒内损耗系数 $\alpha_i = 0.005\mathrm{cm}^{-1}$。试求:

(1) p_p 为 10kW 时激光器的输出功率;

(2) 反射镜 1 换成平面镜时的斜效率(更换反射镜引起的衍射损耗变化忽略不计;假设激光器振荡于 TEM_{00} 模);

(3) 图 4.3 所示激光器中 T_1 改成 0.1 时的斜效率和 $p_p = 10\mathrm{kW}$ 时的输出功率。

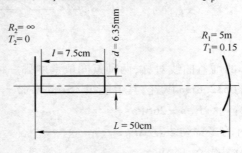

图 4.3

15. 单模半导体激光二极管腔长为 $200\mu m$,激光线宽为 1000MHz 量级。将此激光二极管与一相距 10cm 的平面反射镜组成一外腔半导体激光器,试粗略估算激光线宽的量级(激光二极管有源区折射率 $\eta \approx 3.5$)。

16. 计算均匀加宽激光器中由于频率牵引所致的两个相邻纵模间的拍频频率和无源腔相邻纵模频率差间的差别。

参 考 文 献

[1] Amnon Yariv. Quantum Electronics. 3rd Ed[M]. New York:John Wiley & Sons,Inc.,1989.

[2] Amnon Yariv. Introduction to Optical Electronics. 2d Ed[M]. New York:Holt,Rinehart and Winston,1976.

[3] Siegman A E. An Introduction to Laser and Maser[M]. New York:McGraw-Hill Book Co.,1971.

[4] Orazio Svelto. Principles of Lasers. 4th Ed[M]. New York:A division of Plenum Publishing Corporation,1998.

[5] 朱如曾编译. 激光物理[M]. 北京:国防工业出版社,1975.

[6] 辛克莱,D C,贝尔 W E. 气体激光器[M]. 北京:国防工业出版社,1975.

[7] 气体激光编写组. 气体激光[M]. 上海:上海人民出版社,1975.

[8] Schawlow A L,Townes C H. Infrared and Optical Masers[M]. Phys. Rev.,1958,112:1940.

[9] Verdeyen J T. Laser Electronics. 3rd Ed[M]. New Jersey:Prentice-Hall Inc.,1995.

[10] Siegman A E. Lasers[M]. California:University Science Books,Hill Valley,1986.

[11] 高以智,姚敏玉,张洪明,等. 激光原理学习指导(第 2 版)[M]. 北京:国防工业出版社,2014.

第五章 激光放大特性

当光信号通过相应的处于集居数反转状态的工作物质时,因受激辐射占优势而被放大。所以,一段处于集居数反转状态的工作物质就是一个激光放大器。

在某些应用领域中,要求激光束具有很高的功率或能量。为了使激光振荡器输出极高的功率或能量,必须大大增加激光工作物质的体积,但制造光学均匀性好的大体积固体激光材料却十分困难。而且大功率或大能量激光振荡器往往难以产生性能(发散角、单色性、脉宽等)优良的激光束。此外,谐振腔内高功率(能量)激光束的往返传输还会使腔内工作物质和光学元件遭到破坏。因此,为了获得高质量、高功率(能量)激光束,往往采用一级或多级激光放大器将小功率(能量)激光器输出的优质激光束放大的方法。

在长距离或多用户光纤通信中,可用激光放大器补偿光纤传输或分路损耗,提高接收机的灵敏度。因此,作为全光型光纤通信的关键器件,掺杂光纤放大器及半导体光放大器近年来得到迅速发展。特别是,掺铒光纤放大器的诞生对光纤通信技术的发展起了巨大的影响。

图 5.0.1 及图 5.0.2 分别为典型固体激光放大器及掺杂光纤放大器示意图。图 5.0.2 中,半导体激光器(LD)输出的泵浦光通过光纤耦合器注入掺杂光纤。参与受激辐射过程的是掺杂稀土离子(如 Er^{3+}、Nd^{3+}、Pr^{3+}、Yb^{3+} 等),放大器的工作波长范围及泵浦波长均因掺杂离子而异。

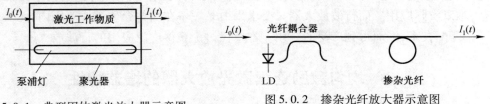

图 5.0.1 典型固体激光放大器示意图　　图 5.0.2 掺杂光纤放大器示意图

处于集居数反转的工作物质不仅能放大入射的激光信号,也能放大其自身产生的自发辐射光,这便形成了放大的自发辐射(ASE)。由于放大的自发辐射也可具有相当大的功率,其谱宽又窄于自发辐射,并具有一定的方向性,因此也是一种可资利用的光源。在激光放大器中,放大的自发辐射形成有害的噪声。

5.1 激光放大器的分类

按照被放大光信号的脉宽 τ_0 及工作物质弛豫时间的相对大小,激光放大器分为三类:连续激光放大器、脉冲激光放大器和超短脉冲激光放大器。

当输入信号是连续波或较宽的激光脉冲时(光脉冲宽度大于工作物质激光上能级寿命),由于光信号与工作物质相互作用时间足够长,因受激辐射而消耗的反转集居数可及时由泵浦抽运所补充,反转集居数密度及腔内光子数密度可以到达稳态数值而不随时间变化,因而可用稳态方法研究放大过程。这类放大器称为连续激光放大器。此类放大器的理论分析较简单,读者可利用第三章的结果来处理。

当输入信号为调 Q 光脉冲($(10\sim 50)$ns)时,因受激辐射而消耗的反转集居数来不及由泵浦抽运补充,反转集居数和光子数在很短的相互作用期间内达不到稳定状态,因而必须用非稳态方法处理。此类放大器称为脉冲激光放大器。

当输入信号是锁模激光器(见6.5节)所产生的脉宽 τ_0 为$(10^{-11}\sim 10^{-15})$s的超短脉冲时,称为超短脉冲激光放大器。此类放大器工作物质中的原子极化不能立即响应激光作用,理论处理时必须考虑电磁场和原子作用时的相位关系,因而必须用半经典理论处理,本书不予讨论。

若输入光信号为高重复率脉冲序列,并且脉冲周期 $T\ll\tau_2$ 时,光放大器工作物质的反转集居数只在稳定值附近作微小波动。因此可以近似地采用稳态速率方程进行理论分析。例如用于光纤通信的掺铒光纤放大器的入射光信号通常是周期为$(10^{-8}\sim 10^{-11})$s的脉冲序列,而工作物质的上能级寿命通常为为 10^{-2}s,因此在分析其增益特性时可按连续激光放大器处理。

按照工作方式的不同又可分为两类。增益工作物质二端面无反射的激光放大器称为行波放大器。增益工作物质二端面与光传输方向垂直并有一定反射率的放大器称为再生放大器。在再生放大器中,光可在二反射面间多次往复传输,因而具有较高的增益。一个工作于阈值之下的半导体激光器就是一个典型的再生放大器,如果在其两端的解理面上镀以高质量的增透膜使其反射率接近零,便转化为行波放大器。在再生放大器中,仅当入射光频率在谐振腔本征频率附近时,才能得到有效放大。端面反射率越高,得到有效放大所允许的频率范围越窄。所以再生放大器虽然可以得到较大的增益,但其频率匹配技术复杂,难以实际应用。而行波放大器只要求入射光频率在增益介质谱线范围内,无需复杂的频率匹配技术,因而得到广泛的应用。本章仅讨论获得广泛应用的行波放大器。

5.2 均匀激励连续激光放大器的增益特性

对于均匀激励的光放大器,工作物质中的小信号增益系数、小信号反转粒子数密度及饱和光强均为与传输距离无关的常数(由5.3节的讨论可知,三能级系统的饱和光强与激励强弱有关)。本节讨论此类放大器的增益特性。

一、输入信号强度对放大器增益的影响

对于连续激光放大器,放大器的增益定义为

$$G = \frac{I(l)}{I_0} = \frac{P(l)}{P_0} \tag{5.2.1}$$

式中:I_0 和 P_0 分别为输入光光强和功率;$I(l)$ 及 $P(l)$ 分别为增益工作物质长度为 l 的放大器的输出光光强和功率。

如果放大器工作物质具有均匀加宽谱线,平均损耗系数为 α,入射信号光频率为 ν,则

工作物质的净增益系数为

$$\frac{dI(z)}{I(z)dz} = g_H^0(\nu)\left[1 + \frac{I(z)}{I_s(\nu)}\right]^{-1} - \alpha \tag{5.2.2}$$

式中:$I(z)$ 为信号光在放大器中传输了距离 z 后的光强。

若入射光信号非常微弱,并且工作物质也较短,致使在放大器中 $I(z) \ll I_s(\nu)$,则由上式可求出放大器的小信号增益

$$G^0 = \frac{I(l)}{I_0} = \exp\{[g_H^0(\nu) - \alpha]l\} \tag{5.2.3}$$

式中:l 为放大器的长度;I_0 与 $I(l)$ 分别为输入与输出光强。

上述处于小信号状态的放大器可用做前置放大器。对于功率放大器,通常运行于大信号增益饱和状态。当入射光较强,或工作物质较长,入射光得到充分放大时,往往形成 $I(z)$ 与 $I_s(\nu)$ 可比拟的状况。将式(5.2.2)改写为

$$g_H^0(\nu)dz = \frac{[1 + I(z)/I_s(\nu)]dI(z)}{I(z)\{1 - [1 + I(z)/I_s(\nu)]\alpha/g_H^0(\nu)\}}$$

对上式在放大器全长上积分,得

$$\ln\left[\frac{I(l)}{I_0}\right] = [g_H^0(\nu) - \alpha]l + \frac{g_H^0(\nu)}{\alpha}\ln\frac{g_H^0(\nu) - \alpha[1 + I(l)/I_s(\nu)]}{g_H^0(\nu) - \alpha[1 + I_0/I_s(\nu)]} \tag{5.2.4}$$

利用式(5.2.3),可将式(5.2.4)改写为

$$\ln\left[\frac{G}{G^0}\right] = \frac{g_H^0(\nu)}{\alpha}\ln\frac{g_H^0(\nu) - \alpha[1 + I(l)/I_s(\nu)]}{g_H^0(\nu) - \alpha[1 + I_0/I_s(\nu)]} \tag{5.2.5}$$

当入射光频率 $\nu = \nu_0$ 时,由式(5.2.5)可得

$$\ln\left[\frac{G(\nu_0)}{G^0(\nu_0)}\right] = \frac{g_m}{\alpha}\ln\frac{g_m - \alpha[1 + I(l)/I_s]}{g_m - \alpha[1 + I_0/I_s]} \tag{5.2.6}$$

式中:$g_m = g_H^0(\nu_0)$。

已知入射光频率 ν、入射光强 I_0(或入射光功率 P_0)及增益介质的线型函数和 g_m、l、I_s 及 α 值,即可由式(5.2.4)及式(5.2.5)求出输出光强 $I(l)$(或输出光功率 $P(l)$)及放大器的增益 G。

在气体工作物质中,损耗可视为零。在其他工作物质组成的放大器中,当未达重度饱和,增益系数尚未因受激辐射下降至和损耗系数 α 可比拟的程度,从而在放大器中始终保持 $g(\nu) \gg \alpha$ 时,也可忽略式(5.2.2)中的 α。对该式积分,可得

$$\ln\frac{I(l)}{I_0} + \frac{I(l) - I_0}{I_s(\nu)} = g^0(\nu)l \tag{5.2.7}$$

对式(5.2.7)取指数,可得

$$G = G^0\exp\left[-(G-1)\frac{I_0}{I_s(\nu)}\right] = G^0\exp\left[-\frac{(G-1)I(l)}{GI_s(\nu)}\right] \tag{5.2.8}$$

式(5.2.8)也可改写为增益和入射光功率 P_0 或输出光功率 $P(l)$ 的关系式

$$G = G^0\exp\left[-(G-1)\frac{P_0}{P_s(\nu)}\right] = G^0\exp\left[-\frac{(G-1)P(l)}{GP_s(\nu)}\right] \tag{5.2.9}$$

式中:$P_0 = AI_0$;$P(l) = AI(l)$;饱和光功率

$$P_s(\nu) = AI_s(\nu) \tag{5.2.10}$$

式中：A 为激光束截面面积。

图 5.2.1 给出不同 G^0 值时归一化放大器增益 G/G^0 和归一化输出功率 $P(l)/P_s(\nu)$ 的关系曲线。由图可见，放大器增益随输出功率之增加而下降。定义 G 下降为 $G^0/2$（3dB）时的输出功率为放大器的饱和输出功率 $P_{\text{sat}}(l)$。由式(5.2.9)可得

$$P_{\text{sat}}(l) = \frac{G^0 \ln 2}{G^0 - 2} P_s(\nu) \tag{5.2.11}$$

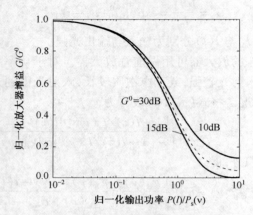

图 5.2.1　放大器增益随输出功率的变化

通常 $G^0 \gg 2$，所以

$$P_{\text{sat}}(l) \approx (\ln 2) P_s(\nu) \approx 0.69 P_s(\nu) \tag{5.2.12}$$

可见，放大器的饱和输出功率决定于工作物质的饱和光功率 $P_s(\nu)$。可由实验测出 $P_{\text{sat}}(l)$ 后求得 $P_s(\nu)$。

二、最大输出光强

提高输入光强 I_0 及增长放大器长度 l 均可提高输出光强 $I(l)$。然而，当信号光在放大器中传输并不断增强时，工作物质的增益系数却不断下降。若输入光很强或放大器很长，可能出现净增益系数

$$\frac{\mathrm{d}I(z)}{I(z)\mathrm{d}z} = \frac{g_{\text{H}}^0(\nu)}{1 + \dfrac{I(z)}{I_s(\nu)}} - \alpha = 0 \tag{5.2.13}$$

的状况，达到此状态后，光强便不再增加。由式(5.2.13)可得放大器输出的最大光强

$$I_m = I_s(\nu) \left[\frac{g_{\text{H}}^0(\nu)}{\alpha} - 1 \right] \tag{5.2.14}$$

三、增益谱宽及输出谱线轮廓变窄

由于增益系数 $g(\nu)$ 是频率的函数，对于频率 ν 不同的入射光，放大器的增益 $G(\nu)$ 的值也不相同。显然，当 $\nu = \nu_0$ 时，增益 $G(\nu_0)$ 最大，如果频率为 ν' 时的增益 $G(\nu')$ 是 $G(\nu_0)$ 的一半，则放大器的增益谱宽 $\delta\nu = 2(\nu' - \nu_0)$。

对于无损并小信号运行的放大器

$$G^0(\nu) = \exp[g^0(\nu) l] \tag{5.2.15}$$

若其工作物质具有均匀加宽线型,则由上式及式(3.4.18),可得增益谱宽

$$\delta\nu = \Delta\nu_H \sqrt{\frac{\ln 2}{g_m l - \ln 2}} = \Delta\nu_H \sqrt{\frac{\ln 2}{\ln G^0(\nu_0) - \ln 2}} \qquad (5.2.16)$$

由式(5.2.16)可知,当放大器的中心频率小信号增益 $G^0(\nu_0) > 4$ 时,放大器的增益谱宽 $\delta\nu$ 小于工作物质的小信号增益曲线的宽度 $\Delta\nu_H$。$G^0(\nu_0)$ 越大,则 $\delta\nu$ 越小。由于放大器的增益具有中心频率处增益大,偏离中心频率处增益小的特征,不难想象,放大器输出光谱线轮廓将比入射光谱线轮廓窄。

在大信号情况下,入射光频率偏离中心频率越大,饱和效应越弱。因此,$\delta\nu$ 将随输出光强 $I(l)$ 的增加而增加。当 $I(l)$ 足够大时,$\delta\nu$ 可能超过 $\Delta\nu_H$。

本节以均匀加宽工作物质为例,对放大器的增益特性进行了讨论。对于由非均匀加宽工作物质构成的放大器,可采用类似的理论处理方法。

5.3 纵向光激励连续激光放大器的增益特性

在图 5.0.2 所示的以掺杂光纤为增益介质的光纤放大器中,泵浦光与信号光一起在光纤中同向或反向传输。泵浦光在传输过程中不断被吸收并从而使杂质离子(如 Er^{3+})激励至高能级。这一过程必然导致泵浦光强不断减弱。因此在此类放大器中,工作物质中的小信号增益系数、小信号反转粒子数密度均与传输距离有关。在三能级系统中,饱和光强也因和激励强弱有关而随传输距离变化。在众多的稀土离子家族中,以 980nm 波长激光泵浦的 Er^{3+} 属三能级系统,以 1480nm 波长激光泵浦的 Er^{3+} 属准三能级系统,而 Pr^{3+} 属四能级系统,Nd^{3+} 及 Yb^{3+} 的长波长激射也属四能级系统或准四能级系统。它们的谱线加宽机制可按均匀加宽处理。鉴于掺铒光纤放大器已获广泛应用,本节以三能级系统为例讨论纵向光激励连续激光放大器的增益特性。

一、输运方程

为讨论简单起见,不考虑光纤中光场及激活离子的横向分布,并假设三能级系统的总量子效率 $\eta_F = 1$,同时忽略光纤的损耗,只考虑泵浦光与信号光同向传输的工作方式。在以上简化假设下,可列出描述信号光强 $I(z)$ 和泵浦光强 $I_p(z)$ 变化的输运方程。

$$\frac{dI(z)}{dz} = \Delta n(z) \sigma_{21}(\nu) I(z) \qquad (5.3.1)$$

$$\frac{dI_p(z)}{dz} = -[n_1(z)\sigma_{13}(\nu_p) - n_3(z)\sigma_{31}(\nu_p)] I_p(z) \qquad (5.3.2)$$

式中:ν 和 ν_p 分别为信号光和泵浦光频率。

$$\Delta n(z) = n_2(z) - \gamma n_1(z) \qquad (5.3.3)$$

$$\gamma = \frac{\sigma_{12}(\nu)}{\sigma_{21}(\nu)} \qquad (5.3.4)$$

在稳态条件下,可有

$$\frac{dn_3(z)}{dt} = [n_1(z)\sigma_{13}(\nu_p) - n_3(z)\sigma_{31}(\nu_p)] \frac{I_p(z)}{h\nu_p} - n_3(z) S_{32} = 0 \qquad (5.3.5)$$

$$\frac{\mathrm{d}n_2(z)}{\mathrm{d}t} = n_3(z)S_{32} - \Delta n(z)\sigma_{21}(\nu)\frac{I(z)}{h\nu} - \frac{n_2(z)}{\tau_2} = 0 \quad (5.3.6)$$

$$n_1(z) + n_2(z) + n_3(z) = n \quad (5.3.7)$$

式中:n 为光纤中掺杂(如 Er^{3+})离子数密度。由于 S_{32} 很大,由式(5.3.5)、式(5.3.6)及式(5.3.7)可得

$$n_3(z) \approx 0 \quad (5.3.8)$$

$$\Delta n(z) = \frac{I'_p(z) - \gamma}{I'_p(z) + (1+\gamma)I'(z) + 1}n \quad (5.3.9)$$

$$n_1(z) = \frac{I'(z) + 1}{I'_p(z) + (1+\gamma)I'(z) + 1}n \quad (5.3.10)$$

式中:$I'(z) = I(z)/[h\nu/\sigma_{21}(\nu)\tau_2]$;$I'_p(z) = I_p(z)/[h\nu_p/\sigma_{13}(\nu_p)\tau_2]$。将式(5.3.8)、式(5.3.9)及式(5.3.10)代入式(5.3.1)及式(5.3.2),可得描述归一化信号光强及泵浦光强变化的输运方程

$$\frac{\mathrm{d}I'(z)}{\mathrm{d}z} = \frac{I'_p(z) - \gamma}{I'_p(z) + (1+\gamma)I'(z) + 1}\frac{\beta^0}{\gamma}I'(z) \quad (5.3.11)$$

$$\frac{\mathrm{d}I'_p(z)}{\mathrm{d}z} = -\frac{I'(z) + 1}{I'_p(z) + (1+\gamma)I'(z) + 1}\beta_p^0 I'_p(z) \quad (5.3.12)$$

式中:$\beta^0 = n\sigma_{12}(\nu)$ 与 $\beta_p^0 = n\sigma_{13}(\nu_p)$ 分别为掺杂光纤中信号光与泵浦光的小信号吸收系数,可由实验测出。由式(5.3.11)与式(5.3.12)可知,泵浦光沿传输方向逐渐衰减,当 $I'_p(z) > \gamma$,即 $I_p(z) > \gamma h\nu_p/[\sigma_{13}(\nu_p)\tau_2]$ 时,信号光逐渐增长,而当 $I'_p(z) < \gamma$ 即 $I_p(z) < \gamma h\nu_p/[\sigma_{13}(\nu_p)\tau_2]$ 时,信号光逐渐减弱。因此

$$I_{pth} = \gamma\frac{h\nu_p}{\sigma_{13}(\nu_p)\tau_2} \quad (5.3.13)$$

为衡量信号光增长或衰减的阈值泵浦光强。

利用式(5.3.11)、式(5.3.12)所示的输运方程可分析光纤放大器的增益特性。

二、小信号增益特性

若光纤放大器中信号光很弱,$I(z) \ll h\nu/[\sigma_{21}(\nu)\tau_2]$,$I'(z) \ll 1$,则由式(5.3.12)可证明放大器输出端归一化泵浦光强满足以下表示式

$$\ln\frac{I'_p(l)}{I'_{p0}} + [I'_p(l) - I'_{p0}] = -\beta_p^0 l \quad (5.3.14)$$

式中:I'_{p0} 为归一化输入泵浦光强;l 为掺杂光纤长度。将式(5.3.11)除以式(5.3.12)并积分得

$$\gamma\frac{\beta_p^0}{\beta^0}\ln\frac{I'(l)}{I'_0} = \gamma\ln\frac{I'_p(l)}{I'_{p0}} + I'_{p0} - I'_p(l) \quad (5.3.15)$$

式中:I'_0 为归一化输入信号光强。将式(5.3.15)中 $[I'_{p0} - I'_p(l)]$ 用式(5.3.14)代入,并取指数,得

$$G^{0-\frac{\gamma}{\gamma+1}\frac{\beta_p^0}{\beta^0}} = \left[\frac{I'_{p0}}{I'_p(l)}\right]\exp\left[-\frac{1}{\gamma+1}\beta_p^0 l\right] \quad (5.3.16)$$

式中：G^0 为放大器的小信号增益。将式(5.3.15)中的 $\ln[I'_p(l)/I'_{p0}]$ 用式(5.3.14)代入,可得

$$I'_{p0} - \frac{\gamma}{\gamma+1}\frac{\beta_p^0}{\beta^0}\ln G^0 - \frac{\gamma}{\gamma+1}\beta_p^0 l = I'_p(l) \tag{5.3.17}$$

将式(5.3.16)与式(5.3.17)相乘并取对数,可得小信号增益 G^0 的表示式

$$\ln\left[\gamma\frac{I_{p0}}{I_{pth}} - \frac{\gamma}{\gamma+1}\beta_p^0 l - \frac{\gamma}{\gamma+1}\frac{\beta_p^0}{\beta^0}\ln G^0\right] + \frac{1}{\gamma+1}\beta_p^0 l - \frac{\gamma}{\gamma+1}\frac{\beta_p^0}{\beta^0}\ln G^0 = \ln\left(\gamma\frac{I_{p0}}{I_{pth}}\right) \tag{5.3.18}$$

式中：I_{pth} 为一个决定于掺杂光纤自身特性的参数,通过实验测出使放大器小信号增益 $G^0=1$ 所需的输入泵浦光强 I_{p0}(或功率 P_{p0}),即可由上式确定阈值泵浦光强 I_{pth}(或阈值泵浦功率 P_{pth})。由式(5.3.18)可知,小信号增益 G^0 与信号光强无关,但和入射泵浦光光强 I_{p0}(功率 P_{p0})及掺杂光纤长度 l 有密切关系。图5.3.1为光纤放大器的归一化小信号增益和归一化光纤长度的关系曲线。由图可知,掺杂光纤长度有一最佳值 l_m。当 $l < l_m$ 时,G^0 随 l 的增加而增加。当 $l > l_m$ 时,泵浦光功率因吸收而下降至阈值泵浦功率 P_{pth} 以下,信号光在此段光纤中传输时因吸收而衰减。因此,当 $l > l_m$ 时,光纤长度的增加反而导致增益的下降。当 $l = l_m$ 时,放大器具有最大增益 G_m^0。将式(5.3.18)对 l 求导,并令 $dG^0/dl = 0$,可得

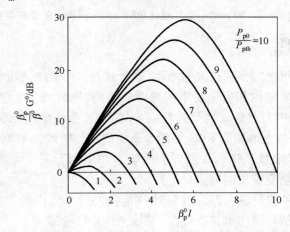

图5.3.1 归一化小信号增益和归一化掺杂光纤长度关系曲线

$$\frac{I_{p0}}{I_{pth}} - \frac{1}{\gamma+1}\beta_p^0 l_m - \frac{1}{\gamma+1}\frac{\beta_p^0}{\beta^0}\ln G_m^0 = 1 \tag{5.3.19}$$

将式(5.3.19)代入式(5.3.18),得

$$\ln\left(\frac{I_{p0}}{I_{pth}}\right) - \frac{1}{\gamma+1}\beta_p^0 l_m + \frac{\gamma}{\gamma+1}\frac{\beta_p^0}{\beta^0}\ln G_m^0 = 0 \tag{5.3.20}$$

由式(5.3.19)与式(5.3.20)可得

$$l_m = \frac{1}{\beta_p^0}\left[\ln\frac{I_{p0}}{I_{pth}} + \gamma\left(\frac{I_{p0}}{I_{pth}} - 1\right)\right] \tag{5.3.21}$$

$$\ln G_m^0 = \frac{\beta^0}{\beta_p^0}\left[\frac{I_{p0}}{I_{pth}} - \ln\left(\frac{I_{p0}}{I_{pth}}\right) - 1\right] \tag{5.3.22}$$

由式(5.3.21)、式(5.3.22)及图5.3.1可知输入泵浦光光强(功率)越大,则l_m及G_m^0越大。

图5.3.2为光纤长度一定时归一化小信号增益系数及归一化输入泵浦光功率的关系曲线。由图可见,小信号增益G^0随输入泵浦光功率P_{p0}的增加而增大。曲线的平坦区表明,泵浦光过强时未被充分吸收的过剩泵浦光能量将从输出端逸出,对提高放大器的增益不起作用。

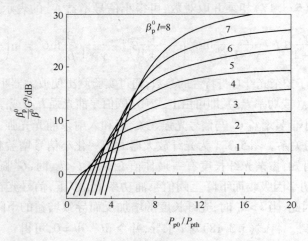

图5.3.2 归一化小信号增益和归一化泵浦功率关系曲线

三、大信号增益特性

小信号工作状态下虽能得到较大的增益,但光放大器的输出光功率很小,只适于用作前置放大器。对于需要输出相当光功率的光纤放大器,通常处于大信号增益饱和状态。这时输出信号光功率$P(l)$和输入信号光功率P_0的关系曲线呈饱和状,光放大器的增益G将随输出光功率$P(l)$之增加而下降,如图5.3.3所示。曲线的平坦部分对应于小信号工作区,增益较小信号增益下降3dB所对应的输出功率称为光放大器的饱和输出功率,它表征光放大器的高功率输出能力。

对于大信号运行的光纤放大器,式(5.3.9)至式(5.3.12)中的$I'(z)$不能忽略,增益特性的理论处理比小信号工作时复杂得多。将式(5.3.9)改写为

$$\Delta n(z) = \frac{\Delta n^0(z)}{1 + \frac{I(z)}{I_s(\nu, z)}} \tag{5.3.23}$$

式中

$$\Delta n^0(z) = \frac{I'_p(z) - \gamma}{I'_p(z) + 1} n$$

饱和光强

$$I_s(\nu, z) = \frac{1}{1+\gamma}\left[\frac{\nu}{\nu_p}\frac{\sigma_{13}(\nu_p)}{\sigma_{21}(\nu)}I_p(z) + \frac{h\nu}{\sigma_{21}(\nu)\tau_2}\right] \tag{5.3.24}$$

由式(5.3.24)可知,饱和光强和泵浦光强$I_p(z)$有关,这是三能级系统与四能级系统不同之处(式(3.4.8)所示的饱和光强表达式针对四能级系统)。而在光纤放大器中$I_p(z)$随

传输距离变化,导致 $\Delta n^0(z)$、$g^0(z)$、$I_s(\nu,z)$ 均随传输距离变化。而且 $I_p(z)$ 的变化还和信号光强 $I(z)$ 有关。因此通常必须运用数值解的方法从式(5.3.11)和式(5.3.12)表示的输运方程中求出放大器的增益和输出功率。

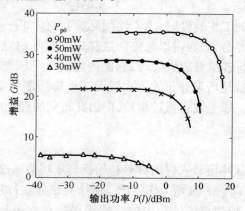

图 5.3.3　掺铒光纤放大器的增益饱和特性
($\lambda_p = 1480 \text{nm}$)

当泵浦光功率一定时,若光纤长度 l 等于大信号下的最佳长度 l'_m,则光放大器具有最大增益 G_m,相应的最大输出光功率为 P_m。将式(5.3.11)除以式(5.3.12)后积分并利用 $I_p(l) = I_{pth}$,可得出

$$\frac{\nu_p}{\nu}(G_m - 1)I_0 + I_{pth}\left[\frac{\beta_p^0}{\beta^0}\ln G_m + \ln\frac{I_{p0}}{I_{pth}}\right] = I_{p0} - I_{pth}$$

由此可求出 G_m 及相应的 P_m 和输入信号光功率 P_0 及泵浦光功率 P_{p0} 的关系。图 5.3.4 给出某一泵浦光功率下最大输出光功率与输入光功率 P_0 的关系曲线。

以上讨论了三能级纵向光激励连续激光放大器的增益特性。对于理想的四能级系统,可有 $n_1(z) \approx 0$,$\Delta n(z) \approx n_2(z)$,$n_3(z) \approx 0$,$n_0(z) \approx n$。其增益特性的描述要比三能级系统简单得多。读者可在本章习题 9 中,运用上述条件,列出输运方程和速率方程,并据此证明习题 9 中给出的放大器的小信号增益和大信号增益的表示式。

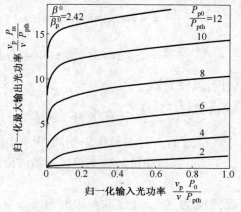

图 5.3.4　归一化信号输入/输出光功率特性

5.4 脉冲激光放大器的增益特性

在分析脉冲放大器的工作特性时,为了使问题简化,作如下假设:①由于入射信号脉宽远小于放大器的荧光寿命,因而可以忽略在这样短的时间内光泵抽运和自发辐射对反转集居数的影响。在分析连续波放大器时,它们的影响是不能忽略的。②假设在工作物质横截面内的反转集居数是均匀分布的。③假设工作物质谱线是均匀加宽线型,入射信号波长为谱线中心波长。以上假设虽较粗糙,但由此得到的理论结果与实验基本相符。

一、输运方程

设激光工作物质在脉冲信号入射前具有初始反转集居数密度 Δn^0。在 $t=0$ 时刻光脉冲信号 $I_0(t)$ 沿着 z 轴方向入射入激光工作物质。由于光信号在行进过程中不断被放大,而反转集居数不断被消耗,所以单位体积中的反转集居数及光子数都是时间 t 及坐标 z 的函数,分别以 $\Delta n(z,t)$ 及 $N(z,t)$ 表示。

下面考虑工作物质中 $z \sim z+dz$ 这一薄层中光子数的变化。设工作物质的横截面面积为 S,则在 dz 薄层中在 dt 时间内光子数的增量为

$$\frac{\partial N(z,t)}{\partial t}Sdzdt = [N(z,t) - N(z+dz,t)]Svdt +$$

$$\sigma_{21}v\Delta n(z,t)N(z,t)Sdzdt - \alpha vN(z,t)Sdzdt \qquad (5.4.1)$$

式中:右端第一项是在 dt 时间内净流入 dz 薄层的光子数,第二项是在 dt 时间内在 dz 薄层中由于受激辐射增加的光子数;第三项是因吸收和散射减少的光子数;α 是工作物质的损耗系数。单位时间内流过工作物质单位横截面的光子数称为光子流强度,记作 $J(z,t)$

$$J(z,t) = N(z,t)v$$

描述 $J(z,t)$ 及 $\Delta n(z,t)$ 变化的方程称作脉冲行波放大器的输运方程。考虑到此类放大器的入射信号持续时间很短,在它的作用期间内光泵及自发辐射的影响可以忽略不计,并假设 $\eta_F = 1, f_1 = f_2$,则利用式(5.4.1)及式(3.3.21)可得到三能级系统脉冲行波放大器的输运方程

$$\frac{\partial \Delta n(z,t)}{\partial t} = -2\sigma_{21}\Delta n(z,t)J(z,t) \qquad (5.4.2)$$

$$\frac{\partial J(z,t)}{\partial t} + v\frac{\partial J(z,t)}{\partial z} = v\sigma_{21}\Delta n(z,t)J(z,t) - \alpha vJ(z,t) \qquad (5.4.3)$$

对于理想的四能级系统脉冲行波放大器

$$\frac{\partial \Delta n(z,t)}{\partial t} = -\sigma_{21}\Delta n(z,t)J(z,t)$$

式(5.4.3)仍然适用。由于在很短的入射信号作用期间,某些四能级系统的激光下能级往往来不及抽空,所以可看作准三能级系统。在本节以下的讨论中,只给出三能级系统的表达式。

设入射信号的光子流强度为 $J_0(t)$,它在 $t=0$ 时刻于 $z=0$ 处进入工作物质(如图 5.4.1 所示),信号入射前工作物质中初始反转集居数为 Δn^0,则输运方程的边界条件为

$$\Delta n(z,t<0) = \Delta n^0 \quad (0 \leq z \leq l) \tag{5.4.4}$$

$$J(0,t) = J_0(t) \tag{5.4.5}$$

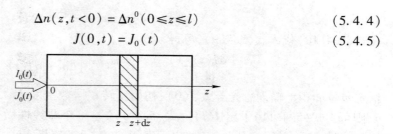

图 5.4.1 脉冲激光放大器示意图

为了求出放大器的输出脉冲信号 $J(l,t)$、输出脉冲能量以及放大器的增益,必须根据边界条件式(5.4.4)及式(5.4.5)求解输运方程式(5.4.2)和式(5.4.3)。

二、脉冲放大器的输出能量及能量增益

放大器输入信号的能量为

$$E_0 = h\nu S \int_0^{\tau'} J_0(t)\,\mathrm{d}t = h\nu S J(0) \tag{5.4.6}$$

上式中取 τ' 的值远大于脉冲宽度,$J(0)$ 为单位面积上输入总光子数

$$J(0) = \int_0^{\tau'} J_0(t)\,\mathrm{d}t$$

输出信号能量为

$$E_l = h\nu S \int_0^{\tau'} J(l,t)\,\mathrm{d}t = h\nu S J(l) \tag{5.4.7}$$

式中:$J(l)$ 为单位面积上输出总光子数。放大器的能量增益 G_E 定义为输出光脉冲能量与输入光脉冲能量之比

$$G_E = \frac{E_l}{E_0} = \frac{J(l)}{J(0)} \tag{5.4.8}$$

输出脉冲能量 E_l 及能量增益 G_E 是放大器的重要参量,为了求出 E_l 及 G_E,必须利用输运方程解出单位面积输出总光子数 $J(l)$。将式(5.4.2)代入式(5.4.3),并对等式两边积分,得

$$\int_0^{\tau'} \frac{\partial J(z,t)}{\partial t}\,\mathrm{d}t + v\int_0^{\tau'} \frac{\partial J(z,t)}{\partial z}\,\mathrm{d}t = -\frac{v}{2}\int_0^{\tau'} \frac{\partial \Delta n(z,t)}{\partial t}\,\mathrm{d}t - \alpha v\int_0^{\tau'} J(z,t)\,\mathrm{d}t$$

z 处单位面积上流过的总光子数为

$$J(z) = \int_0^{\tau'} J(z,t)\,\mathrm{d}t$$

利用此式,并考虑到 $J(z,\tau') = J(z,0) = 0$,则上式可化简为

$$\frac{\mathrm{d}J(z)}{\mathrm{d}z} = \frac{1}{2}[\Delta n^0 - \Delta n(z,\tau')] - \alpha J(z) \tag{5.4.9}$$

对式(5.4.2)积分,可得

$$\int_{\Delta n^0}^{\Delta n(z,\tau')} \frac{\mathrm{d}\Delta n(z,t)}{\Delta n(z,t)} = -2\sigma_{21}\int_0^{\tau'} J(z,t)\,\mathrm{d}t$$

由上式可求出

$$\Delta n(z,\tau') = \Delta n^0 \mathrm{e}^{-2\sigma_{21}J(z)} \tag{5.4.10}$$

将式(5.4.10)代入式(5.4.9),可得

$$\frac{\mathrm{d}J(z)}{\mathrm{d}z} = \frac{1}{2}\left[1 - \mathrm{e}^{-2\sigma_{21}J(z)}\right]\Delta n^0 - \alpha J(z) \tag{5.4.11}$$

给定单位面积上输入总光子数 $J(0)$、初始反转集居数密度 Δn^0,已知工作物质损耗系数 α,则可由式(5.4.11)求出 $J(l)$。式(5.4.11)是一个非线性微分方程,一般情况下只能用数值积分法求解,在某些特殊情况下可求出 $J(z)$ 的解析表达式。

对于小信号情况,$\sigma_{21}J(z) \ll 1$,在式(5.4.11)中展开指数项并忽略二阶小量,可得

$$\frac{\mathrm{d}J(z)}{\mathrm{d}z} \approx (\sigma_{21}\Delta n^0 - \alpha)J(z) \tag{5.4.12}$$

由式(5.4.12)可得

$$J(l) = J(0)\mathrm{e}^{(\sigma_{21}\Delta n^0 - \alpha)l} \tag{5.4.13}$$

$$G_E = \mathrm{e}^{(\sigma_{21}\Delta n^0 - \alpha)l} \tag{5.4.14}$$

上式表明,在小信号情况下 $J(l)$ 与 G_E 均随 l 增加而指数上升。

对于强入射信号,$\sigma_{21}J(z) \gg 1$,由式(5.4.11)得

$$\frac{\mathrm{d}J(z)}{\mathrm{d}z} \approx \frac{1}{2}\Delta n^0 - \alpha J(z)$$

对上式积分,得单位面积输出总光子数为

$$J(l) = \frac{\Delta n^0}{2\alpha} + J(0)\mathrm{e}^{-\alpha l} - \frac{\Delta n^0}{2\alpha}\mathrm{e}^{-\alpha l} \tag{5.4.15}$$

上式表明,当放大器长度增大到一定程度后,输出能量趋于饱和。这是因为随着传输距离 z 的增大,光信号不断增强,与此同时,饱和效应使工作物质的增益系数不断下降,当传输距离超过一定值时,增益系数和损耗系数相等,光信号能量便不再增加而趋于一稳定值。放大器可能输出的最大总光子数密度为 $\Delta n^0/2\alpha$,它与输入能量无关。初始反转集居数越大,放大器的损耗越小,则放大器可能输出的能量越大。例如,设红宝石放大器的损耗系数 $\alpha = 0.02\mathrm{cm}^{-1}$,$h\nu\Delta n^0 = 2.5\mathrm{J}\cdot\mathrm{cm}^{-3}$,则放大器单位面积能输出的最大能量为 $62.5\mathrm{J}\cdot\mathrm{cm}^{-2}$。

图 5.4.2 给出三组不同输入能量情况下放大器输出能量和长度的关系曲线,曲线 A 开始一段相当于小信号情况,$J(z)$ 随 z 的增加而指数地增加。但当放大器长度增加至一定程度时,光信号在放大器中行进了一定距离后因能量增强而使 $\sigma_{21}J(z) \gg 1$,相当于强入射信号的情况,因而曲线 A 的后半部随长度的增加而趋于饱和,输出能量达到一稳定值。由以上分析可知,提高放大器的输出能量的最有效途径是增加 Δn^0 与减小损耗系数 α。

由式(5.4.15)可得能量增益

$$G_E = \frac{\Delta n^0}{2\alpha J(0)}(1 - \mathrm{e}^{-\alpha l}) + \mathrm{e}^{-\alpha l} \tag{5.4.16}$$

由式(5.4.16)可见,能量增益随输入能量的增加而下降;当 l 较小时,随 l 的增加而增加;当 l 很长时,$G_E = \Delta n^0/2\alpha J(0)$,与长度无关。

当损耗系数 α 极小时,可将放大器看作一无损放大器,式(5.4.15)可改写为

$$\frac{\mathrm{d}J(z)}{\mathrm{d}z} = \frac{1}{2}\left[1 - \mathrm{e}^{-2\sigma_{21}J(z)}\right]\Delta n^0 \tag{5.4.17}$$

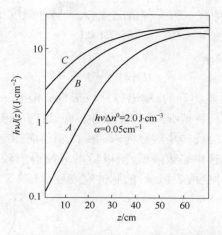

图 5.4.2　脉冲放大器输出能量和长度的关系

$A—J(0)h\nu=0.1\text{J}\cdot\text{cm}^{-2}$；$B—J(0)h\nu=1.0\text{J}\cdot\text{cm}^{-2}$；$C—J(0)h\nu=2.5\text{J}\cdot\text{cm}^{-2}$。

对式(5.4.17)积分得

$$\ln\frac{\text{e}^{2\sigma_{21}J(l)}-1}{\text{e}^{2\sigma_{21}J(0)}-1}=\sigma_{21}\Delta n^0 l \tag{5.4.18}$$

$$J(l)=\frac{1}{2\sigma_{21}}\ln\{1+[\text{e}^{2\sigma_{21}J(0)}-1]\text{e}^{\sigma_{21}\Delta n^0 l}\} \tag{5.4.19}$$

$$G_E=\frac{1}{2\sigma_{21}J(0)}\ln\{1+[\text{e}^{2\sigma_{21}J(0)}-1]\text{e}^{\sigma_{21}\Delta n^0 l}\} \tag{5.4.20}$$

式(5.4.19)及式(5.4.20)表明,在无损放大器中,输出能量及能量增益随放大器长度 l 之增加而增加。

三、功率增益与脉冲宽度变窄

为了分析脉冲放大器输出脉冲的功率和波形,须根据输运方程及边界条件求出非稳态解 $J(z,t)$,这里略去推导过程,直接给出三能级无损放大器的非稳态解

$$J(z,t)=\frac{J_0\left(t-\dfrac{z}{v}\right)}{1+[\exp(-\sigma_{21}\Delta n^0 z)-1]\exp\left[-2\sigma_{21}\int_{-\infty}^{t-\frac{z}{v}}J_0(t)\text{d}t\right]} \tag{5.4.21}$$

放大器的功率增益 $G_P(t)$ 定义为输出功率与输入功率之比,它是时间 t 的函数

$$G_P(t)=\frac{J\left(l,t+\dfrac{l}{v}\right)h\nu S}{J_0(t)h\nu S}=\frac{J\left(l,t+\dfrac{l}{v}\right)}{J_0(t)}$$

设输入光脉冲是宽度为 τ_p 的矩形脉冲(图 5.4.3),则由式(5.4.21)可求出

$$G_P(t)=\frac{J\left(l,t+\dfrac{l}{v}\right)}{J_0}=\frac{\text{e}^{\sigma_{21}\Delta n^0 l}}{\text{e}^{\sigma_{21}\Delta n^0 l}-(\text{e}^{\sigma_{21}\Delta n^0 l}-1)\text{e}^{-2\sigma_{21}J_0 t}} \tag{5.4.22}$$

当 $t=0$ 时

$$G_P(0)=\text{e}^{\sigma_{21}\Delta n^0 l}$$

当 $t \neq 0$ 时,有两种不同的情况。第一种情况:输入光脉冲强度很弱,以致
$$2\sigma_{21}J_0 t \ll 1$$
此时
$$G_P(t) \approx e^{\sigma_{21}\Delta n^0 l}$$
脉冲的任一部分功率增益是相等的,输出脉冲波形没有畸变。功率增益随 Δn^0 和 l 的增加而按指数规律增加。第二种情况:输入光脉冲较强,这时 t 越大,$G_P(t)$ 越小。这是由于当脉冲前沿通过工作物质时反转集居数尚未因受激辐射而抽空,而当脉冲后沿通过时,前沿引起的受激辐射已使反转集居数降低,所以后沿只能得到较小的增益。结果是输出脉冲形状发生畸变,矩形脉冲变成尖顶脉冲,脉冲宽度变窄(图 5.4.4)。

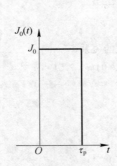
图 5.4.3 输入矩形脉冲

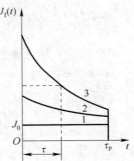
图 5.4.4 输入矩形光脉冲时输出光脉冲
形状的变化($2\sigma_{21}J_0\tau_0 = 0.5$)
1—入射矩形脉冲;2—输出脉冲($\sigma_{21}\Delta n^0 l = 1$);
3—输出脉冲($\sigma_{21}\Delta n^0 l = 2$).

输出脉冲的宽度 τ 定义为最大光子流强度的一半处的时间间隔,如图 5.4.4 所示。由式(5.4.22)可得
$$\frac{\tau}{\tau_p} = \frac{1}{2\sigma_{21}J_0\tau_p}\ln\frac{e^{\sigma_{21}\Delta n^0 l} - 1}{e^{\sigma_{21}\Delta n^0 l} - 2} \tag{5.4.23}$$

如果 $\sigma_{21}\Delta n^0 l \gg 1$,利用公式 $\ln[(y+1)/(y-1)] = 2(1/y + 1/3y^3 + 1/5y^5 + \cdots)$ 对式(5.4.23)作近似计算,可得
$$\frac{\tau}{\tau_p} = \frac{1}{2\sigma_{21}J_0\tau_p}\ln\frac{(2e^{\sigma_{21}\Delta n^0 l} - 3) + 1}{(2e^{\sigma_{21}\Delta n^0 l} - 3) - 1} \approx \frac{1}{2\sigma_{21}J_0\tau_p}e^{-\sigma_{21}\Delta n^0 l}$$

上式表明,入射光脉冲越强,初始反转集居数密度 Δn^0 越大,放大器越长,则其饱和效应越严重,因而脉宽变窄越显著。

实际的入射光脉冲并非矩形。可由式(5.4.21)具体计算输出光脉冲波形。饱和效应会使输出光脉冲变形,至于变宽还是变窄,则与输入光脉冲形状有关。

本节诸式是在三能级,并假设 $\eta_F = 1$, $f_1 = f_2$ 的情况下导出的。对于 $f_1 \neq f_2$ 的情况,本节诸式中的因子"2"须代之于"$(1 + f_2/f_1)$"。对于四能级系统,当输入光脉冲宽 $\tau_p \gg \tau_1$ 时,只需将诸式中的因子"2"代之于"1",而当 $\tau_p \ll \tau_1$ 时,则可按三能级系统处理。

5.5 放大的自发辐射(ASE)

按照激励强弱程度的不同,工作物质可处于三种状态:①弱激发状态:激励较弱,$\Delta n < 0$,工作物质中只存在着自发辐射荧光,并且工作物质对荧光有吸收作用。②反转激发状态:激励较强,$0 < \Delta n < \Delta n_t$,$0 < g^0 < \delta/l$。如果激励足够强,使 $g^0 > \alpha$(α 为工作物质内部损耗系数),则工作物质对自发辐射有放大作用,但由于不满足阈值条件,因而不能形成自激振荡,输出光是放大的自发辐射。③超阈值激发状态:若激励很强,使 $\Delta n > \Delta n_t$,$g^0 l > \delta$,则可形成自激振荡而产生激光。此时输出光中所包含的放大的自发辐射可以忽略。本节讨论反转激发状态下产生的放大的自发辐射。

一般激光器都有一个由反射镜(或光栅)组成的谐振腔,激光工作物质位于二反射镜之间。但也存在着另一类型的激光器——无谐振腔的激光器,氮分子激光器和氢分子激光器都属于此类。无谐振腔激光器的输出光实质上是放大的自发辐射。在真空紫外及 X 射线波段,由于反射镜材料的困难,无谐振腔激光器可能有很大的发展前途。此外,放大的自发辐射光源也是一种理想的宽谱光源。常用的宽谱光源有超辐射半导体二极管(SLD)及掺铒光纤 ASE 光源。

放大的自发辐射也会带来一些不利影响。例如,在激光放大器中,除了输入信号被放大外,不可避免地存在着放大的自发辐射,因而增加了输出光信号的噪声①。同时自发辐射引起的受激辐射将使激光上能级寿命减少。当放大的自发辐射引起的上能级粒子衰减率与其他弛豫过程(自发辐射及无辐射跃迁)造成的衰减率可以比拟时,反转粒子数将显著下降,因而增益系数也随之下降,这就是放大的自发辐射造成的增益饱和效应,它将使放大器的增益下降。放大器的增益系数越大,工作物质长度越长,放大的自发辐射就越严重。在放大器中,放大的自发辐射是有害的,在设计与应用放大器时应设法减少其影响。

在 632.8nm 的氦氖激光器中,反射镜是对 632.8nm 选择反射的,但由于 3.39μm 的辐射有很高的增益系数,当激光器足够长时可形成足够强的放大的自发辐射。由于 632.8nm 及 3.39μm 辐射共用同一上能级,所以 3.39μm 的放大的自发辐射将使 632.8nm 的增益减少,从而使输出功率减小。在大功率 632.8nm 氦氖激光器中须设法抑制 3.39μm 的放大的自发辐射。

放大的自发辐射是介于激光与荧光之间的一种过渡状态。由于集居数反转的程度尚未达到振荡阈值,激光振荡没有形成,光子并未集结在少数或单个状态内。但是,这种辐射又与荧光的状态分布不同,放大的自发辐射的状态分布不再是均匀的了。细长的无腔 ASE 激光器可具有较好的空间相干性,但却难以获得良好的时间相干性。下面对放大的自发辐射的特性进行简单的定性讨论。

一、放大的自发辐射的强度

显然,激光工作物质的增益系数越高,长度 l 越长,自工作物质一端输出的放大的自发辐射强度 I 也就越大。当工作物质较短或小信号增益系数较小时,I 按指数规律随 l 之增大而增加。但当工作物质较长或小信号增益系数较大时,放大的自发辐射强度达到一

---

① 参见本书附录五。

定程度后将引起增益饱和。这时,当 l 增长时,增益系数下降,因此 I 随 l 之增加变得缓慢了。当放大的自发辐射强度达到某一程度,使增益系数下降到与工作物质损耗系数(单位长度内的损耗百分比)相等时,放大的自发辐射强度达到一稳定值。此时如果工作物质的长度进一步增加,放大的自发辐射强度也不再增加。图 5.5.1 为 337nm 氮激光器的放大的自发辐射功率 P 和工作物质长度 l 的实验关系曲线。在 ASE 无腔激光器中有两束背向传输的光 I_+ 和 I_- 分别自二端口出射,它们共同影响增益饱和行为,在端口处,由于放大的自发辐射光最强,饱和效应最显著。图 5.5.2 为典型的高增益 ASE 无腔激光器中增益系数 $g(z)$ 和行波光强 I_+ 和 I_- 的变化曲线。若在一端放置一个全反射镜,则从另一端出射的放大的自发辐射将显著增强。

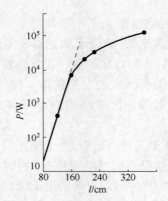
图 5.5.1 氮激光器 337nmASE
功率和长度的关系

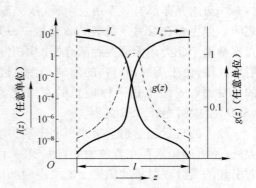
图 5.5.2 典型 ASE 激光器内
增益饱和及行波光强

二、放大的自发辐射的方向性

自发辐射均匀分布于 4π 立体角内,而带有谐振腔的激光器的输出激光具有很好的方向性。放大的自发辐射的方向性则介于二者之间。

在图 5.5.3 中,放大器起始端 $z=0$ 处的自发辐射引起的放大的自发辐射的发散角为

$$\theta_0 \approx \frac{d}{l}$$

z 处自发辐射引起的放大的自发辐射的发散角为

$$\theta_z \approx \frac{d}{l-z}$$

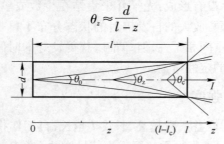

图 5.5.3 分析放大的自发辐射方向性的示意图

与输出端面相距 l_c 处自发辐射引起的放大的自发辐射的发散角为

$$\theta_c \approx \frac{d}{l_c}$$

由于从不同点 z 出发的自发辐射行进到输出端所经历的路程不同,所以对放大的自发辐射的贡献不同。$z=0$ 处自发辐射对放大的自发辐射的贡献最大。$z>l-l_c$ 处自发辐射经历的路程小于 l_c,若 l_c 很小,可以认为对放大的自发辐射贡献甚微,可以忽略。为了得到放大的自发辐射输出的空间强度分布,必须计算从 $z=0$ 到 $z=l-l_c$ 范围内各薄层对由空间各点出发的放大的自发辐射贡献的总和。这里不去进行计算,但我们可以定性地看出,发散角和激光工作物质的尺寸有关,d/l 越大,则发散角越大;发散角还和激励程度有关,Δn^0 越大,则放大的自发辐射贡献可忽略不计的程长 l_c 越小,因而发散角越大。工作物质侧壁的多次反射也会使发散角增加,因此有时为了减小发散角而将侧壁打毛。

三、放大的自发辐射的线宽

自发辐射的谱线宽度为 $\Delta\nu_H$(或 $\Delta\nu_D$)。一般单模激光器中由于谐振腔的作用,具有极好的单色性。而放大的自发辐射的谱线宽度则介于二者之间。

以前,在讨论有关激光振荡器与激光放大器的问题时,与物质发生相互作用的光是准单色光,据此我们列出了速率方程,并得到了有关增益系数的一系列表示式。但在考虑放大的自发辐射时,与物质发生相互作用的光与工作物质的谱线宽度可相比拟,因此不能简单地按照准单色光问题来处理。若在 $\nu \sim \nu + \mathrm{d}\nu$ 频率范围内,在 z 处的放大的自发辐射光强为 $I(\nu,z)\mathrm{d}\nu$,如果 $\mathrm{d}\nu$ 取得足够小,则在考虑这部分光与物质相互作用时,仍可当作准单色光来处理。

在一个无损耗的非饱和放大器中,光强 $I(\nu,z)\mathrm{d}\nu$ 的变化率为

$$\frac{\mathrm{d}[I(\nu,z)\mathrm{d}\nu]}{\mathrm{d}z} = g^0(\nu)I(\nu,z)\mathrm{d}\nu + \frac{\Delta\Omega_z}{4\pi}A_{21}n_2^0 h\nu_0 \tilde{g}(\nu,\nu_0)\mathrm{d}\nu \tag{5.5.1}$$

上式右侧第一项为受激辐射的贡献,第二项为自发辐射的贡献,$\Delta\Omega_z$ 为 z 处一点对终端孔径所张的立体角。设工作物质截面积为 S,则

$$\Delta\Omega_z \approx \frac{S}{(l-z)^2}$$

由式(5.5.1)可得

$$I(\nu,z)\mathrm{e}^{-g^0(\nu)z} = \frac{A_{21}\tilde{g}(\nu,\nu_0)n_2^0 h\nu_0}{4\pi}\int \Delta\Omega_z \mathrm{e}^{-g^0(\nu)z}\mathrm{d}z + K \tag{5.5.2}$$

式中:K 为积分常数。在放大的自发辐射较强的高增益系统中,在 $l-z \gg d$ 的区域内 $\Delta\Omega_z$ 随 z 的变化较 $\mathrm{e}^{-g^0(\nu)z}$ 慢得多,而 $l-z$ 可与 d 相比拟的区域对放大的自发辐射的贡献甚小,因此在式(5.5.2)中可用平均值 $\overline{\Delta\Omega}$ 代替 $\Delta\Omega_z$,并提出积分号外。于是由式(5.5.2)及边界条件 $I(\nu,0)=0$ 可得

$$I(\nu,z) = \beta[\mathrm{e}^{g^0(\nu)z} - 1] \tag{5.5.3}$$

式中

$$\beta = \frac{A_{21}\tilde{g}(\nu,\nu_0)n_2^0 h\nu_0 \overline{\Delta\Omega}}{4\pi g^0(\nu)} = \frac{2\overline{\Delta\Omega}h\nu_0^3 n_2^0}{\nu^2 \Delta n^0}$$

由式(5.5.3)可求出均匀加宽工作物质中放大的自发辐射的谱线宽度为

$$\delta\nu_{sH} = \Delta\nu_H \sqrt{\frac{g^0(\nu_0)z}{\ln\frac{\exp[g^0(\nu_0)z]+1}{2}} - 1}$$

当 z 很小时，$g^0(\nu_0)z \ll 1$，可得

$$\delta\nu_{sH} \approx \Delta\nu_H$$

当 z 较大，以致 $g^0(\nu_0)z \gg 1$ 时

$$\delta\nu_{sH} \approx \Delta\nu_H \sqrt{\frac{\ln 2}{g^0(\nu_0)z}} \tag{5.5.4}$$

若激光工作物质具有多普勒（非均匀）加宽谱线，则可求出放大的自发辐射的谱线宽度为

$$\delta\nu_{si} = \Delta\nu_D \sqrt{\frac{\ln g^0(\nu_0)z - \ln\ln\frac{1}{2}[e^{g^0(\nu_0)z}+1]}{\ln 2}}$$

当 z 很小，以致 $g^0(\nu_0)z \ll 1$ 时

$$\delta\nu_{si} \approx \Delta\nu_D$$

当 z 较大，$g^0(\nu_0)z \gg 1$ 时，则

$$\delta\nu_{si} \approx \Delta\nu_D \sqrt{\frac{1}{g^0(\nu_0)z}} \tag{5.5.5}$$

由式(5.5.4)及式(5.5.5)可看到，放大的自发辐射谱线比自发辐射谱线窄。$g_i^0(\nu_0)z$［或 $g_H^0(\nu_0)z$］越大，则变窄程度越大。变窄的原因是谱线中心的增益系数较偏离中心频率时的增益系数大，而放大的自发辐射强度是增益系数的指数函数。以上分析是在放大的自发辐射较弱，因此可不考虑饱和效应的情况下进行的。当传播距离足够远，以致放大的自发辐射强度足够大时将引起增益饱和。这时，在均匀加宽及非均匀加宽工作物质中谱线变窄的行为是不同的。在均匀加宽工作物质中，当放大的自发辐射强度足够大时，整个增益曲线将均匀下降，放大的自发辐射谱线仍随 z 之增大而变窄，但因为增益曲线幅度较低，变窄变得缓慢了。而在非均匀加宽工作物质中，由于谱线中心附近饱和程度较偏离中心频率处大，随着 z 的增大，增益曲线及自发辐射谱线均变宽，因此使放大的自发辐射谱宽再度变宽，最后谱线宽度回复到初始的 $\Delta\nu_D$。图5.5.4及图5.5.5为均匀加宽及非均匀加宽工作物质中放大的自发辐射谱线变窄的理论曲线。

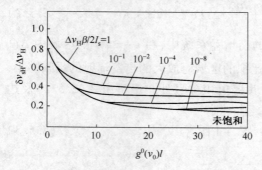

图 5.5.4　均匀加宽工作物质
$\delta\nu_{sH}/\Delta\nu_H$—$g^0(\nu_0)l$ 理论曲线。

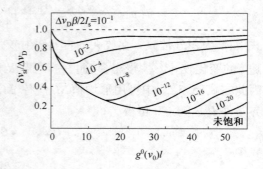

图 5.5.5　非均匀加宽工作物质
$\delta\nu_{si}/\Delta\nu_D$—$g^0(\nu_0)l$ 理论曲线。

习 题

1. 证明式(5.2.4)、式(5.2.7)及式(5.2.16)。

2. 一长为15cm的激光放大器的小信号增益为12,求长为20cm的激光放大器的小信号增益。

3. 有一均匀激励的均匀加宽无损连续光放大器。当输入光光强 I_0 为 $1\text{W}/\text{cm}^2$ 时,放大器的增益为10dB。当输入光强 I_0 增加到 $2\text{W}/\text{cm}^2$ 时,增益减少到9dB。试求:

(1) 放大器的饱和光强;

(2) 放大器的小信号增益(以 dB 计);

(3) 能由此放大器提取的最大单位面积功率;

(4) 当由放大器提取的单位面积功率是最大值之半时的输入光强。

(提示:提取的功率为光放大器输出与输入功率之差)

4. 连续运转的均匀加宽激光器中,工作物质的长度为 l,输出镜透过率 $T \ll 1$,除输出镜透射损耗外,其余损耗可忽略不计,激光光束面积为 A,试利用式(5.2.7)或其修正式及稳定运转时腔内光强的自洽条件,导出:

(1) 单向输出驻波腔激光器的输出功率表示式;

(2) 附有光隔离器的单向运转环行激光器的输出功率表示式;

(3) 无光隔离器的环行激光器的单向输出功率表示式。并与式(4.3.4)比较。

(提示:(1)(3)情况下,正反向传输的光同时作用于工作物质,加重了增益饱和,因此须对式(5.2.7)进行修正。)

5. 用波长在589nm附近的可调染料激光照射一含有13.3Pa钠蒸气及 2.66×10^5 Pa 氦气的混合室。气室温度为23℃,气室长度 $l = 10\text{cm}$,氦气和钠蒸气原子间的碰撞截面 $Q = 10^{-14}\text{cm}^2$,钠蒸气的两个能级间的有关参数如下:

1 能级($3^2\text{S}_{1/2}$):$E_1 = 0$,$f_1 = 2$;

2 能级($3^2\text{P}_{3/2}$):$E_2 = 16973\text{cm}^{-1}$,$f_2 = 4$,$A_{21} = 6.3 \times 10^7 \text{s}^{-1}$。

(1) 求 1→2 跃迁的有关线宽(碰撞加宽、自然加宽、多普勒加宽、均匀加宽);

(2) 如果激光波长调到钠原子 1→2 跃迁中心波长,求小信号吸收系数;

(3) 在上述情况下,改变激光功率,试问激光光强 I 多大时气室的透过率 $T = 0.5$?

6. 有一均匀激励的均匀加宽增益盒被可变光强的激光照射,当入射光频率为中心频率 ν_0 时,盒的小信号增益是10dB,增益物质谱线具有洛伦兹线型,其线宽 $\Delta\nu_H = 1\text{GHz}$,中心频率饱和光强 $I_s = 10\text{W}\cdot\text{cm}^{-2}$,假设增益盒的损耗为0。试求

(1) 入射光频率 $\nu = \nu_0$ 时增益和入射光强 I_0 的关系式;

(2) $|\nu - \nu_0| = 0.5\text{GHz}$ 时增益和 I_0 的关系式;

(3) $\nu = \nu_0$ 时增益较最大增益下降3dB时的输出光强 I_l。

7. 今有一掺铒光纤放大器,用实验方法可测出式(5.3.18)中的 β、β_p 及 I_{pth},试设计此实验,并叙述实验及计算程序(假设 $\gamma = 1$)。

8. 已知掺铒光纤放大器中铒离子浓度 $n = 2 \times 10^{18} \text{cm}^{-3}$,$\sigma_{12}(\nu) = \sigma_{21}(\nu) = 2 \times 10^{-21}\text{cm}^2$,$\sigma_{13}(\nu_p) = 4 \times 10^{-21}\text{cm}^2$,$l = 15\text{m}$。当输入泵浦光功率 $P_{p0} = 5.5\text{mW}$ 时放大器的

小信号增益 $G_{dB}^0 = 0$dB，试求 $P_{p0} = 100$mW 时光纤放大器的小信号增益（以 dB 为单位）。

9. 列出四能级纵向光激励连续掺杂光纤放大器中描述泵浦光强和信号光强随距离变化的输运方程及描述各能级粒子数密度随时间变化的速率方程，证明：

（1）小信号增益系数

$$g^0(\nu) = \beta_e^0 \frac{I_{p0}}{I_{ps}} e^{-\beta_p^0 z}$$

（2）放大器的小信号增益

$$G^0 = \exp\left[\frac{\beta_e^0}{\beta_p^0} \frac{I_{p0}}{I_{ps}}(1 - e^{-\beta_p^0 l})\right]$$

式中：$\beta_e^0 = n\sigma_{21}(\nu)$；$\beta_p^0 = n\sigma_{03}(\nu_p)$；$I_{ps} = h\nu_p/\sigma_{03}(\nu_p)\tau_2$；$\nu_p$ 和 ν 分别为泵浦光和信号光频率；τ_2 为光放大介质上能级寿命；I_{p0} 为入射泵浦光强；l 为光纤长度。

（3）大信号增益系数

$$g(\nu) = \frac{g^0(\nu)}{1 + \frac{I(z)}{I_s(\nu)}}$$

式中：$I_s(\nu) = h\nu/\sigma_{21}(\nu)\tau_2$ 为饱和光强。

（4）放大器的大信号增益满足式(5.2.8)或式(5.2.9)。

10. 证明在三能级($f_1 = f_2$)无损脉冲放大器中，当入射光频率为工作物质中心频率时，

（1）若入射光脉冲极其微弱，则能量增益

$$G_E = \exp(\Delta n^0 \sigma_{21} l)$$

（2）若入射光极强，则能量增益

$$G_E = 1 + \frac{\Delta n^0}{2J(0)}$$

11. 红宝石脉冲光放大器的小信号反转集居数密度 $\Delta n^0 = 0.8 \times 10^{19}$cm^{-3}，损耗系数 $\alpha = 0.02$cm^{-1}。尽量增强输入光脉冲能量及加大放大器长度，求该放大器单位面积所能输出的最大能量（红宝石中 $f_1 = f_2$）。

12. 调 Q Nd:YAG 激光器的脉冲输出光（能量 $E(0) = 100$mJ，脉宽 $\tau_p = 20$ns），被一个直径为 6.3mm 的 Nd:YAG 无损放大器放大。放大器的小信号增益 $G^0 = 100$，假设：①光脉冲频率所对应的发射截面 $\sigma_{21} = 2.8 \times 10^{-19}$cm^2；②激光跃迁下能级的寿命 $\tau_1 \ll \tau_p$；③激光束横向光强在工作物质横截面上均匀分布。试求：

（1）放大器的输出能量及相应的能量增益；
（2）被注入光脉冲从放大器中提取的能量占放大器储能的百分比。

（提示：从放大器中提取的能量等于输出能量与输入能量之差。放大器储能 $E = \Delta n^0 V h\nu$，V 为放大器体积）

13. CO_2 TEA 无损放大器的尺寸为 10cm×10cm×100cm。对波长为 10.6μm 的光的小信号增益系数是 $g^0 = 4 \times 10^{-2}$cm^{-1}，输入光脉冲宽度为 200ns，大大短于下能级的衰减时间。与输入光频率相应的发射截面 $\sigma_{21} = 1.54 \times 10^{-18}$cm^2。上、下能级的统计权重相等。计算输入能量为 17J 时的输出脉冲的能量及相应的能量增益，并计算储能及储能利

用率。

14. 用一脉宽 $\tau = 2\text{ns}$ 的矩形光脉冲照射一个三能级（激光跃迁上、下能级的统计权重相等）增益盒，光脉冲的波长恰好等于增益物质中心波长（$1\mu\text{m}$），增益物质的中心波长发射截面 $\sigma = 10^{-14}\text{cm}^2$，增益盒的小信号增益为 30dB，其损耗为零，单位截面光脉冲能量为 W_0，试求当（1）$W_0 = 2\mu\text{J}/\text{cm}^2$；（2）$W_0 = 20\mu\text{J}/\text{cm}^2$；（3）$W_0 = 200\mu\text{J}/\text{cm}^2$ 时，增益盒输出脉冲在起始和终了时的光强 I_1 和 I_2 及功率增益 G_{p1} 和 G_{p2}。

15. 有一均匀加宽未饱和光放大器，其工作物质具有洛伦兹线型，$\Delta\nu_H = 2\text{GHz}$。放大器的中心频率小信号增益分别为 30dB 和 20dB。求放大器输出端的放大的自发辐射（ASE）线宽 $\delta\nu$。

参 考 文 献

[1] Amnon Yariv. Quantum Electronics. 3rd Ed[M]. New York：John Wiley & Sons, Inc. 1989.
[2] Siegman A E. Lasers[M]. California：University Science Books, Hill Valey, 1986.
[3] Shimada S and Ishio H. Optical Amplifiers and Their Applications[M]. Chichester England：John Wiley & Sons, L td., 1994.
[4] Desurvire E. Erbium Doped Fiber Amplifiers[M]. New York：John Wiley & Sons. Inc. ,1994.
[5] Peroni M and Tamburrini M. Gain in Erbium-doped Fiber Amplifiers：a Simple Analytical Solution for the Rate Equations [J]. Optics Letters, 1990, 15(15)：842.
[6] Kiyoshi Nakagawa etc. Trunk and Distribution Network Application of Erbium-Doped Fiber Amplifier[J]. J. of Lightwave Technology, 1991, 9(2)：198.
[7] Peters G I, Allen L. Amplified Spontaneous Emission Ⅰ[J]. J. Phys. A. ,1971, 4(2)：238.
[8] Peters G I, Allen L. Amplified Spontaneous Emission Ⅱ[J]. J. Phys. A. ,1971, (4)：564.
[9] Peters G I, Allen L. Amplified Spontaneous Emission Ⅲ[J]. J. Phys. A. ,1972, 5(4)：546.
[10] 激光物理学编写组. 激光物理学[M]. 上海：上海人民出版社, 1975.
[11] Govind P. Agrawal. Fiber-Optic Communication System. 2nd Ed[M]. New York：John Wiley & Sons, Inc. 1997.
[12] 高以智，姚敏玉，张洪明，等. 激光原理学习指导（第2版）[M]. 北京：国防工业出版社. 2014.

第六章 激光特性的控制

从一台简单激光器出射的激光束，其性能往往不能满足应用的需要，因此不断地发展了旨在控制激光器输出特性的各种单元技术。为了改善激光器输出光的时间相干性或空间相干性，发展了模式选择、稳频、光隔离等技术。为了获得窄脉冲高峰值功率的激光束，发展了 Q 调制、锁模、增益开关及腔倒空等技术以及实现上述技术所需的调制技术。为了拓展激光器输出波长的覆盖范围，发展了非线性频率变换技术。本章介绍以上控制与改善激光器特性的各种技术的原理及其理论

6.1 调制器和隔离器

最简单的激光器由增益介质及其两侧的反射镜构成。激光器特性的控制与提高需要在这种简单结构的基础上，通过在腔内和腔外加入各种其他光学、光电器件，并配以相应的辅助控制反馈电路来实现。一些简单的器件，如光阑、FP 谐振腔等，其工作原理将在介绍各种相应技术时顺便予以介绍。本节将介绍一类较为特殊的器件的工作原理和工作特性，这类器件的共同点在于都包含一块折射率可变的光学晶体。当晶体外部条件，如电场、应力场或磁场等发生变化时，晶体的折射率也会随之发生改变。利用外电场或应力场改变造成的晶体折射率改变，可以制成电光调制器或声光调制器，这种器件是后面将介绍的调 Q 激光器的核心器件；基于体材料或者波导结构的电光调制器，是主动锁模激光器的核心器件；而基于磁场对晶体折射率改变的光隔离器，则是几乎所有环形激光器腔内所必须的器件。

一、电光调制器

某些缺乏中心对称晶格结构的晶体在外电场作用下，其折射率会发生变化。若其折射率的变化量和电场强度成正比，这种效应便称为普克尔效应，又称为线性电光效应。可以利用普克尔效应制成电光调制器，对光波的幅度或相位进行调制，使其按照人们需要的规律变化。

电光调制器中使用的晶体通常都具有双折射。双折射晶体中沿任意方向传播的平面波都可分解为两个简正模式，这两个模式对应的偏振态互相正交并具有不同的折射率。可以利用折射率椭球描述双折射晶体中光的传播规律。如图 6.1.1 所示，在未加电场的情况下，3 个相互垂直的折射率主轴 x，y，z 张成一个椭球面，3 个轴的方向和具体晶格排列有关。对任意传播方向 k，过折射率椭球原点做一个垂直于该方向的平面，与折射率椭球面相交于一个椭圆，则椭圆的两个主半轴方向对应于两个正交的电位移矢量 D 的偏振方向，其长度分别代表这两个偏振方向相应的折射率。

当存在外加电场时，折射率椭球各轴的方向和长度会发生变化，感应的折射率椭球在

原主轴坐标系 x, y, z 中一般形式表示为

$$\left(\frac{1}{\eta_x^2}+\Delta b_1\right)x^2+\left(\frac{1}{\eta_y^2}+\Delta b_2\right)y^2+\left(\frac{1}{\eta_z^2}+\Delta b_3\right)z^2+2\Delta b_4 yz+2\Delta b_5 xz+2\Delta b_6 xy=1 \quad (6.1.1)$$

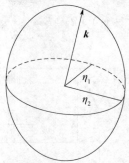

图 6.1.1 描述双折射晶体中光的传播规律的折射率椭球

普克尔效应中,折射率椭球系数变化量和外加电场之间满足线性关系:

$$\begin{bmatrix}\Delta b_1\\\Delta b_2\\\Delta b_3\\\Delta b_4\\\Delta b_5\\\Delta b_6\end{bmatrix}=\begin{bmatrix}\gamma_{11}&\gamma_{12}&\gamma_{13}\\\gamma_{21}&\gamma_{22}&\gamma_{23}\\\gamma_{31}&\gamma_{32}&\gamma_{33}\\\gamma_{41}&\gamma_{42}&\gamma_{43}\\\gamma_{51}&\gamma_{52}&\gamma_{53}\\\gamma_{61}&\gamma_{62}&\gamma_{63}\end{bmatrix}\begin{bmatrix}E_x\\E_y\\E_z\end{bmatrix} \quad (6.1.2)$$

矩阵元 γ_{ij} 称为线性电光系数,是由材料决定的常数。对于式(6.1.1)所表示的折射率椭球,总可以找到一个新的坐标系 x', y', z',使得感应的折射率椭球在这个坐标系中有形式简单的表达式

$$\frac{x'^2}{\eta_{x'}^2}+\frac{y'^2}{\eta_{y'}^2}+\frac{z'^2}{\eta_{z'}^2}=1 \quad (6.1.3)$$

事实上,由于晶体结构的高度对称性,线性电光系数矩阵中的矩阵元很多都为 0,其余非零矩阵元也呈现出很高的对称性(不同矩阵元数值相等)、反对称性(不同矩阵元绝对值相等,符号相反)以及倍数关系。另外在实际使用中,外加电场往往只沿着某一个特殊的方向(例如原主轴坐标系中某主轴方向)施加。这些条件使得 x, y, z 到 x', y', z' 的坐标变换以及折射率椭球主轴长度的变化规律变得较为简单。下面以磷酸二氢钾(KDP)晶体和铌酸锂(LN)晶体的典型应用为例,简要介绍电光调制器的工作原理。

1. KDP 晶体的纵向应用

KDP(KH_2PO_4)属于 $\overline{4}2m$ 点群,该点群电光系数矩阵为

$$\gamma=\begin{bmatrix}0&0&0\\0&0&0\\0&0&0\\\gamma_{41}&0&0\\0&\gamma_{41}&0\\0&0&\gamma_{63}\end{bmatrix} \quad (6.1.4)$$

所谓纵向应用是指晶体中光的传播方向和外加电场方向一致。KDP 纵向应用时,电光相位调制器和电光强度调制器的结构如图 6.1.2 所示。对 KDP 晶体施加沿 z 方向强度为 E 的电场,即 $E_x = E_y = 0, E_z = E$,施加电场后折射率椭球的形式变化为

$$\frac{1}{\eta_0^2}(x^2 + y^2) + 2\gamma_{63}Exy + \frac{1}{\eta_e^2}z^2 = 1 \tag{6.1.5}$$

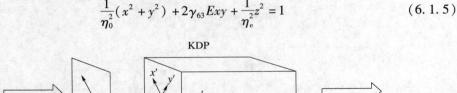

(a)

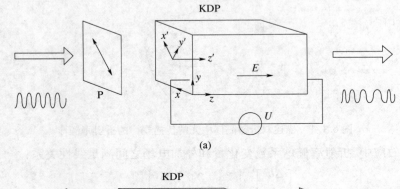

(b)

图 6.1.2 KDP 纵向应用相位调制器(a)和强度调制器(b)

式中:η_0 和 η_e 分别为不加电场时,晶体中寻常光和非寻常光的折射率。通过二次型对角化,可以得到新的主轴坐标系 x', y', z'。如图中所示,z' 轴和 z 轴一致,x', y' 仍处于 x, y 平面内,但相对于 x, y 旋转了 $45°$。沿 z 方向传播,偏振方向分别为 x' 和 y' 的平面光波相应的折射率分别为

$$\begin{cases} \eta_{x'}(E) = \eta_0 - \frac{1}{2}\eta_0^3 \gamma_{63} E \\ \eta_{y'}(E) = \eta_0 + \frac{1}{2}\eta_0^3 \gamma_{63} E \end{cases} \tag{6.1.6}$$

KDP 相位调制器利用一个起偏器,使输入光偏振方向与 x' 轴重合(当然也可选用 y' 轴)。当外加电场强度变化时,晶体中 x' 方向偏振光的折射率也会随之变化,进而导致输出端光场相位变化。容易求得,晶体输出端光电场的表达式为

$$E_{\text{out}}(t) = E_{\text{in}} \exp\left[\mathrm{j}\left(2\pi\nu t - \frac{2\pi}{\lambda_0}\eta_0 l\right)\right] \exp[\delta(t)] \tag{6.1.7}$$

其中输出端相位变化 $\delta(t)$ 由晶体两端电压 $U(t)$ 决定,其表达式为

$$\delta(t) = \frac{\pi}{\lambda_0}\eta_0^3 \gamma_{63} U(t) \tag{6.1.8}$$

利用 x', y' 方向折射率的差异和偏振光干涉原理,还可以制成强度调制器。此时起偏器偏振方向与 x' 轴和 y' 轴成 $45°$,晶体两端外加调制电压为 U 时,晶体出射端 x' 与 y' 偏振方向上光电场会产生相位差

$$\Delta\Phi = \frac{2\pi}{\lambda}(\eta_{y'} - \eta_{x'})d = \frac{2\pi}{\lambda}\eta_0^3\gamma_{63}U \tag{6.1.9}$$

该相位差使得在晶体出射端合成一个椭圆偏振光。在通过一个与起偏器偏振方向相同的检偏器作用后,强度为 I_{in} 的输入光透过检偏器后的光强 I_{out} 变为

$$I_{out} = I_{in}\frac{1}{2}\cos[1 + \cos(\Delta\Phi)] = I_{in}\frac{1}{2}\left[1 + \cos\left(\pi\frac{U}{U_\pi}\right)\right] \tag{6.1.10}$$

式中:$U_\pi = \lambda/2\eta_0^3\gamma_{63}$,称为半波电压。其意义为,当 KDP 两端的电压由 0 变到 U_π 时,强度调制器将从全透过状态变为全阻断状态。

KDP 晶体具有光损伤阈值高,电光系数高的优点。作为一种较早被采用的电光晶体,利用 KDP 晶体制作的强度调制器目前仍被作为 Q 开光应用于调 Q 激光器,特别是应用于 Nd:YAG 这样的高功率调 Q 激光器中。由于 KDP 的抛光面容易潮解,需要在密封、干燥的环境下使用。

2. LN(LiNbO$_3$)的横向应用及 LN 波导调制器

LN 晶体具有较大的电光系数,并且对大范围波长($0.33\mu m \sim 4.5\mu m$)透明,是制作电光调制器的一种理想材料。LN 为单轴晶体,属于 3m 点群,其电光系数矩阵为

$$\gamma = \begin{bmatrix} 0 & -\gamma_{22} & \gamma_{13} \\ 0 & \gamma_{22} & \gamma_{13} \\ 0 & 0 & \gamma_{33} \\ 0 & \gamma_{51} & 0 \\ \gamma_{51} & 0 & 0 \\ -\gamma_{22} & 0 & 0 \end{bmatrix} \tag{6.1.11}$$

LN 晶体电光应用最常用的方式为电场沿主坐标系 z 方向施加,并且光传播方向为 y 方向,与电场垂直,称为横向应用。在外电场 $E_z = E$ 的作用下,容易求得,新主坐标系 x',y',z' 与原主坐标系 x,y,z 重合,且折射率变为

$$\begin{cases} \eta_{x'}(E) = \eta_0 - \frac{1}{2}\eta_0^3\gamma_{13}E \\ \eta_{y'}(E) = \eta_0 - \frac{1}{2}\eta_0^3\gamma_{13}E \\ \eta_{z'}(E) = \eta_e - \frac{1}{2}\eta_e^3\gamma_{33}E \end{cases} \tag{6.1.12}$$

现代光电技术,特别是光通信技术中通常将 LN 晶体加工成很薄的基片,并在基片中形成光波导,制成波导结构调制器。基片法线的朝向通常沿晶体主坐标系的 x 轴方向或者 z 轴方向,分别称为 x 切割和 z 切割方式。光波导由金属 Ti 在高温条件下扩散进入 LN 晶体中所形成的高折射率区域构成。在光波导结构周围蒸镀电极,通过改变电极上电压即可改变外加电场强度,实现对光波导中光场的调制。图 6.1.3 给出了 x 切割和 z 切割两种方式下调制器的截面图,如图所示,无论采用何种方式,外加电场的方向都主要沿 z

方向,而光在光波导调制区中都沿 y 方向传播。光波导中存在 x 和 z 两个偏振方向。因为 LN 晶体电光系数差别较大($\gamma_{33}=30.8\text{pm/V},\gamma_{13}=8.6\text{pm/V}$),而折射率 η_0 和 η_e 差别不大,所以偏振方向为 z 的光波受到电场的调制效应更为明显。在调制器使用过程中,通过改变输入光的偏振态,可以使入射光的偏振方向为 z 方向,从而获得最大的调制效果。

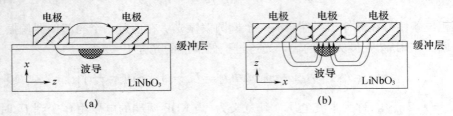

图 6.1.3 LN 波导型调制器截面图
(a) x 切割方式;(b) z 切割方式。

在 LN 基片上,既可以制作相位调制器,也可以制作强度调制器。LN 波导型相位调制器由一根沿 y 方向均匀的直波导构成,其结构如图 6.1.4(a) 所示。如果有直流光波由输入端入射至波导中,并且光的偏振方向为 z 方向,经过波导传播后,出射端光电场的相位变化的表达式可以写成

$$\delta(t) = \frac{\pi}{\lambda_0} \eta_e^3 \gamma_{33} l E(t) \approx \frac{\pi}{\lambda_0} \eta_e^3 \gamma_{33} l \frac{U(t)}{d} = \pi \frac{U(t)}{U_\pi} \quad (6.1.13)$$

式中:l 为波导调制区的长度;d 为电极之间的等效距离;半波电压为 $U_\pi = \frac{\lambda_0}{\eta_e^3 \gamma_{33}} \cdot \frac{d}{l}$。当电极上施加的电压的大小 $U(t)$ 随时间变化时,这种变化会被相应地转移到出射端光电场的相位中去。由半波电压的表达式可知,波导结构可以将电极之间的有效距离减少至微米量级,而光波导长度仍可达到厘米量级,与体材料电光调制器相比,波导型调制器的半波电压得到大幅度降低。

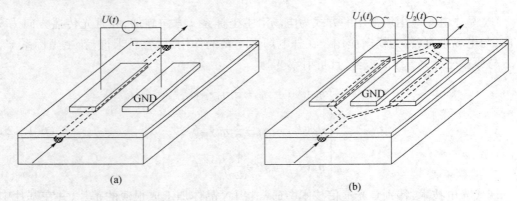

图 6.1.4 LN 波导型调制器结构示意图
(a) 相位调制器;(b) 马赫—曾德型强度调制器。

LN 波导强度调制器采用马赫—曾德干涉仪结构实现,称为马赫—曾德强度调制器,其结构如图 6.1.4(b) 所示。输入光波的偏振态仍调整为 z 方向,沿波导入射后经过 Y 型分支,被分成两个强度相等的部分,分别进入马赫—曾德干涉仪两个对称的干涉臂中。每

一个干涉臂都可以等效为一个相位调制器。两个干涉臂的光波在经过第二个 Y 型分支后再次被合在一起。假设两干涉臂电压信号分别为 $U_1(t)$ 和 $U_2(t)$，则输出端光电场为两臂电场的叠加

$$E_{\text{out}}(t) = \frac{1}{2}E_{\text{in}}\exp\left[j\left(2\pi\nu t - \frac{2\pi}{\lambda_0}\eta_e l\right)\right]\left[\exp\left(j\pi\frac{U_1}{U_\pi}\right) + \exp\left(j\pi\frac{U_2}{U_\pi}\right)\right]$$

$$= \frac{1}{2}E_{\text{in}}\exp\left[j\left(2\pi\nu t - \frac{2\pi}{\lambda_0}\eta_e l\right)\right]\cos\left[\frac{\pi}{2}\frac{(U_1 - U_2)}{U_\pi}\right]\exp\left[j\frac{\pi}{2}\frac{(U_1 + U_2)}{U_\pi}\right] \quad (6.1.14)$$

可以求得输出端的光强为

$$I_{\text{out}}(t) = \frac{1}{2}I_{\text{in}}\left[1 + \cos\left(\pi\frac{U_1 - U_2}{U_\pi}\right)\right] \quad (6.1.15)$$

这样，调制器输出端光强可以由调制器两个干涉臂的电压信号差来控制。事实上，多数马赫—曾德强度调制器仅有一只臂可以输入电压信号，这种条件下，输出端的光强可以表示为

$$I_{\text{out}}(t) = \frac{1}{2}I_{\text{in}}\left\{1 + \cos\left(\pi\frac{U_b + U(t)}{U_\pi}\right)\right\} \quad (6.1.16)$$

式中：U_b 为不随时间变化的直流电压，称为偏置电压；$U(t)$ 为可变的信号电压，二者都通过同一只干涉臂的电极加载。现代加工技术可以制成 U_π 仅为几伏，调制信号带宽可达几十吉赫的 LN 波导型调制器。利用这种调制器制成的主动锁模光纤激光器，在较低的微波驱动功率下，就可以产生重复频率高达数十吉赫的超短光脉冲串。

上述 KDP 和 LN 电光调制器，不仅可应用于调 Q 和主动锁模激光器，而且被更广泛地应用在光通信的信号调制中。当连续光信号经过相位或强度调制后，通过自由空间或者光纤的传输，在接收端可以检测出用于调制的电信号 $U(t)$，从而实现了信号的长距离空间传输。由于光波频段带宽极宽，因此可以承载巨大的信息量。

二、声光调制器

光学材料在外力作用下发生弹性形变时，分子间产生的相对位移会对感生的电极化强度产生附加的微扰，从而引起材料折射率的改变，这种现象称为弹光效应。声波是一种弹性应变波，当声波在某些介质中传播时，该介质会产生与声波信号相应的、随时间和空间周期变化的弹性形变，从而导致介质折射率的周期变化，形成等效的位相光栅，其光栅常数等于声波波长 λ_s。经过此位相光栅的光束会发生衍射，当光栅的厚度较薄时，可等效为一个面光栅，发生多级衍射，称为拉曼—奈斯衍射；当光栅足够厚时，即声光作用长度 d 足够大，满足

$$d \gg \frac{\lambda_s^2}{\lambda_0} \quad (6.1.17)$$

时（λ_0 为光波波长），需看做一个体光栅，此时只出现 0 级和 +1 级（或 -1 级，取决于声波传播方向）衍射，称为布拉格衍射。布拉格衍射的效率远大于拉曼—奈斯衍射，因此常利用布拉格衍射制成声光调制器。

布拉格衍射中，可以将折射率周期变化的介质用一些列相隔为 λ_s、并以声速 v_s 运动的部分反射镜来直观说明。如图 6.1.5 所示，由于镜面反射，入射光传播方向与声波波面

的夹角 θ_i 与反射光传播方向与声波波面夹角 θ_d 相等。除此之外,布拉格衍射还要求光波在相邻两反射面之间的光程差 $\overline{AO}+\overline{BO}$ 为一个介质中光波的波长,即有

$$2\lambda_s \sin\theta_B = \frac{\lambda_0}{\eta} \tag{6.1.18}$$

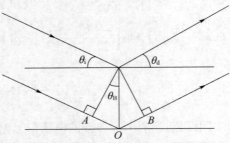

图 6.1.5 布拉格衍射

上式称为布拉格条件,$\theta_B = \theta_i = \theta_d$ 称为布拉格角。

声光调制器的结构如图 6.1.6 所示。常用的声光介质有熔融石英、钼酸铅及重火石玻璃等。换能器由石英、铌酸锂、氧化锌等压电材料波片制成,其作用是将高频电信号转化为超声波。在理想平面波入射条件下,当满足布拉格条件时,借助于耦合波理论,可以求得一级衍射光光强 I_1 与入射光光强 I_i 之比为

$$\frac{I_1}{I_i} = \sin^2\left(\frac{\pi L}{\sqrt{2}\lambda_0^2}\sqrt{\frac{d}{H}M_2 P_s}\right) \tag{6.1.19}$$

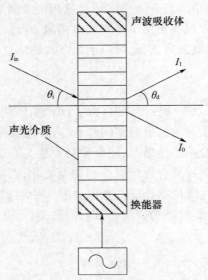

图 6.1.6 声光调制器

式中:d 与 H 分别为换能器的长度与宽度;M_2 是声光介质的品质因素;P_s 是超声驱动功率。可以看到,存在一个最优的超声驱动功率 P_m,理论上可以获得 100% 的一级衍射转化效率。当超声驱动功率在 0 与 P_m 之间变化时,一级衍射光的强度将受到调制,而在 0 和

I_i 之间变化。实际操作中,由于光束与声波均存在一定的衍射发散角和频率范围,故难以实现 100% 的转化效率。当入射角稍偏离布拉格角时,也能发生一级衍射,但转换效率将低于利用式(6.1.19)所求得的水平。

常用的声光介质中,声波的速度比光波小 2 个数量级,声波波长比可见光波波长大 2~3 个数量级。声光调制器中,声波的中心振动频率通常在几十兆到上百兆之间,现代换能器技术可产生频率高达 1GHz 的声波。声光调制器主要可以作为强度调制器,应用于声光调 Q 技术中。声光调制中通过改变调制声波的频率,还可以改变布拉格反射光的反射角度,利用这一特性,可以制成声光偏转器,应用于光显示技术之中。

三、光隔离器

某些介质的光学特性会在外加磁场的作用下发生改变,从而影响经介质透射光或介质表面反射光的传播特性,这类现象统称为磁光效应,这一类介质称为磁光介质。法拉第效应是一种重要的透射式磁光效应。法拉第效应中,对磁光介质施加一个与光传播方向平行的外部磁场,当线偏振光经过该介质后,其偏振方向和原有偏振方向发生了相对旋转。偏振旋转角度 α 为

$$\alpha = V_R M d \tag{6.1.20}$$

式中:M 为材料的磁化强度,当磁化方向与光传播方向相同时取正值,相反时取负值;V_R 为与材料有关的常数;d 为磁光介质长度。对于顺磁性和逆磁性这类非铁磁性介质,由于磁化强度和磁场强度 H 之间满足线性关系 $M = \chi_M H$,故式(6.1.20)可以写为

$$\alpha = V_R \chi_m H d = V H d \tag{6.1.21}$$

通常称 V 为材料的费尔德系数。在非铁磁性介质中,旋光角度会随所加磁场强度的增加而增加,但因该类材料在普通磁场强度下磁化强度很小,因此法拉第效应对应的旋转角度通常也较小。

对于铁磁性和亚铁磁性材料,磁化强度与磁场之间不存在线性关系,而呈现出磁滞回线形式。通常铁磁性或亚铁磁性材料在不太高的磁场强度下,就容易达到磁化饱和的状态,磁化强度达到饱和值 M_s,继续增加磁场强度,磁化强度和磁致旋光角度都将维持在饱和值上。这种情况下,磁致旋光角度应表达为

$$\alpha = V_R M_s d \tag{6.1.22}$$

铁磁性和亚铁磁性介质中,磁化强度远高于非铁磁性介质,因此容易用来获得较大的法拉第偏转角度。

法拉第效应可以利用正常塞曼效应予以直观解释。在外部磁场的作用下,介质中的某个能级会发生分裂,在相应原吸收谱线 ν_0 的两侧会产生两条新的谱线 ν_1 和 $\nu_2(\nu_1 > \nu_0 > \nu_2)$。由于吸收发生时需要满足角动量守恒条件,$\nu_1$ 和 ν_2 吸收峰只分别与自旋角动量为 $+\hbar$ 和 $-\hbar$ 的光子发生作用,分别对应左旋圆偏振光和右旋圆偏振光。由于吸收峰不同,左旋与右旋圆偏振光所对应的色散曲线不同,在某一频率下,二者折射率 η_{cw} 和 η_{ccw} 不同。对于任意一个入射的线偏振光,可以分解为强度相等的左旋和右旋圆偏振光,经过磁光介质的传播后,二者相位会发生相对变化

$$\Delta \Phi = \frac{(\eta_{cw} - \eta_{ccw})}{\lambda_0} 2\pi d \tag{6.1.23}$$

在磁光介质的输出端,两个圆偏振光将重新叠加为一个线偏振光,但其偏振面会发生旋转。容易求得,偏振面旋转角度 $\alpha = \Delta\Phi/2$。当左旋偏振光和右旋偏振光之间折射率的差值与磁场强度成正比时,可由式(6.1.23)式可得到式(6.1.21)的形式。

利用法拉第效应可以制成光隔离器。光隔离器是是一种非互易双端口器件,光只能沿从输入端到输出端的方向通过隔离器,反方向传输时则不能通过。

图 6.1.7 给出了最简单的偏振相关型光隔离器结构示意图。该器件由起偏器 P_1,法拉第旋转器和检偏器 P_2 三个元件构成,起偏器和检偏器偏振方向之间差 45°。当光沿正方向传播时,经过起偏器 P_1 的作用成为线偏振光。法拉第旋转器中施加的磁场强度使之达到磁化饱和状态,磁光介质长度经过仔细调整,使之满足条件

$$V_R M_s d = \frac{\pi}{4} \tag{6.1.24}$$

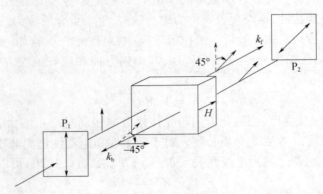

图 6.1.7 光隔离器结构示意图

沿着光传播的正方向看去,光的偏振方向将向顺时针方向旋转 45°,恰好可以完全透过检偏器 P_2。反方向传输的光,在经过了检偏器 P_2 的作用后形成线偏振光。由于磁光介质中,磁场方向和光传播方向相反,根据式(6.1.22)

$$V_R(-M_s)d = -\frac{\pi}{4} \tag{6.1.25}$$

即沿反向光传输的方向看去,偏振面方向会逆时针旋转 45°,恰好与起偏器偏振方向垂直,因此反向传输的光无法通过。

法拉第旋转器中的磁场通常由一个环状的永磁体提供。最常用的磁光介质是钇铁石榴石(YIG)晶体。YIG 是一种具有复杂立方晶格结构的亚铁磁性氧化物材料,在微波波段以及近红外部位透过率非常高,容易被磁化饱和,并且能够在较小的长度内产生较大的法拉第旋转角度。YIG 材料的光学特性以及磁化特性可以通过采用稀土元素离子置换钇离子或者铁离子的方法加以改变。例如通过铋离子替换的 YIG 晶体,在系数 V_R、透光性以及饱和磁化强度等指标上较普通 YIG 晶体均有显著的改进,基于这种材料的光隔离器体积更小、插入损耗更低。

光隔离器是激光技术中一种重要的基础器件。光隔离器常用于环形腔激光器腔内,保证激光只能沿一个方向起振,从而避免了空间谱烧孔效应,使激光器得以单模运转;光隔离器也常用于激光器的输出端,激光腔外器件所造成的反射光由于不能反向通过光隔离器而不会影响激光器腔内的运行状态,从而隔离腔外反射光对激光器的影响。

6.2 模 式 选 择

激光的优点在于它具有良好的方向性、单色性和相干性。理想激光器的输出光束应只具有一个模式,然而若不采取选模措施,多数激光器的工作状态往往是多模的。含有高阶横模的激光束光强分布不均匀,光束发散角较大。含有多纵模及多横模的激光束单色性及相干性差。激光准直、激光加工、非线性光学研究、激光中远程测距等应用均需基横模激光束。而在精密干涉计量、光通信及大面积全息照相等应用中不仅要求激光是单横模的,同时要求光束仅含有一个纵模。因此,如何设计与改进激光器的谐振腔以获得单模输出是一个重要课题。

一、横模选择

谐振腔中不同横模具有不同的损耗是横模选择的物理基础。在稳定腔中,基模的衍射损耗最低,随着横模阶次的增高,衍射损耗将迅速增加。

激光器以 TEM_{00} 模单模运转的充分条件是:TEM_{00} 模的单程增益至少应能补偿它在腔内的单程损耗,即应有

$$e^{g_{00}^0 l} \sqrt{r_1 r_2} (1 - \delta_{00}) \geqslant 1 \tag{6.2.1}$$

而损耗高于基模的相邻横模(如 TEM_{10} 模),却应同时满足

$$e^{g_{10}^0 l} \sqrt{r_1 r_2} (1 - \delta_{10}) < 1 \tag{6.2.2}$$

式中:g_{00}^0 和 g_{10}^0 分别为工作物质中 TEM_{00} 模和 TEM_{10} 模的小信号增益系数;δ_{00} 和 δ_{10} 分别为二模式的单程衍射损耗。

在各个横模的增益大体相同的条件下,不同横模间衍射损耗的差别就是进行横模选择的根据。因此,必须尽量增大高阶横模与基模的衍射损耗比,δ_{10}/δ_{00} 越大,则横模鉴别力越高。同时还应使衍射损耗在总损耗中占有足够的比例。

衍射损耗的大小及模鉴别力的高低与谐振腔的腔型和菲涅耳数有关。图 6.2.1 和图 6.2.2 中实线是各种对称腔和平凹腔的 δ_{10}/δ_{00} 随菲涅耳数变化的曲线,虚线表示 TEM_{00} 模的等损耗线。由图可知,衍射损耗随菲涅耳数的增大而减小,模鉴别力却随之提高。共焦腔和半共焦腔的 δ_{10}/δ_{00} 最大,平面腔与共心腔的 δ_{10}/δ_{00} 最小。但另一方面,当 N 不太小时,共焦腔和半共焦腔的衍射损耗很低,与其他损耗相比,往往可以忽略,因而无法利用它的模鉴别力高的优点实现选模。此外,共焦腔及半共焦腔基模体积甚小,因而其单模振荡功率也低。平面腔与共心腔虽然模式鉴别力低,但由于衍射损耗的绝对值较大,反而容易利用模式间的损耗差实现横模选择。而且它们的模体积较大,可获得高功率单模振荡。

下面简单介绍实现横模选择的几种具体方法。

1. 小孔光阑选模

在谐振腔内设置小孔光阑或限制工作物质横截面积可降低谐振腔的菲涅耳数,增加衍射损耗,使其满足式(6.2.1)与式(6.2.2),从而使激光器实现基横模运行。这一方法的实质是使光斑尺寸较小的基模无阻挡地通过小孔光阑,而光斑尺寸较大的高阶横模却受到阻挡而遭受较大的损耗。由于在谐振腔的不同位置,光斑尺寸不同,所以小孔光阑的大小因其位置而异,如图 6.2.3 所示。

为了扩大基横模体积，充分利用激光工作物质，常采用聚焦光阑法选模，如图6.2.4所示。

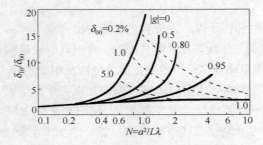

图 6.2.1 对称稳定腔的两个低次模的单程损耗比

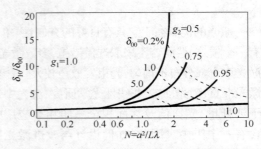

图 6.2.2 平－凹稳定腔的两个低次模的单程损耗比

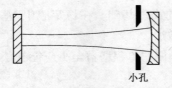

图 6.2.3 小孔光阑选模

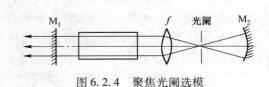

图 6.2.4 聚焦光阑选模

2. 谐振腔参数 g、N 选择法

适当选择谐振腔的类型和腔参数 g、N 值，使谐振腔的衍射损耗满足式(6.2.1)与式(6.2.2)，可使激光器输出基横模激光束。

3. 非稳腔选模

由第二章可知，非稳腔是高损耗腔，不同横模的损耗有很大差异。近年来，利用非稳腔在高增益激光器中选择横模的方法被广泛采用。

4. 微调谐振腔

对于平面腔，当腔镜倾斜时基模损耗增加最显著，腔的偏调有利于高阶模的优先振荡。对于稳定腔，由于基模体积最小而高阶模的体积较大，当腔镜发生倾斜时，高阶横模损耗显著增大，基模受到的影响较小，因而仍可继续维持振荡。这样，适当将腔镜倾斜就可以抑制高阶横模。

二、纵模选择

在激光工作物质中，往往存在多对激光振荡能级，可以利用窄带介质膜反射镜、光栅或棱镜等组成色散腔获得特定波长跃迁的振荡。本节讨论如何在特定跃迁谱线宽度范围内获得单纵模振荡的方法。

一般谐振腔中不同纵模有着相同的损耗，但由于频率的差异而具有不同的小信号增益系数。因此，扩大和充分利用相邻纵模间的增益差，或人为引入损耗差是进行纵模选择的有效途径。具体方法如下。

1. 短腔法

缩短谐振腔长度，可增大相邻纵模间隔，以致在小信号增益曲线满足振荡阈值条件的有效宽度内，只存在一个纵模，从而实现单纵模振荡。短腔选模条件可表达为

$$\Delta\nu_q = \frac{c}{2L'} > \Delta\nu_{osc} \tag{6.2.3}$$

式中:$\Delta\nu_{osc}$为由$g^0(\nu) > \delta/l$条件决定的振荡带宽。这一方法适用于荧光谱线较窄的激光器。

2. 行波腔法

在均匀加宽工作物质组成的激光器中,虽然增益饱和过程中的模竞争效应有助于形成单纵模振荡,但由于驻波腔中空间烧孔的存在,当激励足够强时,激光器仍然出现多纵模振荡。若采用环行腔,并在腔内插入一个只允许光单向通过的隔离器,如图 6.2.5 所示,则可形成无空间烧孔的行波腔,从而实现单纵模振荡。

3. 选择性损耗法

若在腔内插入标准具或构成复合腔,则由于多光束干涉效应,谐振腔具有与频率有关的选择性损耗,损耗小的纵模形成振荡,损耗大的纵模则被抑制。

图 6.2.6 为腔内插入法布里—珀罗标准具的激光器。由于多光束干涉,只有某些特定

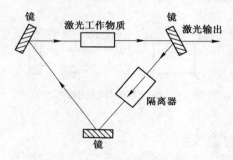

图 6.2.5　环形行波腔激光器

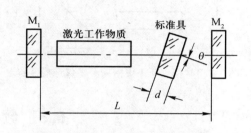

图 6.2.6　腔内插入法布里—珀罗标准具

频率的光能透过标准具在腔内往返传播,因而具有较小的损耗。其他频率的光因不能透过标准具而具有很大的损耗。由物理光学可知,标准具透射率峰对应的频率为

$$\nu_j = j\frac{c}{2\mu d\cos\theta}$$

式中:j 为正整数;μ 为标准具二镜间介质的折射率;d 为标准具长度;θ 为标准具内光线与法线的夹角。相邻透射率峰的频率间隔(见图 6.2.7)为

$$\Delta\nu_j = \frac{c}{2\mu d\cos\theta} \tag{6.2.4}$$

透射谱线宽度

$$\delta\nu = \frac{c}{2\pi\mu d}\frac{1-r}{\sqrt{r}} \tag{6.2.5}$$

式中:r 为标准具二镜面的反射率。若调整 θ 角,使 $\nu_j = \nu_q$(ν_q 为第 q 个纵模的频率),且有

$$\Delta\nu_j > \Delta\nu_{osc} \tag{6.2.6}$$

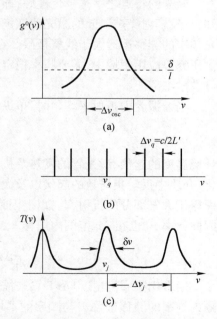

图 6.2.7　含法布里—珀罗标准具腔选模原理图
(a) 小信号增益曲线;(b) 谐振腔纵模谱;
(c) 法布里—珀罗标准具透射率曲线。

$$\delta\nu < \Delta\nu_q = \frac{c}{2L'} \qquad (6.2.7)$$

则可获得单纵模输出。由式(6.2.4)至式(6.2.7)可求出所需标准具长度 d 及镜面反射率 r，若调整 θ 角，使 ν_j 对准靠近增益曲线中心频率的纵模频率，则式(6.2.6)所示条件尚可放宽。

复合腔的形式多种多样，本节举例说明其选模原理。图6.2.8为福克斯-史密斯型复合腔。在此腔中，由分束镜 M 和全反射镜 M_2 和 M_3 组成的福克斯-史密斯干涉仪取代了谐振腔的一个反射镜，从而形成选择性反射。频率等于干涉仪反射峰频率的模式因具有最小损耗而起振，其他模式则被抑制。请读者根据选模原理在本章习题中自行推导其选模条件及设计干涉仪的原则。

图6.2.9为外腔半导体激光器选模装置，激光二极管(LD)的两个解理面 M_1、M_2 和外反射镜 M_3 组成复合腔，适当选择 M_2 及 M_3 的反射率并调节 M_3 的位置可选出单长腔模。

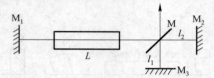
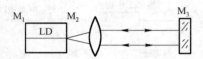

图6.2.8　福克斯-史密斯干涉仪选模装置　　图6.2.9　外腔半导体激光器选模装置

6.3　频率稳定

激光的特点之一是单色性好，即其线宽 $\Delta\nu$ 与频率 ν 的比值 $\Delta\nu/\nu$ 很小。由4.5节可知，自发辐射噪声引起的激光线宽极限确实很小，但由于各种不稳定因素的影响，实际激光频率的漂移远远大于线宽极限。在精密干涉测量、光频标、光通信、激光陀螺及精密光谱研究等应用领域中，需要频率稳定的激光。本节讨论稳定激光频率的原理，但不涉及具体技术细节。

当谐振腔内折射率均匀时，单纵模单横模激光器的频率为

$$\nu_q = q\frac{c}{2\eta L}$$

环境温度的起伏、激光管的发热及机械振动都会引起谐振腔几何长度的改变。温度的变化、介质中反转集居数的起伏以及大气的气压、湿度变化都会影响激光工作物质及谐振腔裸露于大气部分的折射率。以上因素使腔长 L 及折射率 η 都在一定范围 ΔL、$\Delta\eta$ 内变化，因此频率 ν_q 也在 $\Delta\nu$ 范围内漂移。$\Delta\nu$ 可表示为

$$\Delta\nu = \frac{\partial\nu_q}{\partial\eta}\Delta\eta + \frac{\partial\nu_q}{\partial L}\Delta L = -\nu_q\left(\frac{\Delta\eta}{\eta} + \frac{\Delta L}{L}\right) \qquad (6.3.1)$$

通常用频率稳定度 $|\Delta\nu|/\bar{\nu}$ 来描述激光器的频率稳定特性，它表示在某一测量时间间隔内频率的漂移量 $|\Delta\nu|$ 与频率的平均值 $\bar{\nu}$ 之比。

一个管壁材料为硬玻璃的内腔式氦氖激光器，当温度漂移 ±1℃ 时，由于腔长变化引起的频率漂移已超出增益曲线范围。因此，在不加任何稳频措施时，单纵模氦氖激光器的频率稳定度为

$$\left|\frac{\Delta \nu}{\nu}\right| = \frac{\Delta \nu_D}{\nu_0} \approx \frac{1500 \times 10^6}{4.7 \times 10^{14}} \approx 3 \times 10^{-6}$$

在计量等技术应用中,必须采用稳频技术以改善激光器的频率稳定性。

为了改善频率稳定性通常采用电子伺服控制激光频率,当激光频率偏离标准频率时,鉴频器给出误差信号控制腔长,使激光频率自动回到标准频率上。本节将介绍兰姆凹陷稳频、塞曼稳频、饱和吸收稳频及无源腔稳频等四种稳频方法的原理。

通常所说的频率稳定特性包含着频率稳定性及频率复现性两个方面。频率稳定性描述激光频率在参考标准频率 ν_s 附近的漂移,而频率复现性则是指参考标准频率 ν_s 本身的变化。例如这一台激光器与另一台激光器参考标准频率的不同,同一台激光器这一工作期间和另一工作期间参考标准频率的变化。设参考标准频率 ν_s 的最大偏移量为 $(\nu'_s - \nu_s)$,则频率复现性以 $|\nu'_s - \nu_s|/\nu_s$ 度量。当激光器应用于计量标准时,频率复现性也是影响精度的重要参量。

一、兰姆凹陷稳频

兰姆凹陷法以增益曲线中心频率 ν_0 为参考标准频率,电子伺服系统通过压电陶瓷控制激光器的腔长,使频率稳定于 ν_0。图 6.3.1 为兰姆下陷稳频系统示意图。单纵模激光器安装在殷钢或石英制成的谐振腔间隔器上,其中一块反射镜贴在压电陶瓷环上,当压电陶瓷外表面加正电压、内表面加负电压时压电陶瓷伸长,反之则缩短,因而可利用压电陶瓷的伸缩来控制腔长。在压电陶瓷上加上一个直流偏压和一个频率为 f 的音频调制电压,前者控制激光工作频率 ν,后者使其低频调制。如果激光频率 $\nu = \nu_0$,则调制电压使激光频率在 ν_0 附近变化,而输出功率 P 以频率 $2f$ 作周期性变化如图 6.3.2 所示。这时工作频率为 f 的选频放大器输出为零,没有附加的电压输送到压电陶瓷上,因而激光器继续工作于 ν_0。如果激光频率 ν 大于 ν_0,则激光输出功率的调制频率为 f,相位与调制电压相同。于是光电接收器输出一频率为 f 的信号,经选频放大器放大后送入相敏检波器。相敏检波器输出一个负的直流电压,经放大后加在压电陶瓷的外表面,它使压电陶瓷缩短,腔长伸长。于是激光频率 ν 被拉回到 ν_0。如果激光频率 ν 小于 ν_0,则输出功率的调制相位与调制电压相位相差 π,相敏检波器输出一正的直流电压,它使压电陶瓷伸长,于是激光频率 ν 增加并回到 ν_0。

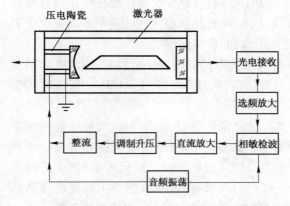

图 6.3.1　兰姆凹陷稳频系统示意图

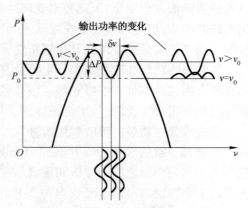

图 6.3.2　说明兰姆凹陷稳频原理示意图

为了改善频率稳定性,希望微弱的频率漂移就能产生足以将频率拉回 ν_0 的误差信号,这就要求兰姆凹陷窄而深。要使频率稳定性优于 4×10^{-9},相对凹陷深度应达 1/8(在图 6.3.2 中 $\Delta P/P_0$ 为相对凹陷深度)。由激光器的半经典理论可知,兰姆凹陷的深度和激发参量 $g_m l/\delta$ 成正比,所以使激光器工作于最佳电流并降低损耗可以增加凹陷深度。凹陷宽度 $\delta\nu$ 则正比于 $\Delta\nu_L$,因而正比于气压,故降低气压可使凹陷变窄,但气压过低会使激光器功率降低,甚至使激光不能产生。图 6.3.3 给出充普通氖气与单一同位素 Ne^{20} 的氦氖激光器的输出功率曲线,普通氖气包含 Ne^{20} 及 Ne^{22} 两种同位素,二者谱线中心频率之差为

$$\nu_{22} - \nu_{20} = 890 \text{MHz}$$

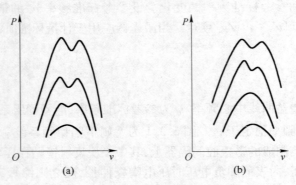

图 6.3.3　输出功率曲线
(a)单一同位素 Ne^{20};(b)普通氖气。

因此,充普通氖气的氦氖激光器兰姆凹陷曲线不对称且不够尖锐,制作单频稳频激光器时应充以单一同位素 Ne^{20} 或 Ne^{22}。兰姆凹陷法稳频可获得优于 10^{-9} 的频率稳定度。由于谱线中心频率 ν_0 随激光器放电条件而改变,频率复现性仅达 $10^{-7} \sim 10^{-8}$。此外,这种激光器的输出激光的光强和频率均有微小的音频调制。

二、饱和吸收稳频

上述两种稳频方法都是以增益曲线中心频率 ν_0 作为参考标准频率,但 ν_0 易受放电条件的影响而发生变化,因此频率复现性差。为了提高稳频精度,希望降低气压以提高兰姆凹陷的锐度,但激光管不能在过低的气压下工作,因此频率稳定性的进一步改善也受到限制。为了提高频率复现性及稳频精度,可采用饱和吸收稳频法。

饱和吸收稳频装置如图 6.3.4 所示,在外腔激光器的腔内置一吸收管,吸收管内的气体在激光振荡频率处有强吸收峰。吸收管内气压很低,通常只有 1~10Pa。低压气体吸收峰的频率很稳定,因此频率复现性好。

设吸收管内物质的吸收系数为 $\beta(\nu)$,当入射光足够强时,由于下能级粒子数的减少和上能级粒子数的增加,$\beta(\nu)$ 将随入射光强之增加而减小,这就是吸收饱和现象。吸收饱和现象和前面讨论的增益饱和现象是完全类似的。若把吸收看成负增益,则关于增益饱和的全部理论均可用于吸收饱和。由于吸收管内气压很低,吸收谱线主要是多普勒加宽。如有一频率为 ν_1、光强为 I_{ν_1} 的强光入射,则吸收曲线出现烧孔,烧孔的宽度为

$$\delta\nu' = \sqrt{1 + \frac{I_{\nu_1}}{I'_s}} \Delta\nu'_H$$

式中:I'_s 为吸收介质的饱和光强;$\Delta\nu'_H$ 为吸收物质的均匀加宽线宽,由于自然线宽很小,所以 $\Delta\nu'_H \approx \Delta\nu'_L$($\Delta\nu'_L$ 为吸收物质的碰撞线宽)。

吸收曲线如图 6.3.5 所示,图中 ν'_0 为吸收曲线中心频率。

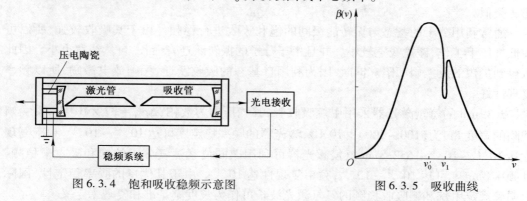

图 6.3.4　饱和吸收稳频示意图

图 6.3.5　吸收曲线

如果把吸收管放在谐振腔内,并且腔内有一频率为 ν_1 的模式振荡。若 $\nu_1 \neq \nu'_0$,则正向传播的行波(光强为 I_+)及反向传播的行波(光强为 I_-)分别在吸收曲线的 ν_1 及 $(2\nu'_0 - \nu_1)$ 处烧一个孔。吸收物质对 ν_1 模的吸收系数为

$$\beta(\nu_1) = \frac{\beta^0(\nu_1)}{\sqrt{1 + I_+/I'_s}}$$

式中:$\beta^0(\nu_1)$ 为小信号吸收系数。若 $\nu_1 = \nu'_0$,则正反向传播的行波共同在吸收曲线的中心频率处烧一个孔。吸收物质对 ν_1 模的吸收系数为

$$\beta(\nu_1) = \frac{\beta^0(\nu'_0)}{\sqrt{1 + \dfrac{I_+ + I_-}{I'_s}}}$$

若作出光强一定时吸收系数 $\beta(\nu_1)$ 和振荡频率 ν_1 的关系曲线,则曲线在 $\nu_1 = \nu'_0$ 处出现凹陷,如图 6.3.6(a)所示,凹陷的宽度为

$$\delta\nu' = \sqrt{1 + \frac{2I_+}{I'_s}} \Delta\nu'_H$$

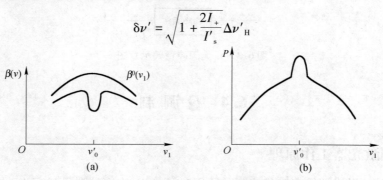

图 6.3.6　说明反兰姆凹陷形成的图
(a)光强一定时吸收物质对振荡模的吸收系数和
振荡模频率的关系曲线;(b)激光器输出功率曲线。

在谐振腔中放置吸收管时谐振腔的单程损耗因子为
$$\delta'(\nu_1) = \delta + \beta(\nu_1)L'$$
式中：δ 为未放置吸收管时谐振腔的单程损耗因子；L' 为吸收管长度。由于 $\beta(\nu_1)$—ν_1 曲线的尖锐凹陷，激光器输出功率在 ν'_0 处出现一个尖锐的尖峰，称为反兰姆凹陷，如图 6.3.6(b) 所示。利用反兰姆凹陷，可使激光器的频率稳定在 ν'_0，其稳频系统与兰姆凹陷法类似。

通常利用分子的基态与振转能级间的饱和吸收进行稳频。由于其吸收较强，所以可在低气压下工作，碰撞线宽较小。并且由于分子的振转跃迁寿命长，自然线宽也小。因此可得到尖锐的反兰姆凹陷。同时，因为利用自基态的吸收跃迁，无须放电激励，所以频率复现性好。

3.39μm 的氦氖激光器采用甲烷吸收管，其气压约为数帕，$\Delta\nu'_L \approx 37 \times 10^3$ Hz，反兰姆凹陷的宽度 $\delta\nu'$ 为 $(100 \sim 300) \times 10^3$ Hz，激光器的频率稳定度可达 $10^{-12} \sim 10^{-13}$，频率复现性达 $10^{-11} \sim 10^{-12}$。632.8nm 氦氖激光器可利用碘同位素蒸气分子的饱和吸收来稳频，其频率稳定度可达 $10^{-11} \sim 10^{-12}$，频率复现性达 10^{-11}。由于其优良的频率稳定性，国际上明确规定甲烷和碘吸收稳频的氦氖激光波长可作为长度副基准和复现米定义。

三、无源腔稳频

外界无源腔的特征频率也可用作稳频的参考频率。图 6.3.7 是利用法布里-珀罗干涉仪稳定半导体激光器运行频率的示意图。法布里-珀罗干涉仪的透过率随光频率变化的曲线如图 6.2.7(c) 所示。激光频率的变化将引起透过法布里-珀罗干涉仪光功率的变化。利用与兰姆凹陷稳频类似的鉴频方法得到的误差信号控制激光二极管的温度、激励电流或外腔激光器的腔长可使激光频率稳定于法布里-珀罗干涉仪的最佳透过频率。将多个激光器稳定于不同级次的透过峰频率上，可得到频率间隔固定的多路激光，它可用作频分复用光通信的发射光源。

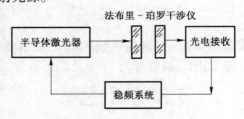

图 6.3.7　无源腔稳频示意图

6.4　Q 调 制

一、Q 调制激光器工作原理

在分析脉冲激光器输出尖峰序列的原因时已指出，在泵浦激励过程中，当工作物质中反转集居数密度 Δn 增加到阈值时就产生激光。当 Δn 超过 Δn_t 时，随着受激辐射的增强，上能级粒子数大量消耗，反转集居数 Δn 迅速下降，直到 Δn 低于阈值 Δn_t 时，激光振荡迅速衰减。然后泵浦的抽运又使上能级逐渐积累粒子而形成第二个激光尖峰。如此不断重复，便产生一系列小的尖峰脉冲。由于每个激光脉冲都是在阈值附近产生的，所以输出脉冲的峰值功率较低，一般为几十千瓦数量级。增大输入能量时，只能使尖峰脉冲的数目增多，而不能有效地提高峰值功率水平。同时，激光输出的时间特性也很差。

为了得到高的峰值功率和窄的单个脉冲，采用了 Q 调制技术，它的基本原理是通过某种方法使谐振腔的损耗因子 δ（或 Q 值）按照规定的程序变化，在泵浦激励刚开始时，先使光腔具有高损耗因子 δ_H，激光器由于阈值高而不能产生激光振荡，于是亚稳态上的粒子数便可以积累到较高的水平。然后在适当的时刻，使腔的损耗因子突然降低到 δ，阈值也随之突然降低，此时反转集居数大大超过阈值，受激辐射极为迅速地增强。于是在极短时间内，上能级储存的大部分粒子的能量转变为激光能量，形成一个很强的激光巨脉冲输出。采用调 Q 技术很容易获得峰值功率高于兆瓦，脉宽为几十毫微秒的激光巨脉冲。本节将简单介绍 Q 调制技术的原理，而不涉及具体的技术细节。

图 6.4.1 为调 Q 过程的示意图。在 $t<0$ 时，损耗因子为 δ_H，腔内光子寿命为 τ_{RH}，在中心频率处相应的阈值为

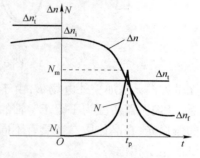

图 6.4.1 调 Q 过程反转粒子数密度及光子数密度随时间的变化

$$\Delta n'_t = \frac{\delta_H}{\sigma_{21} l}$$

当 $t<0$ 时，泵源激励使反转集居数不断增长，至 $t=0$ 时刻，反转集居数密度增加到 Δn_i。但因 $\Delta n_i < \Delta n'_t$，所以不能产生激光，此时腔内只有由自发辐射产生的少量光子，光子数密度 N_i 很小。在 $t=0$ 时刻，损耗因子突然降至 δ（光子寿命为 τ_R），阈值也相应地降至

$$\Delta n_t = \frac{\delta}{\sigma_{21} l}$$

由于 Δn_i 比 Δn_t 大得多，所以腔内光子数密度 N 迅速增长。同时受激辐射又使反转集居数密度迅速减少，到 $t = t_p$ 时刻，$\Delta n = \Delta n_t$，腔内光子数密度不再增长，N 达到最大值 N_m。当 $t > t_p$ 时，由于 $\Delta n < \Delta n_t$，腔内光子数密度 N 迅速减少。当 N 又减少到 N_i 时，巨脉冲熄灭，此时 $\Delta n = \Delta n_f$。

二、Q 调制方法

凡能使谐振腔损耗发生突变的元件都能用作 Q 开关。常用的调 Q 方法有转镜调 Q、电光调 Q、声光调 Q 与饱和吸收调 Q 等。前三种方法中谐振腔损耗由外部驱动源控制，称为主动调 Q。后一种方法中，谐振腔损耗取决于腔内激光光强，因此称为被动调 Q。转镜调 Q 是最早发展的一种调 Q 方法，但目前已很少使用。本书仅简要介绍其余三种调 Q 方法。

1. 电光调 Q

某些晶体在外加电场作用下，其折射率发生变化，使通过晶体的不同偏振方向的光之间产生位相差，从而使光的偏振状态发生变化的现象称为电光效应。其中折射率的变化和电场成正比的效应称为普克尔效应，折射率的变化和电场强度平方成正比的效应称为

克尔效应。电光调 Q 就是利用晶体的普克尔效应来实现 Q 突变的方法。现以最常用的电光晶体之一的磷酸二氘钾(KD*P)晶体为例说明其调 Q 原理。

电光调 Q 激光器如图 6.4.2 所示。未加电场前晶体的折射率主轴为 x、y、z。沿晶体

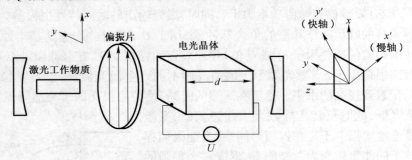

图 6.4.2　电光调 Q 激光器示意图

光轴方向 z 施加一外电场 E，由于普克尔效应，主轴变为 x'、y'、z。令光束沿 z 轴方向传播，经偏振器后变为平行于 x 轴的线偏振光，入射到晶体表面时分解为等幅的 x' 和 y' 方向的偏振光，在晶体中二者具有不同的折射率 $\eta_{x'}$ 和 $\eta_{y'}$。经过长度为 d 的晶体后，二偏振分量产生了相位差

$$\Delta\Phi = \frac{2\pi\nu d}{c}(\eta_{y'} - \eta_{x'}) = \frac{2\pi\nu\eta_0^3\gamma_{63}}{c}Ed = \frac{2\pi\nu\eta_0^3\gamma_{63}}{c}U$$

式中：η_0 为晶体寻常光折射率；γ_{63} 为晶体的电光系数；U 为加在晶体两端的电压。当 $\Delta\Phi = \pi/2$ 时，所需电压称作四分之一波电压，记作 $U_{\lambda/4}$。图 6.4.2 中电光晶体上施以电压 $U_{\lambda/4}$ 时，从偏振器出射的线偏振光经电光晶体后，沿 x' 和 y' 方向的偏振分量间产生了 $\pi/2$ 位相延迟，经全反射镜反射后再次通过电光晶体后又将产生 $\pi/2$ 延迟，合成后虽仍是线偏振光，但偏振方向垂直于偏振器的偏振方向，因此不能通过偏振器。这种情况下谐振腔的损耗很大，处于低 Q 值状态，激光器不能振荡，激光上能级不断积累粒子。如果在某一时刻，突然撤去电光晶体两端的电压，则谐振腔突变至低损耗、高 Q 值状态，于是形成巨脉冲激光。

电光 Q 开关是目前使用最广泛的一种 Q 开关，适用于脉冲激光器，其主要特点是开关时间短(约 10^{-9}s)，属快开关类型。电光调 Q 激光器可以获得脉宽窄、峰值功率高的巨脉冲。例如，典型的 Nd^{3+}:YAG 电光调 Q 激光器的输出光脉冲宽度为 10～20ns，峰值功率可达数兆瓦至数十兆瓦，而对于钕玻璃调 Q 激光器，不难获得数百兆瓦的峰值功率。常用电光晶体有 KDP、KD*P、$LiNbO_3$ 及 BSO 等。

2. 声光调 Q

将图 6.1.6 所示声光调制器置于激光器中，在超声场作用下发生衍射，由于一级衍射光偏离谐振腔而导致损耗增加，从而使激光振荡难以形成，激光高能级大量积累粒子。若这时突然撤除超声场，则衍射效应即刻消失，谐振腔损耗突然下降，激光巨脉冲遂即形成。

声光调 Q 开关时间一般小于光脉冲建立时间，属快开关类型。由于开关的调制电压只需 100 多伏，所以可用于低增益的连续激光器，可获得峰值功率几百千瓦、脉宽约为几十纳秒的高重复率巨脉冲。但是，声光开关对高能量激光器的开关能力差，不宜用于高能调 Q 激光器。

3. 被动调 Q

在谐振腔中设置一饱和吸收体，利用其饱和吸收效应可以控制谐振腔的损耗。我们可近似地把饱和吸收体看成是两能级系统，利用稳态二能级速率方程，按照 3.4 节中由速率方程求增益系数类似的过程，可求出中心频率处的吸收系数

$$\beta = \frac{\beta^0}{1 + I/I'_s} \tag{6.4.1}$$

式中：β^0 为中心频率小信号吸收系数；I 和 I'_s 分别为入射光强和中心频率饱和光强。简并度相等的二能级系统的中心频率饱和光强

$$I'_s = \frac{h\nu}{2\sigma_{12}\tau_2}$$

式中：σ_{12} 为吸收截面；τ_2 为高能级寿命。由式(6.4.1)可见，吸收系数随光强的增加而减少，当光强很大时，吸收系数为零，入射光几乎全部透过。饱和吸收体的透过率随光强的变化如图 6.4.3 所示。

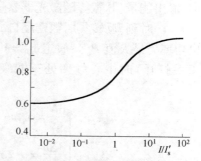

图 6.4.3 染料盒透过率随光强变化曲线

将饱和吸收体放在谐振腔中，泵浦过程开始时，由于其吸收系数大，谐振腔损耗很大，激光器不能起振。随着激光工作物质中反转集居数的积累，放大的自发辐射逐渐增加，当光强与饱和吸收体的 I'_s 可比拟时，吸收系数显著减少。当这一过程发展到一定程度时，单程增益等于单程损耗，激光器开始起振。随着激光强度的增加，饱和吸收体的吸收系数又继续下降，而这又促使激光更迅速地增加，于是产生了受激辐射不断增长的雪崩过程。当激光光强增加至可与增益介质的饱和光强可比拟时，增益系数显著下降，最终导致激光熄灭。

由上述巨脉冲发展过程可知，用作被动 Q 开关的饱和吸收体应具备下列特性：①吸收峰中心波长应与激光器激光波长吻合；②饱和光强 I'_s 要适当。I'_s 小于增益介质的饱和光强 I_s 是巨脉冲产生的必要条件，I'_s 太大还会因 Q 开关速度太慢而严重影响调 Q 效果。但 I'_s 也不宜过小，否则很弱的光就能使其透明，工作物质的反转集居数便不能充分积累。

最早出现的被动调 Q 激光器以染料为饱和吸收体。对钕玻璃和 YAG 等激光器适用的染料有 BDN、五甲川、十一甲川和蓝色素等，其相应的溶剂有丙酮、氯苯、二氯乙烷等。对红宝石激光器适用的染料有隐花菁、金属酞菁、钒酞菁、氯铝钛菁、锆钛菁、叶绿素 D 等，其相应的溶剂有丙酮、甲醇、氯苯、硝基苯等。将上述染料掺入透明塑料基质制成的染料片也可用于被动调 Q。染料浓度及泵浦能量的大小对巨脉冲特性有明显影响。浓度太低或泵浦能量太大易形成多脉冲输出。浓度太高则会提高激光器阈值。染料调 Q 是一种被动式快开关，使用简单。与脉冲激光器配合可获得峰值功率吉瓦，脉宽数十纳秒的激光巨脉冲。其缺点是染料易变质，需经常更换，输出不够稳定。

近年来，发展了系列新型固体饱和吸收材料。适用于 1060nm 波段的固体饱和吸收材料有：$Cr^{4+}:YAG$、$Cr^{4+}:GSGG$、$Cr^{4+}:GSAG$、$Cr^{4+}:Mg_2SiO_4$、$LiF:F_2^-$（色心材料）及 GaAs 等。将 Cr^{4+} 和 Nd^{3+} 同时掺入晶体，还可实现自调 Q。

三、调 Q 激光器基本理论

1. 调 Q 激光器的峰值功率

下面利用速率方程来分析调 Q 激光器的输出峰值功率。虽然实际的 Q 开关并非如图 6.3.1 所表示的那样能使损耗因子在一瞬间由 δ_H 降至 δ，而是经历了一段时间后才由 δ_H 降至 δ，但为简单起见，在下面的分析中仍将损耗看成是阶跃式突变的。对快开关而言，这一近似是允许的。

在调 Q 激光器中，腔长一般大于工作物质长度，为简单起见，在本节的讨论中假设工作物质充满谐振腔，即 $L = l$。在 $L > l$ 时，其结果应作修正，但这一差别对我们了解输出峰值功率、输出能量、脉宽等随激光器参量的变化关系并无妨碍。

在 $t = t_p$ 时刻，反转集居数密度自 Δn_i 降至 Δn_t，而腔内光子数密度达到最大值 N_m，此时输出功率为最大值 P_m。假定 $\eta_F = 1$，E_1、E_2 能级的统计权重相等，则可写出 $t > 0$（$t = 0$ 时 Q 开关打开）时中心频率处三能级系统反转集居数密度和光子数密度的速率方程如下：

$$\begin{cases} \dfrac{dN}{dt} = \sigma_{21} v N \Delta n - \dfrac{N}{\tau_R} \\ \dfrac{d\Delta n}{dt} = -2\sigma_{21} v N \Delta n - 2n_2 A_{21} + 2n_1 W_{13} \end{cases} \qquad (6.4.2)$$

调 Q 激光器激光脉冲的持续时间约为几十纳秒，在这样短的时间内自发辐射及泵浦激励的影响可以忽略不计，因此式 (6.4.2) 可简化为

$$\dfrac{dN}{dt} = \sigma_{21} v N \Delta n - \dfrac{N}{\tau_R} = \left(\dfrac{\Delta n}{\Delta n_t} - 1\right) \dfrac{N}{\tau_R} \qquad (6.4.3)$$

$$\dfrac{d\Delta n}{dt} = -2\sigma_{21} v N \Delta n = -2 \dfrac{\Delta n}{\Delta n_t} \dfrac{N}{\tau_R} \qquad (6.4.4)$$

从式 (6.4.3)、式 (6.4.4) 中消去 dt，则得

$$\dfrac{dN}{d\Delta n} = \dfrac{1}{2}\left(\dfrac{\Delta n_t}{\Delta n} - 1\right)$$

对上式积分，得

$$\int_{N_i}^{N} dN = \dfrac{1}{2} \int_{\Delta n_i}^{\Delta n} \left(\dfrac{\Delta n_t}{\Delta n} - 1\right) d\Delta n$$

$$N = N_i + \dfrac{1}{2}\left(\Delta n_i - \Delta n + \Delta n_t \ln \dfrac{\Delta n}{\Delta n_i}\right) \qquad (6.4.5)$$

当 $\Delta n = \Delta n_t$ 时，$dN/d\Delta n = 0$，N 达到最大值 N_m。由于自发辐射产生的初始光子数密度 $N_i \ll N_m$，所以

$$N_m \approx \dfrac{1}{2}\left(\Delta n_i - \Delta n_t - \Delta n_t \ln \dfrac{\Delta n_i}{\Delta n_t}\right) = \dfrac{1}{2}\Delta n_t \left(\dfrac{\Delta n_i}{\Delta n_t} - \ln \dfrac{\Delta n_i}{\Delta n_t} - 1\right) \qquad (6.4.6)$$

设激光束截面积为 A，输出反射镜透射率为 T，另一反射镜透射率为零，则激光器输出峰值功率为

$$P_\mathrm{m} = \frac{1}{2} h\nu_{21} N_\mathrm{m} vAT \tag{6.4.7}$$

由式(6.4.6)及式(6.4.7)可以看出，$\Delta n_\mathrm{i}/\Delta n_\mathrm{t}$ 越大，则 N_m 值越大，因而峰值功率 P_m 越大。$\Delta n_\mathrm{i}/\Delta n_\mathrm{t}$ 的值取决于以下因素：①Q 开关关闭时腔的损耗因子 δ_H 值越大，则允许达到而不致越过阈值的 Δn_i 值越大。Q 开关打开后腔的损耗越小，则阈值 Δn_t 越小。因此为了提高 $\Delta n_\mathrm{i}/\Delta n_\mathrm{t}$，希望 δ_H/δ 值大。②泵源功率越高，则 $\Delta n_\mathrm{i}/\Delta n_\mathrm{t}$ 越大。③在相同的泵源功率下，激光上能级寿命越长，则 $\Delta n_\mathrm{i}/\Delta n_\mathrm{t}$ 越大。一般气体激光器的激光上能级寿命较短，如氦氖激光器的 632.8nm 激光上能级的寿命仅 20ns，不适于作调 Q 器件。在气体激光器中，只有二氧化碳激光器的激光上能级寿命较长（约为 1ms），因此可采用调 Q 技术。

2. 巨脉冲的能量

在三能级系统中，单位体积工作物质每发射一个光子，反转集居数密度 Δn 就减少 2。巨脉冲开始时反转集居数密度为 Δn_i，熄灭时为 Δn_f，所以在巨脉冲持续过程中单位体积工作物质发射的光子数目为 $(\Delta n_\mathrm{i} - \Delta n_\mathrm{f})/2$。设工作物质中激光束的模体积为 V^0，则腔内巨脉冲能量为

$$E_\text{内} = \frac{1}{2} h\nu_{21}(\Delta n_\mathrm{i} - \Delta n_\mathrm{f})V^0 = E_\mathrm{i} - E_\mathrm{f} \tag{6.4.8}$$

式中：$E_\mathrm{i} = h\nu_{21} V^0 \Delta n_\mathrm{i}/2$ 为储藏在工作物质中可以转变为激光的初始能量，称为"储能"；$E_\mathrm{f} = h\nu_{21} V^0 \Delta n_\mathrm{f}/2$ 为巨脉冲熄灭以后工作物质中剩余的能量，它将通过自发辐射逐渐消耗掉。输出巨脉冲能量为

$$E = \frac{T}{T+a}(E_\mathrm{i} - E_\mathrm{f}) = \frac{T}{T+a} \mu E_\mathrm{i} \tag{6.4.9}$$

能量利用率 μ 描述储能被利用的程度，即

$$\mu = \frac{E_\text{内}}{E_\mathrm{i}} = 1 - \frac{\Delta n_\mathrm{f}}{\Delta n_\mathrm{i}} \tag{6.4.10}$$

式(6.4.9)及式(6.4.10)表明，储能越大，则巨脉冲能量越大；$\Delta n_\mathrm{f}/\Delta n_\mathrm{i}$ 越小，则 μ 越高。下面分析 $\Delta n_\mathrm{f}/\Delta n_\mathrm{i}$ 取决于哪些因素。

在巨脉冲衰减阶段，当光子数密度 N 衰减至初始值 N_i 时，巨脉冲熄灭，此时工作物质中剩余的反转集居数密度为 Δn_f。于是由式(6.4.5)可得

$$\Delta n_\mathrm{i} - \Delta n_\mathrm{f} + \Delta n_\mathrm{t} \ln \frac{\Delta n_\mathrm{f}}{\Delta n_\mathrm{i}} = 0$$

或

$$\frac{\Delta n_\mathrm{f}}{\Delta n_\mathrm{i}} = 1 + \frac{\Delta n_\mathrm{t}}{\Delta n_\mathrm{i}} \ln \frac{\Delta n_\mathrm{f}}{\Delta n_\mathrm{i}} \tag{6.4.11}$$

图 6.4.5(a) 是 $\Delta n_\mathrm{f}/\Delta n_\mathrm{i}$ 随 $\Delta n_\mathrm{i}/\Delta n_\mathrm{t}$ 变化的计算曲线，图 6.4.5(b) 为 μ 和 $\Delta n_\mathrm{i}/\Delta n_\mathrm{t}$ 的关系曲线。由此图可见 $\Delta n_\mathrm{i}/\Delta n_\mathrm{t}$ 增大，则 $\Delta n_\mathrm{f}/\Delta n_\mathrm{i}$ 值减小，而能量利用率 μ 却随之增大。当 $\Delta n_\mathrm{i}/\Delta n_\mathrm{f} > 2.5$ 时，μ 超过 90%。

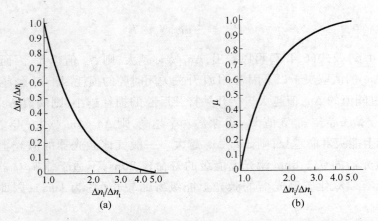

图 6.4.4　剩余反转集居数密度及能量利用率和初始反转集居数密度的关系
(a)巨脉冲熄灭时反转集居数密度与初始反转集居数密度的关系;
(b)能量利用率与初始反转集居数密度的关系。

3. 巨脉冲的时间特性

在脉冲形成过程中,设腔内光子数密度 N 由 $N_m/2$ 上升至 N_m 所需的时间为 Δt_r,由 N_m 下降至 $N_m/2$ 所需的时间为 Δt_c,则巨脉冲宽度定义为

$$\Delta t = \Delta t_r + \Delta t_c$$

下面讨论脉冲宽度的估算方法。

对式(6.4.4)积分,得

$$t = -\frac{1}{2}\tau_R \int_{\Delta n_i}^{\Delta n} \frac{\Delta n_t}{N\Delta n} d\Delta n$$

将式(6.4.5)代入上式,得

$$t = -\frac{1}{2}\tau_R \int_{\Delta n_i}^{\Delta n} \frac{d\Delta n}{\Delta n\left[\frac{N_i}{\Delta n_t} + \frac{1}{2}\left(\frac{\Delta n_i}{\Delta n_t} - \frac{\Delta n}{\Delta n_t} + \ln\frac{\Delta n}{\Delta n_i}\right)\right]} \tag{6.4.12}$$

对此积分式进行数值求解,可以得到巨脉冲的波形和脉冲宽度 Δt,也可由 $\Delta t \approx E/P_m$ 粗略估算脉宽。由数值解可知:

(1) 当 $\Delta n_i/\Delta n_t$ 增大时,脉冲的前沿和后沿同时变窄,相对地说,前沿变窄更显著。这是因为 $\Delta n_i/\Delta n_t$ 越大,则腔内净增益系数越大,腔内光子数的增长及反转集居数的衰减就越迅速,因此脉冲的建立及熄灭过程也就越短。

(2) 脉冲宽度正比于光子寿命 τ_R,而 τ_R 又和腔长 L 成正比,所以为了获得窄的脉冲,腔长不宜过长,输出损耗也不宜太小。

在以上分析过程中,假定工作物质属于三能级系统,且激光跃迁上下能级统计权重相等,工作物质长等于腔长,所以,有式(6.4.3)、式(6.4.4)和式(6.4.6)。至于激光跃迁上下能级统计权重不相等,或工作物质长不等于腔长的情况,请读者通过本章习题 7 和习题 9 导出相应的表示式。常用的 Nd:YAG 和钕玻璃调 Q 激光器属于四能级系统。但由于调 Q 巨脉冲宽度很窄,在巨脉冲发生过程中从激光上能级跳到激光下能级的粒子并不能立即从下能级消失,因而不能认为激光下能级为空能级。故在调 Q 器件中,Nd:YAG 和钕玻璃的行为偏离理想的四能级系统,而接近三能级系统。

四、脉冲透射式调 Q（腔倒空）

以上讨论的 Q 调制方式属于工作物质储能调 Q，即在低 Q 值状态下激光工作物质的上能级积累粒子，当 Q 值突然升高时形成巨脉冲振荡，同时输出光脉冲，如图 6.4.5(a)所示。上述方式称作脉冲反射式调 Q。由于振荡和输出同时进行，脉宽取决于激光增长和衰减过程，光束需要在腔内往返若干次才能完成衰减过程，所以脉宽达数十纳秒。

图 6.4.5(b)示出另一种谐振腔储能调 Q 过程。谐振腔由全反射镜 M_1 和可控反射镜 M_2 组成。$t<0$ 时，M_2 镜全反射，谐振腔处于高 Q 值状态，激光器振荡但无输出。激光能量储存于谐振腔中。$t=0$ 时，控制 M_2 镜使其透射率达 100%，储存于腔内的激光能量迅速逸出腔外，于是输出一巨脉冲。这种调 Q 方式称作脉冲透射式调 Q 或腔倒空。由于这种调 Q 方式是在全透射情况下输出光脉冲，光子逸出谐振腔所需最长时间为 $2L'/c$（L' 为谐振腔光程长），所以输出光脉冲持续时间约等于 $2L'/c$，脉宽仅为数纳秒。

为了提高输出峰值功率，可将这两种调 Q 方式结合，其过程如图 6.4.5(c)所示。图 6.4.6 为此种调 Q 激光器的实例。谐振腔中两个格兰棱镜取相同的偏振方向，当电光晶体所加纵向电压 $U=0$ 时，腔内光束可经格兰棱镜 2 透射至腔外，谐振腔处于低 Q 状态，在泵浦光激励下，YAG 的高能级不断积累粒子。若突然在电光晶体上加上半波电压 $U_{\lambda/2}$（当所加电压使电光晶体中沿两个感应主轴 x' 和 y' 方向的偏振分量经晶体后产生 π 相位延迟时，称作半波电压），则偏振光经晶体后因偏振面旋转了 $\pi/2$ 而被格兰棱镜 2 反射至全反射镜，形成高 Q 值谐振腔。于是在腔内形成巨脉冲激光，但不能输出腔外。若在腔内激光光强达最大值时突然去除晶体上的电压，则腔内激光能量在 $2L'/c$ 持续时间内经格兰棱镜透射腔外。

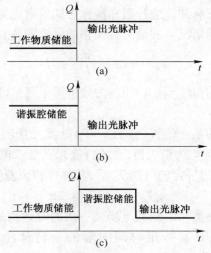

图 6.4.5　脉冲反射式与脉冲透射式调 Q 过程示意图
(a) 脉冲反射式调 Q；(b) 脉冲透射式调 Q；
(c) 脉冲反射—透射式调 Q。

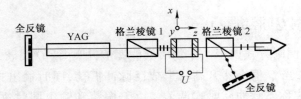

图 6.4.6　脉冲透射式调 Q 激光器

6.5　锁　模

6.4 节讨论了用调 Q 技术压缩激光脉冲宽度以获得高功率脉冲的方法。调 Q 脉冲宽度的下限约为 L/C 的数量级,对一般激光器,其值约为 10^{-9} s。为了得到更窄的脉冲,可以利用锁模技术对激光束进行特殊的调制,使光束中不同的振荡纵模具有确定的相位关系,从而使各个模式相干叠加得到超短脉冲。锁模激光脉冲宽度可达 $10^{-11} \sim 10^{-14}$ s,相应地具有很高的峰值功率。本节仅对锁模激光器工作原理作简单介绍。

一、锁模原理

一般非均匀加宽激光器,如果不采取特殊选模措施,总是得到多纵模输出。并且,由于空间烧孔效应,均匀加宽激光器的输出也往往具有多个纵模。每个纵模输出的电场分量可用下式表示

$$E_q(z,t) = E_q e^{i\left[\omega_q\left(t-\frac{z}{v}\right)+\varphi_q\right]} \tag{6.5.1}$$

式中:E_q、ω_q、φ_q 为第 q 个模式的振幅、角频率及初位相。各个模式的初位相 φ_q 无确定关系,各个模式互不相干,因而激光输出是它们的无规叠加的结果,输出强度随时间无规则起伏。但如果使各振荡模式的频率间隔保持一定,并具有确定的相位关系,则激光器将输出一列时间间隔一定的超短脉冲。这种激光器称为锁模激光器。

下面首先分析一种特殊情况。假设只有相邻两纵模振荡,它们的角频率差

$$\omega_q - \omega_{q-1} = \frac{\pi c}{L'} = \Omega \tag{6.5.2}$$

它们的初位相始终相等,并有 $\varphi_q = \varphi_{q-1} = 0$。为分析简单起见,假设二模振幅相等,二模的行波光强 $I_q = I_{q-1} = I$。

现在来讨论在激光束的某一位置(设为 $z=0$)处激光场随时间的变化规律。不难看出,在 $t=0$ 时,二纵模的电场均为最大值,合成行波光强是二模振幅和的平方。由于二模初位相固定不变,所以每经过一定的时间 T_0 后,相邻模相位差便增加了 2π,即

$$\omega_q T_0 - \omega_{q-1} T_0 = 2\pi \tag{6.5.3}$$

因此当 $t = mT_0$ 时(m 为正整数),二模式电场又一次同时达到最大值,再一次发生二模间的干涉增强。于是产生了具有一定时间间隔的一列脉冲,脉冲峰值光强为 $4I$,由式(6.5.3)可求出脉冲周期为

$$T_0 = \frac{2\pi}{\Omega} = \frac{2L'}{c}$$

如果二纵模初位相随机变化,则 $z=0$ 处,合成行波光强在 $2I$ 附近无规涨落。

下面我们对一般情况进行分析。设腔内有 $q = -N, -(N-1), \cdots, 0, \cdots, (N-1), N$ 等 $(2N+1)$ 个模式振荡。如果相邻模式的初位相之差保持一定(称为相位锁定),即

$$\begin{cases} \varphi_q - \varphi_{q-1} = \beta \\ \varphi_q = \varphi_0 + q\beta \end{cases} \quad (6.5.4)$$

在忽略频率牵引和频率推斥时,相邻模式角频率之差为 $\Omega = \pi c/L'$, $\omega_q = \omega_0 + q\Omega$。在 $z=0$ 处,第 q 个模式的电场强度为

$$E_q(t) = E_q e^{i[(\omega_0 + q\Omega)t + \varphi_0 + q\beta]}$$

$(2N+1)$ 个模式合成之电场强度

$$E(t) = \sum_{q=-N}^{N} E_q e^{i[(\omega_0 + q\Omega)t + \varphi_0 + q\beta]}$$

设各模式的振幅相等,$E_q = E_0$,则

$$E(t) = E_0 e^{i(\omega_0 t + \varphi_0)} \sum_{q=-N}^{N} e^{i(q\Omega t + q\beta)} = E_0 e^{i(\omega_0 t + \varphi_0)} \sum_{q=-N}^{N} \cos q(\Omega t + \beta) \quad (6.5.5)$$

利用三角级数求和公式,可得

$$E(t) = A(t) e^{i(\omega_0 t + \varphi_0)} \quad (6.5.6)$$

$$A(t) = \frac{E_0 \sin \frac{1}{2}(2N+1)(\Omega t + \beta)}{\sin \frac{1}{2}(\Omega t + \beta)} \quad (6.5.7)$$

式(6.5.7)表明 $(2N+1)$ 个模式的合成电场的频率为 ω_0,振幅 $A(t)$ 随时间而变化。输出光强

$$I(t) \propto A^2(t) = \frac{E_0^2 \sin^2 \frac{1}{2}(2N+1)(\Omega t + \beta)}{\sin^2 \frac{1}{2}(\Omega t + \beta)} \quad (6.5.8)$$

图 6.5.1 为 $(2N+1) = 7$ 时 $I(t)$ 随时间变化的示意图。

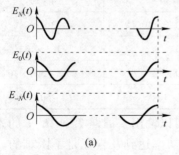
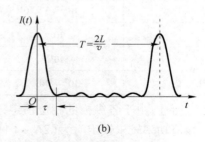

(a)   (b)

图 6.5.1 $(2N+1) = 7$ 时 $I(t)$ 随时间变化示意图

(a) $(2N+1)$ 个纵模电场强度波形图;(b) 锁模脉冲。

当 $(\Omega t + \beta) = 2m\pi$ 时 $(m = 0,1,2,\cdots)$,光强最大。最大光强(脉冲峰值光强)为

$$I_m \propto E_0^2 \lim_{(\Omega t + \beta) \to 2m\pi} \frac{\sin^2 \frac{1}{2}(2N+1)(\Omega t + \beta)}{\sin^2 \frac{1}{2}(\Omega t + \beta)} = (2N+1)^2 E_0^2 \quad (6.5.9)$$

如果各模式相位未被锁定,则各模式是不相干的,输出功率为各模功率之和,即 $I \propto (2N+1)E_0^2$。由此可见,锁模后脉冲峰值功率比未锁模时提高了 $(2N+1)$ 倍。腔长越长,荧光线宽越大,则可能发生相位锁定的纵模数目越多,锁模脉冲的峰值功率就越大。

相邻脉冲峰值间的时间间隔为 T_0,由式(6.5.8)可求出

$$T_0 = \frac{2\pi}{\Omega} = \frac{2L'}{c} \tag{6.5.10}$$

可见锁模脉冲的周期 T_0 等于光在腔内来回一次所需的时间。因此,我们可以把锁模激光器的工作过程形象地看作有一个脉冲在腔内往返运动,每当此脉冲行进到输出反射镜时,便有一个锁模脉冲输出。

由式(6.5.8)可以看出,脉冲峰值与第一个光强为零的谷值间的时间间隔为

$$\tau = \frac{2\pi}{(2N+1)\Omega} = \frac{1}{\Delta\nu} \tag{6.5.11}$$

脉冲的半功率点的时间间隔近似地等于 τ,因而可以认为脉冲宽度等于 τ。式(6.5.11)中 $\Delta\nu$ 为锁模激光的带宽,它显然不可能超过工作物质的增益带宽,这就给锁模激光脉冲带来一定的限制。气体激光器谱线宽度较小,其锁模脉冲宽度约为纳秒量级。固体激光器谱线宽度较大,在适当的条件下可得到脉冲宽度为 10^{-12}s 量级的皮秒脉冲。特别是钕玻璃激光器的振荡谱宽达 $(25\sim 35)$nm,其锁模脉冲宽度可达 10^{-13}s。表 6.5.1 列出几种典型锁模激光器的脉冲宽度。

表 6.5.1 典型锁模激光器的脉冲宽度

激光器类型	荧光线宽/s^{-1}	荧光线宽的倒数/s	脉冲宽度(测量值)/s
氦氖	1.5×10^9	6.66×10^{-10}	$\approx 6 \times 10^{-10}$
Nd:YAG	1.95×10^{11}	5.2×10^{-12}	7.6×10^{-11}
红宝石	3.3×10^{11}	3×10^{-12}	1.2×10^{-11}
钕玻璃	7.5×10^{12}	1.33×10^{-13}	4×10^{-13}
若丹明 6G	$5 \times 10^{12} \sim 3 \times 10^{13}$	$2 \times 10^{-13} \sim 3 \times 10^{-14}$	3×10^{-14}
Ar	10^{10}	10^{-10}	1.3×10^{-10}
GaAlAs	10^{13}	10^{-13}	$(0.5 \sim 30) \times 10^{-12}$
InGaAsP	$10^{12} \sim 10^{13}$	$10^{-12} \sim 10^{-13}$	$(4 \sim 50) \times 10^{-12}$

综上所述,由于各纵模的相位锁定,锁模激光器可以输出一周期 $T_0 = 2L'/c$ 的光脉冲序列。峰值功率较未锁定时大 $(2N+1)$ 倍,一般峰值功率达到几吉瓦是不困难的。光脉冲的宽度 $\tau = 1/\Delta\nu$ 远远小于调 Q 脉冲所能达到的宽度。

以上分析中,假设各个纵模的振幅均匀分布,如图 6.5.2(a)所示,这是一种简化的处理方法。实际上,模式的振幅分布将由增益曲线的轮廓和激光器阈值决定。但由以下讨论可见,考虑振幅的分布并不影响锁模脉冲的基本特征。设振荡模式的强度呈图 6.5.2(b)所示的高斯分布,图中振荡带宽 $\Delta\omega = 2\pi\Delta\nu$。

$$E_q^2 = E_0^0 \exp\left[-\ln 2 \left(\frac{2q\Omega}{\Delta\omega}\right)^2\right] \tag{6.5.12}$$

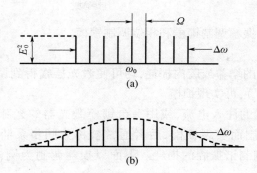

图 6.5.2 锁模激光器各纵模的振幅分布
(a)均匀振幅分布；(b)高斯振幅分布。

若式(6.5.4)所示锁模条件成立，并设 $\beta=0$，则总电场为

$$E(t) = \exp(i\omega_0 t) \sum_{-q}^{q} E_q \exp(iq\Omega t) = A(t)\exp(i\omega t)$$

如果锁定的模式足够多，可将上式中取和扩大到无限大，并认为 q 呈连续变化，于是式中的 $A(t)$ 可以用积分代替

$$A(t) = \int_{-\infty}^{\infty} E_q \exp(iq\Omega t) \mathrm{d}q$$

以式(6.5.12)描述的高斯分布代入上式，并作 $q\Omega \to x$ 变量置换，则上式可写成

$$A(t) = \frac{E_0}{\Omega} \int_{-\infty}^{\infty} \exp\left[-2\ln 2\left(\frac{1}{2\pi\Delta\nu}\right)^2 x^2\right] e^{i\omega xt} \mathrm{d}x$$

$A(t)$ 是纵模谱分布的傅里叶变换。上式积分后取平方，可得

$$A^2(t) \propto \exp\left[-\ln 2\left(\frac{2t}{\tau}\right)^2\right] \tag{6.5.13}$$

锁模光脉冲宽度

$$\tau = \frac{0.4412}{\Delta\nu} \tag{6.5.14}$$

由式(6.5.14)和式(6.5.11)可见，不论纵模的谱分布呈均匀分布或高斯分布，只要满足式(6.5.4)所示锁模条件，锁模光脉冲宽度和谱宽的乘积就是一个常数，

$$\tau\Delta\nu = k \tag{6.5.15}$$

常数的具体数值取决于纵模谱分布的形状。具有式(6.5.15)所示脉宽和谱宽关系的光脉冲称作变换极限光脉冲，这是在给定 $\Delta\nu$ 情况下可能得到的脉宽最窄极限。当锁模状态不理想时，所得到的脉宽会大于变换极限。

二、实现锁模的方法

在一般激光器中，各纵模振荡互不相关，各纵模相位没有确定的关系。并且，由于频率牵引和频率推斥效应，相邻纵模的频率间隔并不严格相等。因此为了得到锁模超短脉冲，须采取措施强制各纵模初位相保持确定关系，并使相邻模频率间隔相等。目前采用的锁模方法可分为主动锁模、被动锁模与自锁模。

1. 主动锁模

主动锁模又可分为振幅调制锁模和相位调制锁模。

1）振幅调制锁模

调制激光工作物质的增益或腔内损耗,均可使激光振幅得到调制,如果调制频率 $f = c/2L'$（角频率 $\Omega = \pi c/L'$），可实现锁模。

调制半导体激光器的注入电流,或用一台锁模激光器的光脉冲序列来泵浦另一台激光器,可通过增益调制而实现锁模,后者通常被称为同步泵浦锁模。在激光器腔内插入损耗调制器则可调制谐振腔的损耗。下面以损耗调制为例,说明振幅调制锁模的原理。

将电光调制器或声光调制器置于激光器腔内,并加以适当的调制电压,使腔的损耗发生角频率为 Ω 的周期性变化（$\Omega = \pi c/L'$）。由于损耗的改变,每个模式的振幅也发生周期性变化。如果激光器中增益曲线中心频率处的纵模首先振荡,其电场强度为

$$E_0(t) = (E_0 + E_m \cos\Omega t)\cos(\omega_0 t + \varphi_0)$$

令 $E_m/E_0 = M_a$,称调幅系数,它的大小决定于调制信号的大小。$E_0(t)$ 可改写为

$$E_0(t) = E_0(1 + M_a\cos\Omega t)\cos(\omega_0 t + \varphi_0)$$

将上式展开,可得

$$E_0(t) = E_0\cos(\omega_0 t + \varphi_0) + \frac{M_a}{2}E_0\cos[(\omega_0 + \Omega)t + \varphi_0] +$$

$$\frac{M_a}{2}E_0\cos[(\omega_0 - \Omega)t + \varphi_0] \quad (6.5.16)$$

可见,调制的结果使中心纵模振荡不仅包含原有角频率 ω_0 的成分,还含有角频率为 $(\omega_0 \pm \Omega)$,初位相不变的两个边带,其频谱如图 6.5.3 所示。边带的频率正好等于无源腔中的邻模频率。这就是说,在激光器中,一旦在增益曲线的某个角频率 ω_0 形成振荡,将同时激起两个相邻模式的振荡。并且,这两个相邻模幅度调制的结果又将产生新的边频,因而激起角频率为 $(\omega_0 \pm 2\Omega)$ 模式的振荡,如此继续下去,直至线宽范围内的纵模均被耦合而产生振荡为止。

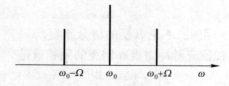

图 6.5.3 调幅后的纵模频谱

由于实际激光器为有源腔,有源腔中存在着频率牵引和频率推斥效应,所以自由振荡的各纵模频率和调制后产生的诸边带频率有一微小的差别,自由振荡的相邻纵模间隔不完全相等,诸模式的初位相也没有确定的关系。但当二者的频率差别十分微小,边带振幅足够强时,发生注入锁定效应,自由振荡模被抑制,或者说自由振荡模被中心纵模的诸边带所俘获。

由以上分析可知,由于调幅导致的相邻纵模间的能量耦合使所有纵模都具有相同的初位相,即各纵模的相位被锁定,且相邻纵模角频率间隔均等于 Ω,于是各纵模相干叠加的结果产生超短脉冲。

还可以从另一角度来理解超短脉冲的形成。由于损耗调制的频率正好是$c/2L'$，损耗调制的周期正好是脉冲在腔内往返一次所需的时间T_0（$T_0=2L'/c$）。因而调制器的损耗$\gamma(t)$是一周期为T_0的函数

$$\gamma(t+T_0)=\gamma(t)$$

设光信号在t_1时刻通过调制器，并且$\gamma(t_1)=0$，则在(t_1+T_0)时刻此信号将再次无损地通过调制器。对于t_2时刻通过调制器的光信号而言，若$\gamma(t_2)\neq0$，则每次经过调制器时都要损失一部分能量。这就意味着只有在损耗为零的时刻通过调制器的那部分光信号能形成振荡，而光信号的其余部分因损耗大而被抑制，因此形成周期为$2L'/c$的窄脉冲输出。

在非均匀加宽激光器中，如果腔长足够长，一般总是多纵模工作的，但各个纵模间没有确定的相位关系，锁模的作用只是使各纵模具有确定的相位关系。而在均匀加宽激光器中，如果不存在空间烧孔效应，通常只有一个纵模振荡，但实验说明，这类激光器也同样可产生超短脉冲。这种现象的原因是，当施加各种锁模手段后，ω_0模将产生一系列的边频，高增益模的能量不断传递给低增益模，因而可产生多个模式。振幅调制一方面促使多个模式振荡，同时使其相位锁定，从而产生超短脉冲。

附录六给出均匀加宽激光器损耗调制主动锁模的自洽理论，由该理论可知，在理想情况下，输出光脉冲的脉宽与谱宽之积

$$\tau\Delta\nu=\frac{2}{\pi}\ln2\approx0.4412$$

2）相位调制锁模

相位调制又称频率调制。在激光器谐振腔内插入一电光晶体，利用晶体折射率η随外加电压的变化，产生相位调制。相位调制函数的形式为

$$\delta(t)=\delta_\varphi\cos\Omega t$$

式中：δ_φ为相位调制的幅度。纵模电场经调制器后变为

$$E_0(t)=E_0\cos(\omega_0 t+\varphi_0+\delta_\varphi\cos\Omega t)$$

其振荡角频率变为

$$\omega(t)=\omega_0-\delta_\varphi\sin\Omega t$$

上式表明，除了在相位调制函数极值时通过调制器的那部分光信号不产生频移外，其他时刻通过调制器的光信号均经受不同程度的频移。如果调制相位的周期与光在腔内运行的周期一致，则经受频移的光信号每经过调制器一次都要再次经受频移，最后因移出增益曲线以外而猝灭。只有那些在相位调制函数极值时通过调制器的光信号才能形成振荡，因而产生超短光脉冲序列。

图6.5.4为上述过程的示意图，它给出了锁模脉冲与调制信号变化的关系。由图可见，对应于调制信号的两个极值，有两个完全无关的超短脉冲序列，分别以实线和虚线表示。这两列脉冲出现的概率相同。激光器通常工作在一个系列上，但器件的微小扰动会使锁模激光器输出从一个系列跃变到另一个系列。为了避免这种跃变，可将原有调制信号及其倍频信号同时施于电光调制晶体，造成相位调制函数的不对称性，从而使一列脉冲优先运行。

相位调制的光波和幅度调制光波类似，也存在一系列边带，相位调制时诸纵模锁定的

物理机制与幅度调制时相似。

附录六指出,相位调制主动锁模光脉冲的频率随时间作线性变化,这一现象称作频率啁啾。其输出脉冲的脉宽与谱宽积

$$\tau \Delta \nu = \frac{2\sqrt{2}}{\pi} \ln 2 \approx 0.626$$

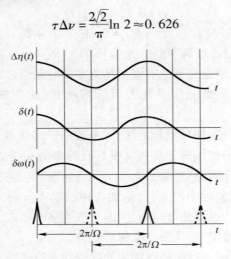

图 6.5.4　相位调制锁模原理示意图

2. 被动锁模

在谐振腔中插入一薄层饱和吸收体(如染料盒)可构成被动锁模激光器。饱和吸收体的透过率与光强有关,如图 6.4.3 所示。在自发辐射基础上发展起来的光信号不可避免地存在强度起伏。经过饱和吸收体时,弱信号遭受较大的损耗,而强的尖峰信号却衰减很小。如果吸收体的吸收高能级寿命 $\tau \ll 2L'/c$,则在强尖峰光脉冲通过后,透过率很快下降,后继通过的弱光仍经受很大的损耗。并且由于激光工作物质的纵向弛豫时间 $T_1 \gg 2L'/c$,强尖峰光脉冲和弱光信号经受着相同的增益和相差悬殊的损耗,其结果是强光脉冲形成稳定振荡,而弱光信号衰减殆尽。同时,在强尖峰光脉冲多次经过饱和吸收体时,其前后沿又因经受较大损耗而不断削弱,所以形成了周期 $T_0 = 2L'/c$ 的超短光脉冲序列。

由以上分析可知,被动锁模过程自发完成,无需外加调制信号,这种锁模方法虽然简单,但却很不稳定,锁模发生率仅为 60%～70%。近年来发展起来的碰撞被动锁模却相当稳定,它可产生飞秒量级的超短光脉冲。碰撞锁模激光器的原理图如图 6.5.5 所示,在环形激光谐振腔内放置增益工作物质和可饱和吸收介质,它们之间的距离严格调整到环形腔周长的 1/4。相向传播的两个脉冲在吸收体中对撞,相干叠加后产生瞬态驻波,如图 6.5.6 所示。在驻波的波腹处,光强是行波脉冲的 4 倍,它导致吸收体的深度饱和,光信号损耗很小。在波节处,光强很弱,吸收体虽未充分饱和,但实际损耗很小。总之,由于脉冲相撞在吸收体内形成的空间光栅使饱和吸收更为有效,因而锁模过程稳定,产生的超短光脉冲更窄。增益工作物质和可饱和吸收体的距离为环腔总长的 1/4 可保证两列光脉冲相继到达增益工作物质的时间间隔相等以得到相等程度的放大,因而具有相同的强度,在吸收体中相碰时形成的光栅具有最大的反差。

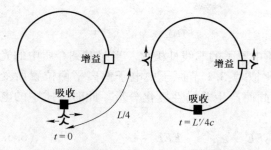
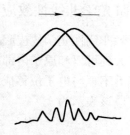

图 6.5.5　碰撞锁模环形激光器示意图　　图 6.5.6　两脉冲对撞形成空间光栅

除某些染料具有饱和吸收效应外,在半导体激光器内的非增益区或某些半导体多量子阱薄层也具有饱和吸收效应。利用光纤的非线性,可在光纤中形成与光强有关的偏振旋转,或构成透过率与光强有关的非对称光纤环镜,因而可作为等效的"饱和吸收体"构成被动锁模光纤激光器。

3. 自锁模

利用激光器中增益工作物质自身的非线性克尔效应实现的锁模称作自锁模。

某些增益工作物质的折射率可表示为

$$\eta = \eta_0 + \eta_2 I(t)$$

式中:η_0 为与光强无关的折射率;$\eta_2 I(t)$ 为非线性折射率;$I(t)$ 为工作物质中的光强。

在横截面内光强呈高斯分布的激光束通过工作物质时,由于上述效应造成的折射率的横向分布,将产生自聚焦效应。自聚焦的焦距和轴线上的光强 $I_m(t)$ 呈反比。如果来自外界的扰动引起偶然的光脉冲振荡,由于光脉冲中部的光强大于前后沿,脉冲中部经工作物质时形成的自聚焦焦距小于前后沿,因此当光脉冲每次经过在束腰处设置的光阑或增益介质自身形成的光阑时,前后沿被不断削弱,形成锁模光脉冲,其作用与饱和吸收体类似。钛宝石自锁模激光器是典型的自锁模器件。由于噪声脉冲达不到自锁模的启动阈值,往往需采用附加措施(如振动镜等)启动。

6.6　激光的非线性频率变换

普通激光器,例如红宝石激光器中,受激辐射来自于电子在两个能级之间的跃迁。由于自发辐射谱线宽度有限,输出激光的频率只能在较小的范围内调谐。激光技术中,通常利用强激光照射在非线性光学晶体中产生的光学非线性效应进行大范围的激光频率变换,从而极大地扩展了激光器的频率或者波长输出范围。对于染料激光器、钛宝石激光器这类本身就具有很大波长调谐范围的激光器,利用光学非线性效应可以进一步拓展其输出波段,使其覆盖更大的波长范围。例如可以只利用一台钛宝石激光器,配合非线性频率变换技术,就可以实现紫外波段、可见光波段和近红外波段的输出波长覆盖范围。激光的非线性频率变换对于许多重要领域,特别是光谱学领域的应用具有重要价值。

本节简要介绍基于晶体中二阶光学非线性效应的两种最重要的频率变换技术:倍频、参量放大及参量振荡。

一、二阶光学非线性效应

光学非线性光学效应起源于光学介质中原子的非线性极化。当照射到介质中的光电场强度大到可以和原子内部电场强度相比拟时,3.1节原子中电子偏离平衡位置所受到的回复力不再与电子位移成线性规律,由此而产生非线性极化分量。此时介质中的电极化强度应该表示为

$$P = \varepsilon_0 \chi E + \varepsilon_0 \chi^{(2)} : EE + \varepsilon_0 \chi^{(3)} \vdots EEE + \cdots \quad (6.6.1)$$

式中:右边第一项代表线性极化效应;第二、第三项分别代表二阶和三阶非线性光学效应;$\chi^{(2)}$、$\chi^{(3)}$ 为二阶和三阶非线性极化率张量。二阶非线性光学效应仅存在于具有非中心对称晶格结构或分子结构的介质中,在这种介质中,二阶非线性光学效应通常远强于三阶非线性效应。将激光器输出的直流或者脉冲激光直接照射到一块腔外的非线性光学介质中,当光强足够大时,介质出射端不仅包含输入激光的频率分量,更重要的是会产生与输入激光频率不同的新频率分量。对于二阶光学非线性介质,当输入光频率为 ν 时,有可能产生频率为 2ν 的倍频光;当输入光包含 ν_1 和 ν_2 两个频率时,除了有可能产生频率为 $2\nu_1$、$2\nu_2$ 的倍频光外,还可能产生频率为 $\nu_1 + \nu_2$ 的和频光以及 $\nu_1 - \nu_2$ 的差频光(假设 $\nu_1 > \nu_2$)。二阶非线性光学效应中,倍频和差频过程在激光频率变换中被广泛采用,这两个过程所产生的新频率光波无论在强度上还是相干性上都类似于激光。

通常使用一块晶体作为二阶非线性光学介质。为了实现激光器输出能量频率变换效率,需要晶体在相关频率范围内透明,即入射光频率和新产生的频率都远离晶体跃迁频率。此时,晶体仅作为不同频率光波之间能量转换的中介存在,而晶体与光波之间不发生能量的转移,因此输出光的总功率等于输入光的总功率。

二、倍频

倍频过程示意图如图 6.6.1 所示。将一束频率为 ν_1 的激光入射到非线性晶体中,在合适的条件下,晶体输出端不仅会有频率为 ν_1 的输出,而且会产生频率为 $2\nu_1$ 的倍频光输出。倍频过程可以把红外光转化成为可见光,或者把可见光转化成为紫外光,从而大范围扩展了激光器的输出光谱范围。倍频最典型的应用是把 YAG 激光器输出的 1064nm 红外光转化为 532nm 的绿光输出。倍频过程满足能量守恒,可以看成两个能量为 $h\nu_1$ 光子湮灭,并同时产生了一个能量为 $h\nu_2 = 2h\nu_1$ 的新光子。倍频过程中,通常称基频光为泵浦光。

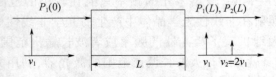

图 6.6.1 利用二阶非线性过程产生倍频光

根据非线性光学中的耦合波理论①,可以计算出输出端倍频光的强度。当倍频过程转化效率不够高时,输出光能量大部分仍集中在基频 ν_1 上,这种情况下,倍频过程的转换

---
① 参见 Robert W Boyd. Nonlinear Optics. 3rd Ed. New York: Academic Press, 2008, p68.

效率可以解析地表达为

$$\frac{P_2(L)}{P_1(0)} = \kappa^2 L^2 \mathrm{sinc}^2\left(\frac{\Delta k L}{2}\right) \tag{6.6.2}$$

式中

$$\kappa^2 = \frac{8\pi^2 \nu_1^2 d_{\mathrm{eff}}^2 P_1(0)}{\eta_1^2 \eta_2 c^3 \varepsilon_0 A} \tag{6.6.3}$$

η_1, η_2 分别为 ν_1, ν_2 频率的光在非线性晶体中的折射率；A 为光束截面积；L 为晶体长度；d_{eff} 为等效非线性系数，由二阶非线性张量 $\chi^{(2)}$、基频光的传播方向及偏振方向共同决定；Δk 称为相位失配，其表达式为

$$\Delta k = k_2 - 2k_1 = \frac{4\pi\nu_1}{c}(\eta_2 - \eta_1) \tag{6.6.4}$$

容易看到，转换效率的高低很大程度上取决于相位失配。当满足 $\Delta k = 0$ 的条件时，称为相位匹配。在相位匹配条件下，增加晶体长度可以有效提高倍频光的输出功率。当相位匹配条件不满足时，输出倍频光的功率随晶体的长度的增加呈现出周期性振荡的规律，即通过增加晶体长度，并不能获得更高强度的倍频光输出功率。相位匹配的条件可视为动量守恒条件，即两个动量为 $\hbar k_1$ 的光子转化为一个动量为 $\hbar k_2 = 2\hbar k_1$ 的光子。相位匹配需要利用双折射晶体中寻常光和非寻常光不同的色散特性，或色散的温度特性，在与晶体光轴成某个特定角度的传播方向上实现。实际操作中，可以通过角度相位匹配和温度相位匹配的两种方式实现相位匹配①。实际操作中，角度相位匹配通过旋转晶体，改变光轴与泵浦光传播方向的相对角度来实现，温度相位匹配可以通过加热或制冷装置改变晶体的温度实现。

由式(6.6.3)可知，倍频转换效率与输入端基频泵浦光的功率密度 $P_1(0)/A$ 成正比。泵浦光功率密度越大，倍频转换效率就越高；采用聚焦或者将倍频晶体放置于高斯光束光腰位置的方式也有助于提高转换效率。由于激光器腔内功率远大于腔外，可以将非线性光学晶体由腔外移动至腔内，从而显著增强非线性作用，获得功率更高的新频率输出光，这种方式称为腔内倍频。腔内倍频的装置图如图6.6.2所示。理想情况下，腔左端面反射镜对基频光和对倍频光的反射率均为1，腔右端面反射镜对基频光的反射率为1，对倍频光的透过率为1。倍频晶体放置于高斯光束的光腰位置。倍频激光器腔内振荡的光为基频光，而输出光为倍频光。倍频晶体和右端面反射镜整体上可以等效为一个对于基频光具有一定透过率 T 的反射镜。根据式(6.6.2)可知

$$T = \frac{P_2(L)}{P_1(0)} = \kappa^2 L^2 \sin^2\left(\frac{\Delta k}{2}L\right) \tag{6.6.5}$$

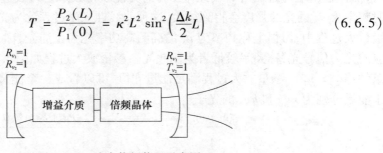

图 6.6.2 腔内倍频装置示意图

---

① 参见彭江得. 光电子技术基础. 北京：清华大学出版社，1988，p73.

由第四章中关于激光器输出功率的讨论可知,对于均匀加宽激光器,存在一个最佳的透过率 T_m,使得输出光功率实现最大值 P_m。容易求得,在腔内其他损耗远小于倍频转化能量损耗的条件下,若满足

$$T_m = \kappa^2 L^2 \sin^2\left(\frac{\Delta k}{2}L\right) = K_m P_{1m} = \sqrt{2g_H^0(\nu_q)la} - a \tag{6.6.6}$$

式中:$K_m = \dfrac{8\pi^2 \nu_1^2 d_{eff}^2}{\eta_1^2 \eta_2 c^3 \varepsilon_0 A} L^2 \sin^2\left(\dfrac{\Delta k}{2}L\right)$ 为待定参数,所对应的输出倍频光的最大功率为

$$P_{2m} = \frac{1}{2} A I_s(\nu_q) \left[\sqrt{2g_H^0(\nu_q)l} - \sqrt{a}\right]^2 \tag{6.6.7}$$

此时对应的腔内基频光功率为

$$P_{1m} = P_{2m}/T_m = \frac{1}{2} A I_s(\nu_q) \left(\sqrt{\frac{2g_H^0(\nu_q)l}{a}} - 1\right) \tag{6.6.8}$$

由式(6.6.6)和式(6.6.8)可以求得

$$K_m = \frac{2a}{A I_s(\nu_q)} \tag{6.6.9}$$

可见 K_m 为一个具有固定值的常数,与激光器的粒子数反转水平无关。也就是说,只要在某个特定的粒子数反转水平下,通过调整选择合适的倍频晶体参数,使之满足式(6.6.9),实现了这种条件下的最大输出功率,则无需再调整晶体参数,就可以在任何其他粒子数反转水平下都能够实现最大的输出功率。在普通激光器中,需要根据不同粒子数反转水平来动态调整最佳腔镜透过率,以实现最大输出功率。而在倍频激光器,通常只需要在一个固定的粒子数反转水平下,旋转晶体的朝向,使得输出倍频功率最大。当粒子数反转水平发生变化时,无需进行进一步调整也能够实现输出功率的最大化。

三、参量放大和参量振荡

倍频过程仅能在一个单一的频点上实现频率变换,要实现大范围连续可调的频率变换,就需要依赖另一种非线性过程——光学参量振荡。而光学参量振荡又以光学参量放大过程为基础。

1. 光学参量放大

将一束频率为 ν_3 的强光和另一束频率稍低(ν_2)的弱光同时入射到非线性晶体中时,晶体输出端通过二阶非线性作用将有可能获得频率为 ν_1 的差频光($\nu_1 = \nu_3 - \nu_2$),同时频率为 ν_2 的光的强度会得到放大,这种非线性光学过程称为光学参量放大。在光学参量放大过程中,习惯上称频率为 ν_3 的高频高功率光为泵浦光,称 ν_1 和 ν_2 中频率较高者对应的光为信号光,称频率较低者为闲频光。参量放大过程如图 6.6.3 所示,图中假设满足条件:$\nu_2 > \nu_1$。参量放大过程满足能量守恒,可以看成一个能量为 $h\nu_3$ 的光子分裂为两个能量分别为 $h\nu_1$ 和 $h\nu_2$ 的光子。

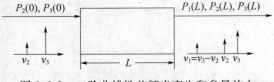

图 6.6.3 二阶非线性差频光产生和参量放大

如果忽略泵浦光的消耗,根据二阶非线性作用的耦合波方程可以求得,晶体输出端差频光(闲频光)和信号光的光功率分别为

$$P_1(L) = \frac{\nu_1}{\nu_2} P_2(0) \frac{\kappa^2 \sinh^2\left[\left(\kappa^2 - \frac{\Delta k^2}{4}\right)^{1/2} L\right]}{\left(\kappa^2 - \frac{\Delta k^2}{4}\right)} \quad (6.6.10)$$

$$P_2(L) = P_2(0) \left[1 + \frac{\kappa^2 \sinh^2\left[\left(\kappa^2 - \frac{\Delta k^2}{4}\right)^{1/2} L\right]}{\left(\kappa^2 - \frac{\Delta k^2}{4}\right)} \right] \quad (6.6.11)$$

式中:$\kappa^2 = \frac{8\pi^2 \nu_1 \nu_2 d_{\text{eff}}^2 P_3(0)}{\eta_1 \eta_2 \eta_3 c^3 \varepsilon_0 A}$,相位失配 Δk 为

$$\Delta k = k_3 - k_1 - k_2 = \frac{2\pi}{c}(\eta_3 \nu_3 - \eta_1 \nu_1 - \eta_2 \nu_2) \quad (6.6.12)$$

信号光在晶体中获得的非线性增益称为参量增益,容易求得参量增益为

$$G = \frac{P_2(L) - P_2(0)}{P_2(0)} = \frac{\kappa^2 \sinh^2\left[\left(\kappa^2 - \frac{\Delta k^2}{4}\right)^{1/2} L\right]}{\left(\kappa^2 - \frac{\Delta k^2}{4}\right)} \quad (6.6.13)$$

当相位匹配或者相位失配较小,满足 $\Delta k^2/4 < \kappa^2$ 时,式(6.6.13)中 sinh 函数的参数为实数,参量增益将随着晶体长度的增加而增加。特别是当满足相位匹配条件时,可以得到

$$G = \sinh^2(|\kappa|L) \approx \frac{1}{4} \exp(2|\kappa|L) \quad (6.6.14)$$

上两式中的约等号在 $|\kappa|L \gg 1$ 时成立。此时,信号光和闲频光的功率都呈指数增长规律,并且指数系数 $2|\kappa|$ 决定于泵浦光强度 $P_3(0)$。可见在相位匹配条件下或者相位失配较小情况下,通过增加泵浦光强度和增加晶体长度都可以有效增加参量增益。

当相位失配较大及满足 $\Delta k^2/4 > \kappa^2$ 时,sinh 函数的参数变为虚数,此时 sinh 函数将转变为 sin 函数,对应于 ν_1 和 ν_2 光子又会在空间中呈现出周期性相互转化的过程。在这种情况下参量增益的最大值仅为 $\kappa^2/(\Delta k^2/4 - \kappa^2)$,增加晶体的长度对于增加参量增益没有帮助。

可以看到,相位匹配对于提高参量增益至关重要,相位匹配条件等同于动量守恒条件

$$\hbar k_3 = \hbar k_1 + \hbar k_2 \quad (6.6.15)$$

该条件同样需要通过利用晶体中双折射在某些特殊光传播方向上,不同偏振态的光之间满足关系式 $\eta_3 \nu_3 - \eta_1 \nu_1 - \eta_2 \nu_2 = 0$ 获得。

2. 光学参量振荡器

由式(6.6.14)可知,非线性作用的长度越大,通过晶体所获得的单程参量增益也越大。将非线性晶体置于光学谐振腔内,利用信号光在腔内不断循环往复,即可增加非线性作用长度。另一方面这个过程同时会伴随着信号光的不断损耗。然而当泵浦光功率增加到一定程度,使得参量增益大于损耗时,则信号光强度可以得到不断增长,乃至形成类似

激光的振荡。在此振荡过程中，甚至信号光的输入都不是必须的，可以来自于非线性晶体的自发辐射噪声。这种类似于激光器的结构叫做光学参量振荡器。参量振荡器具有类似普通激光器的一切特性，例如模式特性、阈值特性、增益饱和特性等，在大部分情况下，可以利用分析普通激光器的方法分析参量振荡器的工作特性。与普通激光器激光的最大不同在于，普通激光器的增益来自于增益介质在两个能级间的受激辐射，而参量振荡器的增益则来自于光学参量放大过程所产生的参量增益。参量振荡器结构如图6.6.4所示。在普通激光器中，光在沿光轴正反两个传播方向都能获得放大；而在参量振荡器中，由于需要相位匹配，光在反向通过介质时得不到参量放大。

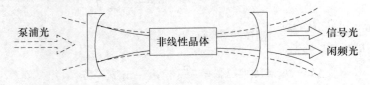

图 6.6.4　参量振荡器结构示意图

参量振荡器中，如果只有信号光或者闲频光之一能够维持振荡，则称为单谐振荡器（SRO）；若信号光和闲频光能同时在腔内维持振荡，则称为双谐振荡器（DRO）。对模式振荡条件而言，SRO 腔长只需要满足信号光或者闲频光其中一个的驻波条件，而 DRO 腔长需要同时满足信号光和闲频光的驻波条件，因此 SRO 的模式稳定性要远高于 DRO。无论何种参量振荡器，泵浦光功率都存在一个振荡阈值，只有泵浦光功率大于该阈值时，参量增益才能大于腔的损耗，从而能够维持腔内的自激振荡。理论分析和实验结果都表明，SRO 的振荡阈值大于 DRO。泵浦光超过振荡阈值部分的光功率将全部转化为信号光或者闲频光输出功率。由于不存在三能级或四能级系统中的非辐射跃迁，参量振荡器不仅可以实现极高的能量转换效率，而且非线性晶体发热的程度要小于普通激光增益介质，容易实现更高的稳定性。

由于参量增益具有极高的增益带宽，在增益带宽范围之内，某个频率的光只要满足单程参量增益大于双程损耗的条件，就有可能起振。然而参量增益介质存在类似于均匀加宽介质的增益饱和特性，最终能够实现参量振荡的光所对应的信号光和闲频光需要满足相位失配最小的条件。通过改变晶体在腔内的角度或者晶体的温度，可以使不同频率的光满足相位匹配条件，从而实现输出光频率的调谐。只要泵浦功率足够高，参量增益的带宽可以远大于普通激光增益介质的自发辐射谱线宽度，因此参量振荡器的频率可调范围要远大于普通激光器。

二阶光学非线性晶体对于实现倍频和参量振荡至关重要。衡量倍频晶体性能的重要方面包括：晶体的二阶非线性光学系数；晶体的透明波长范围；晶体的双折射特性和色散特性（决定是否能够实现波长匹配）；以及可承受的激光损伤阈值。铌酸锂（LN）、铌酸钡钠（BNN）等晶体激光损伤阈值较低，常用于低功率的连续或准连续光泵浦的倍频或参量振荡；钛氧磷酸钾（KTP）、β 相偏硼酸钡（BBO）、三硼酸锂（LBO）等晶体是性能非常优异的二阶非线性光学晶体，不仅非线性系数高，而且具有较高的激光损伤阈值，常用于高功率调 Q 或锁模激光器泵浦的倍频或参量振荡应用中。

倍频和参量振荡这两种频率变换方法常联合应用，以获得更大的频率覆盖范围。例如可将 Nd:YAG 激光器输出波长为 1064nm 的基频光进行倍频,产生波长为 532nm 的倍频光,将基频光和倍频光再作为泵浦光进行参量放大,可以获得典型波长调谐范围在 6800nm~990nm(信号光)和 1150nm~2300nm(闲频光)的参量振荡输出光。对于本身就具有较大可调谐波长范围的激光器,可联合使用各种方法覆盖更大的频谱范围。例如钛宝石激光器本身典型的波长可调谐范围为 690nm~1040nm,通过倍频可产生 345nm~520nm 的倍频输出光,将该倍频光作为泵浦光输入到参量振荡器中,可以获得典型可调范围为 485nm~760nm(信号光),940nm~2600nm(闲频光)的参量振荡输出光,利用该系统,可实现 345nm 到 2600nm 的无缝光波长覆盖范围。

习 题

1. 有一平凹氦氖激光器,腔长 0.5m,凹镜曲率半径为 2m,现欲用小孔光阑选出 TEM_{00} 模,试求光阑放于紧靠平面镜和紧靠凹面镜处两种情况下小孔直径各为多少(对于氦氖激光器,当小孔光阑的直径约等于基模半径的 3.3 倍时,可选出基横模)?

2. 图 6.1 所示激光器的 M_1 是平面输出镜,M_2 是曲率半径为 8cm 的凹面镜,透镜 P 的焦距 $F=10$cm,用小孔光阑选 TEM_{00} 模。试标出 P、M_2 和小孔光阑间的距离。若工作物质直径是 5mm,试问小孔光阑的直径应选多大?

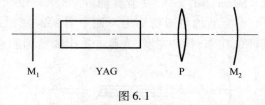

图 6.1

3. 激光工作物质是钕玻璃,其荧光线宽 $\Delta\nu_F=24.0$nm,折射率 $\eta=1.50$,能用短腔选单纵模吗?

4. 激光器腔长 500mm(光程长),振荡线宽 $\Delta\nu_{osc}=2.4\times10^{10}$Hz,在腔内插入法布里-珀罗标准具选单纵模。若标准具内介质折射率 $\eta=1$,试求它的间隔 d 及平行平板反射率 r。

5. 两种选模复合腔如图 6.2(a)、(b)所示,M_1、M_2、M_3 为全反射镜,M_4 为部分透射镜。l_1、l_2 应如何选择?

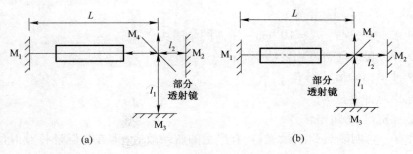

图 6.2

6. 有两支分别用石英玻璃和硬玻璃作谐振腔反射镜支撑物的结构、尺寸都相同的二氧化碳激光器,如不计其他因素的影响,当温度变化 $0.5\,^\circ\!C$ 时,试比较两者的频率稳定度。(石英玻璃和硬玻璃的线膨胀系数分别为 $\alpha_{石}=6\times10^{-7}/\,^\circ\!C$,$\alpha_{玻}=6\times10^{-5}/\,^\circ\!C$)

7. 若三能级调 Q 激光器的腔长 L 大于工作物质长 l,η 及 η' 分别为工作物质及腔中其余部分的折射率,激光跃迁上下能级的统计权重相等,试求峰值输出功率 P_m 表示式。

8. 试证明在阶跃调 Q 激光器中,能量利用率 μ 可以近似表示为 $\mu=1-\exp(-\Delta n_i/\Delta n_t)$。

9. Q 开关调制三能级激光器中,若工作物质激光上、下能级的统计权重不等,即 $f_2\ne f_1$,增益介质长度 l 等于腔长 L。试证明反转粒子数密度速率方程及最大光子数密度可修正为

$$\frac{d\Delta n}{dt}=-\left(1+\frac{f_2}{f_1}\right)\frac{\Delta n}{\Delta n_t}\frac{N}{\tau_R}$$

$$N_m=\frac{\Delta n_i-\Delta n_t}{\left(1+\dfrac{f_2}{f_1}\right)}-\frac{\Delta n_t}{\left(1+\dfrac{f_2}{f_1}\right)}\ln\left(\frac{\Delta n_i}{\Delta n_t}\right)$$

式中:$\Delta n=\left[n_2-\dfrac{f_2}{f_1}n_1\right]$。

10. 图 6.3 所示 Nd:YAG 激光器的两面反射镜的透过率分别为 $T_2=0$,$T_1=0.1$,$2w_0=1\text{mm}$,$l=7.5\text{cm}$,$L=50\text{cm}$,Nd:YAG 发射截面 $\sigma=8.8\times10^{-19}\text{cm}^2$,工作物质单通损耗 $T_i=6\%$,折射率 $\eta=1.836$,所加泵浦功率为不加 Q 开关时阈值泵浦功率的二倍,Q 开关为快速开关。试求其峰值功率、脉冲宽度、光脉冲输出能量和能量利用率。

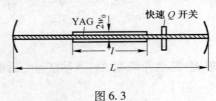

图 6.3

11. Q 开关红宝石激光器中,红宝石棒截面积 $S=1\text{cm}^2$,棒长 $l=15\text{cm}$,折射率为 1.76,腔长 $L=20\text{cm}$,铬离子浓度 $n=1.58\times10^{19}\text{cm}^{-3}$,受激发射截面 $\sigma=1.27\times10^{-20}\text{cm}^2$,光泵浦使激光上能级的初始粒子数密度 $n_{2i}=10^{19}\text{cm}^{-3}$,假设泵浦吸收带的中心波长 $\lambda=0.45\,\mu\text{m}$,$E_2$ 能级的寿命 $\tau_2=3\text{ms}$,两平面反射镜的反射率与透射率分别为 $r_1=0.95$,$T_1=0$,$r_2=0.7$,$T_2=0.3$。试求:

(1) 使 E_2 能级保持 $n_{2i}=10^{19}\text{cm}^{-3}$ 所需的泵浦功率 P_p;
(2) Q 开关接通前自发辐射功率 P;
(3) 脉冲输出峰值功率 P_m;
(4) 输出脉冲能量 E;
(5) 脉冲宽度 τ(粗略估算)。

12. 若有一台四能级调 Q 激光器,有严重的瓶颈效应(即在巨脉冲持续时间内,激光低能级积累的粒子不能清除)。已知比值 $\Delta n_i/\Delta n_t=2$,试求脉冲终了时,激光高能级和低能级的粒子数密度 n_2 和 n_1(假设 Q 开关接通前,低能级是空的)。

13. 考虑一锁模激光器,其相邻模初位相 $\varphi_q - \varphi_{q-1} = \beta$,若输出光中各个模式光强按频率的分布是高斯函数分布,试证明输出脉冲按时间的分布也是高斯形的,并求出振荡带宽 $\Delta\nu_{osc}$ 和脉冲宽度 τ 之间的关系。

(提示:合成电场求和近似地用积分来处理;$\Delta\nu_{osc}$ 及 τ 均按半最大值定义)

14. 一幅度调制锁模 He–Ne 激光器输出谱线形状近似于高斯函数,已知锁模脉冲谱宽为 600MHz,试计算其相应的脉冲宽度。

15. 一锁模氩离子激光器,腔长 1m,多普勒线宽为 6000MHz,未锁模时的平均输出功率为 3W。试粗略估算该锁模激光器输出脉冲的峰值功率、脉冲宽度及脉冲间隔时间。

16. 在 LN 波导型马赫—曾德强度调制器中,采用单臂驱动方式,偏置电压设置使得该电压下对应的透过率为最大透过率的 50%。在此偏置电压的基础上增加一个正弦波电压调制信号,该调制信号的幅度峰—峰值恰好为 U_π,求输出光脉冲信号半高全宽度与正弦波周期的比值。

17. GaAs 晶体属于 $\overline{4}3m$ 点群,不加电场时,为各向同性介质,折射率为 η_0,其电光系数矩阵为

$$\gamma = \begin{bmatrix} 0 & 0 & 0 \\ 0 & 0 & 0 \\ 0 & 0 & 0 \\ \gamma_{41} & 0 & 0 \\ 0 & \gamma_{41} & 0 \\ 0 & 0 & \gamma_{41} \end{bmatrix}$$

当外部施加电场为 $E_x = E_y = E_z = \frac{1}{\sqrt{3}}E$ 时:

(1)写出施加电场前和施加电场后折射率椭球在原主轴坐标系 x,y,z 下的表达式。

(2)施加电场通过怎样的坐标变换,可以使折射率椭球表达式中不含坐标的交叉乘积项?请写出新坐标系 x',y',z' 在 x,y,z 坐标系中的表达式。

(3)求新主折射率 $\eta_{x'},\eta_{y'},\eta_{z'}$ 的表达式。

(4)当光波矢沿 x 轴方向入射到施加上述电压的 GaAs 晶体时,其对应的两个简正模式 D 矢量的偏振方向(在 x,y,z 中表示)和相应的折射率。

18. 法拉第效应中,输出光相对于输入光偏振面的旋转来源于顺时针和逆时针圆偏振光的折射率差异 $\Delta\eta = \eta_{cw} - \eta_{ccw}$,试求当 $\Delta\eta = 0.001$ 时,$1.06\mu m$ 的线偏振光经过 1cm 的磁光介质后,其偏振面旋转的角度是多少?

19. 利用 Nd:YAG 激光器泵浦 BBO 晶体实现 780nm 波长光波的参量放大。取 $d_{eff} = 1.94 \times 10^{-12}$ m/V,输入光功率为 10W,折射率约为 1.6。试估算当满足相位匹配条件下,高斯光束束腰半径分别为 1mm 和 2mm 时,BBO 晶体单位长度上产生的参量增益分别为多少?

参 考 文 献

[1] Amnon Yariv. Quantum Electronics. 3rd Ed[M]. New York:John Wiley & Sons,Inc.,1989.
[2] Siegman A E. Lasers[M]. California:University Science Books,Hilley,1986.

[3] 激光物理学编写组. 激光物理学[M]. 上海:上海人民出版社,1975.
[4] Kutzenga D J and Siegman A E. F M and A M Mode Locking of the Homogeneous Laser-Part I Theory[J]. IEEE J. Quantum Electron,1970,6:694.
[5] 丁育明. 固体激光器被动 Q 开关技术的进展[J]. 激光杂志,1997,6:1.
[6] 高以智,姚敏玉,张洪明,等. 激光原理学习指导(第2版)[M]. 北京:国防工业出版社,2014.
[7] 彭江得. 光电子技术基础[M]. 北京:清华大学出版社,1988.
[8] 钱士雄,王恭明. 非线性光学—原理与进展[M]. 上海:复旦大学出版社,2001.
[9] Robert W Boyd. Nonlinear Optics[M]. 3rd Ed. New York:Academic Press,2008.
[10] Antao Chen,Edmond J Murphy. Broadband Optical Modulators[M]. Boca Raton:CRC Press,2012.

第七章 典型激光器和激光放大器

自 1960 年第一台红宝石激光器问世以来,激光器和激光放大器的发展非常迅速。激光工作物质已包括晶体、玻璃、光纤、气体、半导体、液体及自由电子等数百种之多。激励方式有光激励、放电激励、电激励、热激励、化学激励和核激励等多种方式。

各类激光器和激光放大器共同的工作原理、特性及改善激光器性能的各种技术的原理已在前面各章论述。本章将就几种有代表性的典型激光器(半导体激光器在第八章中介绍)和激光放大器,着重介绍其集居数反转机制及主要特点,供读者在学习激光原理时参考。

7.1 固体激光器

固体激光器通常是指以绝缘晶体或玻璃作为工作物质的激光器。少量的过渡金属离子或稀土离子掺入晶体或玻璃,经光泵激励后产生受激辐射作用。参与受激辐射作用的离子密度一般为 $10^{25}\text{m}^{-3} \sim 10^{26}\text{m}^{-3}$,较气体工作物质高 3 个量级以上,激光上能级的寿命也比较长 $10^{-4}\text{s} \sim 10^{-3}\text{s}$,因此易于获得大能量输出,适于进行调 Q 以获得大功率脉冲输出。

一、光泵激励

固体激光器普遍采用光激励方式将处于基态的粒子抽运到激发态,以形成集居数反转状态。光激励又可分为气体放电灯激励和激光器激励两种方式。在后一种方式中,应用最广泛的是半导体激光器或激光器列阵激励。

1. 气体放电灯激励

以气体放电灯为激励光源是第一台固体激光器问世以来广为采用的一种激励方式。脉冲激光器采用脉冲氙灯,连续激光器采用氪灯或碘钨灯。

放电灯的发射光谱由连续谱和线状谱组成,覆盖很宽的波长范围,其中只有与激光工作物质吸收波长相匹配的波段的光可有效地用于光激励。采用放电灯激励的固体激光器示意图如图 7.1.1 所示。为了使气体放电灯发出的非相干光有效地射入激光工作物质,聚光装置是必不可少的,通常采用椭圆或紧包聚光腔。在内壁镀有高反射层的椭圆柱聚光腔中,灯与激光棒分别置于两个焦轴上。在紧包腔中,平行放置的激光棒与灯贴近,外裹一紧包圆柱腔,其内壁镀有反射层或采用漫反射材料。

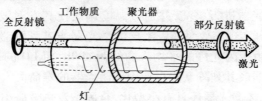

图 7.1.1 气体放电灯激励固体激光器示意图

式(4.3.5)和式(4.3.13)给出激光器输出功率(能量)和工作物质吸收的泵浦光功率(能量)的关系。实际上,工作物质吸收的光泵功率(能量)是难以测量的,我们能测出的是光泵的输入电功率p_p(电能量ε_p)。激光器输出功率(能量)和光泵输入电功率(能量)间的关系为

$$P = \frac{A}{S}\frac{\nu_0}{\nu_p}\eta_0\eta_1\eta_p p_{pt}\left(\frac{p_p}{p_{pt}} - 1\right) \tag{7.1.1}$$

$$E = \frac{A}{S}\frac{\nu_0}{\nu_p}\eta_0\eta_1\eta_p \varepsilon_{pt}\left(\frac{\varepsilon_p}{\varepsilon_{pt}} - 1\right) \tag{7.1.2}$$

式中:A 为激光束的有效截面面积;S 为工作物质横截面面积(如采用平行平面镜腔,则 $A = S$);p_{pt} 及 ε_{pt} 分别为光泵输入电功率及电能量的阈值;ν_0 及 ν_p 分别为激光及泵浦光频率;$\eta_0 = T/2\delta$($\eta_0 = T/(T+a)$)为激光器谐振腔内激光功率(能量)转化为输出激光功率(能量)的转换效率;η_1 为 E_3 能级至 E_2 能级的无辐射跃迁效率;η_p 为泵浦效率。若 η_L 为光泵在工作物质吸收带内的辐射功率(能量)与光泵输入电功率(能量)之比;η_c 为聚光效率;η_a 为工作物质的吸收效率,$\eta_a = 1 - \exp[-\alpha(\nu_p)d]$,其中 $\alpha(\nu_p)$ 为工作物质对泵浦光的吸收系数,d 为工作物质的吸收长度,则泵浦效率 $\eta_p = \eta_L\eta_c\eta_a$,激光器的总效率

$$\eta_t = \frac{P}{p_p} = \frac{A}{S}\frac{\nu_0}{\nu_p}\eta_0\eta_1\eta_p\left(1 - \frac{p_{pt}}{p_p}\right) \tag{7.1.3}$$

或

$$\eta_t = \frac{E}{\varepsilon_p} = \frac{A}{S}\frac{\nu_0}{\nu_p}\eta_0\eta_1\eta_p\left(1 - \frac{\varepsilon_{pt}}{\varepsilon_p}\right) \tag{7.1.4}$$

激光器的斜(微分)效率为

$$\eta_s = \frac{P}{p_p - p_{pt}} = \frac{A}{S}\frac{\nu_0}{\nu_p}\eta_0\eta_1\eta_p \tag{7.1.5}$$

或

$$\eta_s = \frac{E}{\varepsilon_p - \varepsilon_{pt}} = \frac{A}{S}\frac{\nu_0}{\nu_p}\eta_0\eta_1\eta_p \tag{7.1.6}$$

气体放电灯激励的能量转换环节多,其辐射光谱很宽,只有一部分能量分布在激光工作物质的有效吸收带内,通常 η_L 约为 15%,因此激光器的效率较低,最常用的 Nd:YAG 激光器的效率为 1%~3%。

2. 半导体激光器(LD)或激光器列阵(LDA)激励

采用波长与激光工作物质吸收波长相匹配的激光作泵浦光无疑将大大提高激光器的效率。例如,Nd:YAG 中宽约 30nm,中心波长为 810nm 的吸收带中含有多条吸收谱线。若用 GaAlAs 半导体激光器进行泵浦,并通过温度调谐使其发射波长与某吸收谱线波长(809nm)严格匹配,则可实现高效泵浦。半导体激光器或其列阵激励的固体激光器的总效率可达 7%~20%。由于闪光灯的平均寿命约为 400h,而 LD 的平均寿命在 10000h 以上,所以用半导体激光器或其列阵激励也使固体激光器的寿命大大提高。此外,半导体激光器或其列阵激励的固体激光器还具有小型化、全固态及热效应小的优点。近年来,单个半导体激光器输出功率已超过 1W,半导体激光器列阵的输出功率已达数百瓦。大功率

半导体激光器及其列阵的出现促使半导体激光器或其列阵激励的固体激光器迅速发展并获得广泛应用。

半导体激光器泵浦可采用端面泵浦与侧面泵浦两种形式。端面泵浦装置简单，泵浦光束与谐振腔模匹配良好，工作物质对泵浦光吸收十分充分。因而阈值功率低，斜效率高，易获得基模振荡。图7.1.2为激光二极管端面泵浦的固体激光器示意图。激光二极管出射光束可近似地看作在x和y方向具有不同光腰半径的高斯光束。特殊设计的透镜系统将其转换为在x、y方向对称，截面小于固体激光器谐振腔基模束腰的光束进入增益介质，以求与腔模空间最大限度的交叠。固体工作物质输入端M_1镀以对泵浦光增透，对固体激光器激光波长全反射的介质膜层，M_2为部分反射镜。M_1和M_2组成固体激光器的谐振腔。

除采用图7.1.2所示的耦合方式外，还可采取光纤耦合方式，即利用光纤及随后的匹配透镜将半导体激光器的输出光导入激光工作物质。

要得到更大功率的激光输出，需采用功率更大的半导体激光器列阵作泵浦光源，由于列阵的发光面较大，采取侧面泵浦的方式更为有利。图7.1.3是一种侧面泵浦的板条式固体激光器示意图。在板条状固体激光工作物质的一侧放置泵浦半导体激光器列阵，另一侧的全反射板使泵浦光反馈集中到工作物质中。激光在工作物质中通过侧面全内反射传输，使其经过增益介质的有效长度大于外形长度，从而获得大功率输出。

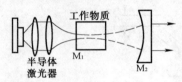

图7.1.2　半导体激光器
端面泵浦的固体激光器示意图

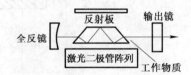

图7.1.3　半导体激光器列阵侧
面泵浦的板条固体激光器示意图

由于泵浦光也是高斯光束，它与腔内激光束的交叠程度无疑会影响激光器的阈值泵浦光功率和效率。通常用交叠积分J来描述这一交叠程度，它定义为

$$J = \iiint r(x,y,z)s(x,y,z)\mathrm{d}V \tag{7.1.7}$$

式中：$r(x,y,z)$和$s(x,y,z)$分别为泵浦光和激光的能量密度归一化空间分布函数；$\mathrm{d}V$为体积元，积分在激光工作物质体积内进行。气体放电灯泵浦的四能级固体激光器的吸收泵浦光功率阈值如式(4.1.6)所示。半导体激光器泵浦的四能级固体激光器在中心频率处需吸收的泵浦光功率阈值为

$$P_{\mathrm{pt}} = \frac{h\nu_{\mathrm{p}}\delta}{\eta_{\mathrm{F}}\sigma_{21}\tau_{\mathrm{s}}lJ} \tag{7.1.8}$$

交叠积分越大，则阈值泵浦光功率越低。

工作物质的泵浦吸收谱线和已有大功率半导体激光器发射波长匹配是构成半导体激光器泵浦的固体激光器的必要条件。适于构成此类激光器的固体工作物质有Nd:YAG、Nd:YVO$_4$、Nd:YLF、Tm、Ho:YAG、Nd:YAP及Cr:LiSAF等。这些材料的特性列于附录二。为了使波长准确匹配，往往对半导体激光器的温度加以控制。

二、红宝石激光器

红宝石是掺有少量 Cr_2O_3(质量比约为 0.05%)的 Al_2O_3 晶体。晶体内 Cr^{3+} 离子的能级图如图 7.1.4 所示。当泵浦光照射红宝石时,基态 $^4A_2$ 能级上的 Cr^{3+} 离子吸收其中波长为 $(360\sim450)$nm 和 $(510\sim600)$nm 的光而跃迁到 $^4F_1$ 和 $^4F_2$ 能级。Cr^{3+} 在 $^4F_1$ 及 $^4F_2$ 能级上的寿命很短(约为 10^{-9}s),因而迅速通过无辐射跃迁过程跃迁到 ^2E 能级。^2E 能级是一个寿命较长($\approx 3\times10^{-3}$s)的亚稳态能级。在这个能级上可以积聚较多的 Cr^{3+} 离子。当光泵足够强时,在 ^2E 能级与 $^4A_2$ 能级间可实现集居数反转。^2E 能级由间隔为 $29cm^{-1}$ 的两个子能级 $2\bar{A}$ 和 $\bar{E}$ 组成,粒子由 $\bar{E}$ 和 $2\bar{A}$ 向 $^4A_2$ 跃迁时分别产生波长为 694.3nm 和 692.9nm 的荧光谱线,称为 R_1 线和 R_2 线。$2\bar{A}$ 和 $\bar{E}$ 二能级间有着极快的热弛豫过程,其间的集居数分布可用玻尔兹曼分布描述。由于 $\bar{E}$ 能级集居数较 $2\bar{A}$ 能级多,因此易于达到阈值并产生 R_1 线激光。R_1 线激光形成后,$\bar{E}$ 能级抽空的粒子很快由 $2\bar{A}$ 能级上的粒子补充,这使 $2\bar{A}$ 和 $^4A_2$ 能级间难以达到反转粒子数阈值,因此红宝石激光器通常只产生 694.3nm 激光。

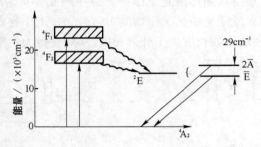

图 7.1.4 红宝石中 Cr^{3+} 的能级图

红宝石激光器属三能级系统,具有较高的泵浦能量阈值,所以通常只能以脉冲方式运转。Q 调制红宝石激光器输出巨脉冲峰值功率可达 $(10\sim50)$MW,脉宽为 $(10\sim20)$ns。锁模红宝石激光器输出超短光脉冲的峰值功率可达 10^9W 量级,脉宽可达 10ps。

虽然红宝石激光器是最早研究成功的激光器,但由于是三能级运转,阈值泵浦能量高,应用远不及钕激光器广泛。由于输出可见激光,在动态全息、医学等方面仍有应用价值。

三、钕激光器

以三价钕离子作为激活粒子的钕激光器是使用最广泛的激光器。以 Nd^{3+} 离子部分取代 $Y_3Al_5O_{12}$ 晶体中 Y^{3+} 离子的激光工作物质称为掺钕钇铝石榴石(简称 Nd:YAG)。图 7.1.5 给出 Nd^{3+}:YAG 晶体中 Nd^{3+} 离子的与激光产生过程有关的能级图。处于基态 $^4I_{9/2}$ 的钕离子吸收光泵发射的相应波长的光子能量后跃迁到 $^4F_{5/2}$、$^2H_{9/2}$ 和 $^4F_{7/2}$、$^4S_{3/2}$ 能级(吸收带的中心波长是 810nm 和 750nm,带宽为 30nm),然后几乎全部通过无辐射跃迁迅速降落到 $^4F_{3/2}$ 能级。$^4F_{3/2}$ 是一个寿命为 0.23ms 的亚稳态能级。处于 $^4F_{3/2}$ 能级的 Nd^{3+} 离子可以向多个终端能级跃迁并产生辐射,其中概率最大的是 $^4F_{3/2}$ 至 $^4I_{11/2}$ 的跃迁(波长为

1064nm)，其次是 $^4F_{3/2}$ 至 $^4I_{9/2}$ 的跃迁(波长为 950nm)，$^4F_{3/2}$ 至 $^4I_{13/2}$ 的跃迁概率最小(波长为 1319nm)。显然，$^4F_{3/2} \rightarrow ^4I_{11/2}$ 跃迁属四能级系统，由于 $^4I_{11/2}$ 能级位于基态之上，集居数很少，只需很低的泵浦能量就能实现激光振荡，所以 Nd:YAG 激光器的振荡波长通常为 1064nm。$^4F_{3/2} \rightarrow ^4I_{13/2}$ 跃迁虽然也属于四能级系统，但跃迁概率小，只在设法抑制 1064nm 激光的情况下，才能产生 1319nm 的激光。$^4F_{3/2} \rightarrow ^4I_{9/2}$ 跃迁属三能级系统，室温下难以产生激光。

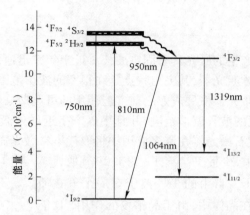

图 7.1.5　Nd:YAG 晶体中 Nd^{3+} 能级图

如前所述，Nd:YAG 激光器属四能级系统，并具有量子效率高、受激辐射截面大(见附录二)的优点，其阈值比红宝石和钕玻璃激光器小得多，而且钇铝石榴石晶体还具有较高的热导率，易于散热，因此 Nd:YAG 激光器不仅可以单次脉冲运转，还可用于高重复率或连续运转。目前，Nd:YAG 连续激光器的最大输出功率已超过 1000W，每秒 5000 次重复频率激光器的输出峰值功率已达千瓦以上，每秒几十次重复频率的调 Q 激光器的峰值功率可达几百兆瓦。

另一类钕激光器是钕玻璃激光器，钕玻璃是在硅酸盐或磷酸盐玻璃中掺入适量的 Nd_2O_3 制成的。钕玻璃中 Nd^{3+} 离子的能级结构与 Nd:YAG 基本相同，只是能级对应的能量和宽度略有差异，泵浦吸收带稍宽，荧光寿命较长((0.6~0.9)ms)，荧光线宽较宽 (250cm^{-1})，量子效率较低(0.3~0.7)，受激辐射截面约为 Nd:YAG 的 1/30。一般情况下激射波长为 1060nm，采取特殊选模措施时可产生 1370nm 激光。

由于钕玻璃的荧光寿命长，易于积累高能级粒子，又容易制成光学均匀性优良的大尺寸材料，因此可用于大能量大功率激光器。大能量钕玻璃激光器的输出能量已达上万焦耳。由于荧光线宽较宽，适于制成锁模器件，钕玻璃锁模激光器可产生脉宽小于 1ps 的超短光脉冲。钕玻璃的热导率低，振荡阈值又较 Nd:YAG 高，因此不宜用于连续和高重复率运转。

除上述掺 Nd^{3+} 材料外，已实现激光运转的掺 Nd^{3+} 晶体达 140 多种，其中发展最成熟和目前认为有前途的晶体有掺钕铝酸钇(Nd^{3+}:YAlO$_3$，简称 Nd:YAP)、掺钕氟化钇锂 (Nd^{3+}:LiYF$_4$，简称 Nd:YLF)、掺钕钒酸钇(Nd^{3+}:YVO$_4$)和五磷酸钕(NdP$_5$O$_{14}$，简称 Nd-PP)等。其中 Nd:YAP 晶体的特点是所产生的激光线偏振度高，其 1320nm 波长激射效率高，易实现 1079nm 和 1320nm 双波长运转，但其破坏阈值低，热畸变较严重。Nd:YLF 晶体荧光寿命长、热效应小,适于连续运行,所构成的半导体激光器泵浦的激光器效率高、阈值低。Nd:YVO₄ 的特点是受激发射截面大,泵浦吸收谱线宽,吸收截面大,而且吸收系数对温度变化不灵敏,用半导体激光器泵浦时波长匹配好,因而效率高、阈值低。其缺点是热性能差,不宜于放电灯泵浦。NdPP 中钕离子是晶体化合物的组成部分,因此浓度比上述掺杂晶体高出数十倍,此外还具有发射截面大的特点,所以阈值低、效率高,可构成微型激光器。

四、钛宝石激光器

红宝石和钕激光器产生的激光具有固定波长。近十年来迅速发展起来的掺钛宝石激光器则是一种可调谐固体激光器,其突出特点是在很宽的波长范围内((660~1180) nm)连续可调。而在钛宝石激光器发展成熟之前普遍使用的可调谐染料激光器却必须更换四种染料,才能覆盖如此宽的波长调谐范围,并且用以产生近红外激光的染料寿命很短,使用很不方便。因此,钛宝石激光器在许多应用中将取代染料激光器。

钛宝石(Ti:Al₂O₃)中,少量 Ti^{3+} 离子(约 1.2%)取代了 Al_2O_3 晶体中的 Al^{3+} 离子。自由的 Ti^{3+} 离子有一个五重简并的最低电子能级 ^2D。在晶体中,由于晶格场的作用,^2D 能级分裂为 $^2T_{2g}$(基态)和 ^2E_g(激发态)两个电子能级,激光跃迁正是发生在这两个能级之间。由于 Ti^{3+} 外层电子和晶格场作用较强,其电子态能量与激活离子和配位体离子的相对距离有关,可用一条位形曲线表示。图 7.1.6 中 R 为 Ti^{3+} 离子和配位离子的间距。二者的相对振动产生了一系列振动能级,图 7.1.6 中的横线表示振动能级。由于振动能级间的能量间隔很小,因此大量的振动能级构成了准连续的能带。带间的电子振动跃迁形成了波长范围为(400~600) nm 的宽吸收带,峰值吸收波长约为 490nm。在光泵作用下可产生(660~1180) nm 的宽荧光谱带,其峰值波长在 790nm 附近。

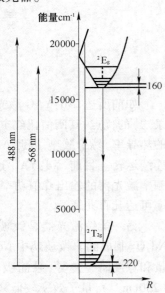

图 7.1.6 钛宝石能级图

处于基态 $^2T_{2g}$ 的 Ti^{3+} 吸收了泵浦光并跃迁到 ^2E_g 能级的较高振动态,然后经无辐射跃迁降落到较低振动态。于是 ^2E_g 能级的低振动态和 $^2T_{2g}$ 能级的一系列振动态之间形成了集居数反转。激光波长取决于哪一个振动能级作为终端能级。终端能级的 Ti^{3+} 离子通过快速声子弛豫过程返回低振动态。由此可见,钛宝石激光器是一种终端声子激光器,具有四能级系统特征。

由于钛宝石的激光跃迁上能级寿命仅为 $3.8\mu s$,为了获得足够高的泵浦速率,钛宝石激光器大多采用激光泵浦。可用作泵浦光源的激光器有氩离子激光器、铜蒸气激光器或半导体激光器列阵泵浦的倍频 Nd:YAG 或 Nd:YLF 激光器等。闪光灯泵浦的钛宝石激光器也获得成功。激光器的调谐可通过谐振腔中的波长选择元件实现。图 7.1.7 是钛宝石激光器光路图的一个实例。由于它具有很宽的荧光谱,它构成的锁模激光器可具有极窄的脉宽,自锁模钛宝石激光器产生的光脉冲已窄至 11fs。

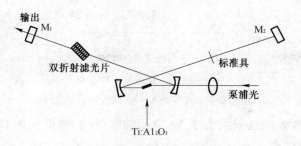

图 7.1.7　钛宝石激光器光路图实例

除上述固体激光工作物质外,新近发展的 Cr^{3+}:$LiSrAlF_6$(简称 LiSAF)晶体是一种有前途的可调谐固体激光晶体,虽然其激光波长调谐范围与钛宝石类似((760~1010)nm),但由于它可以大量掺铬,可用闪光灯泵浦和 670nm 的半导体激光器泵浦,因而具有很大的实用意义。Tm,Ho:YAG 晶体可产生对人眼安全的 2097nm 和 2091nm 激光,适用于雷达和医学应用。此晶体可用波长 780nm 的半导体激光器泵浦,晶体中的 Tm^{3+} 离子被泵浦光激发到高能级后将能量转移给 Ho^{3+} 离子,在 Ho^{3+} 离子的能级系统内完成激光发射。

本节所述部分固体激光工作物质的典型参数列于附录二。

7.2　气体激光器

气体激光器是以气体或蒸气为工作物质的激光器。由于气态工作物质的光学均匀性远比固体好,所以气体激光器易于获得衍射极限的高斯光束,方向性好。气体工作物质的谱线宽度远比固体小,因而激光的单色性好。但由于气体的激活粒子密度远较固体为小,需要较大体积的工作物质才能获得足够的功率输出,因此气体激光器的体积一般比较庞大。

由于气体工作物质吸收谱线宽度小,不宜采用光源泵浦,通常采用气体放电泵浦方式。在放电过程中,受电场加速而获得了足够动能的电子与粒子碰撞时,将粒子激发到高能态,因而在某一对能级间形成了集居数反转分布。除了气体放电泵浦外,气体激光器还可采用化学泵浦、热泵浦及核泵浦等方式。

气体激光器种类多,谱线丰富。本书仅介绍最常用的几种典型激光器。

一、He-Ne 激光器

He-Ne 激光器是最早研制成功的气体激光器。在可见及红外波段可产生多条激光谱线,其中最强的是 632.8nm、1.15μm 和 3.39μm 三条谱线。放电管长数十厘米的 He-Ne 激光器输出功率为毫瓦量级,放电管长(1~2)m 的激光器输出功率可达数十毫瓦。由于它能输出优质的连续运转可见光,而且具有结构简单、体积较小、价格低廉等优点,在准直、定位、全息照相、测量、精密计量等方面得到了广泛应用。

1. 激励机制

图 7.2.1 是内腔式 He-Ne 激光器示意图。阴极和阳极间通过充有氦氖混合气的毛细管放电使 Ne 原子的某一对或几对能级间形成集居数反转。虽然混合气体中 He 的

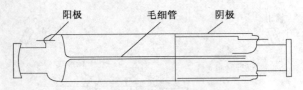

图 7.2.1　内腔式 He-Ne 激光器示意图

含量数倍于 Ne,但激光跃迁只发生于 Ne 原子的能级间,辅助气体 He 的作用是提高泵浦效率。

图 7.2.2 是 Ne 原子和 He 原子能级示意图。632.8nm、1.15μm 及 3.39μm 激光谱线分别对应 Ne 的 $3S_2 \to 2P_4$、$2S_2 \to 2P_4$ 及 $3S_2 \to 3P_4$ 跃迁。下面以 632.8nm 激光为例说明其激励机制。

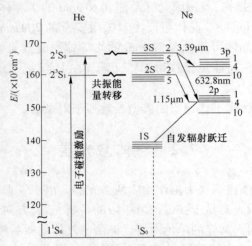

图 7.2.2　He 原子和 Ne 原子的能级图

在一定的放电条件下,阴极发射的电子向阳极运动并被电场加速,快速电子与基态 He 原子发生非弹性碰撞时将 He 原子激发到激发态 2^1S_0 而自身减速。2^1S_0 是亚稳态,因而可积聚大量 He 原子。当激发态 He 原子(He^*)和基态 Ne 原子发生非弹性碰撞时将 Ne 原子激发到 $3S_2$ 能级。这一过程称作共振能量转移,可表示为

$$He^*(2^1S_0) + Ne(1^1S_0) \longrightarrow Ne^*(3S_2) + He(1^1S_0) + \Delta E(-386 cm^{-1})$$

共振能量转移碰撞截面随对应激发态能量差 ΔE 的减小而急剧增加。由于 He 原子的 2^1S_0 和 Ne 原子的 $3S_2$ 能级十分接近,因而具有很大的共振能量转移截面。而激光跃迁的下能级 $2P_4$ 上的 Ne 原子仅仅来源于电子碰撞激发和高能级的串级激发,其寿命($\approx 10ns$)又比上能级 $3S_2$ 的寿命($\approx 100ns$)低一个量级,所以在 Ne 原子的 $3S_2$ 和 $2P_4$ 能级间很容易建立集居数反转状态并实现连续激光运转。

2. 谱线竞争

He-Ne 激光器的三条最强的激光谱线(632.8nm,1.15μm,3.39μm)中哪一条谱线起振完全取决于谐振腔介质膜反射镜的波长选择。由图 7.2.2 可见,632.8nm 和 3.39μm 两条激光谱线具有相同的上能级,因此这两条谱线之间存在着强烈的竞争。由于增益系数与波长的三次方成正比,显然 3.39μm 谱线的增益系数远大于 632.8nm 谱线。在较长

的 632.8nm He-Ne 激光器中,虽然介质膜反射镜对 632.8nm 波长的光具有较高的反射率,仍然会产生较强的 3.39μm 波长的放大的自发辐射或激光,这将使上能级集居数减少,从而导致 632.8nm 激光功率下降。为了获得较强的 632.8nm 激光输出,可采用下述方法抑制 3.39μm 辐射的产生:借助腔内棱镜色散使 3.39μm 激光不能起振(如图 7.2.3 所示);腔内插入对 3.39μm 波长的光吸收的元件(如甲烷吸收盒);借助轴向非均匀磁场使 3.39μm 谱线线宽增加,从而使其增益下降。

3. 放电参数对输出功率的影响

在 He-Ne 激光器中,不仅工作物质尺寸、谐振腔损耗和输出耦合会影响输出功率,放电电流及气体压强等放电参数也会影响工作物质的增益系数,从而影响输出功率。

He-Ne 激光器的输出功率并不随气体放电电流的增加单调地上升,其间存在某个使输出功率最大的最佳放电电流。这是因为在放电管中,不仅存在激发过程,同时还不可避免地存在着消激发过程。Ne 的激光跃迁上能级集居数密度 n_2 正比于 He 的亚稳态(2^1S_0 或 2^3S_1)集居数密度 n_3。描述 n_3 变化的速率方程可近似表示为

$$\frac{dn_3}{dt} = K_1 J n_{He} - K_2 n_3 - K_3 J n_3$$

式中:J 为放电电流密度;等号右方第一项对应电子碰撞激发过程;第二项对应于与管壁碰撞及共振能量转移引起的消激发过程;第三项对应于电子与亚稳态原子 He^* 碰撞使其回归基态的消激发过程;K_1、K_2 及 K_3 为与以上三种过程相应的常数;n_{He} 为基态 He 原子密度。在稳定情况下,由上式可得

$$n_3 = n_{He} \frac{K_1 J}{K_2 + K_3 J}$$

当放电电流较小时,n_3 正比于 J。随着放电电流的增加,n_3 及与它成正比的 n_2 趋于饱和。另一方面,从实验发现激光跃迁下能级的粒子数密度 n_1 正比于 J。这是因为下能级粒子的激发(电子碰撞引起的直接激发和级联激发)速率和放电电流密度成正比,而消激励却主要通过 $2P_4 \rightarrow 1S$ 的自发辐射,其速率与放电电流无关。上、下能级的集居数随放电电流密度的变化如图 7.2.4 所示。由图可见,当电流较小时,反转集居数密度随电流增加而增加,在反转集居数到达最大值后,却随电流的增加而减少。

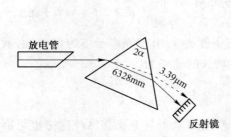

图 7.2.3 棱镜色散抑制 3.39μm 激光

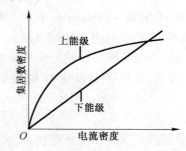

图 7.2.4 Ne 的激光上、下能级集居数密度随放电电流密度变化的曲线

He-Ne 激光器的输出功率与充气压强 p 有关。若放电毛细管的直径为 d,则存在一个使输出功率最大的最佳 pd 值。He-Ne 激光器的最佳 pd 值为 $(4.8 \sim 5.3) \times 10^2 Pa \cdot mm$。产生这一现象的原因是:一方面压强的下降使电子与原子的碰撞减少,从而导致电子温度

（平均动能）上升，激发速率升高；毛细管管径的减小则使电子和离子的管壁复合加剧，为了维持放电电流不变必须加大电场，由此造成的电子温度升高有利于激发。另一方面，pd 值过低又会因 He、Ne 原子数量过少而使输出功率减少。

He、Ne 气的比例也会影响输出功率。产生激光的 Ne 原子比例过小无疑会使输出功率减小。另一方面，由于 Ne 的电离电位较低，其比例过大会因电离过多而使电子离子数目增加，在较低的电场下就能维持一定的放电电流，低电场导致的电子温度下降使激发速率降低，输出功率随之下降。

在最佳放电条件下，工作物质的增益系数和毛细管直径 d 成反比。通过受激辐射跃迁到激光跃迁下能级的 Ne 原子借助自发辐射转移到亚稳态 1S 能级，然后通过与管壁碰撞释放能量的途径返回基态。如果管径 d 增大，原子与管壁碰撞的机会减少、滞留在 1S 能级的 Ne 原子可能吸收自发辐射光子重新返回激光下能级，从而导致反转集居数的减少。毛细管直径的选择应综合考虑对输出功率和模式的要求以及增益、衍射损耗及模体积对输出功率的影响。

二、氩离子激光器

图 7.2.5 为 Ar 离子与激光产生过程有关的能级图。中性 Ar 原子的电子组态为 $3P^6$。放电过程中，Ar 原子与快速电子碰撞后电离，形成基态氩离子，其电子组态为 $3P^5$。激光跃迁发生在 Ar^+ 的电子组态 $3P^44P$ 和 $3P^44S$ 之间。前者的寿命约为 10^{-8} s，后者通过自发辐射迅速消激发，其寿命约为 10^{-9} s。由于 $3P^44P$ 和 $3P^44S$ 电子组态均对应若干子能级，所以连续工作的氩离子激光器可产生 9 条蓝绿激光谱线，其中以 488nm 和 514.5nm 谱线最强。在谐振腔内插入棱镜等色散元件，可以获得单谱线激光。

激光跃迁上能级（4P）粒子的积聚主要通过三种途径实现：①基态 Ar^+ 与电子碰撞后直接跃迁到 4P 能级；②基态 Ar^+ 与电子碰撞后跃迁至高于 4P 的其他能级，再通过级联辐射跃迁至 4P 能级；③基态 Ar^+ 和电子碰撞跃迁至低于 4P 的亚稳态能级后再次与电子碰撞并跃迁至 4P 能级。若令等离子体中 Ar^+ 与电子密度分别为 n_i 和 n_e，放电电流密度为 J，由于等离子体为电中性，故有 $n_i \approx n_e$。前述①、②两过程使 4P 能级集居数密度增长的速率为

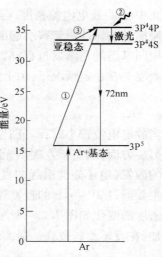

图 7.2.5 Ar 离子能级图

$$\left(\frac{dn_2}{dt}\right)_p \propto n_i n_e \approx n_e^2 \propto J^2$$

过程③虽然多涉及一次电子碰撞，但由于大电流密度下电子与亚稳态 Ar^+ 碰撞也可能引起消激发，所以过程③对应的泵浦速率同样和 J^2 成正比。由于 Ar 原子的电离能量（$\approx 15eV$）和激光跃迁上能级的激发能量（$\approx 20eV$）较高，正常运转所要求的平均电子动能（电子温度）很高。为了提高电子温度，氩离子激光器中的充气压强一般在 150Pa 以下。但低压强意味着 Ar 原子密度小，为了提高电离和激发速率，必须增加放电管内的电子密度，所以氩离子激光器必须采用大电流弧光放电激发，放电管内电流密度通常超过

10^6A/m^2。氩离子激光器的输出功率随放电电流的增长而迅速增长,但电流过高也会因多重电离的出现和高温引起的谱线加宽而导致增益和输出功率的下降。

为了提高放电电流密度,放电应集中在放电毛细管中心(1~2)mm范围内。为此沿放电毛细管加一轴向磁场,磁场产生的洛伦兹力可约束电子和离子向管壁扩散。但在使电子集中在放电管中心的同时也降低了轴向电场强度,从而导致电子温度和电离度降低,因此存在一个使输出功率最大的最佳磁场强度值。

高密度电流放电产生的高温等离子体使放电毛细管承受很大的热负荷。高能离子轰击管壁及电极时溅射剥落的颗粒会污染气体和窗口。因此放电毛细管材料必须满足耐高温、导热性好、抗溅射和气密性好等要求。常用的毛细管材料是石墨和氧化铍陶瓷,最近发展了一种钨盘-陶瓷毛细管结构,如图7.2.6所示。

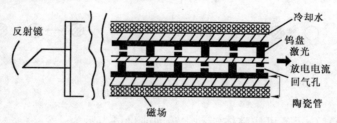

图7.2.6 高功率水冷氩离子激光器示意图

三、CO_2 激光器

CO_2 激光器的主要特点是输出功率大,能量转换效率高,输出波长(10.6μm)正好处于大气窗口。因此广泛用于激光加工、医疗、大气通信及其他军事应用。

CO_2 激光器以 CO_2、N_2 和 He 的混合气体为工作物质。激光跃迁发生在 CO_2 分子的电子基态的两个振动-转动能级之间。N_2 的作用是提高激光上能级的激励效率,He 则有助于激光下能级的抽空。

如所周知,分子的总能量包括以下四部分:①电子绕核运动的能量;②分子中原子的振动能量;③分子的转动能量;④平动能量。除平动能量外,前三种运动的能量都是量子化的。相邻电子能级、振动能级及转动能级间能量差的比例约为 $10^4:10^2:1$。

图7.2.7为 CO_2 和 N_2 分子基态电子能级的几个与激光产生有关的振动子能级。为

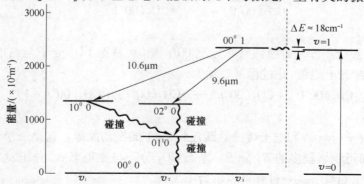

图7.2.7 CO_2 和 N_2 分子基态电子能级的几个最低振动子能级

简单起见,图中未示出转动能级。N_2 分子是双原子分子,只有唯一的一种振动方式,图中给出振动量子数 v 为 0 和 1 的振动能级。CO_2 是线对称排列的三原子分子。组成分子的三个原子以对称振动、弯曲振动和反对称振动三种方式相对振动,如图 7.2.8 所示。以 v_1、v_2 和 v_3 依次表示上述三种振动方式的量子数,其取值为零或正整数。由于弯曲可发生在两个正交的方向,其合振动构成椭圆运动,它的角动量在分子轴上的投影也是量子化的,用量子数 l 表示,$l = v_2, v_2 - 2, v_2 - 4, \cdots, 1$ 或 0。振动能级以 $v_1 v_2^l v_3$ 符号表示。$00^01 \to 10^00$ 跃迁产生 10.6μm 波长的激光,$00^01 \to 02^00$ 跃迁产生 9.6μm 波长的激光。由于以上跃迁具有同一上能级,而且 $00^01 \to 10^00$ 跃迁的概率大得多,所以 CO_2 激光器通常只输出 10.6μm 激光。若要得到 9.6μm 的激光振荡,则必须在谐振腔中放置波长选择元件抑制 10.6μm 的激光振荡。

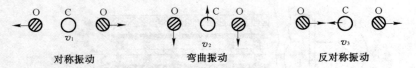

图 7.2.8　CO_2 分子的三种振动方式

除振动外,CO_2 分子还可作整体转动。转动能量可表示为

$$E_r = hcBJ(J+1)$$

式中:B 为反比于转动惯量的转动常数;J 为转动量子数。转动能级间的选择定则是 $\Delta J = 0, \pm 1$。由于波函数的对称性,CO_2 分子 00^01 振动能级中不存在 J 为偶数的转动能级,而 10^00 振动能级中不存在 J 为奇数的转动能级。所以在 00^01 和 10^00 能级间的振转跃迁谱线中没有 $\Delta J = 0$ 的支线,$\Delta J = +1$ 的谱线称作 R 支线,$\Delta J = -1$ 的谱线称作 P 支线。实际上,由于相邻转动能级能量差小于 $k_b T$,转动能级间的弛豫过程十分迅速,一旦某一振转谱线首先产生激光振荡,其他转动能级的粒子会很快转移到此谱线相应的上能级,因此通常总是增益最大的激光谱线振荡。若在谐振腔内设置波长选择元件,可以选择所需要的激光谱线。

CO_2 激光器中,通过以下三个过程将 CO_2 分子激发到 00^01 能级。

1. 直接电子碰撞

电子与基态 (00^00) CO_2 分子碰撞使其激发到激光上能级。这一过程可表示为

$$CO_2(00^00) + e \longrightarrow CO_2(00^01) + e$$

2. 级联跃迁

电子与基态 CO_2 分子碰撞使其跃迁到 00^0n 能级,基态 CO_2 分子与高能级 CO_2 分子碰撞后跃迁到激光上能级,此过程可表示为

$$CO_2(00^00) + CO_2(00^0n) \longrightarrow CO_2(00^01) + CO_2(00^0n - 1)$$

3. 共振转移

基态 N_2 分子 $(v=0)$ 和电子碰撞后跃迁到 $v=1$ 的振动能级。这是一个寿命较长的亚稳态能级,因而可积累较多的 N_2 分子。基态 CO_2 分子与亚稳态 N_2 分子发生非弹性碰撞并跃迁到激光上能级。这一过程可表示为

$$CO_2(00^00) + N_2(v=1) \longrightarrow CO_2(00^01) + N_2(v=0)$$

由于 CO_2 分子 00^01 能级与 N_2 分子 $v=1$ 能级十分接近,能量转移十分迅速。此外,N_2 分子的 $v=2\sim4$ 能级与 CO_2 分子 $00^02\sim00^04$ 也十分接近,相互间也能发生共振转移,处于 $00^02\sim00^04$ 的 CO_2 分子与基态 CO_2 分子碰撞可将它激励至 00^01 能级。

在以上三种激发途径中,共振转移的概率最大,作用也最为显著。

CO_2 分子激光跃迁下能级的抽空主要依靠气体分子间的碰撞。10^00 和 02^00 能级的 CO_2 分子与基态 CO_2 分子碰撞后均跃迁至 01^10 能级。此过程及其逆过程可表示为

$$CO_2(10^00) + CO_2(00^00) \rightleftharpoons 2CO_2(01^10) + \Delta E_1$$
$$CO_2(02^00) + CO_2(00^00) \rightleftharpoons 2CO_2(01^10) + \Delta E_2$$

由于 ΔE_1 及 ΔE_2 远比 $k_b T$ 小,所以上述过程具有很高的概率,10^00、02^00 及 01^10 三个能级可在极短时间内达到热平衡,它们之间的集居数分布可由玻耳兹曼分布描述。01^10 能级的 CO_2 分子通过与基态 CO_2 分子的碰撞返回基态,此过程可表示为

$$CO_2(01^10) + CO_2(00^00) \longrightarrow 2CO_2(00^00) + \Delta E_3$$

由于 ΔE_3 高达 667cm^{-1},发生这一过程的概率很小,结果使 01^10 能级酷似一个瓶颈,下能级的排空过程在此能级受到阻塞。阻塞在 01^10 能级的 CO_2 分子可能通过碰撞重返激光跃迁下能级,对激光运转极为不利。为了克服瓶颈效应,在放电管中充以一定比例的 He 气。基态 He 原子和 01^10 能级 CO_2 分子的碰撞大大缩短了此能级的寿命,相应地也使激光跃迁下能级的寿命大为缩短。此外,具有较高热导率的 He 气加速了热量向管壁的传递,从而降低了放电空间的气体温度,这将有效地降低激光跃迁下能级的集居数密度。由量子理论可知,自发辐射寿命和相应跃迁波长的三次方成正比,由于 CO_2 激光跃迁波长很长,致使激光跃迁上能级的自发辐射寿命很长。上能级的寿命 τ_2 主要取决于分子间碰撞弛豫过程的速率,可表示为

$$\tau_2^{-1} = \sum_i \alpha_i p_i$$

式中:p_i 和 α_i 分别为各种气体的分压强及碰撞弛豫速率常数。若混合气体中 CO_2、N_2 及 He 的分压强分别为 $2\times10^2 \text{Pa}$、$2\times10^2 \text{Pa}$ 和 $1.6\times10^3 \text{Pa}$ 时,激光上、下能级的寿命分别为 0.4ms 和 $20\mu\text{s}$。

辐射波长较长还使 CO_2 激光跃迁能级间的自发辐射谱线具有较小的多普勒加宽,在温度为 400K 时 $\Delta v_D \approx 60 \text{MHz}$。碰撞加宽不可忽视,在高气压情况下,碰撞加宽可占主导地位。碰撞加宽可表示为

$$\Delta v_L \approx 57(\psi_{CO_2} + 0.73\psi_{N_2} + 0.6\psi_{He})p\left(\frac{300}{T}\right)^{1/2} \quad (\text{kHz})$$

式中:混合气体总压强 p 的单位是 Pa;T 为热力学温度;ψ_{CO_2}、ψ_{N_2} 及 ψ_{He} 分别为 CO_2、N_2 及 He 在混合气体中所占百分比。

由第三章习题 17 可知,饱和光强与激光上、下能级寿命有关,而 CO_2 能级寿命与激光器中的放电电流密度、气体温度、气体总压强和成分有关。因此 CO_2 激光器的饱和光强 I_s 与激光器的工作条件有关。例如,封离型 CO_2 激光器的饱和光强一般在 $(22\sim100) \text{W/cm}^2$ 之间,而横向流动激光器的饱和光强可高达 250W/cm^2。

CO_2 激光器的谐振腔大多采用平凹腔,由于其增益高,也可采用非稳腔以增加其模体积。高反射镜可用金属制成,也可在玻璃表面镀以金膜。输出端可采用小孔耦合方式或

由可透过红外光的 Ge、GaAs 等材料制成输出窗。

CO_2 激光器可分为以下七类。

1. 纵向慢流 CO_2 激光器

典型结构如图 7.2.9 所示。在这种 CO_2 激光器中,气体从放电管一端流入,由另一端抽走,气流、电流均和光轴方向一致。气体流动的目的是排除 CO_2 与电子碰撞时分解出来的 CO 气,并补充新鲜气体。

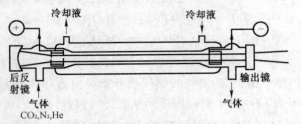

图 7.2.9 纵向流动 CO_2 激光器

在这类激光器中,放电电流密度和气体压强均有一使输出功率最大的最佳值。电流密度增加时激光上能级激发速率增加,但由此造成的气体温度的升高又会增加下能级集居数,因而存在一最佳电流值。同样,气体压强增高时一方面由于气体分子密度增加使反转集居数随之增加,另一方面,气体分子间更加频繁的碰撞又阻碍了热量向管壁的扩散,从而导致气体温度升高。实验表明,电流密度与压强的最佳值大致与放电管径成反比。在最佳放电条件下,激光器的输出功率为 $(50 \sim 60)$ W/m。

2. 封离型 CO_2 激光器

在放电过程中,一部分 CO_2 分子分解为 CO 和 O,如不抽去陈气,补充新鲜气体,则 CO_2 含量不断减少,CO 含量不断增多,这将导致输出功率下降。因此,在封离型 CO_2 激光器中,必须加入催化剂促使 O 和 CO 重新结合为 CO_2,并选用不与 O_2 气作用的阴极材料以保证激光器中有足够的氧气和 CO 重新结合。通常加入少量 H_2O 或 H_2 作催化剂。封离型激光器的结构和输出功率的水平和纵向慢流激光器相似,寿命已超过数千小时至一万小时。

3. 纵向快流 CO_2 激光器

在纵向慢流激光器中,放电产生的热量主要靠气体的扩散运动传给管壁,再由沿管壁外表面流动的冷却液带走。由于这种散热方式效率较低,电流密度和压强不能太大,因此限制了输出功率。如果提高气体流动速度(约 50m/s),使放电管内的热气流流出管外,在管外冷却后再返回放电管,则不再存在放电电流密度的最佳值,输出功率随放电电流密度线性增加。单位长度输出功率可达 1kW/m 以上。目前,$(1 \sim 3)$kW 的纵向快流 CO_2 激光器已广泛用于激光加工。与大功率的横向流动激光器相比,纵向快流 CO_2 激光器中放电电流密度分布的圆对称性较好,因此具有更好的光束质量。

4. 横向流动 CO_2 激光器

纵向快流 CO_2 激光器需要很高的气体流速才能及时将热气体导出。若使气体流动方向与光轴垂直,由于气体通道截面大,气体流动路径短,因此较低的流速就能达到纵向快流同样的冷却效果。和纵向快流 CO_2 激光器一样,在横向流动 CO_2 激光器中,输出功率的电流饱和效应不明显。最佳气体压强高达 $1.3 \times 10^4 Pa$。高压强运转有利于提高输出功率,但频繁的碰撞使电子温度降低,必须在强电场中才能维持足够高的电子温度。因此,在横向流动 CO_2 激光器中,纵向放电不切实际,通常采用电场与光轴垂直的横向放电方式。采用横向放电方式的激光器称作 TE 激光器。此类激光器中单位长度输出功率可达每米数千瓦,总输出功率已高达 $(1 \sim 20)kW$。

5. 横向激励大气压 CO_2 激光器

高气压横向激励 CO_2 激光器中,压强过高会导致放电不稳定。为此,常常采用脉冲放电激励方式。由于快速脉冲放电时放电不稳定过程来不及充分发展,因此气体压强可增高至大气压或高于大气压。由于压强高,横向激励大气压激光器(简称 TEA 激光器)单位体积输出能量可高达 $(10 \sim 50) J/L$,总能量和峰值功率可分别高达 10kJ 和 20TW。

在数个大气压的高气压情况下,由于压力加宽效应引起转动能级的重叠,出现准连续宽带增益谱,可导致波长在 $(9.2 \sim 10.7) \mu m$ 范围内的连续可调激光输出。

6. 气动 CO_2 激光器

气动 CO_2 激光器采用热泵浦方式。含有 CO_2 的混合气体在容器内燃烧以形成高温高压状态,由于温度很高,CO_2 的激光上、下能级均具有较高的集居数密度。混合气体通过喷管绝热膨胀时气体温度急剧下降,但由于上能级的寿命较下能级长,集居数密度减少的速度较下能级慢,于是在膨胀区的相当大的范围内可形成集居数反转状态。气动 CO_2 激光器的输出功率可达 80kW。

7. 波导 CO_2 激光器

波导 CO_2 激光器是一种小型激光器,由 BeO 或玻璃制成的放电管管径仅 $(1 \sim 4)mm$。由于放电管管壁对于小角度掠射光的菲涅耳反射率很高,从而可在横向尺寸远大于光波波长的空心介质波导中低损耗地传输波导模。波导 CO_2 激光器可采取纵向放电方式,也可采用横向射频激励,图 7.2.10 为纵向放电波导 CO_2 激光器示意图。由于放电孔径小,气体压强可高达 $(1.5 \sim 2.5) \times 10^4 Pa$,因此具有较宽的调谐范围。其单位长度输出功率为 50W/m,适于制作成输出功率小于 30W 的小型封离激光器。

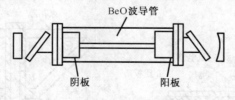

图 7.2.10 波导 CO_2 激光器

四、N_2 分子激光器

以脉冲放电激励的 N_2 分子激光器输出紫外光,输出峰值功率可达数十兆瓦,脉宽小于 10ns,重复频率为数十赫至数千赫。其最重要的用途是用作可调谐染料激光器的泵浦源,此外,也可用于光谱分析、检测污染、医学及光化学等方面。

图 7.2.11 为 N_2 分子能级图。激光跃迁发生在不同电子态 $C^3\Pi_u$ 和 $B^3\Pi_g$ 的振动能级之间。两电子态中不同振动能级间的跃迁可以得到多条谱线,其中以 337.1nm 激光谱线最强,357.7nm 谱线次之,315.9nm 谱线最弱。放电时基态($X^1\Sigma_g^+$)分子与电子碰撞后

跃迁至 $C^3\Pi_u$ 和 $B^3\Pi_g$。虽然上能级的激发概率比下能级大得多，但由于上能级的寿命（40ns）比下能级寿命（$\approx 10\mu s$）小得多，所以仅在激励起始的很短时间内能形成集居数反转状态，超过这段时间后，下能级集居数超过上能级，受激放大过程自行终止。这类激光器称作自终止激光器，只能以脉冲方式运转，泵浦放电脉冲宽度必须远小于40ns。

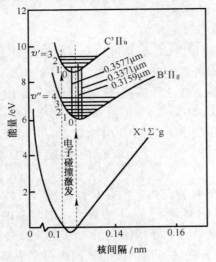

图 7.2.11　N_2 分子能级图

图 7.2.12 是典型 N_2 分子激光器的示意图。这类激光器普遍采用 Blumlein 放电电路，它由储能电容 A、脉冲形成线 B、电感 L 和火花隙 G 组成，A 和 B 均为平行平板电容器。当电容充至一定电压时，电容 B 通过火花隙 G 放电并形成电脉冲。由于快速脉冲放电时电感 L 的阻抗很大，与 A、B 上平板相连的二电极间形成高压窄脉冲并通过放电管放电。显然，电极不同部位形成高压脉冲的时间决定于与火花隙的距离，所以选择适当的形成线几何形状，可使放电管沿轴向依次放电，各处的延迟时间正好等于最先放电处发出的自发辐射光传输到该处所需的时间，这种激励方式称作行波激励。

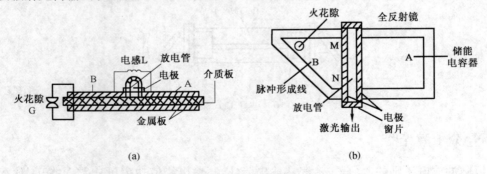

图 7.2.12　行波激励 N_2 分子激光器
(a)正视图；(b)俯视图。

N_2 分子激光器增益高，集居数反转持续时间短，因此无需谐振腔反馈，其输出光为放大的自发辐射。增加放大光程长度及使双向辐射的光集中在同一方向输出可增加输出功率，为此在放电管一端置以全反射镜，另一端安装一透明石英片。

五、准分子激光器

准分子是一种在激发态结合为分子，在基态解离为原子的不稳定缔合物。图 7.2.13 为准分子的势能曲线。由激发态势能曲线可见，在某一核间距时势能最小，这就是束缚态的特征。基态势能曲线随核间距的增加而单调下降，显示了原子相排斥的特征。激光跃迁发生在束缚态和自由态之间。准分子跃迁到基态后立即解离，这意味着激光下能级总是空的，只要激发态存在分子，就处于集居数反转状态。由于激光下能级不是某个确定的振动-转动能级，跃迁是宽带的，因此准分子激光器可以调谐运转。

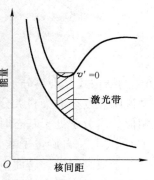

图 7.2.13 准分子能级图

准分子可由异类或同类分子构成，已成功运转的准分子激光器的波长示于表 7.2.1。

表 7.2.1 典型准分子激光器的波长

准分子	Xe_2^*	Kr_2^*	Ar_2^*	ArO^*	KrO^*	XeO^*	KrF^*	ArF^*
波长/nm	176	146	126	557.6	557.8	550	248	193
准分子	XeF^*	$KrCl^*$	$ArCl^*$	$XeBr^*$	XeI^*	NeF^*	$XeCl^*$	$ArXe^*$
波长/nm	353	223	170	282	254	108	308	173

准分子激光器普遍采用电子束或快速放电泵浦。放电泵浦多采用 Blumlein 电路，它具有体积小、结构简单、可高重复率运转等优点，在商用准分子激光器中得到广泛应用。现以放电泵浦 KrF^* 准分子激光器为例说明其激励过程：在放电过程中，被电场加速的自由电子与 Kr 原子碰撞产生大量受激氪原子（Kr^*），Kr^* 与含卤素分子 NF_3 碰撞产生 KrF^* 准分子。以上过程可表示为

$$e + Kr \longrightarrow Kr^* + e$$
$$Kr^* + NF_3 \longrightarrow KrF^* + NF_2$$

准分子激光器中常加入 He、Ne 或 Ar 等缓冲气体，其作用是使电子温度下降，以便碰撞时产生更多的激发态粒子（如 Kr^*），而不产生过多的离子。与缓冲气体分子的碰撞还可促使高振动能级的准分子向低振动能级弛豫。

准分子激光器脉冲输出能量可达百焦耳量级，峰值功率达吉瓦以上，平均功率可大于 200W，重复频率高达 1kHz。在光化学、同位素分离、医学、生物学、光电子及微电子工业等方面获得了广泛应用。

7.3 染料激光器

染料激光器采用溶于适当溶剂中的有机染料作激光工作物质。附录三中列出了若干常用的染料、溶剂及相应的激光波长。

适用作激光工作物质的染料是包含共轭双键的有机化合物。图 7.3.1 表明了若丹明

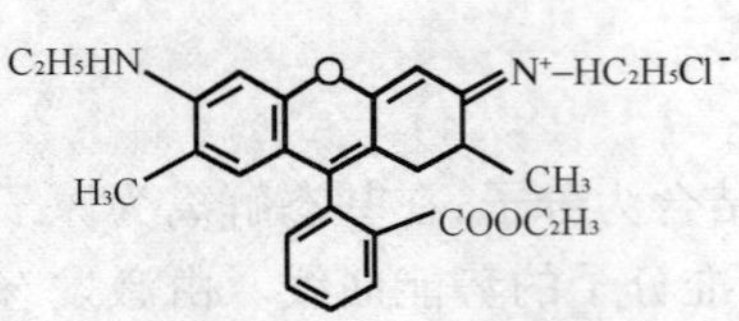

图 7.3.1　若丹明 6G 结构式

6G 的结构式。染料分子的能级如图 7.3.2 所示,染料分子能级的特征可用"自由电子"模型说明。复杂的染料大分子中分布着电子云,电子云中的 $2n$ 个电子与势阱中的自由电子相似。当分子处于基态时,$2n$ 个电子填满 n 个最低能级,每个能级为两个自旋相反的电子所占据,总自旋量子数为零,形成单重态 S_0。当分子处于激发态时,电子云中有一个电子处于较高能级。若此电子自旋方向不变,则总自旋量子数仍为零,形成 S_1、S_2 等单重激发态。若此电子自旋反转,则形成 T_1、T_2 等三重态。由选择定则可知,单重态和三重态之间的跃迁是禁戒的。每一个电子态都有一组振动——转动能级(图 7.3.2 中分别用粗、细线表示)。电子态之间的能量间隔为 $10^6 \mathrm{m}^{-1}$ 量级,同一电子态相邻振动能级间的能量间隔为 $10^5 \mathrm{m}^{-1}$,而转动子能级间的能量间隔仅为 $10^3 \mathrm{m}^{-1}$ 量级。实际上由于染料分子与溶剂分子频繁碰撞和静电扰动引起的加宽,使得振动、转动能级几乎相连。因此每个电子态实际上对应一个准连续能带。

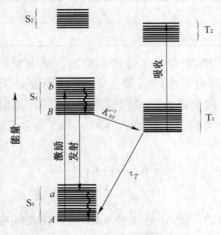

图 7.3.2　染料分子能级图

染料分子吸收了泵浦光能量由基态 S_0 跃迁到 S_1 的某一振转能级后,在和溶剂分子频繁的碰撞中迅速地将能量传递给溶剂分子并跃迁至 S_1 的最低振转能级。染料分子由此能级跃迁至 S_0 的各振转能级时产生荧光。跃迁至 S_0 的较高振转能级的染料分子迅速通过无辐射跃迁过程返回 S_0 的最低能级。由以上叙述可知,在 S_1 的最低振转能级和 S_0 的较高振转能级间极易形成集居数反转分布状态。由于 S_0 和 S_1 都是准连续带,吸收谱和荧光发射谱都是连续的,所以染料激光器有很宽的调谐范围。

处于 S_1 态的分子还可通过碰撞向 T_1 态跃迁,这一过程称作系际交叉,其速率 K_{ST} 一般为 $10^{-2} \mathrm{ns}^{-1}$ 左右,虽然这一速率较 S_1 态的自发辐射速率($\approx \mathrm{ns}^{-1}$)小得多,但由于 T_1 态的寿命 τ_T 较长(($10^{-3} \sim 10^{-7}$)s,取决于实验条件),分子较易积聚在 T_1 态,而 $T_1 \to T_2$ 跃迁的吸收波长又恰好与 $S_1 \to S_0$ 跃迁荧光波长重叠,这意味着 T_1 态积聚的染料分子可吸收

受激辐射光子而向 T_2 态跃迁,因此染料分子在 T_1 态集聚不利于激光运转。显然,只有在 $S_1 \to S_0$ 受激辐射产生的增益大于 $T_1 \to T_2$ 跃迁造成的吸收损耗时才能形成激光振荡。若 S_1 态及 T_1 态集居数密度分别为 n_2 和 n_T,S_0 态高振转能级(激光跃迁下能级)及 T_2 态集居数为零,$S_1 \to S_0$ 和 $T_1 \to T_2$ 的受激跃迁截面分别为 σ_{21} 及 σ_T,则形成激光的必要条件是

$$\sigma_{21} n_2 > \sigma_T n_T$$

稳态时应有

$$n_T / \tau_T = n_2 K_{ST}$$

因此,连续激光运转的必要条件是

$$\tau_T < \sigma_{21} / \sigma_T K_{ST}$$

为了降低三重态的寿命,可以在溶液中加入三重态猝灭剂(如氧),并使染料高速流过激活区。

通常采用闪光灯、N_2 分子激光器、准分子激光器或倍频 Nd^{3+}:YAG 激光器发射的 532nm 激光等作脉冲染料激光器的泵浦光源,而连续染料激光器则常用氩或氪离子激光器作泵浦源。显然,泵浦光的波长必须小于染料激光器的输出激光波长。可以采用光栅、棱镜、标准具及双折射滤光片等波长选择元件对染料激光器进行波长调谐。图 7.3.3 是一台氩离子激光器泵浦的环形染料激光器的示意图,由于染料属于均匀加宽工作物质,插入了隔离器的环行谐振腔使腔内激光成为单向行波,因此这个激光器可以单纵模运转。谐振腔中的各种波长选择器件则保证波长的精细调谐。

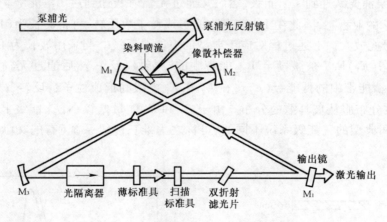

图 7.3.3　单纵模环行染料激光器光路图

由于染料具有较宽的频带,所以可从锁模染料激光器得到很窄的脉冲,以若丹明 6G 为工作物质的碰撞锁模染料激光器可产生约 30fs 的超短激光脉冲,这种光脉冲还可压缩成脉宽仅为 6fs 的超短光脉冲。

在掺钛蓝宝石出现之前,染料激光器是最理想的可调谐激光器。目前已在紫外(330nm)到近红外(1.85μm)相当宽的范围内获得了连续可调谐输出。由于它的可调谐和可产生极窄光脉冲的特点,在激光光谱、同位素分离、医学及其他科技领域获得了广泛应用。

7.4 光纤放大器

光纤放大器可分为基于受激辐射的掺杂光纤放大器和基于非线性效应的光纤拉曼放大器、光纤布里渊放大器和光纤参量放大器。本书仅介绍典型的掺杂光纤放大器。

掺杂光纤放大器利用掺入石英光纤或氟化物光纤中的稀土离子作为增益介质,在泵浦光的激发下实现光信号的放大。放大器的特性主要由掺杂元素决定,宿主的成分对增益谱形状也有一定的影响。有许多不同的稀土元素,如铒(Er)、钬(Ho)、钕(Nd)、钐(Sm)、铥(Tm)、镨(Pr)和镱(Yb)等,都可用于实现不同波长的放大,这些波长覆盖了从可见光到红外的很宽范围。其中掺铒和掺镨光纤放大器分别工作于光纤通信的 $1.55\mu m$ 窗口和 $1.3\mu m$ 波长窗口,并具有增益高、频带宽、噪声低、效率高、对数据透明等优点,因而获得了巨大的发展。掺铒光纤放大器在光通信中的广泛应用已导致了光纤通信技术的巨大变革。

本节仅对掺铒光纤放大器和掺镨光纤放大器进行简单介绍。

一、掺铒光纤放大器(EDFA)

图 7.4.1 和图 7.4.2 给出了石英(SiO_2)光纤中 Er^{3+} 的相关能级及吸收和增益谱。石英的非晶特性使铒离子的能级展宽为带状。许多跃迁可用来泵浦铒离子,其中最有效的泵浦波长是 980nm 和 1480nm。以 980nm 的半导体激光器作泵浦源时,处于基态 $^4I_{15/2}$ 的 Er^{3+} 吸收了泵浦光跃迁到 $^4I_{11/2}$ 能级,然后又通过无辐射跃迁到达 $^4I_{13/2}$ 能级。该能级为寿命长达 10ms 的亚稳态,因此在 $^4I_{13/2}$ 和基态间形成粒子数反转,可将波长为(1530~1565)nm 间的信号光放大。上述过程对应于典型的三能级系统。当采用波长为 1480nm 的泵浦光时,基态(E_1)Er^{3+} 被激励至 $^4I_{13/2}$ 能带中的高能级(E_3),然后通过无辐射跃迁和热弛豫到达 $^4I_{13/2}$ 能带中的低能级(E_2),在 E_2 和 E_1 能级间形成粒子数反转,E_2 和 E_3 能级上的 Er^{3+} 数分布服从玻耳兹曼分布。由于 E_2 和 E_3 能量差较小,E_3 能级上的粒子数不为零,这是和典型的三能级系统不同的,可称之为准三能级系统(有的文献称之为准二能级系统)。

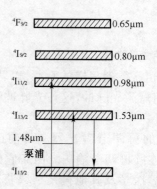

图 7.4.1 石英光纤中 Er^{3+} 的相关能级

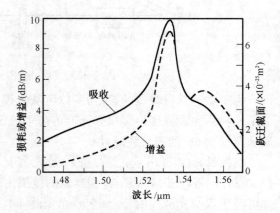

图 7.4.2 掺铒光纤的吸收和增益谱

EDFA 的泵浦光可以与信号光同向或反向,也可以用两个泵激光器进行双向泵浦。图 7.4.3 是同向泵浦 EDFA 的结构示意图。信号光与泵浦光通过波分复用光纤耦合器一起注入掺铒光纤。和掺铒光纤串连的光隔离器用以避免自激振荡,并减小逆向传输的放大的自发辐射引起的增益饱和。

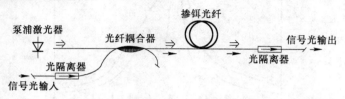

图 7.4.3　同向泵浦掺铒光纤激光器结构示意图

在 5.3 中介绍了描述以 EDFA 为代表的三能级纵向光激励连续激光放大器增益特性的近似理论分析方法,图 5.3.1、图 5.3.2、图 5.3.3 和图 5.3.4 展示了其增益特性。EDFA 的增益和饱和输出功率决定于泵浦功率、信号波长、光纤长度、掺铒浓度等因素。由图 5.3.2 可见,对给定的掺铒光纤长度 l,当泵浦功率较小时,放大器的增益随泵浦功率之增加呈指数增长。当泵浦功率超过一定值时,增长变缓。由图 5.3.1 可知,对给定的泵浦功率,在光纤具有最佳长度时放大器的增益最大。当 l 超过最佳值后迅速下降,原因是放大器的末端部分因泵浦功率小于阈值泵浦功率 P_{pth} 而处于吸收状态。l 的最佳值依赖于泵浦功率,因此必须正确选择泵浦功率和光纤长度 l。由图 5.3.3 可见,当入射信号光功率增大导致输出光功率随之增加时,放大器的增益下降。增益降低为小信号增益之半(下降 3dB)时的输出功率称为饱和输出功率。目前典型的掺铒光纤放大器产品的小信号增益为 (30~50) dB,输出功率为 10mW~20W。

EDFA 用连续半导体激光器泵浦,而信号光通常不是连续光。在用于光通信时,信号光是随机脉冲序列(包含一系列的"1"和"0"比特)。一般要求所有脉冲都得到相同的增益,即每个脉冲得到的增益和码型无关。由于 EDFA 中受激铒离子的寿命长达 10ms,远远长于脉冲时间间隔(25ps~400ps),铒离子的反转集居状况不会对这样快的变化作出响应。因此 EDFA 的增益决定于信号的平均功率,而与数据码的历史无关,对数据透明。

EDFA 的增益谱在相当大的程度上受到石英的非晶特性和纤芯中存在的其他掺杂物(如锗和氧化铝等)的影响。铒离子自身的谱线是均匀加宽的。石英基质使其进一步展宽,配位场引起的斯塔克分裂导致了附加的均匀加宽,而石英纤芯的无序又引起附加的非均匀加宽。增益谱线的形状和宽度对纤芯组分非常敏感。图 7.4.4 给出了四种不同纤芯基质成分的发射谱。由图可见,纯石英的发射谱最窄,纤芯掺铝时发射谱明显增宽。合理选择石英纤芯中的掺杂物,信号得到有效放大的谱宽可达 35nm,但在这一带宽范围内增益是不均衡的。在波分复用光通信中,需要用一个 EDFA 放大多个波长的信号,而且通过放大器的级联,可使信号的传输距离达到数千千米。增益的不平坦将使各个信道的信号到达接收机时有较大的功率差别。这种差别会使光通信系统的性能严重下降。利用长周期光栅、声光可调滤波器等光谱响应经过特殊修饰的滤波器可使低增益波长的光透过多,而高增益波长的光透过少,从而实现增益的平坦化。商用 EDFA 的平坦度可达 1dB。

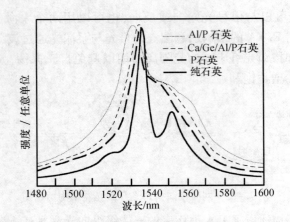

图 7.4.4 四种具有不同纤芯基质成分的 EDFA 的发射谱

EDFA 的噪声指数 F_n 为 $(3\sim7)$dB。1480nm 泵浦的 EDFA 的 F_n 值略高于 980nm 泵浦的 EDFA。[①]

C 波段(1530nm～1565nm)的 EDFA 已获广泛应用。为了充分利用光纤的带宽资源，人们又致力于发展 L 波段(1570nm～1610nm)的 EDFA。L 波段处于 EDFA 增益谱的尾部，因此 L 波段 EDFA 必须采用更长的光纤和更高的泵浦功率，或采用高掺杂的光纤。

二、掺镨光纤放大器(PDFA)

掺镨光纤以氟化物玻璃为基质。Pr^{3+} 在 ZBLAN(由 ZrF_4、BaF_2、LaF_3、AlF_3 和 NaF 组成)光纤中的能级图示于图 7.4.5 中。光放大的相关能级属四能级系统，其泵浦带很宽。处于基态 $^3H_4$ 的 Pr^{3+} 吸收了 $(950\sim1050)$nm 波段的泵浦光跃迁到 $^1G_4$ 激发态，在 $^1G_4$ 和 $^3H_5$ 间形成粒子数反转，因而在以 1300nm 为中心的很宽的波段内有光放大作用。在这一能级系统中，存在着一些对光放大作用不利的过程。$^1G_4$ 上的镨离子可吸收泵浦光和信号光分别跃迁到更高的 $^3P_0$ 和 $^1D_2$ 能级。这一过程称作受激态吸收，它将减少光放大上能级的粒子数。另外，波长大于 1290nm 的放大信号还受到峰值位于 1440nm 波长处的 $^3H_4\rightarrow^3F_3$ 基态吸收的影响。由于以上过程的影响以及上能级寿命仅 $(20\sim40)\mu s$ 的缘故，与 EDFA 相比，PDFA 需要更高的泵浦功率，小信号增益也较低。但在深饱和的功率放大器中，受激辐射超过自发辐射衰变，其功率转换效率几乎与上能级寿命无关。因此虽然 PDFA 作为小信号放大应用时增益转换效率不高 $(0.16\text{dB}/\text{mW}\sim0.22\text{dB}/\text{mW})$，但作为功率放大器应用时，其功率转换效率接近 EDFA。

PDFA 可采用半导体激光器或半导体激光器泵浦的 Nd:YLF 激光器作泵浦源。小信号增益可达 30dB，其 3dB 谱宽可大于 30nm，输出功率可达 100mW。

图 7.4.6 示出 PDFA 的增益饱和特性及相应的噪声指数。图 7.4.7 示出不同光纤长度下的增益谱。由图可见，在波长大于 1300nm 的长波长区域，增益随光纤长度的增加而下降，光纤越长，增益谱越窄。这是因为长波长区域受到 $^3H_4\rightarrow^3F_3$ 基态吸收的影响。光纤越长，这种影响越严重。因此为了得到高的增益和宽的增益谱，需要优化光

---

① 参阅附录五。

纤长度。

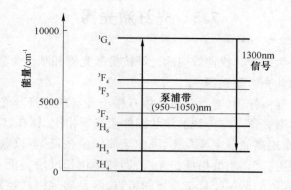

图 7.4.5　Pr^{3+} 能级图

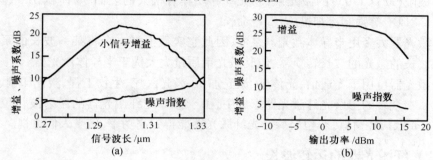

图 7.4.6　PDFA 的增益饱和特性和噪声指数
（a）PDFA 的增益和噪声系数谱特性；（b）PDFA 的增益饱和特性。

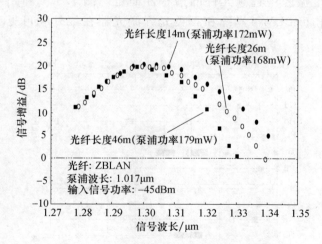

图 7.4.7　光纤长度对 PDFA 小信号增益谱的影响
（泵浦波长 1017nm）

除上述两种光纤放大器外，近年来，掺镱及铒镱共掺的双包层光纤放大器也得到了长足的发展。在铒镱共掺光纤放大器中，镱离子吸收了泵浦光的能量后，转移给铒离子，从而提高了放大器的能量转换效率，可实现 1.55μm 波段的高功率输出。

7.5 光纤激光器

光纤激光器可分为基于非线性效应的光纤拉曼激光器和基于受激辐射的掺杂光纤激光器。本书仅讨论掺杂光纤激光器。

和掺杂光纤放大器一样，其增益介质是掺有稀土元素的光纤。光纤激光器实质上是一种特殊形态的固体激光器。与传统的块状固体激光器相比，具有以下优势：①泵浦光被束缚在光纤中，能够实现高能量密度泵浦，因此泵浦阈值较低，可以获得在块状激光介质中难以实现的激光辐射；②采用低损耗长光纤，即使单位长度增益低，也能获得大的单程增益；③单模光纤激光器的谐振腔具有波导的特点，容易实现模式控制，可获得高质量的接近衍射极限（$M^2 < 1.05$）的激光束；④光纤介质具有很大的表面积/体积比，散热好，无需采取水冷、风冷等强制冷却措施；⑤寿命长。

光纤激光器大多用半导体激光器泵浦，因此它实质上是一个将某一波长的泵浦光转化为另一波长的激光的波长转换器，但其激光束质量大大优于半导体激光器。

光纤激光器可用于光通信、光传感、激光加工、激光医疗、生物工程、激光印刷、军事国防等领域。在众多的掺杂光纤激光器家族中，由于掺铒光纤激光器的激射波长位于光通信的 1550nm 低损耗窗口，双包层掺镱光纤激光器能得到高功率，倍受人们重视。

一、掺杂光纤激光器的运转波长

掺杂光纤激光器家族的运转波长可覆盖 $(0.4 \sim 4)\mu m$ 的范围。具体激光波长因所掺稀土元素和谐振腔中选频元件的谱特性而定。图 7.5.1 和图 7.5.2 分别为掺稀土元素的氟化物（ZBLAN）光纤和石英光纤激光器在红外和可见光波段的激光波长分布图。

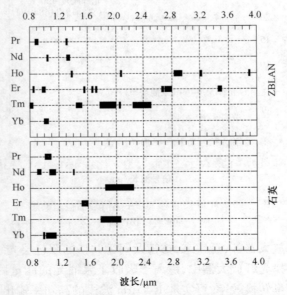

图 7.5.1　氟化物和石英光纤激光器在红外区的激光波长分布

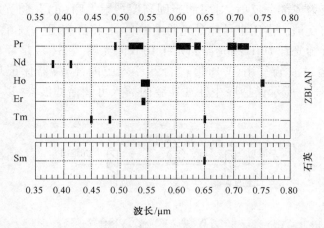

图 7.5.2 氟化物和石英光纤激光器在可见区的激光波长分布

可见光波段激光的产生源自上转换过程。来自同一(或不同)泵浦激光器的多个光子被掺杂离子同时吸收,使该离子跃迁到能级差大于单个泵浦光子能量的能级上。结果激光器的工作频率高于泵浦光频率,该现象称作频率上转换。通过频率上转换,可以用半导体激光器产生的红外光泵浦,使光纤激光器产生可见光。图 7.5.3 给出了铥(Tm)掺杂上转换激光器泵浦过程的示意图。

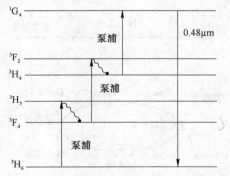

图 7.5.3 铥掺杂上转换激光器的泵浦过程

二、谐振腔类型

图 7.5.4 示出光纤激光器谐振腔结构的示意图。图 7.5.4(a)、(b)、(c)均为两端有反射镜的 F-P 型腔。图(a)中在掺杂光纤的两端放置介质膜反射镜。泵浦光入射端的反射镜为二色镜,它使泵浦光完全透过,而使腔内激光全反射。输出端为部分反射镜。图(b)中掺杂光纤两端与两个 Sagnac 光纤环镜相接。Sagnac 光纤环镜由一个光纤耦合器及光纤组成。左端光纤环镜的耦合器对波长为 λ 的腔内激光的耦合率是 50%,腔内激光入射至耦合器时在光纤环内形成强度相等的顺时针和反时针传播的光,当它们再次在输入端相遇时经历了相同的相移,干涉相长的结果使其完全反射回腔内。由于此光纤环镜的耦合器对波长为 λ_p 的泵浦光的耦合率近似为零,因而使泵浦光完全透过,相当于一个二色镜。输出端 Sagnac 光纤环镜耦合器的耦合率偏离 50%,因此相当于部分反射镜。图(c)中掺杂光纤的两端与光纤光栅相接或将光栅直接刻写在掺杂光纤的两端。光纤光

栅对腔内激光全反射或部分反射,对泵浦光则高度透射。图(d)是将光栅直接刻写在掺杂光纤上形成分布反馈。借用半导体激光器中的名词,将具有图(c)和图(d)两种结构的光纤激光器分别称为光纤 DBR 激光器和光纤 DFB 激光器。图(e)是环行光纤激光器的示意图。泵浦光经过波分复用(WDM)耦合器注入腔内,隔离器保证环内激光单向运行。在图(b)和图(e)所示谐振腔中往往在腔内插入可调谐滤波器,以实现波长可调谐运行。

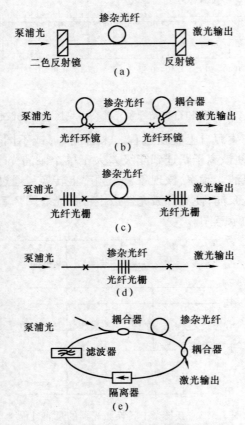

图 7.5.4　光纤激光器谐振腔结构示意图

三、激光器的阈值

对于纵向光激励的光纤激光器,泵浦光功率及小信号增益系数均随距离而变化,因此对阈值和输出功率的理论处理均有别于第五章涉及的均匀激励的情况。

激光器的阈值条件可写为

$$G^0 e^{-\delta} = 1 \tag{7.5.1}$$

式中:G^0 为小信号单程增益;δ 为单程损耗因子。对于三能级光纤激光器,G^0 值由式(5.3.18)给出。由式(5.3.18)和式(7.5.1)可求出阈值输入泵浦光强 I_{p0th} 和功率 P_{p0th},$P_{p0th} = A_p I_{p0th}$,其中 A_p 是泵浦光的模面积。

如果掺杂光纤的长度是 l,入射泵浦光强和功率是 I_{p0} 和 P_{p0}($P_{p0} = A_p I_{p0}$),对于理想的四能级光纤激光器,由第五章习题 9 给出单程小信号增益

$$G^0 = \exp\left[\frac{\beta_e^0}{\beta_p^0}\frac{I_{p0}}{I_{ps}}(1 - e^{-\beta_p^0 l})\right] \tag{7.5.2}$$

式中:$\beta_e^0 = n\sigma_{21}(\nu)$,$\beta_p^0 = n\sigma_{03}(\nu_p)$为对泵浦光的小信号吸收系数;$I_{ps} = h\nu_p/\sigma_{03}(\nu_p)\tau_2$;$\nu_p$和$\nu$分别为泵浦光和激光的频率。将式(7.5.2)代入式(7.5.1),可求出输入泵浦光强和功率的阈值分别为

$$I_{p0th} = \frac{\beta_p^0}{\beta_e^0}\frac{\delta}{(1 - e^{-\beta_p^0 l})}I_{ps} \tag{7.5.3}$$

$$P_{p0th} = \frac{\beta_p^0}{\beta_e^0}\frac{\delta}{(1 - e^{-\beta_p^0 l})}P_{ps} \tag{7.5.4}$$

式中:$P_{ps} = A_p I_{ps}$。

入射的泵浦光中只有一部分被掺杂离子吸收。吸收的泵浦光强和光功率分别为

$$I_p^a = I_{p0}(1 - e^{-\beta_p^0 l}) \tag{7.5.5}$$

$$P_p^a = P_{p0}(1 - e^{-\beta_p^0 l}) \tag{7.5.6}$$

由式(7.5.3)、式(7.5.4)、式(7.5.5)及式(7.5.6)求出吸收的泵浦光强和功率的阈值分别为

$$I_{pth}^a = \frac{\beta_p^0}{\beta_e^0}\delta I_{ps} = \frac{\nu_p}{\nu}\delta I_s(\nu) \tag{7.5.7}$$

$$P_{pth}^a = A_p\frac{\nu_p}{\nu}\delta I_s(\nu) \tag{7.5.8}$$

式中:饱和光强$I_s(\nu) = h\nu/\sigma_{21}(\nu)\tau_2$;饱和光功率$P_s(\nu) = AI_s(\nu)$;$A$为激光的模面积。

由式(7.5.3)及式(7.5.4)可知入射泵浦光强和功率的阈值决定于光纤长度、谐振腔损耗和光纤参数。

四、输出功率

当单程增益超过阈值时,形成激光振荡。随着腔内光强的增加,增益下降。当达到稳定状态时,单程增益等于单程损耗,即

$$G = e^\delta \tag{7.5.9}$$

对于理想的四能级系统,由第五章习题9可知增益系数

$$g(\nu) = \frac{\beta_e^0 I_{p0} e^{-\beta_p^0 z}}{I_{ps}\left[1 + \dfrac{I(z)}{I_s(\nu)}\right]} \tag{7.5.10}$$

若将激光器内的激光光强$I(z)$近似为一常数I,则单程增益

$$G = \exp\int_0^l g(\nu)\mathrm{d}z \approx$$

$$\exp\left\{\frac{\beta_e^0}{\beta_p^0}\frac{I_{p0}}{I_{ps}\left[1 + \dfrac{I}{I_s(\nu)}\right]}(1 - e^{-\beta_p^0 l})\right\} \tag{7.5.11}$$

将式(7.5.11)代入式(7.5.9),可得

$$1 + \frac{I}{I_s(\nu)} = \frac{\beta_e^0}{\beta_p^0} \frac{I_{p0}}{I_{ps}} \frac{1-e^{-\beta_p^0 l}}{\delta}$$

将式(7.5.5)及式(7.5.7)代入上式,可得腔内光强为

$$I = I_s(\nu)\left(\frac{I_p^a}{I_{pth}^a} - 1\right) \tag{7.5.12}$$

若谐振腔的一面反射镜为全反射镜,输出反射镜的透过率为 T,则输出功率为

$$P = \frac{1}{2}TP_s(\nu)\left(\frac{P_p^a}{P_{pth}^a} - 1\right) = \eta_s(P_p^a - P_{pth}^a) \tag{7.5.13}$$

由式(7.5.8)可求出斜效率

$$\eta_s = \frac{\nu}{\nu_p}\frac{A}{A_p}\eta_0 \tag{7.5.14}$$

式中:$\eta_0 = T/2\delta$。以上推导假设吸收泵浦光后跃迁到 E_3 能级的粒子全部经无辐射跃迁到达 E_2 能级,若计入无辐射跃迁的效率 η_1,则式(7.5.14)应改写为

$$\eta_s = \frac{\nu}{\nu_p}\frac{A}{A_p}\eta_0\eta_1 \tag{7.5.15}$$

五、双包层光纤激光器

常规的光纤激光器的泵浦光和激光同处于光纤芯内,如图7.5.5(a)所示。为了获得较好的激光模式,掺杂单模光纤的纤芯通常只有(5~8)μm。由于纤芯很细,耦合进纤芯的泵浦功率有限,因此常规光纤激光器的输出功率只有几十毫瓦。其应用主要限制在光通信领域。为了得到高功率输出,发展了一种包层泵浦技术。这一技术利用双包层光纤的大尺寸内包层(如图7.5.5(b)所示)传导泵浦光,极大地提高了泵浦光的耦合效率,并可采用大功率多模半导体激光器或半导体激光列阵作泵浦源。应用包层泵浦技术的掺杂光纤激光器称作双包层光纤激光器。

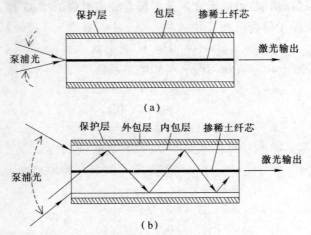

图 7.5.5 普通掺杂光纤(a)和双包层掺杂光纤(b)结构示意图

双包层光纤横截面的折射率分布如图7.5.6所示。它包括纤芯、内包层、外包层和保护层四部分,其折射率满足 $\eta_1 > \eta_2 > \eta_3 < \eta_4$。折射率为 η_2 的内包层既起到单模纤芯的低折射率包层的作用,又成为传输大功率多模泵浦光的通道。泵浦光在内、外包层界面上多次内反射并穿越纤芯被掺杂离子吸收。

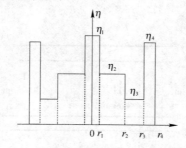

图 7.5.6　双包层光纤折射率分布示意图

泵光吸收效率与内包层的几何形状和纤芯在内包层中的位置有密切关系。圆形同心结构的双包层光纤制作最为简单,但由于其完美的对称性,泵浦光在内包层中形成大量的螺旋光,它们在传输时不经过纤芯,因此限制了泵浦光的转化效率。出于消除螺旋光以提高泵浦效率的目的,研制出各种具有不同内包层形状的双包层光纤,如方形、矩形、多边形、梅花形和D形。其中以矩形和D形效果最佳。图7.5.7给出含矩形和D形内包层的双包层光纤横截面示意图。

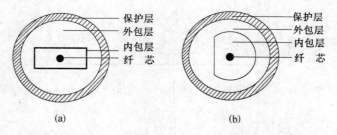

图 7.5.7　含矩形和D形内包层的双包层光纤横剖面示意图

掺各种稀土元素的双包层光纤都可构成双包层光纤激光器。由于掺镱的光纤激光器具有量子效率高、增益带宽大、无激发态吸收、无浓度淬灭、吸收带宽以及可以采用波长在915nm或980nm附近的多模大功率半导体激光器泵浦的特点,尤其适合于高功率器件。因此在双包层光纤激光器家族中尤显重要,其单模输出功率已达10kW,多模输出功率可达50kW。

图7.5.8和图7.5.9分别给出石英光纤中 Yb^{3+} 的能级图和吸收及发射截面。与其他稀土离子相比,Yb^{3+} 能级结构十分简单,与激光跃迁相关的能级只有两个多重态能级 $^2F_{5/2}$ 和 $^2F_{7/2}$,如图7.5.8所示。当 Yb^{3+} 掺入石英光纤后,这两个能级将因基质材料的电场引起的斯塔克效应而分裂。在室温下 $^2F_{5/2}$ 分裂成二个可分辨的能级,$^2F_{7/2}$ 分裂成三个可分辨的能级。

当泵浦光波长为915nm时,存在三种可能的激光跃迁,如图7.5.8(a)所示。过程Ⅰ对应的跃迁为 d→c,发射的中心波长为1075nm。过程Ⅱ对应的跃迁是 d→b,发射的中心波长为1031nm。过程Ⅲ对应的跃迁为d→a，发射的中心波长为976nm。其中过程Ⅲ的激光下能级为基态，属三能级系统。过程Ⅰ和Ⅱ的激光下能级（c或b）均为斯塔克分裂产生的处于基态子能级之上的子能级，具有四能级系统的特点。但是由于子能级b或c距基态较近，在泵浦不充分的情况下，能级b或c上仍可能存留较多的粒子，因此严格说来它们属于准四能级系统。

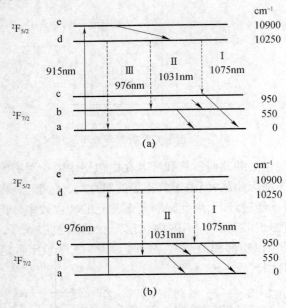

图7.5.8 石英光纤中Yb³⁺激光跃迁机制示意图

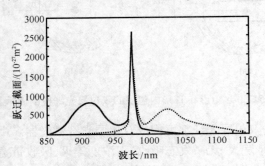

图7.5.9 石英光纤中Yb³⁺的吸收截面（实线）和发射截面（虚线）

当泵浦光波长为976nm时，只可能存在过程Ⅰ和Ⅱ对应的跃迁，相应的发射中心波长为1075nm和1031nm，属准四能级系统，如图7.5.8(b)所示。

如果要产生976nm附近的短波长激光，需采用915nm波长泵浦。采用915nm波长的光泵浦时，虽然也能产生长波长激光，但由于在976nm波长处有很大的发射截面，在976nm附近会产生很强的放大的自发辐射，对长波长激光的产生不利。所以要产生波长1031nm和1075nm附近的激光，宜采用976nm波长的泵浦光。

掺铒双包层光纤激光器可工作在 $1.7\mu m \sim 2\mu m$ 波段，覆盖了水分子吸收峰，且对人眼安全。可用于医疗、生物研究、激光雷达及遥测等领域，因而倍受重视。

六、主动锁模掺铒光纤激光器

前面讨论的掺杂光纤激光器均属输出连续激光的连续激光器。实际上,掺杂光纤也可构成调 Q 激光器和锁模激光器。主动锁模掺铒光纤激光器因可输出波长在 1550nm 波段的高重复率超短光脉冲,可应用于高速光通信而倍受青睐。

主动锁模环行腔掺铒光纤激光器结构示意图如图 7.5.10 所示。波长为 980nm 或 1480nm 泵浦的掺铒光纤提供增益,微波信号驱动的 $LiNbO_3$ 波导强度调制器或相位调制器提供主动锁模所必须的振幅调制或相位调制。由于 $LiNbO_3$ 调制器对偏振敏感,腔内插入了偏振控制器。隔离器保证激光的单向运行。可调谐滤波器用以选择激光波长。

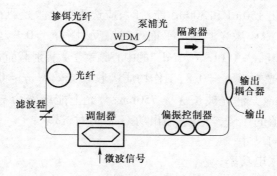

图 7.5.10 主动锁模掺铒光纤激光器结构示意图

主动锁模掺铒光纤激光器与普通体元件组成的主动锁模激光器的不同处如下。

(1) 提供增益的掺铒光纤长达数米至十余米,加上各器件的尾纤及为了压窄光脉冲而特意加上的光纤,腔长达数十米至数百米。因此纵模频率间隔 $\Delta\nu_q$ 只有几兆赫到数十兆赫。而通常光通信所需光脉冲的重复率 f 为数吉赫到数十吉赫。因此此类锁模激光器工作于谐波锁模状态。当调制频率

$$f = K\Delta\nu_q$$

而 K 为正整数时,实现谐波锁模。在普通锁模激光器中,相邻纵模相位锁定。而在主动锁模光纤激光器中,相隔 $K\Delta\nu_q$ 的诸纵模相位锁定。通常将相位锁定的诸纵模称作"超模"。由于存在 K 组超模,会形成超模竞争,导致锁模脉冲幅度不稳定。因此需采取措施抑制超模竞争。例如,在腔内插入一个自由谱区等于 f 的 F-P 标准具可以抑制其他超模而只允许一组超模存在,从而可避免超模竞争。

(2) 由于腔长很长,温度变化引起光纤长度及折射率的变化将破坏谐波锁模条件。因此需采用控温或腔长锁定技术,使其稳定运行。

(3) 在主动锁模光纤激光器中,除了调制器有压窄脉冲的作用,滤波器有限制谱宽从而展宽脉冲的作用外,光纤中的非线性效应和色散的联合作用将使光脉冲压窄或展宽。由于反常色散光纤中的非线性效应对光脉冲的压缩作用,因此通常使激光器中光纤的平均色散为反常色散,其平均色散值及光纤长度需要优化。脉宽范围为 (1~20)ps。重复频率已达 40GHz。

习 题

1. 红宝石中由于零场分裂,^2E 能级分裂为两个接近的能级 $2\bar{A}$ 和 $\bar{E}$,二能级能量差为 ΔE。这两个能级间的弛豫过程非常迅速,一般情况下总是 $\bar{E}$ 能级至基态的跃迁形成激光。试求短脉冲或长脉冲激励情况下泵浦能量或功率的阈值。

2. Cr^{3+} 离子密度为 $2\times10^{19}\text{cm}^{-3}$ 的红宝石激光器的泵浦效率 $\eta_p=1\%$($\eta_p=$ 工作物质吸收的泵浦光能量:输入电能),试估算其阈值能量密度。

3. 有两台脉冲 Nd:YAG 激光器,器件 1 和器件 2 的阈值光泵输入电能量分别为 5J 与 10J。当光泵的输入电能量 $\varepsilon_p=15\text{J}$ 时,器件 1 和器件 2 的输出能量分别为 $E_1=100\text{mJ}$,$E_2=75\text{mJ}$。当要求输出 150mJ 和 300mJ 能量时,应选用哪台激光器?

4. 已知连续 Nd:YAG 激光器输出平面反射镜反射率 $r_1=0.9$,全反射平面镜反射率 $r_2=1$,工作物质内部损耗 $\alpha_i=0.01\text{cm}^{-1}$,$Nd^{3+}$ 的中心频率受激辐射截面 $\sigma_{21}=50\times10^{-20}\text{cm}^2$,泵浦灯效率 $\eta_L=0.5$,聚光效率 $\eta_c=0.8$,工作物质吸收泵光效率 $\eta_a=0.2$,工作物质总量子效率 $\eta_F=1$,长 $l=10\text{cm}$,泵浦光波长 $\lambda_p\approx750\text{nm}$,激光上能级寿命 $\tau_2=0.23\times10^{-3}\text{s}$。若泵浦输入电功率为阈值的 4 倍,当要求输出功率 50W 时,试求:

(1) 工作物质横向尺寸;
(2) 阈值泵浦输入电功率;
(3) 泵浦输入电功率。

5. 脉冲氙灯的储能电容器电容量 $C=100\mu\text{F}$,充电电压 $V=1\,000\text{V}$,泵浦效率 $\eta_p=7\%$。用该氙灯来泵浦长 10cm,直径为 1cm 的 Nd:YAG 棒。平面谐振腔反射镜反射率分别为 $r_1=0.6$,$r_2=1$,腔内其他往返损耗为 0.01,试计算此脉冲激光器的输出能量。

6. 长 1m 的 He-Ne 激光器中,气体温度 $T=400\text{K}$。(1)若工作波长 $\lambda=3.39\mu\text{m}$(中心波长)时的单程小信号增益为 30dB,试求提供此增益的反转集居数密度;(2)假定该激光器在 $3S_2$ 和 $2P_4$ 能级间获得此反转集居数密度,试求相应跃迁中心波长的单程小信号增益($3.39\mu\text{m}$ 自发辐射概率 $A_{21}=2.87\times10^6\text{s}^{-1}$,$3S_2\to2P_4$ 自发辐射概率 $A_{21}=6.56\times10^6\text{s}^{-1}$)。

7. 设 He-Ne 激光器内混合气体的温度 $T=400\text{K}$,低气压下多普勒加宽占优势,$3S_2\to3P_4$、$2S_2\to2P_4$ 和 $3S_2\to2P_4$ 跃迁的自发辐射概率分别为 $2.87\times10^6\text{s}^{-1}$、$6.54\times10^6\text{s}^{-1}$ 和 $6.56\times10^6\text{s}^{-1}$。试计算 $3.39\mu\text{m}$、$1.15\mu\text{m}$ 及 632.8nm 谱线中心频率的受激辐射截面。

8. 图 7.1 为一横向流动高功率连续工作 CO_2 激光器,采用二电极间的横向放电实现激励。实验测出中心频率处的输出功率和激励功率 p_p 的关系曲线为一直线,其斜效率 $\eta_s=\text{d}P/\text{d}p_p=0.15$,阈值激励功率 $p_{pt}=44\text{kW}$,求饱和光强 I_s(激光器内混合气体压强约 $1.3\times10^4\text{Pa}$)。

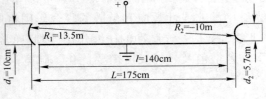

图 7.1

9. CO_2 激光器内 CO_2、N_2 及 He 的分压比为 $1:1:8$,设气体温度 $T=400$K,试计算混合气体的压强多大时多普勒加宽线宽与碰撞线宽相等。

10. 试估计氩离子激光器($T=400$ K)的兰姆下陷宽度,并与其多普勒加宽线宽比较。

11. 若丹明 6G 溶液的 S_1-S_0 态的荧光量子效率为 0.87,S_1 态能级寿命为 5×10^{-9}s,计算该能级辐射和无辐射寿命 τ_s 和 τ_{nr}。

12. 染料分子的吸收截面为 σ,荧光量子效率为 η_2,染料分子数密度为 n,S_1 态的寿命为 τ,T_1 态的寿命为 τ_T。在光子流强度为 J 的泵浦光激励下,在稳定状态时,处于 S_0、S_1 及 T_1 态的染料分子数密度分别为 n_0、n_1 及 n_T 求证

$$\frac{n_T}{n}=\frac{J\sigma(1-\eta_2)\tau_T}{1+J\sigma(1-\eta_2)\tau_T+J\sigma\tau_1}$$

参考文献

[1] Orazio Svelto. Principles of Lasers. Third Edition[M]. New York:A Division of Plenum Pubishing Corporation,1989.

[2] Amnon Yariv. Quantum Electronics. 3rd Edition[M]. New York:John Wiley & Sons,Inc.,1989.

[3] 陈英礼. 激光导论[M]. 北京:电子工业出版社,1986.

[4] 徐荣甫,刘敬海. 激光器件与技术[M]. 北京:北京理工大学出版社,1995.

[5] Gächter B F, Koningstein J A. Zero Phonon Transitions and Interacting Jahn-Teller Phonon Energies from the Fluorescence Spectrum of α-Al_2O_3:Ti^{3+}[J]. The Journal of Chemical Physics,1974,60(5):2003-2006.

[6] Byvik C E, Buoncristiani A M. Analysis of Vibronic Transitions in Titanium Doped Sapphire Using the Temperature of the Fluorescence Spectra[J]. j. of Quantum Electronics,1985,21(10):1619-1623.

[7] 姚建铨. 非线性光学频率变换及激光调谐技术[M]. 北京:科学出版社,1995.

[8] 戴特力. 半导体二极管泵浦固体激光器[M]. 成都:四川大学出版社,1993.

[9] Michel J. E. Digonnet. Rare-Earth-Doped Fiber Lasers and amplifiers. Second Edition[M]. New York:Marcel Dekker, Inc.,2001.

[10] Govind P. Agrawal. Applications of Nonlinear Fiber Optics[M]. San Diego:A Harcourt Science and Technology Company, 2001.

[11] Zihong Li, Caiyun Lou, Chan Kan Tan, et al. Theoretical and Experimental of Pulse-Amplitude Equalization in a Retional Harmonic Mode-Locked Fiber Ring Laser[J]. IEEE Journal of Quantum Electronics,2001,37(1),33-37.

第八章 半导体激光器和激光放大器

半导体激光器是实用中最重要的一类激光器。它体积小、寿命长，并可采用简单的注入电流泵浦方式。其工作电压和电流与集成电路兼容，因而可与之单片集成。并且还可用高达吉赫的频率直接进行电流调制以获得高速调制的激光输出。由于这些优点，半导体激光器在激光通信、光存储、光陀螺、激光打印、激光医疗、测距以及光雷达等方面已经获得了广泛的应用。除了上述直接应用，并已广泛用做固体激光器、光纤激光器和放大器的泵浦光源。

半导体激光器的激光振荡模式和前面讨论的开放式光学谐振腔的振荡模式有很大的差别。半导体激光器的光学谐振腔是介质波导腔，其振荡模式是介质波导模。原则上应用边界条件求解介质波导中的麦克斯韦方程组可求得这些模式。本章除讲述半导体激光工作物质中的光增益外，将重点介绍半导体激光器中介质波导模式理论的基本方法和结果。

8.1 半导体工作物质中的光增益

半导体激光器与光放大器以半导体材料为工作物质，其能带结构由价带、禁带和导带组成，而导带和价带又由不连续的能级构成。图 8.1.1 表示的是以 k（k 表示 $\boldsymbol{k}$ 的模）为横坐标的一直接带隙半导体的能带结构。所谓直接带隙半导体指的是这样一种半导体，其导带的底（导带中能量的最低点）与价带顶（价带中能量的最高点）正好相对于同一个波矢 $\boldsymbol{k}$。

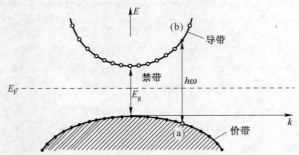

图 8.1.1 热平衡状态下直接带隙
半导体的能带结构及电子占据能级的状况

当电子被约束在一个有限的区域内，其状态是量子化的，即与电子的状态波函数相应的波矢 k 不能任意取值，其任意相邻状态的波矢之差 Δk 是一定的。这样，电子在导带和价带中的能级可用图 8.1.1 中的两条抛物线上的圆点表示。实心圆点表示该能级为电子所占据，空心圆点表示没有被电子占据的能级。

在热平衡状态下,能级 E 被电子占据的几率 $f(E)$ 服从费米统计分布:

$$f(E) = \frac{1}{e^{(E-E_F)/k_bT} + 1} \tag{8.1.1}$$

式中:E_F 为费米能级的能量。式(8.1.1)表明热平衡状态下导带电子数远少于价带电子数。

对于具有直接带隙的半导体材料(如 GaAs、InP 等),载流子在导带和价带间的跃迁几率较大,并满足爱因斯坦基本关系式(1.2.16):

$$B_{vc} = B_{cv}$$
$$W_{vc} = W_{cv}$$

式中:W_{vc} 和 B_{vc} 分别为从价带到导带的受激吸收几率和爱因斯坦系数;W_{cv} 和 B_{cv} 分别为从导带到价带的受激辐射几率和爱因斯坦系数。

因此,仅当产生非平衡载流子的过程强烈到足以在导带底部和价带顶部之间形成粒子数反转状态,即导带底电子数大于价带顶电子数时,才能对能量约为禁带宽度 E_g 的光子实现受激辐射放大。

载流子的注入将影响电子在导带和价带中的分布。热平衡时,系统具有一个统一的费米能级 E_F。在外界激励产生非平衡载流子的情况下,导带电子和价带电子处于非热平衡状态,不能再用统一的费米能级描述载流子的分布。偏离热平衡状态时,由于载流子带间跃迁寿命比它们的带内弛豫时间长很多,即导带或价带电子与晶格发生能量交换的概率比起导带电子自发地跃迁到价带中未被电子占有的能级的概率大得多,因此可以认为导带和价带中的电子与晶格各自独立地处于热平衡状态。它们对导带和价带能级的占有概率可分别表示为

$$f_c(E) = \frac{1}{e^{(E-E_{F_c})/k_bT} + 1} \tag{8.1.2}$$

$$f_v(E) = \frac{1}{e^{(E-E_{F_v})/k_bT} + 1} \tag{8.1.3}$$

式中:E_{F_c} 和 E_{F_v} 分别为导带电子和价带电子的准费米能级。若有频率为 ν 的光子入射,将同时引起导带中能级 E 和价带中相应能级 $(E-h\nu)$ 间的受激辐射和受激吸收。显然,受激辐射占优势的条件为

$$f_c(E) > f_v(E - h\nu) \tag{8.1.4}$$

以上条件可简化为

$$E_{F_c} - E_{F_v} > h\nu \tag{8.1.5}$$

由于 $h\nu$ 基本上等于禁带宽度,式(8.1.5)就意味着准费米能级 E_{F_c} 和 E_{F_v} 须分别进入导带和价带,如图 8.1.2 所示。对高掺杂材料形成的 pn 结注入正向电流可使上述条件得以满足。图 8.1.3(a)为 pn 结未加正向电压时的能带图,(b)为 pn 结加上正向电压 U 且 eU 约等于禁带宽度时,在 pn 结空间电荷区附近一个很小的区域(微米量级)内 E_{F_c} 和 E_{F_v} 分别处于导带和价带内的情况,这个区域就是光放大区。

考虑到导带和价带中能级分布的不均匀性,与上述受激跃迁相联系的能级密度分别为 $\rho_c(E)$ 和 $\rho_v(E-h\nu)$,并引入线型函数 $\tilde{g}(\nu,\nu_0)$,可得频率为 ν 的光入射时,单位时间中由于受激跃迁而增加的光子数密度为

$$\frac{dN}{dt} = \rho_c(E)\rho_v(E-h\nu)[f_c(E)-f_v(E-h\nu)]B_{vc}\tilde{g}(\nu,\nu_0)\rho_v$$

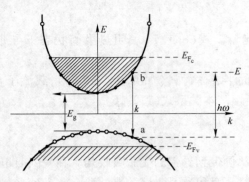

图 8.1.2 非热平衡状态下直接带隙半导体的能带结构及电子、空穴占据能级的状况

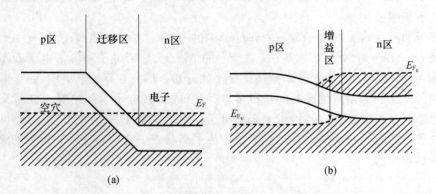

图 8.1.3 pn 结注入时形成集居数反转的原理示意图
(a) pn 结未加正向电压时的能带图；(b) pn 结加上正向电压时的能带图。

相应的增益系数为

$$g(\nu) = \rho_c(E)\rho_v(E-h\nu)[f_c(E)-f_v(E-h\nu)]B_{vc}\tilde{g}(\nu,\nu_0)h\nu\frac{\eta}{c} \tag{8.1.6}$$

式中：$\tilde{g}(\nu,\nu_0)$ 为洛伦兹线型函数，其线宽决定于带内弛豫时间。

随着激励水平的增加，增益曲线的最大值向更高的频率移动，g_{max} 也随之增加。这是因为电子是从导带底向上填充，注入电子浓度越高，发生跃迁的电子—空穴对之间的能量间隔越大，增益峰对应的光子能量就越高。随着温度的增加，电子在费米能级附近占有的概率变化平坦了，因此增益降低。

半导体中同一能带内的载流子（电子或空穴）相互作用很强，发生电子跃迁后遗留的空态很快被带内电子所补充。因此半导体激光器的增益饱和具有均匀加宽的特性。但由于空间烧孔效应，如不采取特殊措施（如刻蚀光栅），半导体激光器通常为多模运转。

8.2 半导体激光器的基本结构

半导体激光器所涉及的半导体材料有很多种，但目前最常用的有两种材料体系。一种材料体系是以 GaAs 和 $Ga_{1-x}Al_xAs$（下标 x 表示 GaAs 中被 Al 原子取代的 Ga 原子的百分数）为基础的。这种激光器的激射波长 λ 取决于下标 x 及掺杂情况，一般为 $0.85\mu m$ 左右。这种器件可用于短距离的光纤通信和固体激光器的泵浦源。另一种材料体系是以 InP 和 $Ga_{1-x}In_xAs_{1-y}P_y$ 为基础的。这种激光器的激射波长 λ 取决于下标 x 和下标 y，一般为 $(0.92\sim1.65)\mu m$。但最常见的波长是 $1.3\mu m$、$1.48\mu m$ 和 $1.55\mu m$，其中 $1.55\mu m$ 附近的波长备受青睐。因为光纤对 $1.55\mu m$ 的光的传输损耗已经可以小到 $0.15dB/km$。采用这种极低传输损耗的光纤传输波长在 $1.55\mu m$ 附近的激光，可使长距离高速光纤通信成为可能。近年来，以 $Ga_{1-x}Al_xAs/GaAs$ 和 $In_{0.5}(Ga_{1-x}Al_x)_{0.5}P/GaAs$ 材料体系为基础的可见光半导体激光器也得到迅速发展，其波长分别为 780nm 和 $(630\sim680)nm$。

最早研制成功的是同质结半导体激光器。若组成 pn 结的 p 型和 n 型半导体属同一种材料（如 GaAs），则称为同质结。由于有源区的厚达 $(1\sim2)\mu m$，且折射率仅略高于 p 区与 n 区，致使光波导致应不明显，光波在有源区内传输时会漏入 p 区和 n 区并被吸收，所以同质结半导体激光器的阈值电流密度很高，导致器件发热而不能在室温下连续工作。为了使半导体激光器能够实际应用，先后发展了单异质结和双异质结半导体激光器。由不同材料的 p 型和 n 型材料构成的 pn 结称为异质结，在有源区两侧有两个异质结则称作双异质结。下面主要介绍双异质结 GaAs 半导体激光器的结构，同时适当讲述一些 InP 半导体激光器的有关内容。

双异质结 AlGaAs/GaAs 激光器的典型结构示于图 8.2.1。其中 GaAs 是有源区，它在 x 方向上的厚度为 $(0.1\sim0.2)\mu m$。有源区被两层相反掺杂的 $Ga_{1-x}Al_xAs$ 包围层所夹持。受激辐射的产生与放大就是在 GaAs 有源区中进行的。这种双异质结构的重要特点是它能有效地把载流子（电子和空穴）约束在有源区内，从而为有效地进行受激辐射放大提供了有利的条件。这一功能的实现可以借助图 8.2.2 来说明。两端的解理面形成反射率约为 $0.3\sim0.32$ 的谐振腔端反射镜。

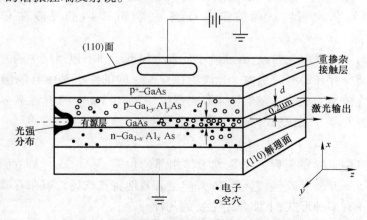

图 8.2.1 双异质结 AlGaAs/GaAs 激光器的典型结构

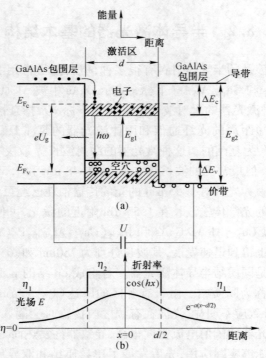

图 8.2.2 双异质结激光器有源区内的载流子约束和光场约束示意图
(a) 正向偏置下双异质结 GaAs 激光器的导带底和价带顶;
(b) 双异质结 GaAs 激光器的折射率及基模光场分布。

一、x 方向的载流子约束和光约束

在以电压 U(eU 略大于禁带宽度 E_g)进行正向偏置的情况下,有源层的导带形成了一电子势阱,其深度为 ΔE_c;而价带则成为一空穴势阱,其深度为 ΔE_v(势阱深度 ΔE_c 和 ΔE_v 与组分数 x 有关)。这样在正向偏置下,有源层可视为电子势阱与空穴势阱。从 n 区注入的电子和从 p 区注入的空穴便被这些势阱束缚在有源层内,使反转条件式(8.1.4)得以满足,从而使频率 ω 满足式(8.1.4)的光波在有源层内获得放大。

为尽可能有效地获取光增益,必须减小传入上包围层和下包围层中的光场,即尽量将光场限制在载流子存在的有源层内。光波场在有源层内的约束是由有源层和上、下包围层形成的介质光波导完成的。在半导体激光器中,有源层 GaAs 的折射率 η_2 与其包围层 $Al_xGa_{1-x}As$ 的折射率 η_1 之差 $\Delta\eta$ 随 x 而异,可表示为

$$\Delta\eta = \eta_2 - \eta_1 \approx 0.71x \tag{8.2.1}$$

由此可见,有源层 GaAs 的折射率总是大于其相邻的包围层 $Al_xGa_{1-x}As$ 的折射率。这样的结构就形成了一介质光波导,它可在 x 方向上有效地将光波场约束在有源层内。

介质光波导有多种形式,下面介绍主要的几种。

1. 简单的双异质结(DH)结构——三层介质波导

最简单的双异质结半导体激光器具有三层介质波导,如图 8.2.3 所示。三层介质波

导可以是对称的,即上包围层的折射率和下包围层的折射率相同;也可以是非对称的,即上包围层的折射率和下包围层的折射率不相同。最常用的是对称三层介质波导。

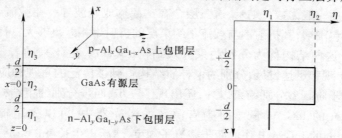

图 8.2.3　双异质结 AlGaAs/GaAs 激光器的剖面结构

以 GaAs 作有源层,$Al_xGa_{1-x}As$ 作包围层,当 $x=0.4$ 时,$\Delta\eta=0.269$。这样的介质波导为强折射率波导。

若以激射波长为 $1.3\mu m$ 的 $In_{1-x}Ga_xAs_yP_{1-y}$($x=0.3$,$y=0.636$)为有源层,InP 为包围层(在 $\lambda=1.3\mu m$ 处折射率为 3.21),这时 $\Delta\eta=0.31$。这样的介质波导同样是强折射率波导。

2. 大光腔结构(LOC)——四层介质波导

图 8.2.4 所示的是以 GaAs 为基础的四层介质波导。p-GaAs 为有源层,其厚度约为 $0.1\mu m$。与之相邻的 $n-Al_xGa_{1-x}As$ 为导波层(厚度在十分之几 μm 和 $3\mu m$ 之间),其折射率略低于有源层的折射率,但不要相差太大。这样光场就能有效地扩展到导波层中。有源层与导波层合在一起,形成了介质光波导。上包围层和下包围层 $Al_yGa_{1-y}As$($y>x$)将光场约束在上述波导之中。

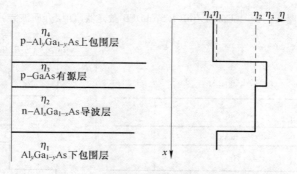

图 8.2.4　AlGaAs/GaAs 大光腔结构(四层介质波导)

这种结构最初用于高功率 AlGaAs/GaAs 激光器中,称为大光腔(LOC)异质结构激光器。后来又推广到 InGaAsP/InP 激光器中。近年来,在有源层附近生长一个导波层的概念在分布反馈(DFB)激光器中得到了广泛的应用,使得四层结构成为实用上最重要的波导结构之一。在 DFB 激光器中,虽然导波层与有源层都比较薄(均约 $0.1\mu m$),但导波原理与 LOC 是相似的。图 8.2.5 是激射波长为 $1.3\mu m$ 的 InGaAsP/InP 四层结构 DFB 激光器的示意图(图中 λ 为该层禁带宽度所对应的跃迁波长)。

3. 分别约束异质结构(SCH)——五层介质波导

典型的 AlGaAs/GaAs 五层介质波导如图 8.2.6 所示。其中 p-GaAs 为有源层,其上、下两层是折射率与之相差不大但禁带宽度又足够大的载流子约束层,其作用是将载流子有效地约束在有源层内而同时却让光场扩展到这两层之中,这与 LOC 中的导波层的作用类似。这两层的厚度一般为数百纳米,这三层合在一起构成光波导。在载流子约束层外面则是上包围层和下包围层,其折射率与载流子约束层的折射率相差足够大,可有效地将光约束在光波导之中。这种结构称为分别约束异质结构(SCH)。近年来随着量子阱(Quantum Well)激光器的出现和迅速发展,分别约束异质结构得到了广泛的重视和应用。除图 8.2.6 所示的折射率两步阶跃型分别约束以外,还出现了三步、四步分别约束结构。例如,在以激射波长为 1.55μm 的 InGaAs 量子阱为有源区的激光器中,可以先用辐射波长分别为 1.35μm 和 1.25μm 的 InGaAsP 作成两步载流子约束,然后再生长 InP 为上包围层和下包围层来完成光约束。这一概念的继续发展导致了渐变折射率分别约束异质结构(GRINSCH)的出现。例如,在激射波长约为 0.85μm 的 GaAs 量子阱的上、下两边先生长折射率与禁带宽度连续变化的 $Al_xGa_{1-x}As$ GRINSCH 层,x 可连续地从 0.2 变化到 0.5,然后再生长上包围层和下包围层,即 $x=0.5$ 的 $Al_xGa_{1-x}As$ 层。在 GRINSCH 层中,折射率随距离的变化规律可以是线性的、抛物线型的或其他人为选定的形式。

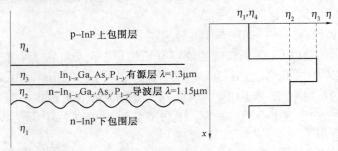

图 8.2.5　InGaAsP/InP 1.3μmDFB 激光器(四层介质波导)

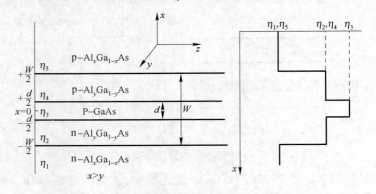

图 8.2.6　分别约束异质结构(五层对称介质波导)

二、y 方向的载流子约束和光约束

以上我们讨论了 x 方向(与结平面垂直的方向,称为横向)的光约束,并且还假定有源层在 y 方向(沿结平面方向,称为侧向)是无限延伸的。在实际应用中,人们希望半导体激光器在横向和侧向都实现单模运转且阈值电流尽可能地小。这就要求激光器除了在 x 方向以外,在 y 方向同样要具有尽可能有效的载流子约束和光约束,使有源层变为有源区。这一功

能一般由以下方式来实现。

1. 强折射率波导

如果将图 8.2.3 所示的半导体激光器沿 y 方向切成一个窄条形,在 y 方向也用折射率较低的半导体材料把有源区包围起来,便形成了一个二维实折射率光波导,其横切面如图 8.2.7 所示,其中 $\eta_2 > \eta_1, \eta_3, \eta_4$。显然,载流子约束和光约束的机理完全类似于前面讲过的 x 方向上的载流子约束和光约束。如果有源区与其周围的包围层之间的折射率的差足够大($\Delta \eta > 0.01$),光约束作用很强,则这种光波导称为强折射率波导。这种二维光波导可以采用先将图 8.2.3 ~ 图 8.2.6 所示的各种层板波导加工成图 8.2.8 所示的条形台,然后进行晶体再生长的方法来实现。应用广泛的掩埋条形(Buried Heterostructure,BH)就是典型的例子。

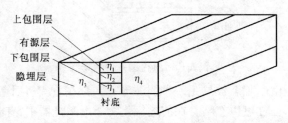

图 8.2.7 隐埋条形激光器(实际的二维光约束半导体激光器)

2. 弱折射率波导

脊形波导(Ridge Waveguide,RW)激光器是实现二维光约束的另外一个例子。在这种激光器中,在实现如图 8.2.3 所示的层板波导结构之后,再在 y 方向刻蚀出窄条形,不过只刻蚀到很接近有源层的地方,却不将上包围层切断,如图 8.2.9 所示。虽然有源层在 y 方向是均匀连续的,但由于在脊条附近上包围层厚度的突然变化,也会在 y 方向造成一个"有效折射率"的变化:在正靠脊条下方中央的有源区,"有效折射率"比较高;而在远离脊条两旁的有源区,"有效折射率"比较低,从而在 y 方向也能形成实折射率波导。不过,这种"有效折射率"的变化一般比 x 方向上由异质结构引起的折射率的阶跃变化要小得多,因而波导作用比较弱,这种波导称为弱折射率波导。弱折射率波导中折射率差一般为 $5 \times 10^{-3} < \Delta \eta < 1 \times 10^{-2}$。弱折射率波导的导波作用容易受其他因素(如温度分布及注入载流子浓度起伏等)的影响。在这种波导中激光振荡模的稳定程度不如在强折射率波导中那样好。

现在已有多种方法可用以在半导体激光器中形成强折射率波导和弱折射率波导。

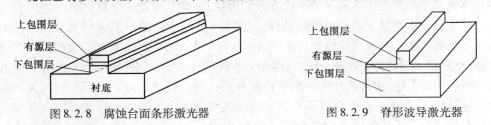

图 8.2.8 腐蚀台面条形激光器   图 8.2.9 脊形波导激光器

3. 增益波导

除了折射率的适当空间分布可以形成波导外,增益的适当空间分布也可以导引电磁波。图 8.2.10 所示的氧化物条形激光器在 y 方向的导波机制就属于这种情形。电流流过二氧化硅(SiO_2)绝缘层上的条形开口注入到半导体激光器的有源区中。由于 p 型 AlGaAs 包围层的有限厚度及有限横向电阻率的存在,正对开口下方中央的电流密度较大,由开口中央向两旁电流密度逐渐减小。同时,载流子注入有源区后还有扩散效应。这两个因素使得在有源层中沿 y 方向形成一定的载流子浓度分布,从而形成一定的增益分布,其特点是光增益从条形中央沿 y 方向向两旁递减。在沿 y 方向的增益可用抛物线函数来描述的情况下,用电磁场理论可以证明由增益所形成的导波作用将产生沿 y 方向的高斯型光场分布。

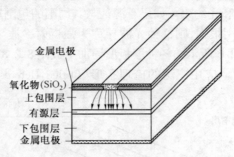

图 8.2.10 氧化物条形激光器

与实折射率波导相比,增益波导是一种弱波导。在存在着实折射率差异的情况下,增益波导只起次要的作用,往往可以忽略。在前述氧化物条形激光器中,有源层沿 y 方向是均匀连续的,没有折射率的阶跃变化,也没有折射率的连续缓变。因此,增益波导才起主要作用。在增益导波机制的作用下,侧向模式通常是不稳定的。由注入载流子起伏引起的折射率变化以及有源层内温度分布引起的折射率变化都可以成为增益导波的竞争因素而影响侧向模式的稳定。

总之,在双异质结半导体激光器中的二维光约束(以及载流子约束)在 x 方向(横向)通常是通过折射率的阶跃变化来实现的。而在 y 方向(侧向)则既可以通过折射率的阶跃变化(强折射率波导,$\Delta\eta > 0.01$),也可以通过折射率的逐渐变化(弱折射率波导,$5 \times 10^{-3} < \Delta\eta < 1 \times 10^{-2}$),或通过增益的适当空间分布来实现。但后两种情况下 y 方向的光约束与载流子约束都不如 x 方向的那么有效,所以要想获得模式稳定的激光振荡,一般要采用实折射率导波机制。

8.3 对称三层介质平板波导中的本征模

半导体异质结激光器中垂直于结平面方向的波导,基本上可看成是界面为平面的突变波导。最简单最基本的是三层平板波导结构,如图 8.2.3 所示。最早实现室温连续工作的半导体异质结激光器正是采用这种平板波导结构。对于在 y 方向也具有光约束的实际半导体激光器,在 x 和 y 方向都存在波导效应,因而是一种具有二维限制的矩形介质波导。但如采用有效折射率的方法,也可简化为一维平板波导进行理论处理。对于多层平板波导中的模式分析,同样可等效为三层平板波导。本章利用式(8.3.1)~式(8.3.4)所示麦克斯韦方程组分析对称三层介质平板波导中的本征模。

$$\nabla \times \boldsymbol{E} = -\frac{\partial \boldsymbol{B}}{\partial t} \tag{8.3.1}$$

$$\nabla \times \boldsymbol{H} = \frac{\partial \boldsymbol{D}}{\partial t} + \boldsymbol{j} \tag{8.3.2}$$

$$\nabla \cdot \boldsymbol{B} = 0 \tag{8.3.3}$$

$$\nabla \cdot \boldsymbol{D} = 0 \tag{8.3.4}$$

式中:$\boldsymbol{E}$ 和 $\boldsymbol{H}$ 分别为电场强度矢量和磁场强度矢量;$\boldsymbol{D}$ 和 $\boldsymbol{B}$ 分别为电感应强度矢量和磁感应强度矢量;$\boldsymbol{j}$ 为电流密度矢量

$$\boldsymbol{B} = \mu \boldsymbol{H}$$

$$\boldsymbol{D} = \varepsilon \boldsymbol{E}$$

式中:ε 和 μ 分别为媒质的介电常数和磁导率,并可表示为

$$\varepsilon = \varepsilon' \varepsilon_0$$

$$\mu = \mu' \mu_0$$

式中:ε_0 和 μ_0 分别为真空介电常数和磁导率;ε' 和 μ' 分别为媒质的相对介电常数和磁导率。

采用图 8.2.3 所示的坐标系。将坐标原点 $x=0$ 取在有源层的中央,则 $x = \pm \dfrac{d}{2}$ 为有源层与其上、下包围层的分界面。腔镜位于半导体介质和空气的界面上 $z=0$ 的地方。对于对称三层介质平板波导,上、下包围层的折射率相等,即有

$$\eta_1 = \eta_3$$

在分层均匀的无损介质中,电场强度矢量

$$\boldsymbol{E} = E_x \boldsymbol{i} + E_y \boldsymbol{j} + E_z \boldsymbol{k}$$

的分量 E_x、E_y 和 E_z 满足的波动方程可以写为

$$\nabla^2 E_x = \mu_0 \varepsilon \frac{\partial^2 E_x}{\partial t^2}$$

$$\nabla^2 E_y = \mu_0 \varepsilon \frac{\partial^2 E_y}{\partial t^2} \tag{8.3.5}$$

$$\nabla^2 E_z = \mu_0 \varepsilon \frac{\partial^2 E_z}{\partial t^2}$$

式中:$\nabla^2 = \nabla \cdot \nabla = \dfrac{\partial^2}{\partial x^2} + \dfrac{\partial^2}{\partial y^2} + \dfrac{\partial^2}{\partial z^2}$。由于波导沿 y 方向是均匀的且无限延伸,所以 $\dfrac{\partial}{\partial y} = 0$。介质中磁场强度矢量 $\boldsymbol{H}$ 的分量 H_x、H_y 和 H_z 满足与式(8.3.5)相类似的关系。通常可将介质波导中的行波场分为 TE 模和 TM 模,下面就来分别加以讨论。

一、TE 模的场分布和本征值方程

1. TE 模的场分布

按 TE 模的定义,其电场强度不存在纵向分量,即

$$E_z = 0 \tag{8.3.6}$$

利用麦克斯韦方程组((8.3.1)~(8.3.4))并考虑到 $\partial/\partial y = 0$,可得

$$H_y = E_x = 0$$

故方程组(8.3.5)可简化为 E_y 的波动方程

$$\frac{\partial^2 E_y}{\partial x^2} + \frac{\partial^2 E_y}{\partial z^2} = \mu_0 \varepsilon \frac{\partial^2 E_y}{\partial t^2} \tag{8.3.7}$$

式中:E_y 为坐标 x、z 以及时间 t 的函数。式(8.3.7)可用分离变量法来求解。为此,令

$$E_y(x,z,t) = X(x)Z(z)T(t) \tag{8.3.8}$$

式中:X 仅为坐标 x 的函数;Z 仅为坐标 z 的函数;T 仅为时间 t 的函数。将式(8.3.8)代入式(8.3.7)并以 XZT 来除等号的两边,得

$$\frac{X''}{X} + \frac{Z''}{Z} = \mu_0 \varepsilon \frac{T''}{T} \tag{8.3.9}$$

式中:X'' 为 X 对 x 的二阶导数;Z'' 为 Z 对 z 的二阶导数;T'' 为 T 对 t 的二阶导数。上式左端为空间变量的函数,而右端是时间变量的函数,一般说来它们并不相等,除非它们等于一常数。以 $-b^2$ 表示这一常数,则有

$$T'' + \frac{b^2}{\mu_0 \varepsilon} T = 0 \tag{8.3.10}$$

其解为

$$T = A e^{i\omega t} + B e^{-i\omega t} \tag{8.3.11}$$

式中,

$$\omega = \frac{b}{\sqrt{\varepsilon \mu_0}} \tag{8.3.12}$$

此外,对 X 和 Z 则有

$$\frac{X''}{X} + \frac{Z''}{Z} = -\varepsilon \mu_0 \omega^2 \tag{8.3.13}$$

采用式(8.3.9)中运用的分离变数法,上式可写为

$$\frac{Z''}{Z} = -\frac{X''}{X} - \omega^2 \varepsilon \mu_0 = -\beta^2 \tag{8.3.14}$$

式中:β^2 为与坐标无关的一个分离常数。上式的通解可以写成

$$Z(z) = C e^{i\beta z} + D e^{-i\beta z} \tag{8.3.15}$$

如在式(8.3.11)中取含有 $\exp(i\omega t)$ 的项,在式(8.3.15)中取含有 $\exp(-i\beta z)$ 的项,则沿 z 轴正向传播的电磁波为

$$e^{i(\omega t - \beta z)} \tag{8.3.16}$$

由式(8.3.14)可得 X 满足的方程式

$$\frac{X''}{X} + \omega^2 \varepsilon \mu_0 - \beta^2 = 0 \tag{8.3.17}$$

利用

$$\omega^2 \varepsilon \mu_0 = \eta^2 k_0^2 \tag{8.3.18}$$

式中:η 为折射率,可将式(8.3.17)写为

$$\frac{\partial^2 X}{\partial x^2} + (\eta^2 k_0^2 - \beta^2) X = 0 \tag{8.3.19}$$

在有源层中,上式第二项的系数

$$k_2^2 = \eta_2^2 k_0^2 - \beta^2 \tag{8.3.20a}$$

若 $k_2^2 > 0$,其解为

$$X(x) = A_{2e} \cos k_2 x + A_{2o} \sin k_2 y \tag{8.3.21}$$

这样电场强度 E_y 可表为

$$E_{2y}(x,z,t) = A_{2e} \cos k_2 x e^{i(\omega t - \beta z)} + A_{2o} \sin k_2 x e^{i(\omega t - \beta z)} \tag{8.3.22a}$$

式中:常系数 A_{2e} 为偶数阶 TE 模的振幅;A_{2o} 为奇数阶 TE 模的振幅。求得 E_y 后,便可由关系式

$$\frac{\partial E_y}{\partial x} = -\mu_0 \frac{\partial H_z}{\partial t} \tag{8.3.23}$$

求得磁场强度 H_z,其表达式为

$$H_{2z}(x,z,t) = \frac{-\mathrm{i}k_2}{\omega\mu_0} A_{2e} \sin k_2 x \mathrm{e}^{\mathrm{i}(\omega t - \beta z)} +$$

$$\frac{\mathrm{i}k_2}{\omega\mu_0} A_{2o} \cos k_2 x \mathrm{e}^{\mathrm{i}(\omega t - \beta z)} \tag{8.3.24}$$

到现在为止,已求得在有源层(折射率为 η_2)中传播的电磁场 E_y 与 H_z 的通解。其特征是场沿 x 方向以正弦形式(或余弦形式)变化,沿 z 方向以行波形式传播,传播常数为 β。式(8.3.22a)和式(8.3.24)中包含三个常数,A_{2e}、A_{2o} 和 β。一旦它们被确定,则三层平板介质波导中的场就完全确定了。

采用相同的处理方法,可求得上、下包围层中的电场强度

$$E_{1y}(x,z,t) = A_1 \mathrm{e}^{\mathrm{i}k_1(|x|-\frac{d}{2})} \mathrm{e}^{\mathrm{i}(\omega t - \beta z)} + B_1 \mathrm{e}^{-\mathrm{i}k_1(|x|-\frac{d}{2})} \mathrm{e}^{\mathrm{i}(\omega t - \beta z)} \tag{8.3.22b}$$

式中,

$$k_1^2 = \eta_1^2 k_0^2 - \beta^2 \tag{8.3.20b}$$

如果 $(\eta_1^2 k_0^2 - \beta^2) > 0$,则式(8.3.22b)可以写成与式(8.3.22a)类似的形式,这表示场的振幅沿坐标 x 振荡延伸至无限远,即场未被约束在有源层附近。反之,如果 $(\eta_1^2 k_0^2 - \beta^2) < 0$,则 k_1 为虚数,这时包围层中场振幅随 $|x|$ 的增大而以指数函数的形式衰减,这正是场被约束在有源层中的数学描述。这种被约束在波导中的电磁场形式称为导波模。

令

$$\gamma^2 = -k_1^2 = \beta^2 - \eta_1^2 k_0^2 \tag{8.3.25}$$

式(8.3.22b)可写为

$$E_{1y}(x,z,t) = A_1 \mathrm{e}^{-\gamma(|x|-\frac{d}{2})} \mathrm{e}^{\mathrm{i}(\omega t - \beta z)} \tag{8.3.26}$$

其中略去了含有 $\exp\left[\gamma\left(|x|-\frac{d}{2}\right)\right]$ 的项,因为它表示包围层中场振幅随 $|x|$ 的增大而以指数函数的形式增长的波,不是导波模。

利用式(8.3.23),可得出包围场中的磁场强度

$$H_{1z}(x,z,t) = \frac{-x\mathrm{i}\gamma}{|x|\omega\mu_0} A_1 \mathrm{e}^{-\gamma(|x|-\frac{d}{2})} \mathrm{e}^{\mathrm{i}(\omega t - \beta z)} \tag{8.3.27}$$

由式(8.3.22)及式(8.3.26)可知,在三层对称介质波导中的导波模的特征是:在有源层内,场振幅沿 x 方向以正弦形式振荡;在上、下包围层中,场振幅在 $|x|$ 增大时以指数函数的形式衰减;导波模以相速度 ω/β 沿 z 方向传播。

2. TE 模的本征值方程

先讨论偶数阶模。由式(8.3.22a)及式(8.3.26)可知,在边界 $x=d/2$ 处,有源层中的电场 E_{2y} 和包围层中的电场 E_{1y} 分别为

$$E_{2y}\left(\frac{d}{2},z,t\right) = A_{2e} \cos\left(k_2 \frac{d}{2}\right) \mathrm{e}^{\mathrm{i}(\omega t - \beta z)} \tag{8.3.28}$$

$$E_{1y}\left(\frac{d}{2},z,t\right) = A_1 e^{i(\omega t-\beta z)} \tag{8.3.29}$$

式中：$k_2^2 = \eta_2^2 k_0^2 - \beta^2$。由电场满足的边界条件 $E_{2t} = E_{1t}$ 可得

$$A_1 = A_{2e}\cos\left(k_2 \cdot \frac{d}{2}\right) \tag{8.3.30}$$

利用它，式(8.3.26)可表示为

$$E_{1y}(x,z,t) = A_{2e}\cos\left(k_2\frac{d}{2}\right) e^{-\gamma(|x|-\frac{d}{2})} e^{i(\omega t-\beta z)} \tag{8.3.31}$$

利用式(8.3.30)，由式(8.3.24)和式(8.3.27)可得出在 $x = d/2$ 处有源层中的磁场强度 H_{2z} 和包围层中的磁场强度 H_{1z} 分别为

$$H_{2z}\left(\frac{d}{2},z,t\right) = \frac{-ik_2}{\omega\mu_0}A_{2e}\sin\left(k_2\frac{d}{2}\right) e^{i(\omega t-\beta z)} \tag{8.3.32}$$

$$H_{1z}\left(\frac{d}{2},z,t\right) = \frac{-i\gamma}{\omega\mu_0}A_{2e}\cos\left(k_2\frac{d}{2}\right) e^{i(\omega t-\beta z)} \tag{8.3.33}$$

将磁场强度应满足的边界条件 $H_{2t} = H_{1t}$ 应用于上两式，得到

$$\tan\left(k_2\frac{d}{2}\right) = \frac{\gamma}{k_2} = \frac{(\beta^2-\eta_1^2 k_0^2)^{1/2}}{(\eta_2^2 k_0^2-\beta^2)^{1/2}} \tag{8.3.34}$$

这就是决定偶数阶 TE 模的传播常数 β 的本征值方程，其中除 β 以外的所有的量 η_1、η_2 和 λ_0 均为已知。

采用上述类似的推导，可得奇数阶 TE 模的场分布为

在有源层中（$|x|<d/2$）

$$E_{2y}(x,z,t) = A_{2o}\sin(k_2 x) e^{i(\omega t-\beta z)} \tag{8.3.35}$$

$$H_{2z}(x,z,t) = \frac{ik_2}{\omega\mu_0}A_{2o}\cos k_2 x\, e^{i(\omega t-\beta z)} \tag{8.3.36}$$

在包围层中（$|x|>d/2$）

$$E_{1y}(x,z,t) = \frac{x}{|x|}A_{2o}\sin\left(k_2\frac{d}{2}\right) e^{-\gamma(|x|-\frac{d}{2})} e^{i(\omega t-\beta z)} \tag{8.3.37}$$

$$H_{1z}(x,z,t) = \frac{-i\gamma}{\omega\mu_0}A_{2o}\sin\left(k_2\frac{d}{2}\right) e^{-\gamma(|x|-\frac{d}{2})} e^{i(\omega t-\beta z)} \tag{8.3.38}$$

奇数阶 TE 模的本征值方程为

$$\tan\left(k_2\frac{d}{2}\right) = -\frac{k_2}{\gamma} \tag{8.3.39}$$

二、TM 模的场分布和本征值方程

TM 模的特征是在有源区内 $H_z = 0$。麦克斯韦方程组要求 $E_y = H_x = 0$，因此 TM 模的非零场分量为 H_y 和 E_z。对偶数阶 TM 模，在 $|x|<d/2$ 即有源层中有

$$H_{2y}(x,z,t) = B_{2e}\cos(k_2 x) e^{i(\omega t-\beta z)} \tag{8.3.40}$$

$$E_{2z}(x,z,t) = \frac{ik_2}{\eta_2^2\omega\varepsilon_0}B_{2e}\sin(k_2 x) e^{i(\omega t-\beta z)} \tag{8.3.41}$$

而在 $|x|>d/2$ 即包围层中有

$$H_{1y}(x,z,t) = B_{2e}\cos\left(k_2\frac{d}{2}\right)e^{-\gamma\left(|x|-\frac{d}{2}\right)}e^{i(\omega t-\beta z)} \tag{8.3.42}$$

$$E_{1z}(x,z,t) = \frac{x}{|x|}\frac{i\gamma}{\eta_1^2\omega\varepsilon_0}B_{2e}\cos\left(k_2\frac{d}{2}\right)e^{-\gamma\left(|x|-\frac{d}{2}\right)}e^{i(\omega t-\beta z)} \tag{8.3.43}$$

对奇数阶 TM 模也可写出类似的公式。偶数阶 TM 模的本征值方程和奇数阶 TM 模的本征值方程分别为

$$\tan\left(k_2\frac{d}{2}\right) = \frac{\eta_2^2\gamma}{\eta_1^2 k_2} \tag{8.3.44}$$

$$\tan\left(k_2\frac{d}{2}\right) = \frac{-\eta_1^2 k_2}{\eta_2^2\gamma} \tag{8.3.45}$$

在上述式中

$$k_2^2 = \eta_2^2 k_0^2 - \beta^2 \tag{8.3.46}$$

$$\gamma^2 = \beta^2 - \eta_1^2 k_0^2 \tag{8.3.47}$$

常数 A_{2e}、A_{2o}、B_{2e} 和 B_{2o} 等决定场振幅的大小，它们由半导体激光器的激发程度所决定。

由于 TM 模在波导端面(解理面)的反射率普遍低于 TE 模，损耗较大，不易形成激光自激振荡，所以半导体激光器所产生的激光为 TE 模，具有偏振特性。本章此后的讨论中对 TM 模不再赘述。

三、对称三层介质平板波导中本征值方程的解

本征值方程是一个关于 β 的超越方程。至今尚未求得 β 作为 η_1、η_2、d 及 k_0 的显函数形式的解析表达式，所以一般采用图解法或数值解法来求取该本征值方程的解。

1. 图解法

下面以偶数阶 TE 模为例来介绍本征值方程的图解法，对奇数阶 TE 模的分析与此类似。

将本征值方程(8.3.34)作简单变换得

$$\frac{k_2 d}{2}\tan\left(\frac{k_2 d}{2}\right) = \frac{\gamma d}{2} \tag{8.3.48}$$

利用 k_2 和 γ 的定义式(8.3.20a)和式(8.3.25)，消去 β^2，得到

$$(\eta_2^2 - \eta_1^2)\left(\frac{k_0 d}{2}\right)^2 = \left(\frac{k_2 d}{2}\right)^2 + \left(\frac{\gamma d}{2}\right)^2 \tag{8.3.49}$$

令 $X = k_2 d/2$ 和 $Y = \gamma d/2$，上两式可写为

$$X\tan X = Y \tag{8.3.50a}$$

$$X^2 + Y^2 = (\eta_2^2 - \eta_1^2)\left(\frac{k_0 d}{2}\right)^2 \tag{8.3.50b}$$

式(8.3.50b)表示圆心在坐标原点、半径为 $(\eta_2^2-\eta_1^2)^{1/2}k_0 d/2$ 的圆。在已知 η_1、η_2、λ_0 及 d 的条件下，由该圆与式(8.3.50a)表示的曲线的交点可求得 k_2、γ 和 β。

图 8.3.1 中画出了式(8.3.50a)和式(8.3.50b)所表示的曲线。随着 X 的逐渐增大可得曲线 $X\tan X$ 的各个分立支，它们在 $X = m\pi/2$ 时与横轴相交($m = 0,2,4\cdots$)，而在 $X = n\pi/2$ 时变为无穷大($n = 1,3,5,\cdots$)。曲线(8.3.50a)的每一支与圆(8.3.50b)的交点决定一个本征

值 β_m。如果式(8.3.50b)与式(8.3.50a)的曲线簇有多个交点,则有多个横模;如果式(8.3.50a)的某一支与圆(8.3.50b)没有交点,则该阶横模不存在,即该模截止。可以看出,当波长 λ_0 和有源层厚度 d 一定时,不同的折射率差($\eta_2^2 - \eta_1^2$)决定不同半径的圆。它们与曲线 $X\tan X$ 的交点也各不相同,从而给出不同的本征值。同样,当 λ_0 以及($\eta_2^2 - \eta_1^2$)一定时,不同的有源层厚度 d 给出不同半径的圆,从而给出不同的本征值。这些不同的本征值表示以不同的相速度传播并且具有不同的横向场分布的导波模。

图 8.3.1 是对一定的($\eta_2^2 - \eta_1^2$)、不同的 d 画出的。例如激射波长 λ_0 为 $0.9\mu m$($E_g = 1.38eV$)的 $Al_{0.3}Ga_{0.7}As/GaAs$ 双异质结构激光器($\eta_2 = 3.590$,$\eta_1 = 3.385$),其有源层厚度 $d = 0.2\mu m$、$1.0\mu m$ 和 $1.5\mu m$ 的三种情形便相应于图中的三个以实线表示的圆。图中的虚线表示 $X\tan X = Y$,其中 $m = 0,2,4$ 表示不同的支,它还表示偶数阶模的阶次。从该图可以得出如下结论。

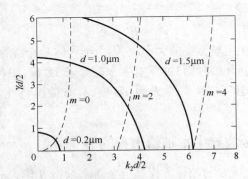

图 8.3.1 本征值方程的图解法偶数阶本征模
$Al_xGa_{1-x}As/GaAs$,$x = 0.3$

(1) 当 $d = 0.2\mu m$ 时,相应的圆仅与曲线 $X\tan X = Y$ 中 $m = 0$ 的一支有一个交点。这表明本征值方程仅有一个解,这就是对称波导中最低的偶数阶模,称为基横模。与该交点相应的 $k_2d/2 = 0.6598$,$\gamma d/2 = 0.5116$。由式(8.3.20a)或式(8.3.25)均可求出相应的相位常数 $\beta = 2.418 \times 10^5 cm^{-1}$,而 $\beta/k_0 = 3.463$。

在折射率 $\eta_2 = 3.590$ 的均匀无限介质中,平面波的传播常数 $\beta_0 = \eta_2 k_0 = 2.506 \times 10^5 cm^{-1}$,相应的相速度 $v = \omega/\beta_0 = c/\eta_2$。但在三层介质波导中,$\beta = 2.418 \times 10^5 cm^{-1} < \beta_0$,因而基模的相速度 $v = \omega/\beta = c/(\beta/k_0')$ 比在相应的均匀无限介质中的光速大。通常将 β/k_0 称为波导的有效折射率 η_{eff}。在现在讨论的情况,$\eta_{eff} = 3.463$。对导波模有

$$\eta_2 > \frac{\beta}{k_0} = \eta_{eff} > \eta_1 \tag{8.3.51}$$

从图中还可看出,无论 d 如何小,曲线(8.3.50a)与(8.3.50b)至少有一个交点,这说明在对称三层介质波导中基模永不截止。

(2) 当 d 增大时,式(8.3.50b)表示的圆可能与式(8.3.50a)的多个支相交,这就导致多横模的存在。例如,当 $d = 1.0\mu m$ 时,与 $m = 0$ 的支存在一个交点,其相应的 $k_2d/2 \approx 1.3$;与 $m = 2$ 的支也存在一个交点,其相应的 $k_2d/2 \approx 3.6$;这表明两个偶数阶模可以同时存在。当 $d = 1.5\mu m$ 时,圆(与式(8.3.50b)对应)与曲线簇(与式(8.3.50a)对应)中 $m = 0$、2、4 的三支均有交点,其中与 $m = 4$ 支的交点恰好在横轴上。如果式(8.3.50b)对应的圆与式(8.3.50a)对应

的某一支没有交点,则该支所代表的高阶模便不能存在。所以高阶模截止的条件应由 $X\tan X = Y$ 与横轴的交点 X_0 大于或等于式(8.3.50b)表示的圆的半径来决定,即

$$\frac{k_2 d}{2} = m\frac{\pi}{2} \geq \frac{k_0 d}{2}\sqrt{\eta_2^2 - \eta_1^2} \qquad m = 0,2,4,\cdots \qquad (8.3.52)$$

或用 d 表示为

$$d \leq \frac{m\lambda_0}{2(\eta_2^2 - \eta_1^2)^{1/2}} \qquad m = 0,2,4,\cdots \qquad (8.3.53)$$

奇数阶 TE 模的本征值方程为

$$-\frac{k_2 d}{2}\cot\frac{k_2 d}{2} = \frac{\gamma d}{2} \qquad (8.3.54)$$

式(8.3.49)对奇数阶模仍然有效。式(8.3.49)和式(8.3.54)表示的曲线绘于图 8.3.2 中。式(8.3.49)表示的圆与式(8.3.54)表示的曲线簇的交点给出本征值方程的解。奇数阶 *TE* 模的截止条件为

$$\frac{k_2 d}{2} = m\frac{\pi}{2} \geq \frac{k_0 d}{2}(\eta_2^2 - \eta_1^2)^{1/2} \qquad m = 1,3,5,\cdots \qquad (8.3.55)$$

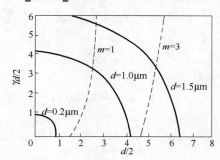

图 8.3.2 本征值方程的图解法奇数阶本征模
$Al_x Ga_{1-x} As/GaAs, x = 0.3$

式(8.3.55)与式(8.3.52)完全一样,所以 TE 模的截止条件可统一写作

$$\frac{k_2 d}{2} = \frac{m\pi}{2} \geq \frac{k_0 d}{2}(\eta_2^2 - \eta_1^2)^{1/2} \qquad m = 0,1,2,\cdots \qquad (8.3.56)$$

或

$$d \leq \frac{m\lambda_0}{2(\eta_2^2 - \eta_1^2)^{1/2}} \qquad m = 0,1,2,\cdots \qquad (8.3.57)$$

(3) 基模运转条件。要想在三层对称平板波导中只传播最低阶即 $m = 0$ 的模,就要求一阶模截止。在式(8.3.57)中令 $m = 1$,得

$$d \leq d_1 = \frac{\lambda_0}{2}\frac{1}{(\eta_2^2 - \eta_1^2)^{1/2}} \qquad (8.3.58)$$

对于 $Al_{0.3}Ga_{0.7}As/GaAs$ 对称三层波导,应有

$$d \leq d_1 = 0.376\mu m \qquad (8.3.59)$$

由式(8.3.58)可以看出,当 η_2 与 η_1 之差变小时,d_1 就增大。因此,在弱波导中,即使有源层比较厚,仍有可能实现单横模运转。例如,$\eta_2 \approx \eta_1 \approx 3.590$ 时,$d_1 = \lambda_0/2/[(\eta_1 + $

$\eta_2)\Delta\eta]^{1/2} \approx 0.168/\sqrt{\Delta\eta}$。当 $\Delta\eta = 0.1$ 时,$d_1 \approx 0.53\mu m$;$\Delta\eta = 0.01$ 时,$d_1 \approx 1.68\mu m$。可见在强折射率波导中,为了实现单横模运转,有源层必须很薄。

2. 本征值方程的数值解法

对给定的 d、η_1、η_2 和 λ_0,本征值方程(8.3.34)和本征值方程(8.3.39)可以用计算机来进行数值求解,求出 β、k_2 和 γ。下面以 $Al_xGa_{1-x}As/GaAs$ 双异质结对称三层波导为例,将计算所得的对应于低阶横模的有效折射率 β/k_0 作为组分 x 及有源层厚度 d 的函数列于表 8.3.1 中。

表 8.3.1 β/k_0 作为组分 x 及有源层厚度 d 的函数的计算值
($Al_xGa_{1-x}As/GaAs$ 对称三层波导,$\eta_2 \approx 3.590$,$\lambda_0 = 0.900\mu m$)

$d/\mu m$	$x = 0.1$ $\eta_1 = 3.520$	$x = 0.2$ $\eta_1 = 3.448$	$x = 0.3$ $\eta_1 = 3.385$
	β/k_0 ($m = 0$)		
0.1	3.524	3.463	3.415
0.15	3.528	3.477	3.440
0.2	3.533	3.492	3.463
0.3	3.543	3.516	3.499
0.4	3.551	3.534	3.524
0.5	3.558	3.546	3.539
0.75	3.570	3.564	3.561
1.0	3.576	3.573	3.572
	β/k_0 ($m = 1$)		
0.3	—	—	—
0.4	—	—	3.387
0.5	—	3.451	3.413
0.75	3.524	3.493	3.480
1.0	3.539	3.524	3.518
	β/k_0 ($m = 2$)		
0.5	—	—	—
0.75	—	—	—
1.0	—	3.456	3.434

由表中可看出如下趋势:

(1) 不论 d 和 x 取什么值,零阶横模均能在对称波导中存在。当 $(\eta_2 - \eta_1)$(或 x)太小或 d 太小时,该波导不能支持高阶横模。对每一个固定的 d 值,存在一个最小的 x_{min}(或 $\Delta\eta_{min}$),只有当 $x > x_{min}$ 时,相应的高阶模才能存在;反之,当 x 一定时,只有 d 大于某一临界值时,高阶横模才能存在。

(2) d 很小时 β/k_0 趋于 η_1,对于三层对称介质波导,当 $d = 0$ 时,实际上光波是在折射率为 η_1 的均匀无限介质中传播,这时 $\beta/k_0 = \eta_1$。d 越小,有源层的存在对光场的扰动越小;当 d 变大时,有源层中传播的光波逐渐偏离在折射率为 η_1 的介质中传播的平面波,这时 β/k_0 也逐渐增大而接近于 η_2。

(3) 对各阶横模在接近截止时 $\beta/k_0 \approx \eta_1$。由截止条件式(8.3.56)及 k 的定义式(8.3.20)可直接解得 $\beta/k_0 = \eta_1$。其物理意义是,一高阶模截止时,它在波导中"感受到"的折射率(即有效折射率)与包围层的折射率无异,因而波导不可能对该模提供任何光约束。从几何光学的观点来看,这时该模式以小于(或等于)临界角的角度入射在有源层与包围层的界面上,不能发生全内反射。

总之,在对称三层介质波导中,TE 模的本征值方程为式(8.3.34)和式(8.3.39),它们确定一系列分立的 β_m,每一个 β_m 代表在波导中以一定的相速度传播的波。它(通过 k_2)还同时决定场沿 x 方向的振幅分布规律。由波在腔中的谐振条件

$$2\beta_m L = 2q\pi \quad (q \text{ 为整数}, L \text{ 为腔长}) \tag{8.3.60}$$

可以决定各阶模的谐振频率。由 β_m 所表征的、具有不同的场分布、传播速度和谐振波长的电磁波就是三层平板介质波导中的本征模。

8.4 光强分布与约束因子

一、模场振幅及强度分布

在求得了本征值 β 和 k_2 之后,由式(8.3.22a)就可写出 TE 模的场振幅分布

$$E_{2y} = A_{2e}\cos\left(\frac{k_{2m}}{2}x\right)e^{i(\omega t - \beta_m z)} \quad m = 0, 2, 4, \cdots \tag{8.4.1}$$

$$E_{2y} = A_{2o}\sin\left(\frac{k_{2m}}{2}x\right)e^{i(\omega t - \beta_m z)} \quad m = 1, 3, 5, \cdots \tag{8.4.2}$$

在双异质结 $Al_xGa_{1-x}As/GaAs$ 半导体激光器中,若有源层厚度 $d = 0.2\mu m$,组分 $x = 0.3$,则 $z = 0$ 处、$t = 0$ 时基模($m = 0$)的场振幅分布如图 8.4.1(a)所示。如前节所言,这时波导只能支持基模。当 d 增大时,一阶、二阶及其他高阶模相继出现。图 8.4.1(b)画出了 $d = 1.0\mu m$ 时 $m = 0, 1, 2$ 的模的场振幅分布。这些模的场分布的特点是:对偶数阶模来说,在波导中心($x = 0$ 处)场振幅永远是一个极大值,随着 $|x|$ 的增大,场振幅按余弦规律变化;对奇数阶模来说,在波导中心场振幅为零,随着 $|x|$ 的增大,场振幅按正弦规律变化。式(8.4.1)及式(8.4.2)中的模指数 m 表示场在有源区内零点的数目。

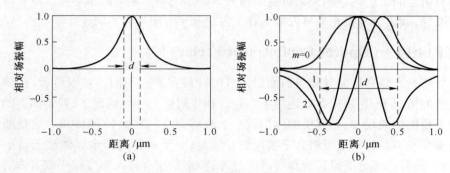

图 8.4.1 $t = 0, z = 0$ 处对称三层介质波导中 TE 模电场 E_y 的分布
(a) $d = 0.2\mu m$ 时基模场分布;(b) $d = 1.0\mu m$ 时 $m = 0, 1, 2$ 模的场分布。
$\eta_1 = 3.385, \eta_2 = 3.590, \lambda_0 = 0.9\mu m$。

各阶模的强度分布由场振幅的平方来决定。在有源层内 m 阶模的强度分布有 m 个零点及 $(m+1)$ 个极大值。当 t 为一定值时,波场在 z 方向形成一定的空间分布。

三层对称波导中光强的分布与有源层及包围层的折射率差 $\Delta\eta$($\Delta\eta = \eta_2 - \eta_1$)有关，与有源层厚度 d 以及模的阶次有关，如图 8.4.2 所示。

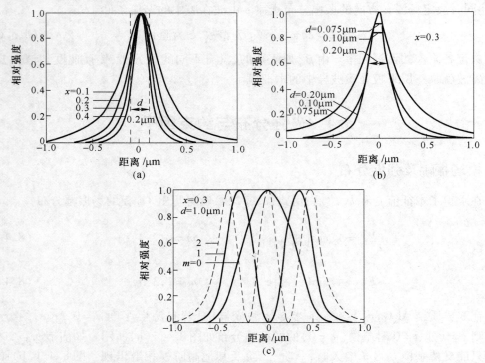

图 8.4.2 三层对称介质波导中的本征模的光强分布 $\lambda_0 = 0.9\mu m$
(a) $d = 0.2\mu m$ 时基模光强随 AlAs 组分 x 的变化；(b) $x = 0.3$ 时基模光强随 d 的变化；
(c) $x = 0.3, d = 1.0\mu m$ 时，$m = 0,1,2$ 模的强度变化。

按照式(8.4.1)，在三层平板波导中，基模电场振幅在 x 方向呈余弦分布。自谐振腔端面向自由空间出射的基模光束可近似地视为高斯光束。实际的半导体二极管激光器具有矩形波导，其出射基模光束可近似为在 x 方向和 y 方向具有不同光腰半径的高斯光束。

二、光约束因子(Optical Confinement Factor)

半导体激光器介质波导腔与前面讨论过的开放式光腔不同。对于后者，在满足腔稳定性条件的情况下，光场被有效地约束在腔的轴线附近。一般情况下，腔镜面上的光斑半径远小于镜的横向尺寸，振荡模的体积远小于激活介质(有源区)的体积。这是通过反射镜的曲率半径与腔长的适当组合来实现的。但是，对于双异质结半导体激光器中的介质波导光腔，总有一部分能量扩展到有源区以外，特别是在有源区厚度较小或有源层与包围层的折射率之差不太大时更是如此，这从图 8.4.1 和图 8.4.2 可以看得很清楚。光场不能完全约束在有源层内是所有半导体激光器的共同特点，这对激光器的输出特性，如振荡阈值、效率、输出功率等都有重要的影响。通常以一个称为光约束因子的量 Γ_m 来定量描述模指标为 m 的光场在有源层内约束的程度，它定义为有源区内 m 模的光能量(或光功率)与该模的总光能量(或光功率)之比，即

$$\Gamma_m = \frac{\int_{-d/2}^{d/2} E_y^2(x,y,z)\,\mathrm{d}x}{\int_{-\infty}^{\infty} E_y^2(x,y,z)\,\mathrm{d}x} \tag{8.4.3}$$

在对称三层介质波导的情况下，上式可以写成

$$\Gamma_m = \frac{\int_0^{d/2} E_{2y}^2(x,z,t)\,\mathrm{d}x}{\int_0^{d/2} E_{2y}^2(x,z,t)\,\mathrm{d}x + \int_{d/2}^{\infty} E_{1y}^2(x,z,t)\,\mathrm{d}x} \tag{8.4.4}$$

显然光约束因子总是小于1。如果光场被紧密地约束在有源层中，则光约束因子接近于1；如果光场相当大一部分能量扩展到包围层中，则光约束因子远小于1。对偶数阶TE模，光约束因子可以写成

$$\Gamma_m = \frac{\int_0^{d/2} \cos^2(k_{2m}x)\,\mathrm{d}x}{\int_0^{d/2} \cos^2(k_{2m}x)\,\mathrm{d}x + \int_{d/2}^{\infty} \cos^2(k_{2m}x)\mathrm{e}^{-2\gamma_m\left(x-\frac{d}{2}\right)}\,\mathrm{d}x} \tag{8.4.5}$$

完成积分后可得

$$\Gamma_m = \left\{1 + \frac{\cos^2\left(k_{2m}\dfrac{d}{2}\right)}{\gamma_m\left[\dfrac{d}{2} + \dfrac{1}{k_{2m}}\sin\left(k_{2m}\dfrac{d}{2}\right)\cos\left(k_{2m}\dfrac{d}{2}\right)\right]}\right\}^{-1} \tag{8.4.6}$$

对奇数阶 TE 模也可写出类似的表达式。由式(8.4.4)可以看出，光约束因子与有源层厚度以及场的横向分布有关，后者又与有源层与包围层的折射率差及模的阶次有关。一般说来，有源层厚度越大，折射率差 $\Delta\eta = \eta_2 - \eta_1$ 越大，模的阶次越低，光约束因子越大。在 GaAs DH 激光器中，光约束因子 Γ_m 与模的阶次 m 以及有源层厚度 d 的关系绘于图 8.4.4 中。由图 8.4.3 和图 8.4.4 可知，当有源层厚度 d 很大时，基模光约束因子趋近于1，这表明这时光场几乎全部约束在有源层内。

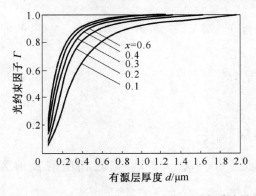

图 8.4.3 $Al_xGa_{1-x}As/GaAs$ 对称三层介质波导中基模光约束因子 Γ 为有源层厚度 d 的函数

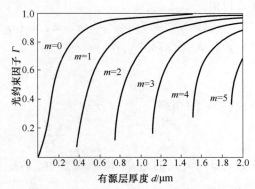

图 8.4.4 $Al_{0.3}Ga_{0.7}As/GaAs$ 对称三层介质波导中基模及高阶模的光约束因子 Γ_m 为有源层厚度 d 的函数

三、d 很小时的本征值方程及 Γ_m 的近似解析表达式

由图 8.4.3 可以看出,当 d 很小($d < \lambda_0/\eta_2$,即小于光在有源层中的波长)时,Γ_m 随 d 的减小而减小得很快。图 8.4.5 示出了 d 很小($d = 0.01 \sim 0.1\mu m$)时光约束因子 Γ 与 d 的关系。d 很小时本征值方程的解及与其相关的 Γ 值在实践中十分重要,它是近年来发展起来的量子阱激光器的重要基础,因此这种情况下光约束因子的近似解析表达式变得十分有意义。下面介绍 Dumke 的解法。

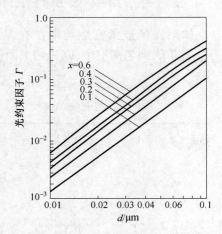

图 8.4.5 $Al_xGa_{1-x}As/GaAs$ 对称三层介质波导
中基模光约束因子 Γ 为有源层厚度 d 的函数
$d = (0.01 \sim 0.1)\mu m$。

当 $d \to 0$ 时,$\tan(k_2 d/2) \to k_2 d/2$,本征值方程(8.3.34)遂变为

$$\gamma = k_2^2 \frac{d}{2} \tag{8.4.7}$$

从表 8.3.1 得知,当 $d \to 0$ 时,$\beta/k_0 \to \eta_1$。因此若以式(8.3.25)中的 γ^2 代入式(8.3.49),即可得出

$$k_2 = (\eta_2^2 - \eta_1^2)^{1/2} k_0 \tag{8.4.8}$$

将上式代入式(8.4.7),得

$$\gamma \approx (\eta_2^2 - \eta_1^2) k_0^2 \frac{d}{2} \tag{8.4.9}$$

由式(8.4.8)可得

$$\frac{k_2 d}{2} = (\eta_2^2 - \eta_1^2) k_0 \frac{d}{2}$$

这就是 $d \to 0$ 时的近似本征值方程,本征值为 $(\eta_2^2 - \eta_1^2) k_0 d/2$。与之相应的 β 值为 $\beta \approx \eta_1 k_0$。

由上述近似解可以得出 d 很小时 Γ_0 的近似解析表达式。当 $d \to 0$ 时,$\cos(k_2 d/2) \to 1$,于是场分布可以写成

$$E_{2y}(x) = E_0 e^{-\gamma|x|} \tag{8.4.10}$$

将它代入式(8.4.5)中可得

$$\Gamma_0 = \frac{\int_0^{d/2} E_0^2 e^{-2\gamma x} dx}{\int_0^{\infty} E_0^2 e^{-2\gamma x} dx} \tag{8.4.11}$$

利用式(8.4.9)得

$$\Gamma_0 \approx \gamma d \approx \frac{2\pi^2(\eta_2^2 - \eta_1^2)d^2}{\lambda_0^2} \tag{8.4.12}$$

对于双异质结 $Al_xGa_{1-x}As/GaAs$ 激光器,$\lambda_0 = 0.9\mu m$,$\eta_2 = 3.59$。利用式(8.2.1)可得

$$\eta_2^2 - \eta_1^2 \approx 1.42\eta_2 x$$

这样式(8.4.12)可写为

$$\Gamma_0 \approx \frac{10^2 x d^2}{\lambda_0^2} \tag{8.4.13}$$

即光约束因子 Γ_0 随有源层厚度 d 按抛物线规律变化。当 $d = 0.1\mu m$、$x = 0.1$、$\lambda_0 = 0.9\mu m$ 时,由式(8.4.13)可算出 $\Gamma_0 = 0.12$。对 $d = 10nm$ 的量子阱激光器,如果采用 $x = 0.3$ 的 $Al_xGa_{1-x}As$ 作包围层($\eta_1 = 3.385$),则由式(8.4.13)可得 $\Gamma_0 = 3.7 \times 10^{-3}$。这是一个很小的数值,这表明约99.6%的光能都在有源层以外的区域,仅有约0.4%的光能在有源层中传播并受到光放大作用。这对半导体激光器的激射是十分不利的。

四、d 很小时的光约束方法

由上述讨论可知,光约束因子 Γ 与有源层厚度 d 有关。这表明在三层对称介质波导的情况下,d 很小的有源层不能同时很好地担当起载流子约束和光场约束的双重功能。解决的办法便是对载流子和光场分而治之,即在上包围层与有源层之间、在下包围层与有源层之间各增加一个新层,这就是8.2中所说的导波层。在这样的结构中,有源层用来约束载流子,而导波层则用来约束和导引光波,这就是前述的分别约束异质结构(SCH)。这样的结构虽然不能把光场基本上约束在有源层内加以放大,但却可以将光场基本上约束在导波层内,从而使得进入上、下包围层中损耗掉的光能只占很小的比例。

8.5 半导体激光器的主要特性

本节讨论实际应用中半导体激光器的一些主要特性——半导体激光器的阈值电流、输出功率以及在小信号电流直接调制下的输出信号。

一、阈值电流密度

假定半导体激光器由图8.2.3所示的三层介质波导组成。有源层在 z 方向上的长度为 L;有源层内载流子密度为 s;与之相应的增益系数为 g,它在有源层内为常数;上包围层的吸收系数为 α_p;下包围层的吸收系数为 α_n。今考虑半导体激光器中某一模式的光波。由于光波不能完全限制在有限层内,所以仍有一部分进入上、下包围层。上、下包围层是非激活区,有一定的损耗,其中包括吸收损耗和散射损耗。进入上、下包围层的光波在沿

z 方向行进的过程中将因损耗而衰减。有源层是激活区,对光波有放大作用。有源层中的光波在沿 z 向行进的过程中将被放大而增强。

设 z 处某一模式的光波在 x 方向上的场振幅分布为 $E(x)$（$-\infty < x < +\infty$）。该光波的功率为

$$P = a\int_{-\infty}^{+\infty} E^2(x)\,\mathrm{d}x$$

式中:a 为常数。为讨论简便起见,以后在涉及光功率的表达式中 a 均被略去,这样上式写为

$$P = \int_{-\infty}^{+\infty} E^2(x)\,\mathrm{d}x \tag{8.5.1}$$

此光波通过长为 $\mathrm{d}z$ 的有源层后光功率的增量为

$$\mathrm{d}P_{有源} = gP_{有源}\mathrm{d}z$$

式中

$$P_{有源} = \int_{-\frac{d}{2}}^{\frac{d}{2}} E^2(x)\,\mathrm{d}x$$

为光波模在有源层中 z 处的功率。此光波在通过长为 $\mathrm{d}z$ 的上、下包围层后,上、下包围层内光功率的增量分别为

$$\begin{cases} \mathrm{d}P_{上} = -\alpha_p P_{上}\,\mathrm{d}z \\ \mathrm{d}P_{下} = -\alpha_n P_{下}\,\mathrm{d}z \end{cases}$$

式中

$$P_{上} = \int_{\frac{d}{2}}^{+\infty} E^2(x)\,\mathrm{d}x \tag{8.5.2}$$

$$P_{下} = \int_{-\infty}^{-\frac{d}{2}} E^2(x)\,\mathrm{d}x \tag{8.5.3}$$

分别为此光波模在上、下包围层中的功率。

由增益系数之定义可得此光波模在激光器中 z 处的增益系数为

$$g_{\mathrm{mode}} = \frac{\mathrm{d}P}{P\mathrm{d}z} = \frac{\mathrm{d}P_{有源} + \mathrm{d}P_{上} + \mathrm{d}P_{下}}{P\mathrm{d}z} = $$
$$g\Gamma_m - \alpha_n\Gamma_n - \alpha_p\Gamma_p \tag{8.5.4}$$

式中

$$\Gamma_m = \frac{\int_{-\frac{d}{2}}^{\frac{d}{2}} E^2(x)\,\mathrm{d}x}{P} \tag{8.5.5}$$

$$\Gamma_n = \frac{\int_{-\infty}^{-\frac{d}{2}} E^2(x)\,\mathrm{d}x}{P} \tag{8.5.6}$$

$$\Gamma_p = \frac{\int_{\frac{d}{2}}^{+\infty} E^2(x)\,\mathrm{d}x}{P} \tag{8.5.7}$$

式中：P 由式(8.5.1)给出；Γ_m 即 8.4 节中的光约束因子。

在注入电流一定的情况下，有源层内的载流子数是一定的。这时如减小有源层的厚度 d，有源层内的载流子密度 s 就增大。由于有源层的增益系数 g 正比于 s，所以减小 d 可增大 g。如果上、下包围层和有源层形成的介质光波导可以非常有效地把光波场限制在有源层内，则 $\Gamma_m \approx 1$，$\Gamma_n \approx \Gamma_p \approx 0$，式(8.5.4)变为

$$g_{\text{mode}} = g$$

这样激光器中光波模的增益系数 g_{mode} 和有源层的增益系数 g 一样与 d 成反比，即随着 d 的减小而增大。

对于半导体激光器来说，光波模的起振条件为该模式的光波在激光器内往返一周获得的增益大于该模式经受的损耗。模式的增益等于模式的损耗称为模式振荡的阈值条件。如果激光器在 z 方向上两端面的能量反射率均为 r，则阈值振荡条件可表为

$$g_{\text{mode}} = \frac{1}{L}\ln\frac{1}{r}$$

利用式(8.5.4)可得

$$g\Gamma_m = \alpha_n\Gamma_n + \alpha_p\Gamma_p + \frac{1}{L}\ln\frac{1}{r} \tag{8.5.8}$$

这里忽略了异质结表面处的不均匀性引起的散射损耗。

设 $L = 500\mu m$，光波被完全限制在有源层内，有源层的折射率 $\eta_2 = 3.5$，则半导体介质空气界面的损耗 $(1/L)\ln(1/r) \approx 23.4\text{cm}^{-1}$；其他损耗取 10cm^{-1}。则有源层也即半导体激光介质的增益系数 g 应为 33.4cm^{-1} 才能满足光波模的阈值振荡条件。这要求注入的载流子密度 s 约为 $1.7 \times 10^{18}\text{cm}^{-3}$。在稳态振荡情形，载流子注入有源层的速率应与有源层内载流子的复合速率相等，即

$$\frac{\mathscr{F}_{\text{th}}}{e} = \frac{sd}{\tau} \tag{8.5.9}$$

式中：$\mathscr{F}_{\text{th}}$ 为使光波模振荡的阈值注入电流密度；$1/\tau$ 为单位时间内载流子的复合概率。$\tau \approx 4 \times 10^{-9}\text{s}$，由式(8.5.9)可得

$$\frac{\mathscr{F}_{\text{th}}}{d} = \frac{es}{\tau} \approx 6.8 \times 10^3 \text{A}/(\text{cm}^2 \cdot \mu m)$$

这一数值与日常使用的双异质结半导体激光器的相应数值很相近。

二、半导体激光器的输出功率

若半导体激光器的阈值电流为 J_{th}，载流子因辐射而复合的概率为 η_i，则受激辐射的功率为

$$P = \frac{J - J_{\text{th}}}{e}\eta_i \hbar\omega \tag{8.5.10}$$

式中：e 为电子电量；J 为注入二极管激光器的电流。如前所述，受激辐射光并不能完全限制在有源层内，其中一部分进入上、下包围层而损耗掉。设有源层的损耗系数为 α，其中包括了进入上、下包围层的那部分光能的损耗，通过有源层两端输出的光功率为 P_{out}，则

$$P_{\text{out}} = \frac{\frac{1}{L}\ln\frac{1}{r}}{\alpha + \frac{1}{L}\ln\frac{1}{r}} P$$

利用式(8.5.10),上式可写为

$$P_{\text{out}} = \frac{\ln\frac{1}{r}}{\alpha L + \ln\frac{1}{r}} \cdot \frac{J - J_{\text{th}}}{e}\eta_{\text{i}}\hbar\omega \tag{8.5.11}$$

设二极管激光器的输入电压为 U,在上式等号右边的分子和分母上同乘以 JU,由上式可得

$$\eta_{\text{t}} = \frac{P_{\text{out}}}{P_{\text{in}}} = \frac{J - J_{\text{th}}}{J} \cdot \eta_{\text{i}} \cdot \frac{\hbar\omega}{eU} \cdot \frac{\ln\frac{1}{r}}{\alpha L + \ln\frac{1}{r}} \tag{8.5.12}$$

式中:η_{t} 为激光器的效率;P_{in} 为二极管激光器的输入功率。并且

$$P_{\text{in}} = JU$$

式(8.5.12)表明激光器的效率受四个因素支配,第一个因素 $(J - J_{\text{th}})/J$ 表示只有超过阈值电流 J_{th} 的那部分注入电流才能产生激光输出;第二个因素 η_{i} 是有源区内载流子复合而发射辐射的概率,称为内量子效率;第三个因素 $\hbar\omega/eU$ 是一个能量为 eU 的电子转化为一个能量为 $\hbar\omega$ 的光子时的能量转换效率;最后一个因素 $\ln(1/r)/[\alpha L + \ln(1/r)]$ 是激光器的输出光能与总受激辐射光能之比。

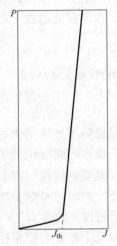

图 8.5.1 半导体激光器输出功率 P 与注入电流 J 的变化曲线

实际上,$eU \approx 1.4E_{\text{g}}$,$\hbar\omega \approx E_{\text{g}}$。由此可得 $\hbar\omega/eU \approx 0.7$。

图 8.5.1 是 GaAs 激光器的输出功率随注入电流的变化曲线。

三、半导体激光器的方向性

由于半导体激光器的谐振腔短小,激光方向性差,特别是在结的垂直平面内,发散角很大,可达 20°~30°,而在结的水平面内,发散角约为几度。

四、半导体激光器的直接电流调制

半导体激光器的一个突出优点是调制方式简单,只要对注入电流进行调制,便可获得调制了的输出激光。以下分析半导体激光器的调制电流与输出调制光之间的关系。

设有源层体积为 V,注入有源层的电流为 J。在忽略自发辐射对光子数密度的贡献的情况下,有源层内载流子密度 s 和光子数密度 N 随时间 t 的变化关系为

$$\frac{\text{d}s}{\text{d}t} = \frac{J}{eV} - \frac{s}{\tau} - A_{\text{g}}(s - s_{\text{tr}})N \tag{8.5.13}$$

$$\frac{\mathrm{d}N}{\mathrm{d}t} = A_g(s - s_{tr})N\Gamma_m - \frac{N}{\tau_R} \tag{8.5.14}$$

式中:τ 为有源层内载流子的寿命;τ_R 为光腔内光子的寿命;s_{tr} 为半导体介质有源区对光无吸收时的载流子密度;A_g 为一个与频率有关的常数,称作受激辐射因子,包含 A_g 的这一项为受激项;Γ_m 为约束因子。

稳态时 $\mathrm{d}s/\mathrm{d}t = 0$,$\mathrm{d}N/\mathrm{d}t = 0$。若记这时的注入电流为 J_0,有源层内载流子密度和光子数密度为 s_0 和 N_0,则由式(8.5.13)和式(8.5.14)可知它们应满足

$$\frac{J_0}{eV} = \frac{s}{\tau} + A_g(s_0 - s_{tr})N_0 \tag{8.5.15}$$

$$A_g(s_0 - s_{tr}) = \frac{1}{\Gamma_m \tau_R} \tag{8.5.16}$$

在注入调制电流的情况下,有源层内的载流子密度和光子数密度都是时间的函数。如果注入电流取简谐变化的形式

$$J = J_0 + j\cos\Omega t$$

则有源层内的载流子密度 s 和光子数密度 N 分别为

$$s = s_0 + \Delta s\cos\Omega t$$
$$N = N_0 + \Delta N\cos\Omega t$$

式中:Ω 为注入的调制电流的角频率;J_0、s_0 和 N_0 满足式(8.5.15)和式(8.5.16),并且相对于 J_0、s_0 和 N_0,j、Δs 和 ΔN 均为小量。为运算简便起见,将上面三式写成如下的复数形式

$$J = J_0 + je^{i\Omega t} \tag{8.5.17}$$

$$s = s_0 + \Delta s e^{i\Omega t} \tag{8.5.18}$$

$$N = N_0 + \Delta N e^{i\Omega t} \tag{8.5.19}$$

上述写法表明,运算结果应取其实部。

将式(8.5.17)、式(8.5.18)和式(8.5.19)代入式(8.5.13)和式(8.5.14),利用式(8.5.15)和式(8.5.16)并忽略包含 2Ω 的高频项,可得

$$i\Omega\Delta s = \frac{j}{eV} - \frac{\Delta s}{\tau} - A_g \Delta s N_0 - \frac{\Delta N}{\Gamma_m \tau_R} \tag{8.5.20}$$

$$i\Omega\Delta N = \Gamma_m A_g N_0 \Delta s \tag{8.5.21}$$

由这两式即可求得

$$\frac{\Delta N}{j} = \frac{A_g N_0 \Gamma_m}{eVF} \tag{8.5.22}$$

式中

$$F = \Omega^2 - i\left(\frac{1}{\tau} + A_g N_0\right)\Omega - \frac{A_g N_0}{\tau_R}$$

由于 $\Delta N/j$ 为复数,这表明半导体激光器的注入调制电流与由它产生的调制激光之间并不同相,其间有一相位差。由式(8.5.22)可知,调制时 $\Delta N/j$ 的变化特征是:在低频端响应平坦;在 $\Omega = \Omega_R$ 处取最大值;当 $\Omega > \Omega_R$ 后随 Ω 的增大而急剧减小。这里 Ω_R 由下式给出

$$\Omega_R = \left[\frac{A_g N_0}{\tau_R} - \frac{1}{2}\left(\frac{1}{\tau} + A_g N_0\right)^2\right]^{\frac{1}{2}} \tag{8.5.23}$$

这一特征的实验结果见图 8.5.2。对于 $L=300\mu m$ 的典型半导体激光器，$\tau_R \approx 10^{-12}s$，$\tau \approx 4 \times 10^{-9}s$，$A_g N_0 \approx 10^9 s^{-1}$。式(8.5.23)右边方括号内第一项比其余项大三个数量级以上，可只保留第一项而忽略其余项。这样

$$\Omega_R \approx \sqrt{\frac{A_g N_0}{\tau_R}} \tag{8.5.24}$$

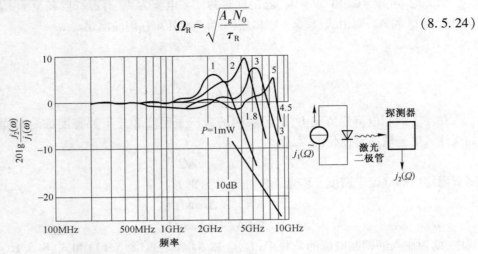

图 8.5.2 用来说明 $\Delta N/j$ 随 Ω 变化的特征的实验及其结果

上式表明，Ω_R 取决于有源层内光子数密度的平方根。由图 8.5.2 可知，增大 Ω_R 可增长平坦的线性调制响应区。为达此目的，应减小光子寿命 τ_R 并使激光器在尽可能高的光子数密度 N_0 下运行。可以证明，Ω_R 也是激光器的张弛振荡频率。

如果在单模半导体激光器上注入偏置电流和角频率为 Ω 的电流调制信号，激光器的增益便受到了相应的调制。若电流足够大，则第一个电流脉冲就足以使激光器产生张弛振荡激光。但如果调制频率 Ω 大于张弛振荡频率 Ω_R，当第一个张弛振荡光脉冲衰减，而第二个张弛振荡光脉冲尚未及产生时，注入电流便下降到阈值之下，则第二个张弛振荡光脉冲便无法形成。直至第二个电流脉冲注入时，才产生第二个光脉冲。其结果是激光器输出一串频率与注入交变电流频率相同的超短光脉冲，光脉冲的宽度约为数皮秒至数十皮秒。其宽度决定于注入交变电流的重复频率或宽度及交变和偏置电流的大小。注入电流可以是重复频率在吉赫以上的交变电流，也可以是低频的梳状波电流。

上述产生超短光脉冲的方法源自交变电流注入时形成的增益开关，是一种适用于半导体激光器的比锁模更简单的产生超短光脉冲的方法。

8.6 几种新型半导体激光器

除了 8.2 介绍的普通双异质结半导体激光器（DHL）外，半导体激光器在信息技术中的应用和泵浦光源方面的应用促使各种新型半导体激光器应运而生。本节简要介绍几种新型半导体激光器。

一、分布反馈半导体激光器（DFB）

对于普通 F-P 腔半导体激光器，光反馈是通过两个解理面的反射实现的。由于增益谱宽通常比纵模间隔宽得多，所以难以单纵模工作。而光纤通信中，要求在高速调制下仍能保持单纵模运转，于是，能保证动态单模运转的分布反馈半导体激光器便应运而生。

分布反馈半导体激光器的原理图如图 8.6.1(a) 所示。在产生激光的过程中，光反馈不是由端面反射提供，而是藉助刻蚀在激光器有源层或其相邻波导层上的周期光栅所形成的周期性复折射率扰动，通过布拉格衍射提供分布反馈的。这种反馈作用使得有源区的前向波和后向波发生相干耦合，只有波长满足布拉格条件的光才能在腔内往返传输而形成激光。因而可实现单纵模运转。

但严格的理论分析表明，具有均匀分布光栅的激光器中，可同时存在两个振荡模式，如果在中心部位令光栅有一个 $\lambda/4$ 相移，则能实现单纵模稳定运转。

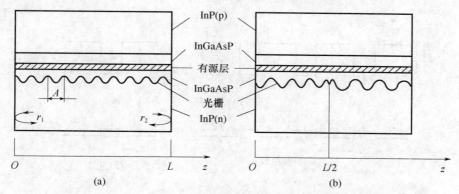

图 8.6.1 分布反馈双异质结半导体激光器示意图
(a)具有均匀分布光栅的激光器；(b)具有 $\lambda/4$ 相移的分布光栅激光器。

二、量子阱半导体激光器

量子阱半导体激光器和普通半导体激光器的主要区别是它的有源区采用了量子阱结构。量子阱是由两种带隙不同的超薄层半导体构成的三明治结构，夹在中间的称为势阱，两边的是势垒，势阱的宽度小到出现分立能级的量子效应。如图 8.6.2 所示。其中，图 8.6.2(a) 是由两种组分材料的许多薄层交替堆叠而成的结构，称为多量子阱（MQW），图 8.6.2(b) 称作单量子阱（SQW）。这种量子阱的能带在空间呈现如图 8.6.3 所示的不连续分布。图中，d_w 表示量子阱宽度，d_B 表示势垒区宽度，E_c 和 E_v 分别表示导带和价带的能量，E_{ga} 和 E_{gb} 为窄带材料和宽带材料的带隙宽度，ΔE_c 和 ΔE_v 分别表示两种组分材料之间导带和价带的能量阶跃。由于量子阱结构中超薄层厚度可达原子层厚度，仅为几纳米到几十纳米，使其呈现出量子尺寸效应，导致其吸收、发射和载流子输运特性与常规半导体材料有很大差别。正是由于这种量子效应特性，使量子阱半导体激光器有极低的阈值电流（可小于 1mA）、高的特征温度（大于 400K）、极好的动态单模特性和高饱和输出功率等优点。藉助其低阈值、高特征温度的特点,研制出了高功率的半导体锁相激光列阵,其室温下连续输出功率超过百瓦,脉冲输出功率高达百瓦、千瓦。

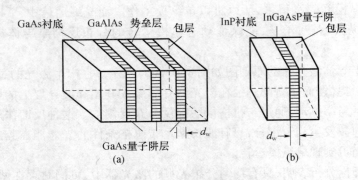

图 8.6.2　量子阱结构示意图
(a)多量子阱;(b)单量子阱。

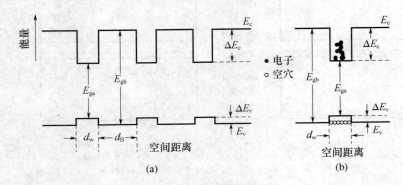

图 8.6.3　量子阱能带示意图
(a)多量子阱;(b)单量子阱。

三、表面发射半导体激光器(VCSEL)

随着并行光通信、大容量光存储、光计算与光互连等信息技术的发展,迫切要求获得均匀一致的二维列阵激光束,以进行并行的光信息存储、传输、处理与控制。垂直腔表面发射激光器的激光传输方向垂直于半导体芯片的结层。与边发射的半导体激光器相比,具有明显的特点:易实现动态单纵模工作,阈值电流可低至亚毫安量级,出射高斯光束呈圆对称且无像散,有较高的光损伤阈值,可形成高密度二维列阵激光器,宜于光电子集成。

VCSEL 的结构示意图如图 8.6.4 所示,它是由高、低折射率介质交替生长的布拉格反射器(DBR)之间连续生长单个或多个量子阱有源区所构成的。在顶部还镀有金属反射层以加强上部 DBR 的光反馈作用,激光束从透明的衬底输出。

中心波长为 808nm 的 VCSEL 列阵还可用于泵浦板条固体激光器。

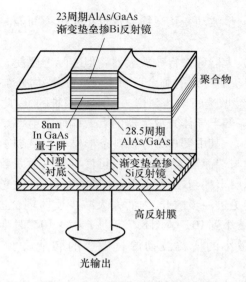

图 8.6.4 VCSEL 的结构示意图

四、微腔半导体激光器

微腔激光器具有高集成度、低阈值、低功耗、低噪声、可动态单模工作等优点,在光通信、光互连、光信息处理方面有广阔的应用前景。

所谓微腔,是指半导体激光器谐振腔的尺寸小到光的波长量级。在如此小的空间,光场已出现量子效应,不能用麦克斯韦的经典理论来处理,而必须用量子电动力学的方法来分析腔模。

爱因斯坦提出的受激原子的自发辐射理论认为,自发辐射是受激原子的本征属性,只有借助这种不可逆转的自发辐射,才能使原子和真空电磁场之间实现热平衡(见第一章)。事实上,受激原子之所以不可逆转地自发辐射,是由于真空电磁场包容了几乎无限多个模式,可以接纳受激原子辐射的任何光子。如果用谐振腔来改变真空电磁场的模式结构,则受激原子的自发辐射性质就会有很大改变,有些模式被加强,有些模式被抑制,具体取决于其半波长与腔长的相对大小。微腔就是利用这一原理,改变腔内的自发辐射特性,使自发辐射由无限多个连续模式变成量子化的少数几个模式,自发辐射光子间的相干性明显加强。这少数几个模式与介质的增益相耦合,其中某个模式由自发辐射转变为受激辐射模式,使自发辐射耦合系数 β 提高 4~5 个量级。一般尺寸谐振腔的 β 值为 10^{-5} 数量级,而微腔激光器中的 β 值则有希望提高到 1,即全部自发辐射光子都进入一个激射模式。这样就大大降低了激光器的阈值,使激光相变的界限逐渐消失,因此微腔激光器几乎成为"无阈值激光器"。

8.7 半导体光放大器的主要特性

偏置电流靠近阈值但在阈值之下的半导体激光器都可实现光放大。它实际上是 5.1 节所述的再生放大器,其二端面(解理面)的反射率 $r_1 = r_2 = r \approx 0.32$。

增益随入射光频率 ν 呈波动变化。增益带宽小于纵模间隔。因此这种再生半导体放大器实际上难以应用。

两端反射率为零的放大器称作行波放大器。但实际上要使 $r=0$ 是困难的,端面镀增透膜可以降低反射率,但仍有一定的剩余反射率。要使增益波动 $<2(3\mathrm{dB})$,端面反射率 r 应小于 10^{-4}。完全依靠镀增透膜来达到这一要求是困难的,因此通常采取镀增透膜和其他方法相结合的途径来降低半导体光放大器的有效端面反射率。图 8.7.1 展示了用于降低端面反射率的两种结构。其中图(a)为倾斜条形结构,该结构中端面的反射光束与入射光束成一角度,此结构与端面镀增透膜结合,可使有效反射系数达 $10^{-3} \sim 10^{-4}$。图(b)为掩埋端面结构,在有源层末端与端面间插入一透明窗口区,使光束在到达半导体界面前先经窗口区扩散,反射光更进一步散开,因而大大减少反馈耦合进有源区的光,在镀增透膜后可使有效反射系数减小到 10^{-4}。图 8.7.2 是 $r \approx 4 \times 10^{-4}$ 时半导体光放大器的增益谱特性,几乎可以忽略的微小的增益波动源自微小的剩余反射率,增益的 3dB 带宽约为 70nm。

下面从式(8.5.13)和式(8.5.14)所示速率方程出发分析行波半导体光放大器的增益特性。由于受激辐射导致有源层内光子数密度的增长率

$$\frac{\mathrm{d}N}{\mathrm{d}t} = A_\mathrm{g}(s - s_\mathrm{tr}) N \Gamma_m \tag{8.7.1}$$

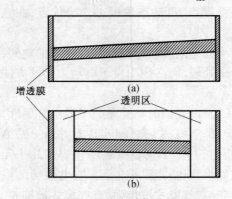

图 8.7.1 行波半导体光放大器
(a) 倾斜条形结构;(b) 掩埋端面结构。

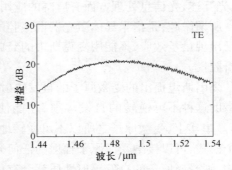

图 8.7.2 端面反射率 0.04% 的半导体光放大器的增益谱

可得单位长度的增长率

$$\frac{\mathrm{d}N}{\mathrm{d}z} = \frac{A_\mathrm{g}}{v}(s - s_\mathrm{tr}) N \Gamma_m \tag{8.7.2}$$

稳态下 $\mathrm{d}s/\mathrm{d}t = 0$,由式(8.5.13)可得

$$s = \frac{\dfrac{J}{eV} + A_\mathrm{g} s_\mathrm{tr} N}{\dfrac{1}{\tau} + A_\mathrm{g} N} \tag{8.7.3}$$

由式(8.7.3)及式(8.7.2)求出

$$g_\mathrm{mode} = \frac{g_\mathrm{mode}^0}{1 + \dfrac{I}{I_\mathrm{s}(\nu)}} \tag{8.7.4}$$

其中小信号模增益系数

$$g^0_{\text{mode}} = \frac{A_g}{v}\Gamma_m\left[\frac{\tau J}{eV} - s_{\text{tr}}\right] \tag{8.7.5}$$

饱和光强

$$I_s(\nu) = \frac{h\nu v}{A_g\tau} \tag{8.7.6}$$

由式(8.7.5)可求出忽略内部损耗时的小信号增益

$$G^0 = \exp\left[\int_0^l g^0_{\text{mode}}\,dz\right] = \exp\left[\frac{A_g}{v}\Gamma_m l\left(\frac{\tau J}{eV} - s_{\text{tr}}\right)\right] \tag{8.7.7}$$

由式(8.7.4)可以求出与式(5.2.9)一样的忽略内部损耗时的大信号增益的表示式。复述如下

$$G = G^0\exp\left[-(G-1)\frac{P_0}{P_s(\nu)}\right] = G^0\exp\left[-\frac{(G-1)}{G}\frac{P(l)}{P_s(\nu)}\right] \tag{8.7.8}$$

式中：P_0 和 $P(l)$ 分别为半导体光放大器的输入和输出光功率,饱和光功率

$$P_s(\nu) = AI_s(\nu) \tag{8.7.9}$$

式中：A 为模面积。增益较小信号增益下降 3dB 之饱和输出功率可由式(5.2.11)或式(5.2.12)求出。其典型值为(5~10)mW。

由于 TE 和 TM 模 A_g 值的差异及有源层厚度和宽度的差异引起的光约束因子的差异,使半导体光放大器中 TE 和 TM 模的增益差异约达 5dB,因而对入射光的偏振状态灵敏。这对应用十分不利。可采取减小有源层宽度和厚度差异或采用混合应变量子阱材料等方法减小偏振灵敏度。目前商品半导体光放大器增益的偏振差异可减小到 1dB。半导体光放大器的噪声指数 F_n 的典型值为(5~7)dB。[①]

半导体光放大器的载流子寿命 τ 约为数百皮秒。应用于光通信时,当被放大数据信号的时隙可与 τ 比拟时,每一比特脉冲信号得到的增益因与数据信号的历史有关而不同,并使脉冲前沿增益高,后沿增益低,从而造成数据失真。

半导体光放大器的优点是体积小,造价低,采用简单的电泵浦方式。它可用于光通信。虽然在 1500nm 波段用做在线放大器时,其性能难以和掺铒光纤放大器相匹敌,但在某些短距离局域网中或在 1300nm 波段仍有应用前景。半导体光放大器还可用做光子开关或用于光通信中波长变换等全光信息处理的场合。利用其增益随注入电流变化的关系可构成光子开关。如果对其注入电流进行调制,当注入电流处于高值时,放大器具有较高的增益,因而处于开启状态。而在注入电流处于低值时,放大器没有增益,甚至具有吸收损耗,这便相应于关闭状态。所以半导体光放大器能在电流控制下,实现对入射光信号的开关作用。利用半导体光放大器中的交叉增益调制作用可以实现波长变换。其工作原理可以用图 8.7.3 说明。波长为 λ_1 的数据信号与波长为 λ_2 的连续(CW)光同时注入半导

---

① 见附录五。

体光放大器（SLA），数据信号中的"1"码导致放大器的增益饱和，致使连续光得到很小的增益甚至经受损耗（耦合损耗大于增益所致），而与"0"码同时进入放大器的连续光却得到较大的增益。在输出端滤去波长为 λ_1 的光，便可得到波长为 λ_2 的数据信号。利用交叉增益调制和与其同时存在的交叉相位调制作用，还可以组成各种全光逻辑门及全光信息处理器件。此类应用是其他光放大器无法匹敌的。

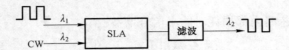

图 8.7.3　利用半导体光放大器进行波长变换的原理图

习　题

1. 由式(8.4.5)求 Γ_m 的表达式(8.4.6)。

2. 对于均匀加宽激光器来说，其增益系数在饱和过程中按同一比例均匀下降，对于非均匀加宽激光器来说，其增益系数在饱和过程中并不按同一比例均匀下降，而是在增益曲线上光谱烧孔。在半导体激光器中，半导体介质的增益系数饱和的物理图像是什么？

3. 由方程组((8.5.13)~方程组(8.5.14))求由式(8.5.18)定义的 Δs。

4. 波长 1300nm 的 InGaAsP 行波半导体光放大器(SOA)具有以下参数：

符号	参数	值
W	有源区宽度	$3\,\mu m$
d	有源区厚度	$0.3\,\mu m$
l	放大器长度	$500\,\mu m$
Γ_m	光约束因子	0.3
τ	载流子寿命	1 ns
A_g	受激辐射因子	$1.72 \times 10^{-12}\,m^2/s$
v	有源区中光速	$0.86 \times 10^8\,m/s$
s_{tr}	透明载流子密度	$1.0 \times 10^{24}\,m^{-3}$

求偏置电流为 100mA 及 200mA 时，SOA 的小信号增益系数 g_{mode}^0 和小信号增益 G^0。

参 考 文 献

[1] Yariv A. Quantum Electronics 3nd edition[M]. John Wiley & Sons, 1989.

[2] Casey H C Jr, Sell D D and Panish M B. Refractive index of Al Ga As between 1.2 and 1.8 eV[J]. 1974. Appl. Phys. Lett. 24: 63–65.

[3] Lockwood H F, ressel H, Sommers H S Jr et al. An effective large optical cavity injection laser[J]. 1970. Appl. Phys. Lett. 17: 499–502.

[4] Kressel H, Lockwood H F and Hawrylo F Z. Low-threshold LOC GaAs injection lasers. 1971[J]. Appl. Phys. Lett. 18: 43–45.

[5] Paoli T L, Haki B W and Miller B I. Zero-order transverse mode operation of GaAs double-heterostructure lasers with thick waveguide[J]. 1973. J. Appl Phys 44:1276 – 1280.

[6] Thompson G H B and Kirkby P A. (GaAl)As laser with a heterostructure for optical confinement and additional heterojunctions for extreme carrier confinement. 1973[J]. IEEE,J. Quantum Electron. QE-9:311 – 318.

[7] Panish M B,Casey H C Jr,Sumskietal S. Reduction of threshold current density in GaAs-Al Ga As heterostructure laser by seperate optical and carrier confinement[J]. 1973. Appl. Phys. Lett. 22:590 – 591.

[8] Tsang W T. Symmetric separate confinement heterosturcture lasers with low threshold and narrow beam divergence by M. B. E[J]. 1980. Electronics Lett:939 – 941.

[9] Tsang W T. A graded-index waveguide seperate-confinement laser with very low threshold and a narrow Gaussian beam [J]. 1981. Appl. phys. lett. 39(2):134 – 137.

[10] Cook D D and Nash F R. Gain-induced guiding and astigmatic output beam of GaAs[J]. 1975. J. Appl. Phys. 46:1660 – 1672.

[11] Paoli T L. Waveguiding in a Stripe-geometry junction laser. 1977[J]. J. Quantum Electron,QE-13:662 – 668.

[12] Dumke W P. The angular beam divergence in doubleheterojunction lasers with very thin active regions[J]. 1975. IEEE J. Quantum Electron,QE-11:400 – 402.

[13] 郭长志. 半导体激光模式理论[M]. 北京:人民邮电出版社,1989.

[14] 李玉权,崔敏,蒲涛,等译. 光纤通信[M]. 北京:电子工业出版社,2000.

[15] 江剑平. 半导体激光器[M]. 北京:电子工业出版社,2000.

[16] 钟山,娄采云,伍剑,等. 5GHz 光孤子源[J],电子学报,1997,25(8),78 – 81.

[17] Manning R J,Eills A D,Poustie A P. Semiconductor Laser Amplifier for Ultrafast All-Optical Signal Processing[J],1997,14(11),3204.

附　录

附录一　典型气体激光器基本实验数据

激光器种类	He-Ne (632.8nm)	He-Cd(441.6nm) 单一同位素	He-Cd(441.6nm) 天然 Cd	Ar$^+$ (514.5nm)	Ar$^+$ (488nm)	CO$_2$(纵向) (10.6μm)
$\Delta\nu_D$/GHz	1.6	1.8	4.0	6~7	6~7	0.06~0.1
α/(MHz/Pa) ($\Delta\nu_L=\alpha p$)	0.75					0.049
I_s/(W/mm^2)	0.1~0.3	~0.7		~7	~2	1~2
J_m/d/(mA/mm)	6	40~50		25×10^3	25×10^3	2.5
pd/(Pa·m)	0.4~0.67	1.33		0.13~0.24	0.13~0.24	13.3~33.3
$K(g_m=K/d)$	3×10^{-4}	1×10^{-3}	2.5×10^{-4}	20×10^{-4}	50×10^{-4}	1.4×10^{-2}
每米输出功率 /(W/m)	0.03~0.05 (TEM$_{00}$)	0.05~0.1		1~5	3~5	50~70
效率/%	0.1	0.03		0.02	0.02	15
每厘米管压降×d /(V/cm^2·mm)	90	70		10	10	$(1~2)\times10^3$

注：J_m 为最佳放电电流；d 为放电管直径；p 为放电管内充气压强

附录二 典型固体激光工作物质参数

材料名称	红宝石	金绿宝石	掺铬六氟铝酸锶锂(Cr:LiSAF)	钛宝石	掺钕钇铝石榴石(Nd:YAG)	钕玻璃	掺钕氟化钇锂(Nd:YLF)	掺钕铝酸钇(Nd:YAP)	掺钕钒酸钇	掺铥钇铝石榴石	掺钬钇铝石榴石
基质	Al_2O_3	$BeAl_2O_4$	$LiSrAlF_6$	Al_2O_3	$Y_3Al_5O_{12}$	硅酸盐或磷酸盐玻璃	$LiYF_4$	$YAlO_3$	YVO_4	$Y_3Al_5O_{12}$	$Y_3Al_5O_{12}$
激活离子	Cr^{3+}	Cr^{3+}	Cr^{3+}	Ti^{3+}	Nd^{3+}	Nd^{3+}	Nd^{3+}	Nd^{3+}	Nd^{3+}	Tm^{3+}	Ho^{3+}
泵浦波长/nm	360~450 510~600	380~630 680	600~700 670[2]	400~600	750 810 808.5[2]	750 810	802[2]	802[2]	808.5[2]	785[2]	785[2]
吸收线线宽/nm					30 4[2]	30	5[2]	3[2]	20[2]	7[2]	7[2]
激光波长/nm	694.3	700~830	720~1 070	660~1 160	1 064[1] 1 319	1 060[1] 1 370	1 047[1] 1 053 1 321	1 079[1] 1 320	1 064[1] 1 342	1 870~2 060	2 100
荧光寿命/ms	3	0.26	0.07	3.8×10^{-3}	0.23	0.6~0.9	0.52	0.18	0.092	11	6.5
受激辐射截面/($\times 10^{-20} cm^2$)	2.5	4.3	4	30	88	3	30	46	110	0.5	2
总量子效率	0.5~0.7	0.8			~1	0.3~0.7	1.3	1	2		
荧光线宽/nm	0.53	90	210	300	0.5	22					2
折射率	1.763($E \perp c$) 1.755($E // c$)	1.746($E // a$) 1.748($E // b$) 1.756($E // c$)	1.41	1.763($E // c$) 1.755($E // c$)	1.823	~1.54	1.634($E \perp c$) 1.631($E // c$)	1.97($E // a$) 1.96($E // b$) 1.94($E // c$)	1.958($E \perp c$) 2.168($E // c$)	1.83	1.83

① 主激光波长,表中荧光寿命以下的参数均针对主激光波长。② 指半导体激光二极管泵浦方式

附录三 染料、溶剂及激光波长

有 机 染 料	溶 剂	激光调谐范围/nm
POPOP	四氢呋喃	410~448
PBO	甲苯	355~486
四甲基伞形酮	乙醇	410~448
DPS	二烷	395~416
香豆素	乙醇	390~540
荧光素钠	乙醇	515~543
二氯荧光素	乙醇	539~574
若丹明 6G	乙醇	564~607
若丹明 B	乙醇	595~643
甲酚紫	乙醇	647~693
耐尔蓝	乙醇	647~712
隐花青	甘油	$\lambda_{峰}$:745
氯—铝酞花青	二甲亚枫乙醇	$\lambda_{峰}$:761.5
噁嗪	乙醇	725~775
碘化 1,1'-二乙基-4,4'-喹啉三碳花青	醋酸	$\lambda_{峰}$:1000

附录四 常用物理常数

物理常数	符号	数值
真空中的光速	c	2.99792458×10^8 m/s
基本电荷	e	$1.6021892 \times 10^{-19}$ C
普朗克常数	h $\hbar = h/2\pi$	6.626176×10^{-34} J·s $1.0545887 \times 10^{-34}$ J·s
阿伏加德罗常数	N_A	6.022045×10^{23}/mol
原子质量单位	u	$1.6605655 \times 10^{-27}$ kg
电子静止质量	m_e	9.109534×10^{-31} kg $5.4858026/10^{-4}$ u
质子静止质量	m_p	$1.6726485 \times 10^{-27}$ kg 1.00727647 u
气体常数	R	8.31441 J/K·mol
玻耳兹曼常数	k_b	1.380662×10^{-23} J/K
真空介电常数	ε_0	$8.854187818 \times 10^{-12}$ F/m
真空磁导率	μ_0	$4\pi \times 10^{-7}$ H/m

附录五　光放大器的噪声

在光放大器中，不可避免地存在着放大的自发辐射，它对光放大器特性具有不良影响。光放大器的增益将因放大的自发辐射消耗高能级粒子而降低。同时，放大的自发辐射形成的噪声降低了放大器输出信号的信噪比。放大器的噪声特性对用于信息领域的光放大器而言是至关紧要的。本节以均匀激励的光放大器为例，讨论放大器输出的噪声功率，并给出放大器的自发辐射因子和噪声指数。

若入射至放大器的信号光是光腰半径为 w_0 的基横模。由式(2.6.12)可知，其发散角

$$\theta_0 = \frac{2\lambda}{\pi w_0}$$

在空间所占立体角

$$\Delta\Omega = \pi\left(\frac{\theta_0}{2}\right)^2 = \frac{\lambda^2}{\pi w_0^2} \tag{F.5.1}$$

在光放大器内 dz 长度中该光束占有的体积

$$\Delta V \approx \pi w_0^2 dz \tag{F.5.2}$$

在 dz 距离中，注入该光束的频率在 ν 附近 $\delta\nu$ 带宽内的放大的自发辐射功率

$$dP_{ASE}(z) = \Delta n \sigma_{21}(\nu,\nu_0) P_{ASE}(z) dz + \frac{\Delta\Omega}{4\pi}\Delta V[h\nu A_{21}\tilde{g}(\nu,\nu_0)\delta\nu]n_2$$

式中：$P_{ASE}(z)$ 为 z 处的放大的自发辐射功率。将式(F.5.1)和式(F.5.2)代入上式，可得

$$\frac{dP_{ASE}(z)}{dz} = g(\nu)P_{ASE}(z) + 2h\nu\sigma_{21}(\nu,\nu_0)n_2\delta\nu \tag{F.5.3}$$

在信号光很弱，并且放大器增益较小，因而放大的自发辐射也很弱的小信号情况下，上式可写为

$$\frac{dP_{ASE}(z)}{dz} = g^0(\nu)P_{ASE}(z) + 2h\nu\sigma_{21}(\nu,\nu_0)n_2^0\delta\nu \tag{F.5.4}$$

对于均匀激励的放大器而言，$g^0(\nu)$ 和 n_2^0 是与 z 无关的常数，由式(F.5.4)可得放大器输出的噪声功率

$$P_{ASE}(l) = \frac{n_2^0}{\Delta n^0} \times 2h\nu\delta\nu(G^0 - 1) \tag{F.5.5}$$

定义放大器的自发辐射因子为

$$n_{sp} = \frac{P_{ASE}(l)}{2h\nu\delta\nu(G^0 - 1)} = \frac{n_2^0}{\Delta n^0} \tag{F.5.6}$$

由式(F.5.5)与式(F.5.6)可知，光放大器的增益越大，则噪声功率越大；工作物质的激励程度越高，则噪声功率及噪声因子越小。当 $n_1 \approx 0$ 时 n_{sp} 具有最小值1。

在大信号情况下，或在6.3所讨论的纵向光激励的光纤激光器中，$g(\nu)$ 及 n_2 均为 z 的函数，需对式(F.5.3)进行数值计算，才能求出输出噪声功率。在这种情况下，仍仿照式(F.5.6)定义放大器的自发辐射因子

$$n_{sp} = \frac{P_{ASE}(l)}{2h\nu\delta\nu(G-1)} \qquad (F.5.7)$$

对于纵向光激励的掺杂光纤放大器,在光纤较短,泵浦很强,致使 $I_p(z) \gg I_{pth}$,且入射信号较弱的小信号情况下,式(F.5.6)仍然适用。

式(F.5.5)~式(F.5.7)中的因子"2"对应于光波模的两个可能的偏振状态。通常,信号光为线偏振光,此时附加于该信号的噪声功率表达式可去除因子"2"。将式(F.5.6)或式(F.5.7)去除因子"2",并改写为噪声谱密度(单位频带内的噪声功率)的表达式

$$S_{ASE} = n_{sp}h\nu(G-1) \qquad (F.5.8)$$

在放大过程中放大的自发辐射光叠加到被放大的信号上,因而输出光的信噪比 $(SNR)_{out}$ 比输入光的信噪比 $(SNR)_{in}$ 低。信噪比降低的程度用放大器的噪声指数 F_n 来度量,定义为

$$F_n = \frac{(SNR)_{in}}{(SNR)_{out}} \qquad (F.5.9)$$

SNR 由光接收机测定。若采用仅由散粒噪声限制的理想接收机测定 SNR,则输入信号的 SNR 由下式给出

$$(SNR)_{in} = \frac{j^2}{\sigma_s^2} = \frac{(KP_0)^2}{2q(KP_0)\Delta f} = \frac{P_0}{2h\nu\Delta f} \qquad (F.5.10)$$

式中;$j = KP_0$,为光电流;$K = q/h\nu$,为光电探测器的响应度;q 为一个光子转换的电荷量。

$$\sigma_s^2 = 2q(KP_0)\Delta f \qquad (F.5.11)$$

表示散粒噪声引起的光电流均方差,其中 Δf 是接收机的带宽。

研究发现,接收机前插入光放大器后,新增加的噪声主要来源于光探测器中放大的自发辐射和放大后的信号光间的相干混频产生的光电流差拍分量。因此,光电流的均方差出现了新成分,可写为

$$\sigma^2 = 2q(KGP_0)\Delta f + 4(KGP_0)[KS_{ASE}\Delta f] \qquad (F.5.12)$$

式中:第一项源自接收机的散粒噪声,第二项归因于放大的自发辐射和信号光的差拍噪声。在 $G \gg 1$ 的情况下可以忽略第一项。放大器输出信号的信噪比为

$$(SNR)_{out} = \frac{(KGP_0)^2}{\sigma^2} \approx \frac{GP_0}{4S_{ASE}\Delta f} \qquad (F.5.13)$$

将式(F.5.10)和式(F.5.13)代入式(F.5.9)可得放大器的噪声指数

$$F_n = \frac{2n_{sp}(G-1)}{G} \approx 2n_{sp} \qquad (F.5.14)$$

上式表明,经放大器后信号的 SNR 下降的程度决定于放大器的 n_{sp},n_{sp} 的值反映粒子数反转的程度。即使在 $n_{sp} = 1$ 的理想放大器中,信号光的 SNR 也降低了 3dB,实际放大器的 F_n 超过 2(即 3dB)。

附录六 均匀加宽激光器主动锁模自洽理论

前面曾在腔内有 $(2N+1)$ 个相位锁定的等幅模振荡的假设下,得出锁模超短脉冲的形状和脉冲宽度。但这种分析是十分粗糙的,例如实际激光器的诸模式振幅并不相等,而是和增益曲线的形状有关的,振荡诸模式的相位也不一定全部锁定,在主动锁模激光器中相位锁定的模式数与调制强度有关。因此由前述分析得到的某些结论只能用于粗略估算。由于目前常用的锁模激光器大多是固体锁模激光器、半导体锁模激光器、光纤锁模激光器和染料锁模激光器,它们的荧光谱线均属均匀加宽,因此下面以幅度调制锁模为例介绍一种适用于均匀加宽情况的理论处理方法。对相位调制锁模,处理方法完全类似。这一处理方法的要点是:假设有一短脉冲在腔内传播,经过激光工作物质、损耗调制器及反射镜反射往返一次后,应正好再现其自身。由此自洽条件出发,可求出超短脉冲特性的解析表示式。

根据对许多主动锁模激光器输出脉冲波形的测量,可假设光脉冲是高斯型。图 F.6.1 中某一参考平面上行波超短光脉冲电场强度可表示为

$$E_1(t) = A\mathrm{e}^{-bt^2}\mathrm{e}^{\mathrm{i}\omega_0 t} \tag{F.6.1}$$

式中

$$b = \alpha - \mathrm{i}\beta \tag{F.6.2}$$

α 与 β 为待定常数。由式(F.6.1)的傅里叶变换可得出脉冲的频谱分布

$$E_1(\omega) = \frac{1}{2\pi}\int_{-\infty}^{+\infty} E_1(t)\mathrm{e}^{-\mathrm{i}\omega t}\mathrm{d}t = \frac{A}{2}\sqrt{\frac{1}{\pi b}}\mathrm{e}^{-\frac{(\omega-\omega_0)^2}{4b}} \tag{F.6.3}$$

当脉冲两次经过长度为 l 的增益物质并从反射镜 1 反射后(反射率为 r_1),由 $E_1(t)$ 变为 $E_2(t)$,$E_1(\omega)$ 变为 $E_2(\omega)$。在小信号情况下

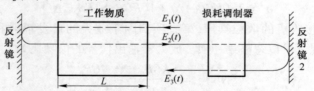

图 F.6.1 幅度调制锁模激光器示意图

$$E_2(\omega) = \sqrt{r_1}E_1(\omega)\exp\left[g_\mathrm{H}^0(\omega)l\right] =$$

$$\sqrt{r_1}E_1(\omega)\exp\left[g_\mathrm{H}^0(\omega_0)l\frac{\left(\frac{\Delta\omega_\mathrm{H}}{2}\right)^2}{(\omega-\omega_0)^2+\left(\frac{\Delta\omega_\mathrm{H}}{2}\right)^2}\right]$$

式中:$\Delta\omega_\mathrm{H}=2\pi\Delta\nu_\mathrm{H}$。一般情况下脉冲的谱宽小于 $\Delta\omega_\mathrm{H}$,因此 $(\omega-\omega_0)/\left(\dfrac{\Delta\omega_\mathrm{H}}{2}\right)<1$,则上式可近似为

$$E_2(\omega) \approx \sqrt{r_1} E_1(\omega) \exp\left\{ g_H^0(\omega_0) l \left[1 - \frac{(\omega-\omega_0)^2}{\left(\frac{\Delta\omega_H}{2}\right)^2} \right] \right\} =$$

$$\frac{A\sqrt{r_1}}{2} \sqrt{\frac{1}{\pi b}} \exp(g_m l) \exp\left\{ -(\omega-\omega_0)^2 \left[\frac{1}{4b} + \frac{g_m l}{\left(\frac{\Delta\omega_H}{2}\right)^2} \right] \right\} =$$

$$\frac{A\sqrt{r_1}}{2} \sqrt{\frac{1}{\pi\alpha}} \exp(g_m l) \exp[-(\omega-\omega_0)^2 Q] \qquad (F.6.4)$$

式中

$$g_m = g_H^0(\omega_0)$$

$$Q = \frac{1}{4b} + \frac{g_m l}{\left(\frac{\Delta\omega_H}{2}\right)^2}$$

由式(F.6.4)的傅里叶变换可得

$$E_2(t) = \int_{-\infty}^{\infty} E_2(\omega) e^{i\omega t} d\omega = \frac{A\sqrt{r_1}}{2} \sqrt{\frac{1}{Qb}} e^{g_m l} e^{-\frac{t^2}{4Q}} e^{i\omega_0 t} \qquad (F.6.5)$$

损耗调制器为一电光晶体，其上加一调制电压 $U_m \sin\frac{\Omega}{2}t$，并且 $\Omega = \pi c/L'$，因此损耗调制器的透射率作角频率为 Ω 的周期变化，透射率峰值的时间间隔为 $2L'/c$，正好等于脉冲在腔内往返一次所需的时间。光脉冲通过损耗调制器的透射率为

$$T(t) = \cos^2\left(\frac{\pi}{2} \frac{U_m}{U_\pi} \sin\frac{\Omega}{2}t\right) = \cos^2\left(\sqrt{2}\delta_1 \sin\frac{\Omega}{2}t\right)$$

式中：U_π 为电光晶体的半波电压；$\delta_1 = \pi U_m/2\sqrt{2} U_\pi$。由于脉冲总是在透射率峰值附近的时刻通过调制器，此时 $\sin(\Omega t/2) \approx \Omega t/2 \ll 1$，所以

$$T(t) \approx \cos^2\left(\frac{1}{\sqrt{2}}\delta_1 \Omega t\right) \approx 1 - \frac{1}{2}(\delta_1 \Omega t)^2 \approx e^{-\frac{1}{2}(\delta_1 \Omega t)^2}$$

脉冲经反射镜2反射并两次通过损耗调制器后，$E_2(t)$ 变为 $E_3(t)$

$$E_3(t) = \sqrt{r_2} T(t) E_2(t) = \frac{\sqrt{r_1 r_2} A}{2} \sqrt{\frac{1}{Qb}} e^{g_m l} e^{-\left[\frac{1}{2}(\delta_1\Omega)^2 + \frac{1}{4Q}\right]t^2} e^{i\omega_0 t} \qquad (F.6.6)$$

自洽条件要求

$$E_1(t) = E_3(t)$$

因此由式(F.6.1)及式(F.6.6)，可求出

$$b = \frac{1}{2}(\delta_1\Omega)^2 + \frac{1}{4Q} = \frac{1}{2}(\delta_1\Omega)^2 + \frac{b\left(\frac{\Delta\omega_H}{2}\right)^2}{\left(\frac{\Delta\omega_H}{2}\right)^2 + 4g_m l b} \qquad (F.6.7)$$

假设

$$\frac{4g_m l}{\left(\frac{\Delta\omega_H}{2}\right)^2}b \ll 1 \qquad \text{①} \qquad (\text{F.6.8})$$

则式(F.6.7)可近似为

$$b \approx \frac{1}{2}(\delta_1 \Omega)^2 + b\left[\frac{4g_m l b}{1-\left(\frac{\Delta\omega_H}{2}\right)^2}\right]$$

由上式可求出

$$b = \frac{\delta_1 \Omega \Delta\omega_H}{4\sqrt{2g_m l}} = \frac{\pi^2 \delta_1 \Delta\nu_q \Delta\nu_H}{\sqrt{2g_m l}} \qquad (\text{F.6.9})$$

式中:$\Delta\nu_q$ 为相邻模式频率间隔,$2\pi\Delta\nu_q = \Omega$。由式(7.5.20)可知 b 为实数,式(F.6.2)中

$$\alpha = b$$
$$\beta = 0$$

由式(F.6.1)、式(F.6.2)可得超短脉冲光强为

$$I(t) \propto A^2 e^{-2\alpha t^2}$$

$t=0$ 时,光强最大,如果 $t=t_1$ 时 $I(t_1) = I(0)/2$,则光脉冲宽度为

$$\tau = 2t_1 = \sqrt{\frac{2\ln 2}{\alpha}} = \frac{\sqrt{2\ln 2}}{\pi}\left(\frac{2g_m l}{\delta_1^2}\right)^{1/4}\left(\frac{1}{\Delta\nu_q \Delta\nu_H}\right)^{1/2} \qquad (\text{F.6.10})$$

由式(F.6.3)可求出脉冲谱宽

$$\Delta\nu = \frac{1}{\pi}\sqrt{2\alpha\ln 2}$$

理想的幅度调制主动锁模激光器输出脉冲的脉宽与谱宽之积为

$$\tau\Delta\nu = \frac{2}{\pi}\ln 2 \approx 0.4412 \qquad (\text{F.6.11})$$

相位调制主动锁模的理论处理过程与上述过程类似,但可求出 $\beta = \pm\alpha$。$\beta \neq 0$ 意味着光脉冲的频率随时间作线性变化,这一现象称为频率啁啾。理想的相位调制锁模激光器输出脉冲的脉宽与谱宽之积为

$$\tau\Delta\nu = \frac{2\sqrt{2}\ln 2}{\pi} \approx 0.626 \qquad (\text{F.6.12})$$

---

① 由式(F.6.8)及式(F.6.9)可知,式(F.6.8)的条件可理解为 $\Delta\nu_q/\Delta\nu_H \ll \dfrac{1}{2\sqrt{2g_m l}\delta_1}$,在大多数情况下此条件均可满足。

附录七 主要符号表
（仅按量的主要符号字母顺序排列）

主要符号表中列出本书中频繁出现及同一符号代表不同意义或易混淆的符号。对于仅在个别章节出现，并已明确说明其意义的符号，未予列入。

A　谐振腔往返矩阵矩阵元；光学系统传输矩阵矩阵元；激光束截面积

A_{ij}　自 E_i 能级至 E_j 能级的自发辐射跃迁爱因斯坦系数（几率）$(i=1,2,3,\cdots,j=0,1,2,\cdots)$

A_g　半导体激光器由源区的受激辐射因子

a　方形反射镜或空心波导宽度之半；圆形反射镜或空心波导半径；谐振腔往返净损耗率

B　谐振腔往返矩阵矩阵元；光学系统传输矩阵矩阵元；光源亮度

B_ν　光源单色亮度

B_{ij}　自 E_i 能级至 E_j 能级的受激跃迁爱因斯坦系数 $(i=1,2,3,\cdots,j=0,1,2,\cdots)$

C　谐振腔往返矩阵矩阵元；光学系统传输矩阵矩阵元

c　真空中光速；$2\pi N$

D　谐振腔往返矩阵矩阵元；光学系统传输矩阵矩阵元

d　半导体激光器中有源层厚度

E　光波的电场强度；短脉冲或调 Q 激光器的输出脉冲能量

$E_{mn}(x,y,z)$　方形镜共焦腔中 TEM_{mn} 模行波场

E_i　能级名称或其能量 $(i=0,1,2,3,\cdots)$

E_p　脉冲激光器中工作物质吸收的泵浦能量

E_{pt}　脉冲激光器中工作物质吸收的泵浦能量阈值

E_0　脉冲放大器的输入光脉冲能量

E_l　脉冲放大器的输出光脉冲能量

F　透镜焦距

F_n　光放大器的噪声指数

f_i　E_i 能级简并度 $(i=0,1,2,3,\cdots)$

f　高斯光束的共焦参数

$G, G(\nu)$　光放大器的增益

$G^0, G^0(\nu)$　光放大器的小信号增益

G_E　脉冲光放大器的能量增益

$G_P(t)$　脉冲光放大器的功率增益

g_1, g_2　共轴球面镜腔的几何参数

$\tilde{g}(\nu,\nu_0)$　自发辐射谱线的线型函数

$\tilde{g}_N(\nu,\nu_0)$　自发辐射谱线的自然加宽线型函数

$\tilde{g}_L(\nu,\nu_0)$　自发辐射谱线的碰撞加宽线型函数

$\tilde{g}_D(\nu,\nu_0)$　自发辐射谱线的多普勒加宽线型函数

$\tilde{g}_H(\nu,\nu_0)$　自发辐射谱线的均匀加宽线型函数

$\tilde{g}_i(\nu,\nu_0)$　自发辐射谱线的非均匀加宽线型函数

g　增益系数

g_t　阈值增益系数

g^0　小信号增益系数

$g_H^0(\nu)$　均匀加宽工作物质中频率为ν的光的小信号增益系数

$g_H(\nu_1,I_{\nu_1})$　均匀加宽工作物质中频率为ν_1，光强为I_{ν_1}的光的增益系数

$g_H(\nu,I_{\nu_1})$　均匀加宽工作物质中，在频率为ν_1，光强为I_{ν_1}的强光作用下，频率为ν的弱光的增益系数

$g_i(\nu_1,I_{\nu_1})$　非均匀加宽工作物质中频率为ν_1，光强为I_{ν_1}的光的增益系数

$g_i^0(\nu)$　非均匀加宽工作物质中频率为ν的光的小信号增益系数

g_m　中心频率小信号增益系数

g_{mode}　半导体激光器中光波模的增益系数

h　普朗克常数

$\hbar$　$\dfrac{h}{2\pi}$

I　光强

I_{ν_1}　频率为ν_1的光的光强

I_s　增益工作物质中频率为中心频率的光对应的饱和光强

$I_s(\nu)$　增益工作物质中频率为ν的光对应的饱和光强

I'_s　吸收工作物质中频率为中心频率的光对应的饱和光强

I_0　连续光放大器入射光强

$I(l)$　连续光放大器输出光强

I_m　连续光放大器输出光强极限

$I(z)$　光强；纵向光激励光放大器中信号光强

$I'(z)$　纵向光激励光放大器中归一化信号光强

$I_p(z)$　纵向光激励光放大器中泵浦光强

$I'_p(z)$　纵向光激励光放大器中归一化泵浦光强

I_{pth}　纵向光激励光放大器中的阈值泵浦光强

I_{p0}　纵向光激励光放大器中的输入泵浦光强

$I(\nu,z)$　放大的自发辐射光强分布函数

$J(z,t)$　光子流强度

$J_0(t)$　脉冲光放大器入射信号的光子流强度

$J(z)$　单位面积上流过的总光子数

$J(0)$　脉冲光放大器输入端单位面积上输入的总光子数

$J(l)$　脉冲光放大器输出端单位面积上输出的总光子数

J　半导体激光器注入电流

J_{th}　半导体激光器注入电流阈值

k　波矢

k 波矢的模

k_x, k_y, k_z 波矢的分量

k_b 玻耳兹曼常数

L 谐振腔长度

L' 谐振腔光学长度

l 工作物质长度

l_1, l_2 非稳腔的共轭像点与 M_1、M_2 反射镜的距离

l_m 纵向光激励光放大器的最佳长度

M 非稳腔往返放大率

M^2 光束衍射倍率因子

M_x^2, M_y^2 高阶或多模厄米特—高斯光束在 x 方向和 y 方向的衍射倍率因子

M_r^2 高阶或多模拉盖尔—高斯光束的衍射倍率因子

m 光子运动质量；横模指数（$m=0,1,2,\cdots$）；电子质量；原子（分子、离子）质量

m_i 非稳腔中反射镜 M_i 对自再现波型的单程放大率（$i=1,2$）

N 腔内光子数密度；腔的菲涅耳数

N_l 腔内第 l 个模式的光子数密度

N_m 调 Q 激光器中的峰值光子数密度

N_i Q 开关开启瞬间调 Q 激光器中的光子数密度

N_{ef_i} 稳定腔第 i 个反射镜的有效菲涅耳数（$i=1,2$）

n 工作物质中原子（分子、离子）数密度；横模指数（$n=0,1,2,\cdots$）（在第八章中 n 为纵模指数）

n_i 工作物质中 E_i 能级的原子（分子、离子）数密度（$i=0,1,2,\cdots$）

n_{2t} 激光器工作物质中 E_2 能级的阈值原子（分子、离子）数密度

n_ν 在腔内单位体积中，处在频率 ν 附近单位频率间隔内的模式数

$\bar{n}$ 光子简并度

n_{sp} 光放大器的自发辐射因子

Δn 反转集居数密度

Δn^0 小信号反转集居数密度

Δn_t 激光器工作物质的阈值反转集居数密度

$\Delta n'_t$ Q 开关关断时激光器工作物质的阈值反转集居数密度

Δn_i Q 开关开启瞬间激光器工作物质的阈值反转集居数密度

Δn_f 调 Q 激光器巨脉冲熄灭后工作物质的剩余反转集居数密度

P 自发辐射功率；激光器输出光功率

P_0 连续光放大器入射光功率

$P(l)$ 连续光放大器出射光功率

$P_s(\nu)$ 频率为 ν 的光对应的饱和光功率

$P_{sat}(l)$ 连续光放大器的饱和输出光功率

$P_{ASE}(z)$ 放大的自发辐射功率

P_m 调 Q 激光器的峰值输出功率；最大输出功率

P　感应电极化强度矢量

$P(z,t), P(r,t)$　感应电极化强度

$P(\nu)$　自发辐射功率的频率分布函数

P_p　工作物质吸收的泵浦功率

P_{pt}　激光器中工作物质吸收的泵浦功率阈值

p_p　光泵的输入电功率

p_{pt}　光泵的输入电功率阈值

P_{pth}　纵向光激励光放大器中的阈值泵浦光功率

P_{p0}　纵向光激励光放大器中的输入泵浦光功率

p_1, p_2　非稳腔的共轭像点

$p(t)$　电偶极子的偶极矩

$p(z,t), p_i$　原子的感应电矩

p　气体压强，原子的感应电矩的平均值

q　纵模指数（$q=1,2,3,\cdots$）（第八章中 q 代表位置坐标）

$q(z)$　高斯光束在 z 处的 q 参数

q_0　高斯光束在光腰处的 q 参数

q_M　稳定腔中某一参考平面上的 q 参数

R_i　第 i 个球面反射镜的曲率半径

R_M　稳定腔中某一参考平面上高斯光束等相位面的曲率半径

$R(z)$、R　与传输轴相交于 z 点的高斯光束等相位面的曲率半径

R_i　单位体积中，单位时间内激励至 E_i 能级的原子（分子、离子）数（$i=1,2$）

r_i　第 i 个球面反射镜的反射率（$i=1,2,\cdots$）

r, φ, z　空间圆柱坐标

S_{ij}　E_i 至 E_j 的无辐射跃迁几率（$i=1,2,3,\cdots; j=0,1,2,\cdots$）

S　工作物质横截面面积

s　半导体激光器有源区内载流子密度

s_{tr}　半导体激光器有源区的透明载流子密度

T　绝对温度；反射镜的透射率

T_i　第 i 个反射镜的透射率（$i=1,2,\cdots$）

T_m　输出反射镜的最佳透射率

TEM_{mnq}　开放式光谐振腔中的模式（$m,n,q=0,1,2,3,\cdots$）

TEM_{mn}　开放式光谐振腔中的横模（$m,n=0,1,2,3,\cdots$）

TEM_{00}　开放式光谐振腔中的基模

T_L　长为 L 的自由空间对傍轴光线的变换矩阵

T_R　球面镜对傍轴光线的变换矩阵

T_F　透镜对傍轴光线的变换矩阵

T　共轴球面镜腔对傍轴光线的往返变换矩阵

T_1　纵向弛豫时间

T_2　横向弛豫时间

t　时间

U　加载于半导体激光器上的电压

v　光在谐振腔或工作物质中的传输速度

$v_{mn}(x,y)$　方形镜腔镜面上的自再现模场分布函数

$v_{mn}(r,\varphi)$　圆形镜腔镜面上的自再现模场分布函数

v_z　气体原子(分子、离子)在光传播方向的热运动速度

V　空腔或光腔体积;激光工作物质的体积;半导体激光器有源层体积

W_{ij}　自 E_i 能级至 E_j 能级的受激跃迁几率($i,j=0,1,2,3,\cdots$)

w_{0s}　共焦腔镜面上的光斑半径

w_{s_i}　一般稳定腔镜面上的光斑半径($i=1,2$)

w_{ms},w_{ns}　方形镜共焦腔镜面上 TEM_{mn} 模在 x 方向和 y 方向的光斑尺寸(半宽)

w_m,w_n　高阶厄米特—高斯光束在 x 方向和 y 方向的光腰尺寸(半宽)

$w_m(z),w_n(z)$　高阶厄米特—高斯光束在 z 处在 x 方向和 y 方向的光斑尺寸(半宽)

w_{mn}　高阶拉盖尔—高斯光束的光腰半径

$w_{mn}(z)$　高阶拉盖尔—高斯光束在 z 处的光斑半径

$w(z)$　与传输轴相交于 z 点的基模高斯光束等相位面上的光斑半径

w_0　基模高斯光束的光腰半径

w_M　稳定腔中基模高斯光束在某一参考平面上的光斑半径

x,y,z　空间笛卡儿坐标

α　工作物质的损耗系数;碰撞加宽自发辐射谱线宽度和气体压强的比例系数

β_{nm}　γ_{nm} 的实部

β　电极化系数的虚部之半;中心频率吸收系数;传播常数

β^0　中心频率小信号吸收系数;掺杂光纤中信号光的小信号吸收系数

β_p^0　掺杂光纤中泵浦光的小信号吸收系数

$\beta(\nu)$　吸收系数

$\beta^0(\nu)$　小信号吸收系数

Γ_m　光约束因子($m=0,1,2,\cdots$)

γ　稳定腔自再现模积分方程中的复常数;经典辐射阻尼系数;二能级间吸收截面和发射截面之比

γ_m,γ_n　稳定腔自再现模积分方程的本征值

$\Delta\nu_s$　激光线宽;单模激光线宽极限

$\Delta\nu_c$　无源谐振腔单模线宽

$\Delta\nu_q$　相邻纵模频率间隔

$\Delta\nu_m,\Delta\nu_n$　相邻横模频率间隔

$\Delta\nu$　自发辐射谱线宽度;锁模光脉冲谱宽

$\Delta\nu_H$　自发辐射谱线的均匀加宽线宽

$\Delta\nu_N$　自发辐射谱线的自然加宽线宽

$\Delta\nu_L$　自发辐射谱线的碰撞加宽线宽

$\Delta\nu_D$　自发辐射谱线的多普勒加宽线宽

$\Delta\nu_{osc}$ 激光器的振荡带宽

δ 光谐振腔的平均单程损耗因子

δ_s 有源腔的平均单程净损耗因子

δ_r 反射镜反射不完全引入的光谐振腔平均单程损耗因子

δ_d 由于衍射引入的光谐振腔的百分数单程损耗率(或平均单程损耗因子)

δ_{mn} 谐振腔中 TEM_{mn} 模的单程衍射损耗

δ_H Q 开关关断时谐振腔的平均单程损耗因子

ε 光子的能量;介电常数

ε_0 真空介电常数

ε' 相对介电常数

ε_p 光泵的输入电能量

ε_{pt} 光泵的输入电能量阈值

$\eta, \eta(\nu)$ 折射率

η^0 工作物质的增益系数为 0 时的折射率

η_1 无辐射跃迁量子效率

η_2 荧光效率

η_F 总量子效率

η_0 激光器的输出耦合系数

η_p 泵浦效率

η_t 激光器的总效率

η_s 激光器的斜效率

θ_0 基模高斯光束的远场发散角

θ_m 衍射极限角,高阶厄米—高斯光束在 x 方向的远场发散角

θ_n 高阶厄米—高斯光束在 y 方向的远场发散角

θ_{mn} 高阶拉盖尔—高斯光束的远场发散角

λ 光的波长

μ_0 真空磁导率

μ 调 Q 激光器的能量利用率;导磁率

ν 光的频率

ν_{mnq} 谐振腔的谐振频率($m,n,q=1,2,3,\cdots$)

ν_q 基模频率($q=1,2,3,\cdots$)

ν_q^0 无源腔的基模频率($q=1,2,3,\cdots$)

ν_0 自发辐射谱线的中心频率

ν'_0 非均匀加宽工作物质自发辐射谱线的表观中心频率

ν_p 泵浦光频率

$\xi_{1单程}, \xi_{2单程}, \xi_{单程}$ 非稳腔中自再现波型的单程损耗率

$\xi_{往返}$ 非稳腔中自再现波型的往返损耗率

ρ_ν 单色能量密度

ρ 源点与观察点之间的距离;自由电荷密度;准单色光辐射场的总能量密度

ρ_{ab}, ρ_{ba} 单个原子系统的密度矩阵元

ρ 系综的密度矩阵

ρ_{mn} 系综的密度矩阵元 ($m, n = 1, 2, \cdots$)

σ_m, σ_n γ_m, γ_n 的倒数

$\sigma_{21}(\nu, \nu_0)$ 发射截面

$\sigma_{12}(\nu, \nu_0)$ 吸收截面

σ_{21} 中心频率发射截面

σ_{12} 中心频率吸收截面

σ 介质的电导率

τ_c 相干时间

τ_{s_i} E_i 能级的自发辐射寿命 ($i = 1, 2, \cdots$)

τ_{nr_i} E_i 能级的无辐射跃迁辐射寿命 ($i = 1, 2, \cdots$)

τ_R 无源谐振腔中的光子平均寿命

τ_{Rl} 无源谐振腔中的第 l 个模式的光子平均寿命

τ'_R 有源谐振腔中的光子平均寿命

τ_L 平均碰撞时间

τ_p 被放大光脉冲信号的宽度

τ 锁模光脉冲宽度；有源层内载流子寿命

χ_m, χ_n σ_m, σ_n 的模

χ 电极化系数

χ' 电极化系数的实部

χ'' 电极化系数的虚部

$\Psi_{mn}(x, y, z)$ 厄米特—高斯光束的场

$\Psi_{mn}(r, \varphi, z)$ 拉盖尔—高斯光束的场

$\Psi_{00}(x, y, z)$ 基模高斯光束的场

ω 光的角频率